华北型煤田煤层底板水害防控关键技术与装备

董书宁 等 著

国家重点研发计划项目（2017YFC0804100）资助出版

科 学 出 版 社

北 京

内 容 简 介

本书系统阐述了我国华北型煤田开采水文地质条件，建立了“采前主动预防”与“灾后快速治理”的煤层底板水灾防控技术体系；运用水文地质学、工程地质学、采矿工程学、机械设计等多学科的理论与方法，综合研究并揭示了煤层底板灰岩含水层突水机理，论述了主要的水害评价方法和水灾隐患探查新技术，构建了煤层底板灰岩含水层水患超前区域治理技术体系，创建了矿井突水过水大通道快速封堵截流技术，并介绍了配套研发的高水压硬岩层顶水定向钻进智能化专用钻机、智能化快速制浆注浆系统及装备。

本书可供矿山水文地质、工程地质、采矿工程、环境地质等领域的专业技术人员、科研人员、管理人员等参考使用，也可供相关专业高校师生参考。

图书在版编目（CIP）数据

华北型煤田煤层底板水害防控关键技术与装备/董书宁等著. —北京：科学出版社，2023.8

ISBN 978-7-03-075045-7

Ⅰ. ①华… Ⅱ. ①董… Ⅲ. ①煤矿–矿山水灾–防治 Ⅳ. ①TD745

中国国家版本馆 CIP 数据核字（2023）第 038781 号

责任编辑：祝 洁 / 责任校对：崔向琳
责任印制：师艳茹 / 封面设计：陈 敬

科学出版社 出版
北京东黄城根北街 16 号
邮政编码：100717
http://www.sciencep.com
河北鑫玉鸿程印刷有限公司 印刷
科学出版社发行 各地新华书店经销

*

2023 年 8 月第 一 版 开本：720 × 1000 1/16
2023 年 8 月第一次印刷 印张：19 1/2
字数：400 000

定价：398.00 元

（如有印装质量问题，我社负责调换）

序　　一

煤炭是我国能源安全的“压舱石”，在一次能源结构中的占比长期保持在50%以上，由于其具有资源可靠性、价格低廉性和利用的可洁净性等优点，在今后相当长时期内仍将保持我国主体能源的地位不会改变。由于我国中东部地区的石炭—二叠纪煤层开采历史较长，对新中国的经济发展起到了举足轻重的作用，直到现阶段，因其煤种稀缺、运输便利，仍然是我国极为重要的能源保障基地。

然而，石炭—二叠纪煤层的底部沉积了巨厚中奥陶统碳酸盐岩含水层，水压高、富水性极强，导水通道发育且非常隐蔽，对区域内煤炭开发造成了极大威胁，曾发生了震惊世界的开滦范各庄煤矿特大突水、冀中能源东庞矿突水等事故。目前，华北型煤田多数矿井浅部资源开采殆尽，逐步开发石炭—二叠纪的下组煤层，其距离奥陶系含水层更近，煤层底板承受的水压也更高，水文地质条件更加复杂，突水危险性增大。如何保障煤矿深部下组煤安全高效带压开采，已成为华北型煤田开发的主要问题。

“十三五”期间，针对我国公共安全领域煤矿安全的重大难题，立项了一批国家重点研发计划项目，旨在集中解决威胁我国煤矿安全的各类灾害难题，其中由中国煤炭科工集团西安研究院董书宁研究员作为项目负责人承担的“矿井突水水源快速判识与水灾防控关键技术研究”，就是要解决煤矿水灾抢险救援与超前预防方面的主要技术与装备能力不足的问题。最近，该团队将项目研究成果关于煤层底板灰岩含水层水灾控制与超前预防的新技术进行了整理和凝练，结合他们以往在突水机理、水灾隐患探测等方面的大量研究成果，形成了《华北型煤田煤层底板水害防控关键技术与装备》一书。该书将华北型煤田水害形成理论与实际地质、水文地质条件相结合，对华北型煤田煤层底板突水机理、防治技术及关键装备等均开展了深入研究，且多项技术均有现场试验和工程实践，也充分验证了成果的可靠性。早在 20 世纪 60 年代，我国工程科技人员就开始研究煤层底板灰岩含水层水害防治问题，经过六十余年的研究，虽取得了丰硕的成就，但仍存在多方面的技术瓶颈，长期难以突破。看到该书，我对书中提到的煤层底板含水层超前区域治理技术体系、过水大通道单孔双袋快速封堵截流等技术，以及研发的煤矿井下高水压硬岩层智能定向钻机和地面车载式高效注浆设备留下了深刻的印象，这些技术和装备解决了困扰行业多年的重特大突水灾害快速治理的工程科技难题。该书的出版标志着我国“十三五”期间在煤层底板水害防治方面取得了重大突破，煤层底板水害防治技术有了跨越式发展。

我希望该书的出版能够更好地指明华北型煤田水害防治的未来发展方向，进一步丰富我国煤矿开采地质保障领域的理论和技术手段，也为我国中东部老矿区安全、高效、绿色、智能开发注入新的活力。

彭苏萍

中国工程院院士　彭苏萍

2022 年 11 月 10 日

序　二

华北地区煤炭开发历史悠久，该地区交通便利，地域优势明显，是我国煤炭主要产区和重要的能源化工基地。受构造运动的影响，该区石炭纪和二叠纪地层直接覆盖在巨厚的中奥陶统灰岩地层之上，形成了极为典型的华北型石炭—二叠纪煤田水文地质结构。华北型煤田煤层基底为高度非均质的奥陶系灰岩岩溶裂隙含水层，具有补给强、水压高、水量大、分布面积广的特点，加之断层、陷落柱等地质构造、不良地质体和开采扰动影响，面临极为严重的底板灰岩岩溶含水层突水威胁。在这个区域内，1984年曾发生范各庄煤层底板奥灰含水层突水事故，突水量达到了2053m^3/min，突水量之大震惊世界！

华北型煤田煤层底板灰岩含水层的水害防治是我国煤矿水害防治的重要内容，早在“六五”“七五”时期国家就密集部署了一系列大型科技项目，重点研究华北型煤田煤层底板奥灰水害防治难题，取得了很多原创性的成果。“十三五”期间，科技部立项国家重点研发计划项目“矿井突水水源快速判识与水灾防控关键技术研究”，重点就是要解决新时期我国煤矿水害预防、水灾治理面临的新问题，也是我国近20年来少有的专门针对矿山水害防控设立的国家重大科技项目，项目负责人就是董书宁研究员。我本人作为项目跟踪专家，全程参与了项目研究工作，对他们的成果较为熟悉，项目结题验收也取得了非常好的成绩。近期，董书宁项目组进一步凝练项目中2个课题的成果，并补充了国内外近年来新的技术成果，撰写了《华北型煤田煤层底板水害防控关键技术与装备》一书，书中系统总结了华北型煤田煤层底板水害成因、水害超前区域治理，以及矿井突水灾后快速封堵方面的新技术、新装备，特别是形成系统的煤层底板灰岩含水层水害超前预防与灾后快速治理技术及装备体系，是我国“十三五”时期煤矿水害防治技术的重大跨越，也是我国公共安全领域的代表性成果，促进了煤矿水害防控技术向区域治理、治保结合的方向转变。该书是董书宁团队多年来在华北型煤田底板水害防治研究成果的总结与梳理，研究手段与方法先进，理论水平较高，工程实践丰富。

在此，我希望该书的出版能够更好地指导华北型煤田底板水害的防治工作，进一步推动我国煤矿防治水理论与技术进步。同时，也向董书宁同志及其团队表示祝贺。

中国工程院院士 武 强

2022 年 11 月 15 日

序　三

我国华北含煤区北以阴山—图们造山带为界，南抵秦岭—大别造山带，西至贺兰山—六盘山逆冲推覆构造带，东达渤海黄海，区内煤炭资源量占到全国总资源量的50%以上，是我国最主要的煤炭生产区。区内多数区域形成了“奥陶系灰岩+厚隔水层夹薄层灰岩+石炭—二叠纪煤层”的典型华北型煤田水文地层结构。

奥陶系灰岩地层在漫长的地质历史时期，经过多期地质构造运动和长期地下水流侵蚀作用，形成了巨厚奥陶系灰岩岩溶裂隙含水层，具有极强的非均质性，水压高、富水性强，使得华北型煤田煤层的水害形成机理复杂，受底板灰岩含水层水害威胁程度高，是我国各大含煤区中防治水工作最为复杂的地区之一。由于我国能源资源禀赋“缺油、少气、相对富煤”特征，加之华北型煤田煤炭主产区地域优势明显，部分稀缺煤种难以替代，华北型煤田的安全高效绿色开采和煤炭清洁、高效利用仍是我国新时期煤矿安全领域的重要研究内容。

中国煤科西安研究院从20世纪60年代开始，就从事华北型煤田煤层底板岩溶含水层水害防治研究工作，依托多项大型科研项目，在邯邢、焦作、肥城、渭北等大水矿区开展了系列研究，在煤矿水灾预防和灾后治理的基础理论、关键技术和装备等多方面积累了大量研究成果。“十三五”期间，以董书宁研究员为首的研究团队承担了国家重点研发计划项目，旨在总结以往成果，并结合新时期煤矿开采条件与水害防治的技术要求，进一步提升煤矿水灾超前预防与灾后治理的能力与水平，尤其是针对华北型煤田重特大水灾进行了系统研究，取得了多项科研成果。该团队基于华北型煤田的地质、水文地质条件，结合多年来在华北型煤田煤层底板水害防治工作中的创新认识与工程实践，撰写了《华北型煤田煤层底板水害防控关键技术与装备》一书。该书采用理论研究、模拟试验、现场试验等手段，进一步揭示了华北型煤田开采扰动影响下煤层底板水害形成机制，形成了煤层底板灰岩水患超前区域探查治理技术体系，并取得了良好的推广应用效果，成为新时期我国煤层底板灰岩含水层突水灾害预防方面的新技术成果。同时，针对底板灰岩岩溶含水层水灾发生时水量大、易淹井等问题，在以往单孔单袋控制注浆堵水模式的基础上，进一步研发形成了单孔双袋突水封堵装备及技术，包括专用钻具、专用保浆袋囊、车载移动式注浆系统等，显著提升了煤矿重特大突水灾害事故发生后的抢险封堵效率。该书内容全面，在基础理论、关键技术、核心装备和工程实例方面均有新的成果，且多项技术成果已经广泛应用。

随着华北型煤田浅部煤层资源逐渐枯竭，大部分矿井将逐渐转入埋深更大的下组煤开采，所面临的水文地质条件也将更加复杂，深部煤层高水压、高地应力、复杂地质构造等综合影响下突水威胁更为严重，煤矿防治水工作任重而道远。该书在一定程度上代表了我国目前煤层底板灰岩含水层水灾预防与灾后治理技术及装备的前沿水平，必将为新时期华北型煤田的安全高效绿色开采提供保障，同时也将进一步支撑该区域内煤炭的智能开发。

王双明

中国工程院院士　王双明

2022 年 11 月 23 日

前　言

煤炭是我国的主体能源，具有兜底保障的重要使命，尤其是我国华北地区，煤炭开发历史悠久，交通便利，外运条件好，是我国煤炭主要产区和重要的能源化工基地。太古界奥陶纪时期发生加里东运动，造成海侵作用，并在华北克拉通盆地沉积了巨厚而稳定的奥陶系石灰岩地层，最大厚度超过1000m。之后，该区沉积过程中普遍缺失了下石炭统、泥盆系、志留系、上奥陶统地层，使得石炭纪、二叠纪地层直接覆盖在巨厚的中奥陶统灰岩地层之上，形成了极为典型的华北型石炭—二叠纪煤田水文地质结构，将其称为“华北型煤田”。

奥陶系灰岩为高度非均质的岩溶裂隙强含水层，具有补给强、水压高、水量大等特点，成为石炭—二叠纪煤层开采过程中的主要威胁水源，加之多期的构造运动和水动力条件影响，发育大量断层、陷落柱等导水通道，频繁发生重(特)大煤层底板突水事故，往往会造成重大的人员伤亡和财产损失。1984年，河北开滦范各庄煤矿发生了震惊中外的煤层底板奥灰含水层突水事故，最大突水量达2053m^3/min，是人类采矿有史以来突水量最大的突水事故。近年来，随着华北型煤田浅部资源逐渐枯竭，部分矿井逐渐转向下组煤开采，矿井开采深度逐渐增加，开采煤层与奥灰含水层的间隔进一步减小，加之现阶段我国煤矿普遍采用大规模机械化开采工艺，对煤层顶板和底板岩层的扰动程度更高，奥陶系灰岩岩溶含水层突水威胁也愈发严重，严重制约了我国华北型煤田煤炭资源高效开发和稳定供给。

早在20世纪60年代，我国就开展了华北型煤田煤层底板灰岩含水层水害防治的系统研究，多年来在水害探查、监测、治理等方面取得了大量成果，支撑了我国华北型煤田煤炭资源的安全、高效开发。但是，随着煤矿开采深度和扰动程度的增加，以及新时期我国煤炭安全、高效、绿色、智能开发的需求，以往煤层底板水害防治技术存在着治理效率低、效果差、精细化水平有待提高等问题，严重影响了区域内矿井的正常生产。为了适应我国华北型煤田的水害防治需求，中煤科工西安研究院(集团)有限公司(本书简称中国煤科西安研究院)依托国家重点研发计划项目，采用理论分析、室内试验与测试、数值模拟与相似材料模拟、现场试验等方法，系统研究煤层底板水害超前区域治理、矿井突水快速封堵方面的新技术和新装备，形成我国煤层底板水害防治方面的创新技术成果，为新时期煤矿安全、高效、绿色、智能开发提供技术支撑，推动了矿山防治水的技术进步。

本书是中国煤科西安研究院承担的国家重点研发计划项目“矿井突水水源快速判识与水灾防控关键技术研究”(2017YFC0804100)中课题二、课题六的研究成果总结，由本人提出总体思路、基本框架和研究内容，在总结国家重点研发计划项目成果的基础上，进一步补充相关内容，并分章节进行撰写。本书撰写分工如下：前言，董书宁；第 1 章，董书宁、郭小铭；第 2 章，王皓、刘磊、张溪彧、郭小铭、董兴玲、刘博；第 3 章，董书宁、刘其声、王皓、郑士田、南生辉、郭小铭、柳昭星、赵兆、刘磊、王宇航；第 4 章，朱明诚、张文忠、刘磊、杨志斌、朱开鹏、董兴玲、牟林；第 5 章，郭晓山、刘建林、姬亚东、李泉新、刘磊、王四一；第 6 章，董书宁、王皓、郭小铭。全书由董书宁、董兴玲统稿，董书宁审定。

本书出版获得国家重点研发计划项目“矿井突水水源快速判识与水灾防控关键技术研究”(2017YFC0804100)的资助；本书策划和撰写过程中，得到了彭苏萍院士、武强院士、王双明院士和顾大钊院士的指导，也得到了国家能源投资集团有限责任公司、陕西陕煤韩城矿业有限公司、淮北矿业（集团）有限公司等单位的支持和帮助；同时，多位专家、学者及现场技术人员提出了宝贵意见，在此一并表示诚挚的谢意！同时，还要感谢本书中引用文献作者的贡献。

限于作者水平和认识，书中难免有不足之处，恳请广大读者批评指正，并提出宝贵意见。

董书宁

2022 年 11 月 27 日

目　　录

序一
序二
序三
前言
第 1 章　绪论 ······ 1
1.1　研究背景与意义 ······ 1
1.2　国内外研究现状 ······ 2
1.2.1　采动底板突水机理 ······ 2
1.2.2　煤层底板注浆改造技术 ······ 4
1.2.3　巷道截流堵水技术 ······ 9
1.2.4　注浆堵水技术 ······ 10
1.3　本书主要内容 ······ 12
第 2 章　华北型煤田煤层底板水害成因及评价 ······ 14
2.1　煤层底板灰岩沉积演化与发育特征 ······ 14
2.1.1　构造运动与沉积演化 ······ 15
2.1.2　奥陶系灰岩发育特征 ······ 17
2.1.3　石炭系地层灰岩发育特征 ······ 20
2.2　基于主应力状态转换的采动底板水害形成机制 ······ 23
2.2.1　煤层底板充水因素 ······ 23
2.2.2　底板岩层采动应力扰动程度判据 ······ 24
2.2.3　底板岩样加载-卸压应力路径下的损伤特征 ······ 27
2.2.4　底板采动应力时空演化特征 ······ 36
2.3　矿井水文地质条件和水患探查新技术 ······ 43
2.3.1　双封隔器分层抽水精细探查技术 ······ 43
2.3.2　煤矿巷道快速掘进“长掘长探”技术 ······ 45
2.3.3　煤矿井下随掘地震监测技术 ······ 46
2.3.4　煤矿采煤工作面随采地震探测技术 ······ 47
2.4　煤层底板突水危险评价方法 ······ 50
2.4.1　突水系数法 ······ 50

2.4.2 脆弱性指数法 ……………………………………………………… 51
2.4.3 五图双系数法 ……………………………………………………… 53
第 3 章 煤层底板灰岩含水层超前区域治理技术 ………………………… 55
3.1 超前区域治理模式分类和选择准则……………………………………… 55
3.1.1 超前区域治理模式分类 …………………………………………… 55
3.1.2 超前区域治理模式选择准则 ……………………………………… 62
3.2 水平孔倾斜裂隙注浆浆液扩散规律……………………………………… 62
3.2.1 水平孔倾斜裂隙注浆浆液扩散理论模型 ………………………… 62
3.2.2 水平孔倾斜裂隙注浆浆液扩散物理模拟 ………………………… 72
3.2.3 不同因素影响下水平孔倾斜裂隙注浆浆液扩散规律……………… 83
3.3 超前区域注浆参数优化与工艺…………………………………………… 88
3.3.1 钻孔群注浆管理模型建立 ………………………………………… 88
3.3.2 注浆工程参数设计与优化 ………………………………………… 88
3.3.3 超前区域注浆工艺………………………………………………… 96
3.4 隐伏导水通道超前判识与治理…………………………………………… 106
3.4.1 隐伏导水通道类型与特征 ………………………………………… 106
3.4.2 隐伏导水通道判识指标 …………………………………………… 108
3.4.3 隐伏导水通道判识方法 …………………………………………… 113
3.4.4 隐伏导水通道探查钻孔施工方法 ………………………………… 117
3.4.5 导水通道探治应用实例 …………………………………………… 118
3.5 注浆效果评价与检验 ……………………………………………………… 123
3.5.1 注浆效果定性评价方法 …………………………………………… 123
3.5.2 注浆效果定量评价方法 …………………………………………… 128
3.5.3 注浆效果孔中物探检验设备及配套工艺 ………………………… 137
3.5.4 注浆效果综合检验技术 …………………………………………… 146
第 4 章 过水大通道快速封堵截流技术 …………………………………… 148
4.1 过水大通道快速封堵截流机制…………………………………………… 148
4.1.1 过水大通道内保浆袋囊受力状态及力学模型 …………………… 148
4.1.2 保浆袋囊变形移动规律及流场变化特征 ………………………… 155
4.2 过水大通道封堵系统模拟试验平台搭建………………………………… 159
4.2.1 恒流恒压试验舱…………………………………………………… 160
4.2.2 投袋试验舱 ………………………………………………………… 162
4.2.3 试验舱稳压稳流系统……………………………………………… 163
4.2.4 骨料灌注系统……………………………………………………… 165

4.2.5 试验系统流程 …… 165
4.3 钻孔控制注浆装置及系统研究 …… 165
4.3.1 钻孔控制注浆钻具结构 …… 166
4.3.2 钻孔控制注浆钻具类型 …… 170
4.3.3 钻孔控制注浆配套机具 …… 171
4.3.4 超薄高强度保浆袋囊制作 …… 176
4.4 保浆袋囊充填注浆封堵过水大通道技术 …… 183
4.4.1 过水通道保浆袋注浆材料 …… 183
4.4.2 保浆袋囊对骨料快速灌注作用机制 …… 190
4.4.3 保浆袋囊对水泥-水玻璃双浆液快速封堵作用机制 …… 194
4.4.4 不同阻水体阻水能力差异试验 …… 197
4.4.5 动水巷道快速截流数值模拟分析 …… 199
4.5 现场试验 …… 220
4.5.1 突水过程 …… 220
4.5.2 矿区地质概况 …… 221
4.5.3 注浆堵水方案设计 …… 225
4.5.4 治理方案实施 …… 228
4.5.5 封堵效果分析 …… 233
第 5 章 煤层底板水害防控关键装备 …… 236
5.1 井下硬岩层高水压顶水定向钻进装备 …… 236
5.1.1 煤矿井下硬岩层高水压顶水定向钻进装备系统 …… 236
5.1.2 电液控制智能化定向钻机 …… 237
5.1.3 冲击螺杆马达研制 …… 251
5.1.4 钻杆内孔高压逆止阀研制 …… 260
5.1.5 孔口旋转防喷器研制 …… 261
5.1.6 钻进轨迹控制技术 …… 265
5.2 智能化快速注浆系统及装备 …… 266
5.2.1 系统总体设计 …… 266
5.2.2 连续制浆系统 …… 269
5.2.3 高能注浆系统及装备 …… 272
5.2.4 液压动力系统 …… 276
5.2.5 电气控制系统 …… 280
5.2.6 现场试验 …… 285
第 6 章 煤层底板水害防治技术展望 …… 289
参考文献 …… 291

第1章　绪　　论

1.1　研究背景与意义

华北型煤田是指主采煤层主要受中奥陶统灰岩(以下简称“奥灰”)水害威胁的石炭—二叠纪煤田，其分布范围南起秦岭纬向构造带的东段，北至阴山纬向构造带的南界，西抵贺兰山断裂带，东达郯芦断裂，行政区划包含冀、晋、豫三省全部，以及鲁西、鲁中、苏北、皖北等地，总面积达 727600km^2。区内主要含煤岩系为晚古生代石炭—二叠纪煤层，由碎屑岩、泥质岩、少量石灰岩和煤层组成，直接覆盖在中奥陶统风化剥蚀面上，中奥陶统主要由巨厚石灰岩地层组成，岩溶较为发育且富水性好，在区内多有出露，主要集中在太行山脉和沂蒙山脉地区，灰岩分布区地貌多构成高山或中低山地形，成为灰岩岩溶地下水的补给来源。

区域内普遍缺失下石炭统、泥盆系、志留系和上奥陶统地层，使得石炭—二叠纪煤层与下部巨厚中奥陶统灰岩地层距离较小，煤系地层中煤层底板分布有多层太原组薄层灰岩，组成极为典型的华北型石炭—二叠纪煤田底板灰岩充水的水文地质结构，加之断层、陷落柱等地质构造和开采扰动破坏裂隙影响，极易发生煤层底板突水事故。奥陶系及与之有联系的石炭系灰岩岩溶含水层突水事故具有突水量大、突水长期稳定的特征，常会造成淹井、淹采区等严重后果，并造成井下工作人员群死群伤事件。据统计，在过去 70 年中，华北型煤田发生的突水事故达 500 余次，造成极为严重的人员伤亡和财产损失。奥灰含水层突水是我国煤矿开采过程中所面临的主要灾害之一。1984 年，开滦范各庄煤矿发生的奥灰含水层岩溶陷落柱突水事故，突水量达 2053m^3/min，是迄今为止世界采矿史上的最大突水量；1935 年，山东淄博北大井发生奥灰含水层断层突水，突水量为 443m^3/min，单次死亡 536 人以上(部分人员名单无法统计)，也是我国单次死亡人数最多的矿山水害事故。近年来，随着奥灰水害防治技术进步和水害监管力度加强，突水事故伤亡人数明显减少，但突水事件仍时有发生。2011 年，陕西韩城桑树坪煤矿“8 · 7”突水事故造成矿井被淹；2013 年，安徽淮北桃园煤矿“2 · 3”突水事故造成矿井被淹；2017 年，安徽淮南潘二煤矿“5 · 25”突水事故造成矿井被淹；2020 年，山东临沂古城煤矿“7 · 12”突水事故造成部分采区被淹等。

由此可见，多年来我国开展了大量煤层底板岩溶含水层水害防治工作，有效减少了突水事故数和死亡人数，但仍难以完全避免煤层底板灰岩含水层突水事故的发生。分析原因，主要是新时期华北型煤田开采水文地质条件更加复杂，灰岩岩溶含水层具有高度非均质各向异性以及断裂构造难以预知等特点。现阶段，虽然华北型煤田的煤炭产量占比有所降低，但是由于华北型煤田煤炭主产区地域优势明显，加之部分炼焦煤、无烟煤等稀缺煤质难以替代，煤层底板灰岩含水层水害防治研究仍是我国新时期煤矿安全领域的重要研究内容。

为了保障华北型煤田煤炭资源的安全绿色高效开发，中国煤科西安研究院矿山水害防治与水灾事故抢险救援技术创新团队依托国家重点研发计划项目“矿井突水水源快速判识与水灾防控关键技术研究”(2017YFC0804100)，针对我国华北型煤田煤层底板水灾隐患高效预防和突水灾害快速治理的难题，开展产学研用协同攻关，旨在提升我国煤层底板水害防治的技术水平，实现水害的超前预防与灾后的快速治理，研究成果对支撑该区域煤炭资源的安全高效开发具有重大意义。

1.2 国内外研究现状

1.2.1 采动底板突水机理

由于地质条件及煤层赋存状态的差异性，美国、加拿大、澳大利亚等产煤大国一般不存在煤矿开采过程中的底板岩溶含水层突水问题，而匈牙利、苏联、南斯拉夫等国家在煤层开采中受到底板岩溶水的影响，因此较早开展了底板突水机理的相关研究。20 世纪 40 年代，匈牙利学者韦格弗伦斯首次提出了底板“相对隔水层”概念，认为底板突水取决于底板隔水层厚度与底板含水层水压的共同作用，并建立了底板突水与底板隔水层厚度及含水层水压之间的定量关系；50 年代，苏联学者斯列萨列夫应用弹性力学，将底板视为受均布载荷作用的两端固支梁，同时结合材料力学强度理论，推导出了巷道底板破坏的最小水压计算式(杨志斌，2016)；70～80 年代，Santos 和 Bieniawski 在研究矿柱稳定性时，对煤层底板破坏机理进行了研究，改进了 Hoek-Brown 准则，根据承受破坏应力前岩石已破裂的程度及其岩石性质等，引入临界能量释放点概念分析了煤层底板的承载能力(Santos et al.，1989)。由于国外矿井水文地质条件相对简单，煤层底板突水机理研究的现实意义较小，不少学者转向开采引起的环境破坏等方面的研究。

我国自20世纪60年代开始对底板突水机理进行大量研究，取得了丰硕成果。以煤炭科学研究总院西安分院为代表，于60年代将单位隔水层所能承受的极限水压值作为预测预报底板突水与否的标准，提出了底板突水系数，并列入了《煤矿防治水规定》，在煤矿底板水害防治实践中得到广泛应用和推广；90年代，提出了底板突水是采动矿压和水压共同作用的岩水应力关系说(李抗抗等，1997)以及基于承压水导升高度在采矿过程中递进发展的底板突水递进导升说(王经明，1999)，深入揭示了采动底板突水机理。另外，80年代山东矿业学院李白英教授将采场煤层底板至含水层顶面岩层自上而下划分为底板导水破坏带、保护带、承压水导升带的“下三带”理论(李白英，1999)。在底板“下三带”理论基础上，施龙青等(2005)基于损伤力学、断裂力学和矿山压力理论，考虑承压水对底板岩层的破坏作用，提出了开采煤层底板“四带”划分理论，即开采煤层底板可以划分出矿压破坏带、新增损伤带、原始损伤带、原始导高带。煤炭科学研究总院北京开采研究所王作宇等(1992)在80年代提出了原位张裂与零位破坏理论，该理论揭示了采动应力与承压水共同作用下，底板岩层自下而上的原位张裂破坏和底板零位破坏特征规律。张金才(1989)采用弹塑性理论中的薄板模型建立了预测煤层底板突水的理论判据。中国矿业大学钱鸣高院士等(2003)利用底板岩体的关键层结构模型构建了底板隔水关键层破断的突水判别方法。王连国等(2003)利用突变理论，建立了煤层底板岩层水压应力比随煤层底板突水阻抗因子和导水裂隙发展因子而发展直至突水的尖点突变模型。中国矿业大学(北京)武强院士(2007a)在煤层底板突水主控指标体系建立的基础上，应用多源信息集成理论，提出了煤层底板突水预测预报评价的“脆弱性指数法”。彭苏萍院士等(2003)提出，当工作面开采达到一定规模后，底板岩层破裂最大深度取决于宏观开采技术参数和地质条件。许延春等(2014)利用孔隙裂隙弹性理论，构建了注浆加固工作面底板突水“孔隙-裂隙升降型”力学模型。王双明院士等(2020)以煤炭绿色开采为核心内容，以实现煤炭资源开采和生态环境保护协调发展为目标，提出了煤炭绿色开采地质保障理论，构建绿色开采地质保障技术。华北科技学院尹尚先等(2020)等基于薄层灰岩在串联奥陶系灰岩与煤层形成水害的独特作用，定义了深部底板奥陶系灰岩及薄层灰岩水害概念及突水模式，阐明了奥陶系灰岩水渗透、扩容、压裂、导升，经薄灰中转储运形成面状散流的突水机理；在突水机理的基础上，提出了预测突水的方法(Yin et al.，2015)。上述研究成果为煤层采动底板水害防治提供了良好的支撑作用。

1.2.2 煤层底板注浆改造技术

我国华北型石炭—二叠纪煤田煤层开采过程中普遍受到底板灰岩承压含水层突水威胁，突水淹井事故时有发生。近年来，随着浅部煤炭资源逐渐枯竭，我国煤矿开采深度以每年 10～25m 的速度向深部延伸，在高岩溶水压、高地应力和强采矿扰动等影响下，断层、陷落柱等地质构造和煤层开采导致底板断裂损伤而造成的水害事故频发。例如，2013 年，淮北桃园煤矿发生底板突水事故，最大突水量达 29000m^3/h，造成矿井被淹；2017 年，淮南潘二煤矿发生底板奥陶系灰岩含水层突水事故，最大突水量达 14520m^3/h，同样造成淹井事故。同时，随着煤层底板含水层水压逐渐增高，受煤层底板岩溶水害威胁的煤炭资源储量高达 570 亿 t，部分煤炭资源甚至变为“呆滞储量”(赵庆彪，2016)。因此，煤层底板高承压含水层水害已经成为新时期我国煤炭资源安全、高效开采的主要制约因素。

针对煤层底板突水问题，国内外大量学者对突水影响因素、突水机理及危险性评价进行了研究，形成了一系列有效的水害防治技术。根据煤层底板突水结构模型分析，为了解放受底板奥灰水害威胁的煤炭资源，可采用降低含水层水压或增加隔水层厚度与强度的技术手段。疏水降压煤层底板含水层防治技术，在一定程度上可以缓解底板水害问题，但是易造成严重的水资源破坏及污染问题，同时多数区域底板奥陶系灰岩含水层富水性较强，难以直接疏降(顾大钊等，2021)。因此，采用注浆技术进行底板隔水层加固和含水层改造仍是我国煤矿区底板水害防治的主要手段。

岩溶介质、岩溶发育程度和含隔水性是确定注浆位置的关键指标，我国专家对此进行了大量的研究，董书宁等(2009)研究了奥灰顶部相对隔水段的形成原因，认为可以将奥灰顶部的相对隔水段作为保护层的一部分；缪协兴等(2011)使用多种手段对奥陶系顶部碳酸岩层的隔水特性、隔水机理进行了研究；武强等(2007b)基于信息融合技术，针对华北型煤田中奥陶统碳酸盐岩古风化壳的天然隔水性能展开了研究；张伟杰(2014)对岩溶泉域煤矿奥灰顶部相对隔水性及水文地质特征进行了研究；柳昭星等(2021)利用 X 射线三维显微镜(显微 CT)技术对邯邢矿区底板区域改造地层中奥陶系灰岩顶部岩样进行扫描分析，该结果直观反映了岩样内部真实的空隙结构，定量分析了空隙发育特征和几何参数。

1. 底板注浆治理技术和装备

底板注浆治理技术方面，我国多名专家学者对奥灰顶部利用与注浆改造技术进行了研究。2008年以前，煤层底板含水层注浆改造时，一直采用直孔注浆，由于钻孔遇含水层孔段较短，需要密集钻孔。20世纪50年代，随着煤层底板含水层突水系数的概念和水害危险性评价指标的提出，我国主要石炭—二叠纪煤炭生产区开始了针对断裂构造的注浆技术研究。肥城矿区、焦作矿区利用井下巷道内施工注浆钻孔，实现断裂构造注浆加固与工作面底板全面(部分)改造，一定程度上缓解了底板水害威胁。但是，井下常规钻进技术注浆工艺必须依托井巷工程实施，无法超前探查底板水害情况。同时，注浆工程也面临注浆盲区大、目标位置不准确且注浆有效孔段短等问题，使得巷道掘进过程中水害难以高效探查与治理，且治理过的工作面也频繁发生突水事故。为了解决直孔注浆存在的问题，水平定向钻技术开始逐渐应用于煤矿防治水领域。董书宁等(2020a，2008)首次提出了利用水平定向钻孔进行煤层底板注浆加固的理念，发明了煤层底板注浆加固水平定向钻孔的施工方法，大幅增加了有效注浆孔段长度，提高了钻遇裂隙带、含水体的概率，减小了注浆盲区，提高了注浆改造的效率，开启了利用水平定向钻孔进行底板水害注浆治理的新篇章，并在河南焦作赵固一矿进行了成功试点，通过大量案例总结提出了超前区域注浆改造模式和分类标准；赵庆彪(2014)利用水平定向钻孔技术在邯邢矿区进行了区域超前治理；郑士田(2018)利用地面定向水平孔技术，实现了潘集二矿陷落柱的封堵治理。目前，水平定向钻进技术已得到迅速发展，广泛应用于矿井水害防治工程。

水平定向钻进技术主要分为稳定组合钻具定向钻进技术和螺杆马达定向钻进技术两种，主要应用于煤矿瓦斯抽采领域。自20世纪90年代我国瓦斯抽采得到重视以来，水平定向钻进技术取得了长足发展，尤其是螺杆马达定向钻进技术逐渐得到推广应用，形成了顶板定向长钻孔、松软煤层梳状钻孔、集束型定向钻孔瓦斯抽采、上下联合抽采等多种瓦斯抽采钻孔施工技术和工艺方法，并开始应用于地质构造探测和探放水等多个领域。水平定向钻进技术在煤矿防治水方面的应用主要包括定向长钻孔探放水、定向长钻孔底板注浆加固堵水，还可用于探测地质异常、断层构造和陷落柱发育位置等，尤其适合于奥灰顶部地层的探查和注浆治理。利用近水平定向长钻孔技术进行探放水，可大大缩减工程量，增加钻孔在含水层中的延伸距离，延长放水时间，提高超前放水的效能。宁煤集团红柳煤矿曾利用定向长钻孔进行煤层顶板巨厚层砂岩含水层水预疏放，有效降低含水层水压，疏水效果显著。利用水平定向钻进技术进行底板注浆加固堵水，扩大单孔探查或注浆面积，减少钻进机械搬运工程，降低钻探工程对矿井生产进度影响，对奥灰顶部地层进行超前探查和治理，还可对底板异常地质构造进行超前探测等。

2011 年，中国煤科西安研究院首次将定向钻进技术引入到煤层底板水害超前注浆治理中，在河南煤化集团赵固一矿利用水平定向钻孔对 11151 工作面底板成功进行现场注浆加固试验，成功阻隔了 2^1 煤层底板高压水向上突出的通道，并对导水裂隙和构造进行了封堵，效果良好。之后，超前区域治理的理念在邯邢矿区、淮北矿区煤层底板水害治理中大面积推广应用，并迅速发展到底板断层、陷落柱等导水构造治理，最终形成集超前区域探查与面状治理于一体的煤层底板水害超前区域治理技术(董书宁，2020a)。2012 年，峰峰矿区九龙矿在工作面采掘前利用水平定向钻进技术，在地表施工注浆孔及水平分支孔，对 15445N 工作面煤层底板含水层及奥灰含水层进行探查与注浆治理。2012 年，中国煤科西安研究院成功应用水平定向钻技术治理韩城矿区桑树坪煤矿井下奥灰含水层，并建成国内首个井下规模化底板水害超前区域治理示范工程(王皓，2016)。2013 年，中国煤科西安研究院开始采用水平定向钻进技术和注浆改造技术在淮北矿区朱庄煤矿进行煤层底板太原组薄层灰岩进行区域探查与改造(石志远，2015)，而后首次将径向射流工艺引入煤矿防治水领域，并在冀中能源东庞煤矿应用(刘再斌，2018)。2014 年，中国煤科西安研究院将超前区域治理技术先后推广至皖北、淮南、山东黄河北煤田、邯邢、焦作等大水矿区，取得了良好的治理效果。

超前区域治理技术能够解决以往煤矿井下注浆技术治理工程不超前(影响采掘接续)、注浆盲区大、有效孔径短等问题，是我国煤层底板水害超前治理的主要工程技术手段。目前，超前区域治理仍面临定向钻孔中浆液运移规律不明确、钻遇隐伏导水通道判识与治理难度高、注浆效果检验技术不可靠等技术问题，同时井下定向钻机的钻进能力较低，无法满足部分矿区高强度灰岩含水层中的钻进需求，且水压较高时井下钻孔施工安全难以保障，制约了我国煤矿水害超前区域治理技术的科学发展。

2. *底板注浆浆液扩散规律*

煤层底板奥陶系灰岩或太原组灰岩含水层以溶蚀裂隙最为发育，是地下水赋存、运移的主要通道，因此在底板注浆过程中浆液主要是在裂隙中扩散(潘文勇等，1982)。关于裂隙岩体注浆浆液扩散规律，国内外专家学者进行了大量研究，并取得了丰富成果(《岩土注浆理论与工程实例》协作组，2001)。例如，Hassler 等(1992)用渠道网络代替裂隙面，将二维辐射流简化为一维直线流，在单条渠道内，推导出了浆液的运动方程，并据此建立了裂隙网络注浆数值模型，模拟了不同流变特性的浆液在裂隙网络中的扩散；Baker(1974)将粗糙裂隙简化为光滑裂隙，建立了牛顿流体浆液注浆压力与扩散半径间的关系式，研究了浆液在水平光滑裂隙中的扩散规律；Tani 等(2017)基于水平裂隙建立了牛顿型和宾厄姆型浆液径向流和辐射流的扩散方程，并考虑了不同方式下的注浆过程，即恒定流速、恒定压力和恒定能量下的注浆过程；刘嘉材(1982)忽略浆液自重影响，推导了垂直注浆孔光滑水平等厚裂隙中牛顿型浆液扩散距离计算式；张良辉等(1998)利用从层流到紊流的多阶段稳定压水试验的压力-流量曲线反算裂隙张开度、粗糙度及地下水影响半径等裂隙参数，建立了平面裂隙中浆液流动的力学模型，并分析了对浆液流动的影响因素；李术才等(2013)采用广义宾厄姆流体本构方程，推导了 C-S 浆液在单一平板裂隙中的压力分布方程；张庆松等(2015)建立恒定注浆速率条件下考虑浆液黏度时空变化的水平裂隙注浆扩散理论模型，推导了浆液扩散区内的黏度及压力时空分布方程,得到了注浆压力与注浆时间及浆液扩散半径的关系；郝哲等(2001)建立了纯牛顿流体、黏度随时间变化的牛顿流体、纯宾厄姆流体、黏度随时间变化的宾厄姆流体等四种流型浆液的水平裂隙流动模型，研究了岩体裂隙注浆扩散规律及多孔注浆影响规律。

上述研究成果为揭示不同流型浆液在裂隙中的扩散规律提供了重要指导和借鉴，但所建立的裂隙岩体浆液扩散流体力学模型均针对垂直注浆孔水平裂隙浆液扩散，并未考虑浆液自身重力的影响。然而，在岩溶裂隙含水层中注浆时，水平孔与裂隙相交，而且岩溶裂隙含水层为承压含水层，其水位在煤层上方，因此浆液在注浆孔上下方裂隙中扩散时均存在静水压力的阻力作用，而且浆液自重在水平孔上下方裂隙中及不同扩散方向上的作用均存在差异，使其扩散迹线并非圆形。因此，岩溶裂隙含水层水平孔浆液扩散规律与垂直注浆孔水平裂隙浆液扩散规律存在明显不同。

底板岩溶裂隙承压含水层垂直或倾斜裂隙相比水平裂隙更具有突水危险性，因此对垂直或倾斜裂隙注浆封堵和加固具有更为重要的突水防治意义。水平孔在灰岩地层中顺层钻进能够与垂直或倾斜裂隙相交，更大程度地揭露岩层裂隙，这也是采用水平孔在灰岩地层顺层注浆相对垂直孔注浆的突出优势。部分学者考虑浆液自重，进行了倾斜裂隙浆液扩散规律的探索。例如，罗平平等(2010)考虑二维平行板间不可压缩黏性流体的运动方程，推导了宾厄姆型浆液在等宽光滑倾斜裂隙中的流动方程；裴启涛等(2018)考虑浆液自重作用的影响，建立了恒速率注浆条件下反映浆液黏度时空变化的倾斜裂隙注浆扩散模型；Hu 等(2020)基于倾斜含水裂隙中浆液受力情况，建立了倾斜管状裂隙中浆液扩散距离与时间的关系；赵庆彪等(2016)针对水平孔注浆的工艺过程，建立了裂隙含水层水平孔注浆“三时段”浆液扩散机理；张佳兴(2020)通过物理模型试验研究了黏度时变性浆液在不同倾角和浆液性质条件下的扩散规律，得到了倾斜裂隙浆液扩散迹线形态；阮文军(2005)基于浆液黏度的时变性规律，并考虑了裂隙倾角和方位角、流核、地下静水压力等诸多影响因素，推导建立了稳定性水泥基浆液的注浆扩散模型；郑玉辉(2005)考虑频率水力隙宽和宾厄姆流体渗流规律，构建了牛顿流体和宾厄姆流体的浆液扩散模型，给出了倾斜裂隙浆液扩散模型的表达式；郑长成(2006)根据粗糙裂隙的等效水力开度与力学开度的关系，推导出了计算粗糙裂隙内流体扩散范围的修正系数，并考虑裂隙倾角，建立了宾厄姆流体在光滑裂隙内的辐射流运动方程，求解得到预测稳定水泥浆液最大扩散距离的解析式；柳昭星等(2022a)考虑浆液自重和裂隙倾角的影响，建立了倾斜裂隙水平注浆孔牛顿流体和宾厄姆流体浆液扩散控制模型，得到了不同影响因素下浆液扩散的理论迹线形态和扩散距离变化规律。

3. 底板注浆效果评价

目前，注浆效果的检测技术相对不够成熟，检测仍是注浆施工中较薄弱的环节。现有预注浆工程堵水效果评价方法包括物探法、钻探法、注浆特征分析法、检查孔法、开挖取样法和变位推测法。其中，物探法主要有超声波检测、无线电波透视、孔内电视窥视和孔间透视分析。钻探法主要有钻孔简易水文观测、钻探取芯特征和钻进阻力特征分析。注浆特征分析法主要包括不同注浆序次和不同注浆段的 P-q-t 特征分析(张民庆等，2006 年)。注浆特征分析法是通过对注浆施工中所收集的参数信息进行合理整合，采取分析、比对等方式，对注浆效果进行定性、定量化评价。检查孔法是针对注浆要求较高的工程所采用的一种方法，该方法也是目前公认的最为可靠的方法。开挖取样法是在隧道开挖过程中，通过观察注浆加固效果、对注浆机制进行分析、测试浆液结石体力学指标，从而对注浆效果进行有效评定；同时，开挖取样法也为下一阶段注浆设计与施工提供重要的价值。开挖取样法包括加固效果观察法、注浆机制分析法、力学指标测试法。变位推测法是通过监测注浆前后，以及施工过程中地下水位变化、地表沉降量变化等，分析评判注浆效果。目前，物探法应用于注浆效果检查，多进行宏观评定注浆效果，但目前尚无可靠的方法。吴火珍等(2008)结合电磁波在多种介质中的传播特征，提出了利用地质雷达波形图分析的方法对注浆效果进行检测；李振华等(2003)利用直流电法对采动前、采动后底板进行了探测，通过电阻值对比分析出注浆效果；薛宗建等(2012)采用钻进时涌水量判别法判断巷道前方有无明显地质构造裂隙；王永龙(2008)采用二次电法探测电阻率异常并使用岩芯验证注浆充填法对注浆效果进行了评价。

1.2.3 巷道截流堵水技术

在治理煤矿大型水害的过程中，采用截流堵水技术变动水为静水环境，为根治突水通道、排水复矿等后续工作打下基础。多年来，我国水文地质工作者与水患斗争的过程，也是技术、装备和工艺不断更新换代的过程。有学者总结了 1984 年开滦范各庄特大突水事故的治理经验，在当时的技术条件下进行巷道截流时采用了国产煤田地质勘探千米钻机(终孔 110cm)，设计了大流量骨料快速灌注系统、大流量连续造浆及灌注系统，研发了钻孔中投放速凝早强水泥包的技术方法和设备，形成了一套较完整的动水巷道截流堵水技术理论与方法，为之后大量水害事故的治理提供了技术原型，成为我国煤矿水害治理历史上的里程碑事件(朱际维，1994；何思源，1986)。

20 世纪 90 年代以来，截流堵水技术得到了快速发展，形成了一套成熟的“查”“找”“定”“堵”“验”相结合的煤矿突水封堵技术。我国一些专家分析了 2003 年东庞矿 2903 工作面陷落柱特大突水灾害治理经过，采用封堵过水巷道的方式先截流、后堵源(陷落柱)，钻孔终孔孔径 216mm，钻探工艺采用单弯螺杆+PDC，测斜采用单点测斜照相仪进行测量，并结合截流过程提出了旋喷注浆、充填注浆、升压注浆、引流注浆等四个关键技术阶段(南生辉等，2010；刘建功等，2005)。王则才(2004)结合 2002 年郭家庄煤矿 8101 工作面突水治理经验，提出了综合注浆堵水技术，当钻孔漏水量小时以单液浆为主，当孔内进浆量多时以灌注骨料和双液浆为主，并指出科学合理的注浆工艺是快速堵水的关键。邵红旗等(2011)结合 2010 年骆驼山煤矿特大突水淹井水害治理情况，提出了在静水条件下骨料灌注效率低时，可采用双液浆法快速建造阻水墙骨架，再采用综合注浆法灌注水泥浆液，取得了优良的堵水效果。岳卫振(2012)通过黄沙矿截流堵水经验，在巷道煤岩强度低导致截流段反复冲溃的情况下，提出了采用平衡压力法改善附近水闸墙两侧受力条件的方法对水害进行治理。姬中奎(2014a)总结了近十年来特大透水事故中采用的定向钻探工艺，指出了陀螺测斜定向技术及 WMD 无线随钻测斜定向技术在透巷施工过程中的技术先进性。王威(2012)通过研究水泥浆液在骨料中的流动规律，以达西定律为基础考虑浆液时变性，推导了柱形扩散式，并结合水泥浆凝固沉积规律和浆液充填空隙过程，研究了骨料堆积体注浆加固机理。李维欣(2016)和惠爽(2018)通过正交试验研究了骨料灌注过程中各相关因素对截流堵水效果的影响。至此，我国煤矿大型水害截流治理技术与装备日渐成熟，在诸多大型水害治理中得到全面推广和应用。以往关于截流堵水工程的研究多限于对工程实践经验的总结，深入阐述截流机制的理论与试验研究较少，缺乏代表性。

随着技术与经验的不断积累，国家对新形势下煤矿安全领域的重视程度逐级增大，迫切需要在现有技术条件下对类似关键技术问题进行理论层面的深入研究，使经验主导型工程技术解决方案向理论技术指导型转变，实现理论可依、过程可控、效果可期的水害治理过程。

1.2.4 注浆堵水技术

注浆技术广泛运用于煤炭、水电、交通、建筑等地下工程领域，在煤炭行业称为注浆，在水电行业称为灌浆。注浆技术是利用液压、气压或电化学等注浆设备，通过一定的压力将一种或几种浆材配制而成的浆液注入岩土体中，以充填、渗透、压密、劈裂等方式，驱散岩土体中的空气和水分后凝固胶结，改善岩土体的结构，达到加固和防渗的目的(牟林，2021)。

1802 年，法国人 Charles Bellini 开始使用石灰和黏土浆对迪普港的砖石砌体进行加固，至今已有 200 多年的历史。1826 年，英国人发明了硅酸盐水泥。1864 年，德国人首次利用水泥浆液注浆对竖井井壁进行加固，同年，Barlow 获得了首个用于盾构的注浆专利。1884 年，英国人在印度首次利用化学药品进行固沙。1886 年，为了使水泥浆液注浆具有更大的动力，英国研制出了首台压缩空气注浆机。1889 年，德国获得了水玻璃注浆材料专利；1909 年，比利时获得了双液单系统注浆专利。1920 年，荷兰人 Eusden 首次使用水玻璃和氯化钙双液双系统注浆法，以尤思登命名的这一注浆方法至今仍在使用，1926 年，Eusden 因此而获得了注浆专利。20 世纪 40 年代开始，国外注浆技术迎来了大发展。在注浆材料方面，各种水泥浆材和化学浆材相继问世，其中 1950～1975 年是化学注浆的大发展时期。20 世纪 50 年代，美国成功研制出黏度接近于水且凝胶时间可任意调控的丙烯酰胺(AM-9)。1956 年前后，出现了尿素-甲醛类浆液。1960 年，美国最早研究出可调控凝胶时间的硅酸盐和铬木素；1963 年，出现了酚醛塑料。20 世纪 60 年代末，日本研制出类似丙烯酰胺的注浆材料“东风-SS”。1974 年，日本福冈发生了丙烯酰胺注浆导致的中毒事件，随后国际上开始禁止使用有毒化学注浆材料。在注浆工艺方面，20 世纪 60 年代末，苏联特殊注浆地质公司(STG)在井筒地面预注浆中发明了综合注浆技术并获得了专利。同一时期，日本首先发明了单管旋喷注浆法，后期又发明了二重管、三重管旋喷注浆法和高压喷射注浆法等。在注浆钻孔施工方面，出现了全液压动力头式钻机。在注浆设备和仪器方面，大流量、高压力专用注浆泵，系列止浆塞，检测仪器等相继研制成功并投入使用。80年代，各种注浆学术组织相继成立，其中1989年初，国际岩石力学学会成立了注浆委员会，标志着注浆技术已正式成为岩土工程的一个重要分支(杨志斌，2021)。我国的注浆技术研究和应用起步较晚，20世纪50年代初才起步，但发展较快，随着我国地下工程建设速度和规模的快速发展，注浆技术在我国也迎来了跨越式发展期，特别是对水泥注浆材料的研制水平已处于世界先进行列(Hu et al.，2020；张永成等，2012；Zhang et al.，2011；杨米加等，2001；熊厚金，1991；何修仁，1990)。注浆技术在我国的水电部门应用较早，50年代后期才开始应用于我国的煤矿水害治理(姬中奎，2014b；王威，2012；邵红旗等，2011；南生辉，2010；李彩惠，2010；南生辉等，2008；白峰青等，2007；李大敏，2000；郑士田等，1998；吴玉华等，1998；何思源，1986)。1955～1957年，淄博矿务局使用水泥单液浆、生牛皮、干海带和黄豆作为止浆塞，通过注浆治理成功恢复了1934年被水淹没的夏家林煤矿。1959年，开滦矿务局对荆各庄煤矿建井过程中发生的5#煤顶板砂岩突水事故，使用水泥-水玻璃双液浆，历时数年取得治水成功。1962年，唐山煤炭科学研究所矿井地质研究室和徐州矿务局首次在夏桥煤矿进行帷幕注浆截流治理矿井水害的技术与工业试验，并成功在青山泉煤矿实施了帷幕注浆截流的工业性试验，使注浆技术向用于改善矿井水文地质条件迈出重要一步。20世纪80年代以后，注浆技术在治理断面大、流速快、流量大的动水突水灾害应用中得到快速发展，尤其是在1984年开滦矿务局范各庄煤矿奥陶系灰岩岩溶陷落柱特大突水灾害治理中，研究形成了一套集过水巷道截流和突水通道截流相关的钻探、骨料灌注、大体积速凝早强水泥包投放、注浆等装备、工艺为一体的动水注浆技术体系，研究成果获得了国家科技进步奖一等奖。20世纪80年代末至90年代，肥城矿务局、皖北矿务局、徐州矿务局等也相继在多次大流量的突水灾害注浆治理中取得成功，其中肥城矿务局发展了采用注浆技术改造煤层底板下伏灰岩含水层的工艺和方法，并取得了较好的注浆治理效果。进入21世纪以来，中国煤科西安研究院等单位相继在东庞煤矿、九龙煤矿、骆驼山煤矿、桑树坪煤矿、桃园煤矿、潘二煤矿、古城煤矿等多次特大突水灾害注浆治理中取得成功(Wang et al.，2011)，其中在潘二煤矿的突水灾害注浆治理中，首次使用近水平定向钻孔同时对过水巷道和突水通道进行注浆截流(杨志斌等，2018)。2008年以前，对煤层底板注浆加固和改造时，多采用直孔或分支斜钻孔进行注浆治理，由于其钻孔布置密集而带来钻探工程量大、工期长、成本高等问题，董书宁等(2019)在2008年首次提出利用近水平定向钻孔对煤层底板注浆加固和改造的理念，提出了煤层底板注浆加固和改造的近水平定向钻孔施工方法，大幅增加了有效注浆段长度，减小了注浆盲区，开启了采用近水平定向钻孔进行煤层底板水害探查与治理的新篇章，并在赵固一矿试验成功。2012～2014 年，中国煤科西安研究院等单位先后在桑树坪煤矿、九龙煤矿、朱庄煤矿等矿井，利用井下或地面近水平定向钻孔对奥陶系灰岩含水层或太原组灰岩含水层进行注浆改造，并取得成功。2012～2017 年，中国煤科西安研究院和冀中能源集团有限责任公司在峰峰矿区的多个矿井，采用径向射流对煤层底板水害进行探查与治理工程并取得成功(胡宝玉，2018)。2015～2018 年，中国煤科西安研究院在淮北朱仙庄煤矿，利用近水平定向钻孔在侏罗纪第五含水层(五含)中注浆帷幕，建成一条长 3.2km、平均高约 70m、有效宽度 40m 的大型落地式帷幕墙，成功切断了“五含”的强富水含水层补给水源奥陶系灰岩水和太原组灰岩水。2018～2020 年，中国煤科西安研究院在扎泥河露天煤矿利用地下混凝土连续墙、防渗膜垂向隐蔽铺设、超高压角域变速摆喷和钻孔咬合桩四种截水帷幕工艺，建成一座平面长度近 6000m、最大深度约 60m、有效厚度 1m 左右的弧线形落地式帷幕，成功截断了海拉尔河的侧向强补给水源。2011 年以前，对煤层底板突水灾害进行过水巷道截流注浆治理时，采用先期灌注骨料及辅料、后期进行补充注浆的方法，不但存在工程量大、工期长等问题，后期还容易发生次生灾害，为此，朱明诚(2015a)在开滦范各庄煤矿特大突水灾害治理中大体积、速凝早、强水泥包投放试验成功的基础上，发明了钻孔控制注浆高效封堵关键技术及装备，先后于 2011 年在榆卜界煤矿、2018 年在左则沟煤矿的过水巷道动水截流过程中，通过钻孔定点投放保浆袋囊和补充注浆的方法堵水成功，其中榆卜界煤矿堵水工程创造了国内过水巷道动水截流用时最短纪录。

1.3 本书主要内容

本书针对我国华北型石炭—二叠纪煤田煤层底板灰岩岩溶裂隙含水层水害防治难题，围绕含水层特征及突水机理、水害超前预防、突水灾后治理三个方面，开展岩溶含水层展布及充水特征，煤层底板岩溶裂隙含水层水害预防、矿井突水灾害快速封堵方面的相关技术与装备研究，形成系统的煤层底板灰岩含水层水害预防与灾害治理技术与装备体系，主要内容包括以下几个方面：

(1) 华北型煤田煤层底板水害成因及评价。系统介绍我国华北型煤田煤层底板奥陶系灰岩、石炭系太原组灰岩展布特征，分析煤层底板地层结构及典型水文地质结构特征，研究煤层底板充水因素及开采扰动致灾突水机制，并综合论述目前常用的煤层底板突水危险性评价方法。

(2) 煤层底板灰岩含水层超前区域治理技术。根据煤层赋存、水文地质条件及装备性能，建立适用于不同矿区的超前区域治理模式及选择准则，揭示水平注浆钻孔注浆倾斜裂隙浆液扩散规律，构建出水平钻孔群高效注浆控制理论。研发定向钻孔施工过程中多元信息融合的隐伏导水通道判识，以及注浆效果全过程综合检验技术，最终构建出超前区域治理技术体系，提升我国煤层底板灰岩含水层水患超前区域治理的技术水平。

(3) 过水大通道快速封堵截流技术。提出基于保浆袋控制注浆矿井突水过水大通道封堵截流技术思路，研制大尺度过水大通道封堵模拟试验系统，开展矿井突水过水大通道封堵物理模拟试验，揭示了保浆袋囊堆积、运移与封堵机制。研制出单孔双袋囊投放、注浆专用钻具及超薄高强度保浆袋囊，研发保浆袋注浆材料及其配比、保浆袋囊对不同类型骨料及浆液的控制效应，形成基于单孔双袋控制注浆的过水大通道快速封堵截流技术体系。

(4) 煤层底板水害防控关键装备。针对我国现阶段煤层底板灰岩水害防治部分钻探、注浆装备性能不足问题，研制煤矿井下高水压硬岩层顶水定向钻进配套的冲击螺杆马达、专用钻头、钻杆内孔高压逆止阀、矿用旋转防喷器，研发出冲击回转复合动力定向钻进技术，实现煤矿井下硬灰岩含水层中的安全高效钻进；研发出撬装式结构智能化快速制浆注浆系统，集连续制浆与注浆系统、管汇系统、液压系统、动力系统及电气控制系统于一体，实现自动制浆、注浆以及浆液配比的智能化调整，提高矿山水灾应急抢险的装备水平。

第2章 华北型煤田煤层底板水害成因及评价

2.1 煤层底板灰岩沉积演化与发育特征

华北型煤田区主要有中石炭世本溪组、晚石炭世太原组、早二叠世山西组和下石盒子组四个含煤地层，其中本溪组含煤性相对较差，山西组和下石盒子组含煤性最好，是该区域多数煤矿的主采煤层所在层位。就煤层分布范围而言，北界为阴山、燕山及长白山东段，南界为秦岭、伏牛山、大别山及张八岭，西界为贺兰山、六盘山，东界为黄海、渤海。区内各矿井的水文地质结构极为典型，煤层底板不同时期沉积了性质各异的灰岩地层，部分区域水压较高，威胁煤层开采安全。

华北型煤田范围内普遍缺失上奥陶统、志留系、泥盆系及下石炭统，石炭—二叠纪地层直接覆盖在中奥陶统巨厚灰岩之上。煤层底板主要地层包括太原组灰岩、泥岩互层，本溪组铝土质泥岩，奥陶系峰峰组等灰岩地层(图2-1)。

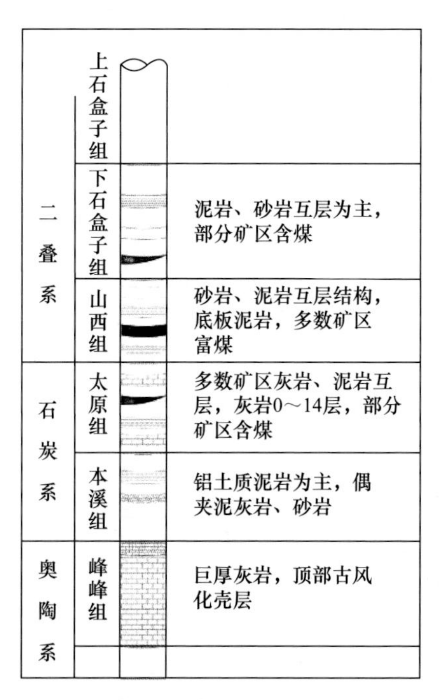

图2-1 我国华北型煤田典型地层结构柱状图

通过对区域典型地层结构和含水层形成条件分析，一般情况下其脆性岩地层易发育岩溶、裂隙、孔隙等储水空间，具备形成含水层的基本条件。结合区域内矿井多年的开采揭露和水文地质勘探，煤层底板主要充水含水层为奥陶系巨厚灰岩(简称“奥灰”)，以及太原组薄层灰岩(简称“太灰”)和本溪组少量薄层灰岩地层。由于本溪组灰岩在华北型煤田区分布范围较小且总厚度较小，不再进行专门论述。本书主要对煤层底板奥陶纪、石炭纪沉积环境及奥灰、太灰地层的发育特征进行综合分析。

2.1.1　构造运动与沉积演化

1. 华北型煤田主要构造运动

华北型煤田主要受到阴山构造带、昆仑—秦岭构造带、贺兰山构造带综合控制，区内地质构造运动与沉积环境决定了煤层开采的水文地质结构。早寒武世以来，华北地区的主要构造运动包括以下五种。

1) 加里东运动

加里东运动时期，发生了昌平、怀远及加里东晚期三次抬升，使下古生界三次大面积暴露地表。特别是加里东晚期的抬升运动，本区整体抬升并先后经历了 130～150Ma 的风化、剥蚀和夷平时期。

2) 海西运动

直至中石炭世，因受海西运动和邻区广泛海侵的影响，地壳逐渐下降，海水再次入侵，沉积了晚古生代巨厚的海陆交互相铁、铝、煤等矿层，构成了我国北方最重要的含铝岩系和含煤岩系，同时奥陶系灰岩进入深埋阶段。

3) 印支运动

晚二叠世时期，本区逐渐抬起，海水退出，直至中生代上升为陆相盆地沉积。中生代早期的印支运动使南北西侧古陆抬升，华北地台北缘和南缘的三叠纪及其以前的地层被全部或局部剥蚀，侏罗系超覆其上。

4) 燕山运动

燕山运动使侏罗系及其以前的整个地台盖层产生褶皱、断裂，并伴随以中酸性为主的岩浆侵入和喷发，使华北板块解体，形成一系列断陷盆地，构成了现今的基本构造格局。

5) 喜山运动

喜山运动改变了古岩溶在空间高度上的基本一致性，导致了奥灰现代岩溶发育条件的差异。

2. 沉积环境特征

华北型煤田基底奥陶系地层的沉积环境总体为海相沉积环境，具体表现为浅海相或陆表海局部上升为陆相沉积；同时，煤层底板石炭系地层为海陆交互相沉积，具体的沉积环境及特征如下。

本区在早寒武世到中寒武世期间，普遍受到海侵，并且为陆表海所覆盖。全区地壳稳定，早期沉积了富含陆源碎屑的红色钙泥质沉积(徐庄组)，之后逐渐被碳酸盐沉积所代替(张夏组、崮山组、长山组、风山组)。晚寒武世，本区西部和南部发生短暂海退，导致鄂尔多斯西缘、河南嵩山及安徽淮南等地产生奥陶系与寒武系间假整合接触，并形成局部古溶蚀面。区内大部分地区，奥陶系与寒武系仍为连续沉积。

短暂海退之后，在早奥陶世发生新的海侵，早奥陶世陆表海范围与中、晚寒武纪大体相同。中奥陶世期间，沉积环境为浅海碳酸盐台地，海侵分别由北东向南西推进，沉积物几乎全为碳酸盐岩，仅局部地区(如峰峰矿区、焦作矿区)等的下马家沟组底部有石英砂岩、页岩等陆源碎屑沉积以及石膏、盐岩等化学沉积。总体而言，早奥陶世到中奥陶世期间，该区南部海水较浅，而北部较深，岩相沉积南部薄且白云质多、北部厚且多为灰质。中奥陶世后，由于大规模的造陆运动，华北和东北南部发生海退，使华北陆表海上升为陆，从而结束了漫长的浅海相碳酸盐岩的沉积，广大地区遭受剥蚀，仅见华北大陆的西缘(如宁夏固原、渭北东部)有上奥陶统(背锅山组)沉积，沉积物以碳酸盐岩为主。

从晚奥陶世至中石炭纪中期，本区由于长期遭受风化剥蚀，为岩溶发育创造了稳定的良好条件，使奥灰顶面形成了准平原化岩溶地貌。加里东运动使其整体上升为陆，经过长期剥蚀夷平之后，至石炭世中期又开始整体缓慢下沉，海水自东西两面呈脉动式入侵，从而在广阔的中奥陶统石灰岩剥蚀面上普遍沉积了海陆交替相的本溪组和太原组含煤地层，主要由砂岩、粉砂岩和泥岩组成，间夹灰岩、煤层和少量砾岩。

石炭纪晚期本区开始整体缓慢上升，从石炭纪中期至三叠纪，本区又开始沉降，沉积了巨厚的海陆交互相煤系地层，奥灰进入深埋阶段。燕山运动以后，华北断块开始活化，首先是太行山等断块整体隆升，本区重新遭受风化剥蚀，故本区侏罗、白垩纪地层大都缺失，而奥灰局部开始出露地表，接受大气降水淋滤溶蚀。喜山运动以后，升降发生了差异改变，原来岩溶在空间高度上的基本一致性，造成下降部位的岩溶“深埋”，上升部位的岩溶“浅出”，从而造成了奥灰现代岩溶发育条件的差异。华北地台沉积环境演化示意如图 2-2 所示。

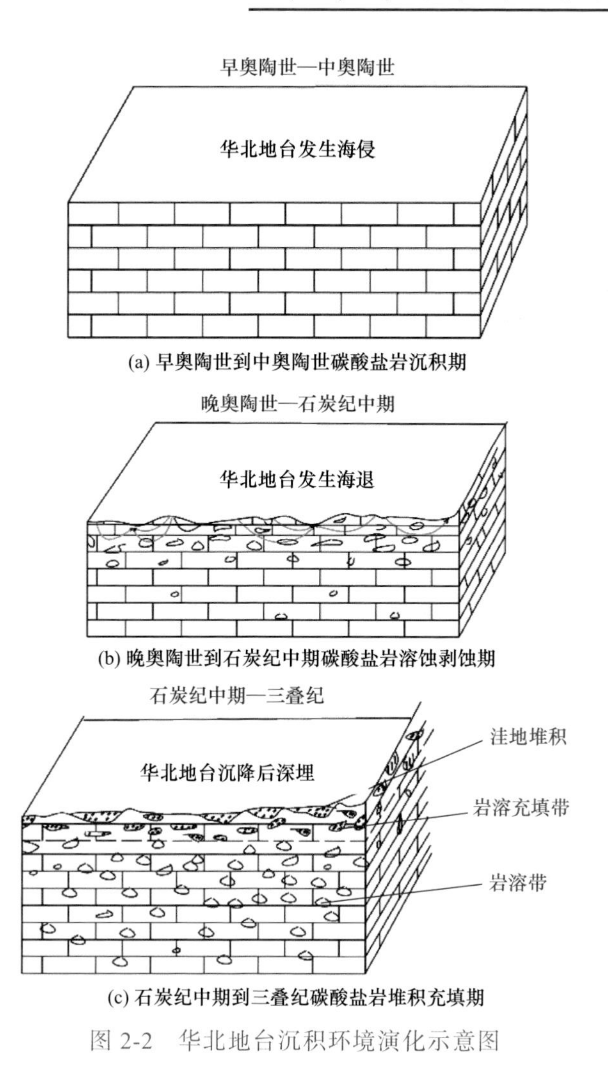

(a) 早奥陶世到中奥陶世碳酸盐岩沉积期

(b) 晚奥陶世到石炭纪中期碳酸盐岩溶蚀剥蚀期

(c) 石炭纪中期到三叠纪碳酸盐岩堆积充填期

图 2-2　华北地台沉积环境演化示意图

由此，通过对华北型煤田煤层底板奥陶纪至石炭纪沉积环境研究，结合不同岩相地层含水性特征综合分析得出，煤层底板主要含水层包括海相沉积的巨厚碳酸盐岩、海陆交互相的薄层砂岩、灰岩。

2.1.2　奥陶系灰岩发育特征

1. 奥陶系地层空间展布特征

在华北型煤田分布区域，奥陶系总厚度为 300～2000m(不包括平凉组、背锅山组)，沉积中心在济南、肥城、邢台、峰峰一带(图 2-3)，各地岩性大致相似，为一套稳定的碳酸盐岩建造，其中奥陶系中下统发育较全，而中统上部和上统大部地区缺失。

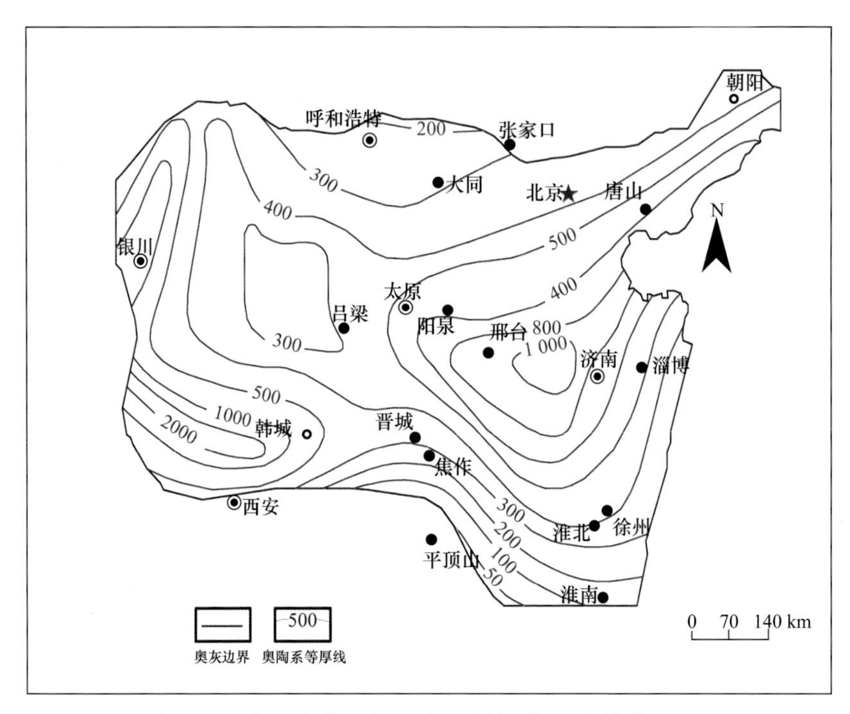

图 2-3 华北型煤田奥陶系地层等厚线图(单位：m)

本区西部贺兰山、平凉一带，奥陶系沉积特点与其他地区不同，总厚度可达 1800m，具有沉降带的特点。本区在晚寒武世开始海退，经早奥陶世冶里期，至早奥陶世亮甲山期，秦岭—淮阳古陆进一步扩大，致使豫西—豫南地区缺少奥陶系沉积，荥—巩及焦作矿区沉积缺失下奥陶统。大同矿区奥陶系灰岩由南向北，从上而下依次遭剥蚀，厚度逐渐变薄并依次缺失(牟林，2011)。

2. 奥陶系地层划分

在华北型煤田分布区，奥陶系下统、中统发育较全，而上统则大部分缺失。中奥陶统分布广、厚度大，在多数区域存在着三个明显的沉积旋回，每个旋回的下部以薄层微晶白云岩和泥质灰岩为主，并含石膏(或石膏假晶)和膏溶角砾岩，每个旋回的上部主要为泥晶灰岩和含生物泥晶灰岩。研究区中奥陶统区域对比见表 2-1。

表 2-1 研究区中奥陶统区域对比

<table>
<tr><th colspan="5">区域对比</th></tr>
<tr><th colspan="3">山西-太行山地区</th><th colspan="2">鲁中南-徐淮地区</th></tr>
<tr><td rowspan="2">峰峰组</td><td>O_2f^2</td><td>O_2f^2</td><td>$O_2^{3\text{-}2}$</td><td>八陡组</td></tr>
<tr><td>O_2f^1</td><td>O_2f^1</td><td>$O_2^{3\text{-}1}$</td><td>阁庄组</td></tr>
<tr><td rowspan="3">上马家沟组</td><td>O_2S^3</td><td>O_2S^3</td><td rowspan="2">$O_2^{2\text{-}2}$</td><td rowspan="2">马家沟组</td></tr>
<tr><td>O_2S^2</td><td>O_2S^2</td></tr>
<tr><td>O_2S^1</td><td>O_2S^1</td><td>$O_2^{2\text{-}1}$</td><td rowspan="4">北庵庄组
(肖县组、寨山组)</td></tr>
<tr><td rowspan="4">下马家沟组</td><td>O_2x^3</td><td rowspan="2">O_2x^3</td><td rowspan="3">$O_2^{1\text{-}2}$</td></tr>
<tr><td>O_2x^2</td></tr>
<tr><td rowspan="2">O_2x^1</td><td>O_2x^1</td></tr>
<tr><td>O_2x^1</td><td>$O_2^{1\text{-}1}$</td><td>贾旺组</td></tr>
</table>

中奥陶统的岩性在华北地区有较明显的地区差异性，从而影响岩溶发育和分布以及含水性强弱等特征。华北北部辽南一带，中奥陶统主要为厚层纯质灰岩，白云岩含量较少，且不含石膏，岩溶甚为发育，含水性也甚强；在华北中部地区，即渭北、山西、太行山的东侧和南侧、鲁中地区、燕山南侧、唐山一带等地，岩性以含石膏的各类碳酸盐岩为主，岩溶发育、含水性强；在华北南部，大致从豫西、平顶山至淮南一带，中奥陶统厚度较薄甚至缺失，岩性上以白云岩为主，不含石膏沉积，岩溶不甚发育，含水性一般较弱。

华北型煤田的多个矿区，中奥陶统的灰岩含水层是煤层底板突水灾害的主要充水水源，也是奥灰水害防治的主要层位。中奥陶统的一般厚度为 300～500m，部分区域的厚度可大于 600m。西有石家庄—井陉—阳泉一线，中奥陶统厚度为 640～784m，向南北两侧逐渐变薄，向北到怀仁市已经剥蚀到下马家沟组，到大同口泉只剩 6m 亮甲山组和 19m 的冶里组，再向北缺失奥陶系；东有淄博—新汶一线，中奥陶统厚度达 800～850m，向南北也变薄并缺失(牟林，2011)。

3. 中奥陶统地层富水性特征

华北型煤田不同矿区的中奥陶统地层富水性多属中等富水、强富水和极强富水。燕山南麓山前地带和太行山东南麓山前地带、辽南、山西、渭北东部的断陷盆地和向斜盆地的翼部地区富水性比鲁中南地区更强。通过收集部分矿区中奥陶统含水层抽水试验的单位涌水量，分析其富水性特征(表 2-2)。

表 2-2 部分矿区中奥陶统单位涌水量对比表

矿区	单位涌水量/[L/(s · m)]
淄博	5.60～6.70
新汶	4.85～10.00
兖州	0.50
枣庄	1.20～14.30
肥城	8.10～28.00
淮北、淮南	1.10～3.20
邢台	0.22～41.16
邯郸	1.78～40.00
峰峰	0.19～42.95
潞安	0.57～33.02
晋城	0.62～23.00
霍州	0.63～96.77
韩城	0.20～191.30
澄合	0.20～36.00

2.1.3 石炭系地层灰岩发育特征

华北型煤田石炭—二叠纪含煤地层主要有上石炭统本溪组、太原组，下二叠统山西组、下石盒子组，上二叠统上石盒子组，煤系地层总厚度 250～1000m。石炭纪时期的海陆交替沉积环境沉积了大量的薄层灰岩地层，主要分布在本溪组和太原组，部分石灰岩地层的岩溶化程度较高，在有良好补给条件下会形成富水性较好的含水层。尤其是部分区域薄层灰岩含水层会受到断层、陷落柱、封闭不良钻孔等通道的影响，与奥灰含水层联通形成统一的含水体，间接减小了奥灰与煤层之间的距离，对矿井安全造成威胁。

石炭—二叠纪地层中，由西北向东南灰岩层数由 2～3 层逐渐增加到 14 层以上(图 2-4)，厚度由 5m 以下增加到 60m 以上。灰岩地层主要分布在本溪组、太原组地层中。

1. 本溪组灰岩发育特征

华北型煤田大部分区域，本溪组地层可分为上、下两部分：下部为紫色铁铝岩及不稳定的“山西式铁矿”和菱铁矿层，局部有底砾岩；上部为细砂岩、粉砂岩、泥岩夹灰岩或泥灰岩，以及 1～2 层薄煤层。

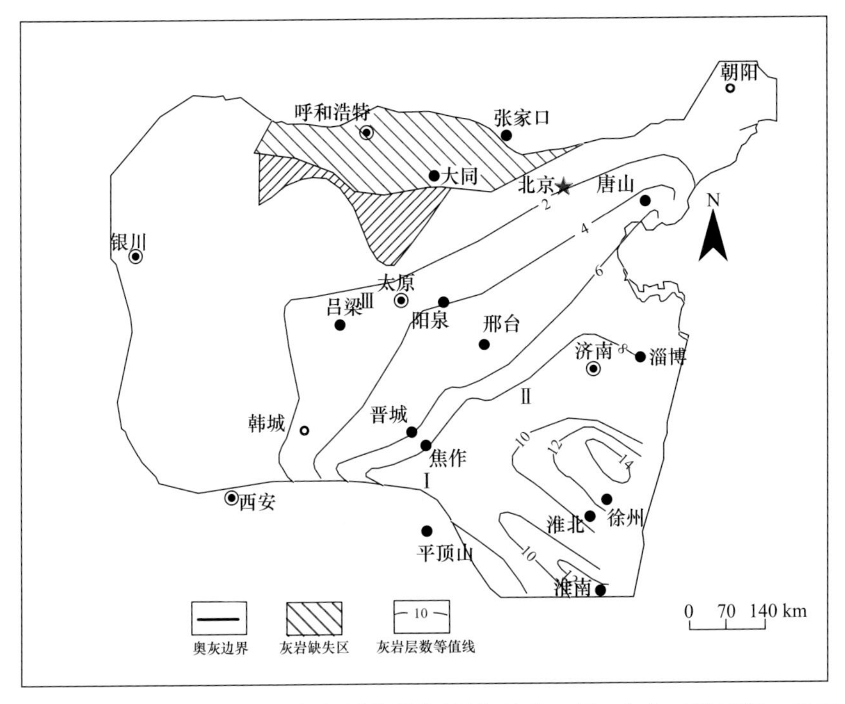

图 2-4　石炭—二叠纪地层灰岩层数等值线图(单位：层)(改自王梦玉等，1991)

早石炭世时期，本区主要发生由东向西的海侵作用并伴随着由西向东的海退作用，本溪组沉积的灰岩层数和厚度也由东向西逐渐减薄并逐渐缺失，厚度由 40m 逐渐减小并尖灭(图 2-5)。其灰岩主要分布于天津、济南、徐州一线以东，如河北井陉矿区、山东淄博矿区和江苏徐州大屯矿区等，部分区域本溪组灰岩岩溶较为发育，且通过断裂构造与奥灰有密切的水力联系，对上部太原组煤层开采造成一定威胁。

2. 太原组灰岩发育特征

晚石炭世太原组地层厚度 0～719m，一般区域厚度 70～110m，以山西为中心向南、北方向逐渐变薄，向东、西方向逐渐增厚，岩相除局部为陆相外，其余多数为海陆交替沉积，主要为砂岩、粉砂岩、泥岩、灰岩、煤层和少量砾岩。

太原组地层中各岩层夹杂着多层薄灰岩层，总厚度变化规律与本溪组灰岩厚度变化较为类似，由东南向西北逐渐变薄，最大厚度可大于 70m，且在山西区域内出现局部厚度增大的现象，其吕梁市范围最大厚度达 30m 以上(图 2-6)。同时，含水层的富水性除了受到岩溶发育程度、补径排条件影响外，还取决于构造作用影响下与奥陶系灰岩含水层之间的水力联系。

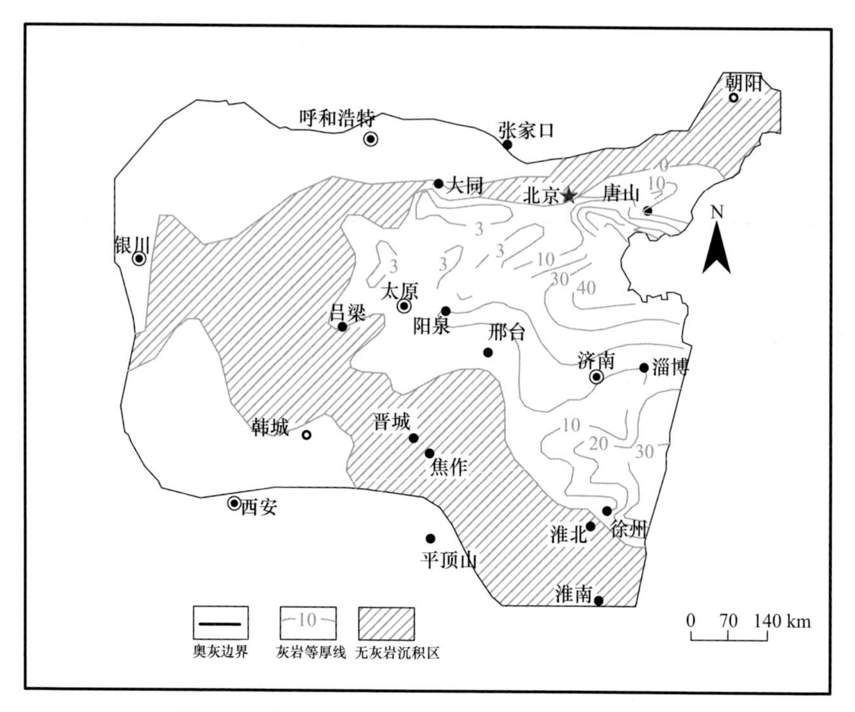

图 2-5　本溪组地层中灰岩等厚线图(单位：m)

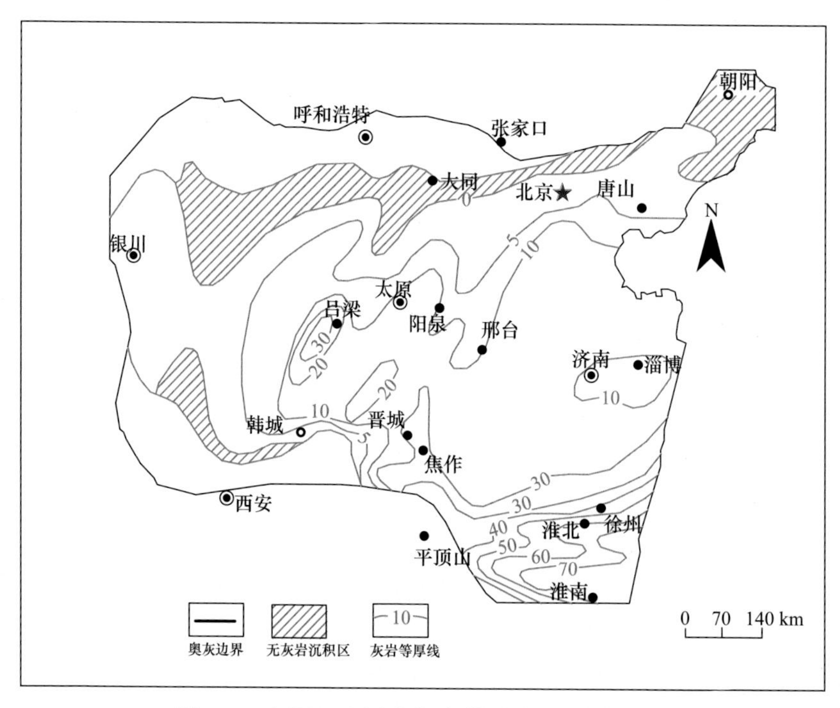

图 2-6　太原组地层中灰岩等厚线图(单位：m)

石炭—二叠纪山西组、上石盒子组地层基本为陆相沉积，不含灰岩，岩性主要为各种粒度的砂岩、泥岩、砾岩和多层煤层，富水性相对较弱，水文地质条件总体较为简单。

2.2　基于主应力状态转换的采动底板水害形成机制

主应力方向和大小的变化规律对于分析采场围岩稳定性非常重要。煤层回采后，矿山压力经煤体传递至底板岩层，并在煤体下方形成应力集中区，造成煤体下方岩层呈现垂向加载的压缩状态，而随着煤层回采，在煤壁边缘和采空区内部，底板岩体由于卸压而处于膨胀状态，造成岩体垂向约束力急剧减小。之后采空区内矿山压力经过破碎岩体传递至底板岩层，使卸压后的底板岩体应力逐渐恢复增大。在工作面切眼和上下出口等位置由于顶板垮落不充分，岩体长期处于卸压、膨胀状态，底板支承压力区与卸压区交界处形成了剪应力区，使底板发生了剪应力破坏，在水压作用下底板岩层渗透性将出现显著的跃阶突变，引发底板突水。因此，采场底板突水实质上是由采动引起的矿山压力造成底板岩层产生“先加载，后卸压”的应力状态转换与水压共同作用的结果。采动底板加载-卸压受力状态转换是最大主应力与最小主应力方向和大小均随采动过程发生变化。因此，为分析采动应力状态转换特征对底板突水的影响，在已有研究成果的基础上，基于莫尔应力圆的采动底板岩层扰动程度判别指标和基于岩体起裂压力阈值的水压作用裂隙判别指标，形成底板岩层采动应力扰动强度判别指标，并采用数值模拟计算分析采动应力状态转换的宏观特征和微观主应力状态转换室内试验，进一步验证突水理论判据，揭示采动应力状态转换对底板突水的影响规律(柳昭星，2022)。

2.2.1　煤层底板充水因素

根据华北型煤田地层结构，煤层回采后产生底板扰动破坏带，在隔水层较薄时裂隙带易直接导通底板含水层；同时，潜在的断层、陷落柱等垂向导水构造，易直接(或间接)导通底板太原组薄层灰岩含水层、奥陶系厚层灰岩含水层，造成底板突水事故(图 2-7)。

由此可知，华北型煤田煤层开采过程中，底板突水威胁主要来自奥灰含水层和太灰含水层，需增加底板隔水层厚度或治理导水通道，达到底板水害治理的目的。

超前区域治理需在稳定硬岩中施工钻孔并进行注浆改造，常选择底板太

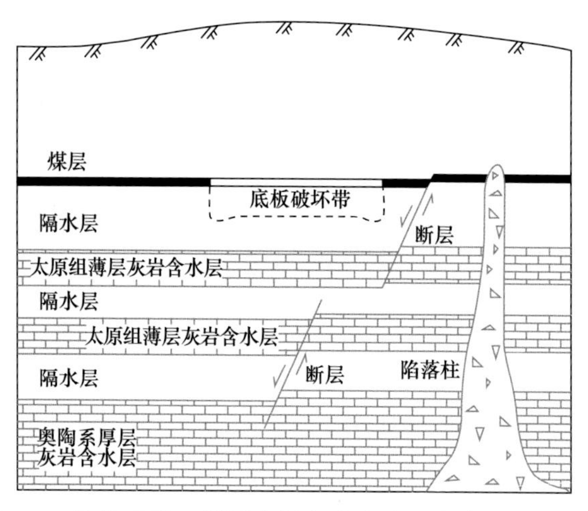

图 2-7　华北型煤田煤层底板灰岩含水层充水结构示意图

原组灰岩，部分条件下需选择奥陶系灰岩。对华北型煤田两组灰岩地层展布规律进行分析，有助于把握不同地区底板含水层充水威胁程度，并为超前区域治理模式划分提供依据。

2.2.2　底板岩层采动应力扰动程度判据

1. 基于莫尔应力圆的底板岩层采动应力扰动程度判别指标

岩层所处的应力状态以及不同应力状态之间的相互转化直接影响其稳定性，对于岩体是否发生破坏可用莫尔-库伦强度准则进行判别，即取决于莫尔应力圆是否与库伦包络线相交。因此，可通过变换莫尔应力圆的大小、位置来表征应力点的应力路径。莫尔-库伦强度准则认为，抗摩擦强度等于岩石本身抗剪切摩擦的内聚力和剪切面上法向力产生的摩擦力(蔡美峰，2013)，其平面中的函数表达形式为

$$\tau = c + \sigma \tan\varphi \tag{2-1}$$

式中，τ 为剪切应力；c 为内聚力；σ 为正应力；φ 为内摩擦角。

根据有效应力原理，当岩体孔隙及裂隙上作用有水压 p_{w} 时，其有效正应力为 $\sigma' = \sigma - p_0$，则此时岩体强度式表示为

$$\tau = c + \sigma' \tan\varphi = c + (\sigma - p_0)\tan\varphi \tag{2-2}$$

式(2-2)说明，由于水的作用造成岩石内聚力降低了 $p_0 \tan\varphi$，抗压强度减少了 $\dfrac{2p_0 \sin\varphi}{1-\sin\varphi}$，说明水压作用造成莫尔-库伦准则发生了变化。

图 2-8 为基于莫尔应力圆的底板采动应力状态变换示意图，其中 L_1 为孔

隙水压为 0 时的莫尔包络直线，L_2 为孔隙水压不为 0 时的莫尔包络直线。莫尔应力圆Ⅰ为初始状态下的应力状态，莫尔应力圆Ⅱ为采动后的应力状态，因此，可通过对比二者的主应力变化及其与包络线位置来判断采动应力的扰动程度。基于最大主应力、最小主应力差值与莫尔应力圆圆心到强度曲线距离之比，可得到孔隙水压不为 0 时的采动应力扰动系数：

$$k_{3\mathrm{d}}=\frac{\dfrac{|\sigma_1'-\sigma_3'|}{O_2O_2'}}{\dfrac{|\sigma_1-\sigma_3|}{O_1O_1'}} \tag{2-3}$$

式中，$k_{3\mathrm{d}}$ 为采动应力扰动系数，是基于莫尔应力圆的采动底板岩层扰动程度判别指标；σ_1、σ_1' 分别为采动前、后最大主应力；σ_3、σ_3' 分别为采动前、后最小主应力。

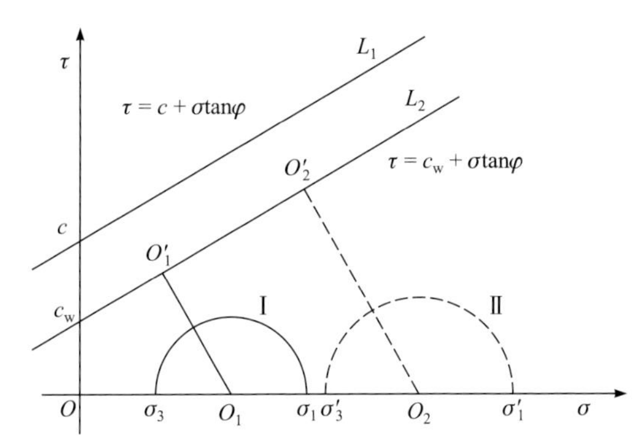

图 2-8　基于莫尔应力圆的底板采动应力状态变换示意图

可知，当 $k_{3\mathrm{d}}>1$ 时，岩体处于强扰动状态；当 $0\leqslant k_{3\mathrm{d}}\leqslant 1$ 时，岩体处于弱扰动状态。采动应力扰动系数能够判断煤层采动底板加载-卸压应力路径下含水岩层的扰动程度。通过推导可得到孔隙水压不为 0 时的采动应力扰动系数表达式：

$$k_{3\mathrm{d}}=\left|\frac{\sigma_1'-\sigma_3'}{\sigma_1-\sigma_3}\right|\frac{2c_{\mathrm{w}}\cot\varphi+\sigma_1+\sigma_3}{2c_{\mathrm{w}}\cot\varphi+\sigma_1'+\sigma_3'} \tag{2-4}$$

由于 $c_{\mathrm{w}}=c-p_0\tan\varphi$，代入式(2-4)后可得

$$k_{3\mathrm{d}}=\left|\frac{\sigma_1'-\sigma_3'}{\sigma_1-\sigma_3}\right|\frac{2c\cot\varphi-2p_0+\sigma_1+\sigma_3}{2c\cot\varphi-2p_0+\sigma_1'+\sigma_3'} \tag{2-5}$$

2. 基于水压作用的采动底板起裂压力阈值判别指标

当承压水压达到底板岩层起裂压力时，能够形成水力裂隙，而底板岩层在承压水作用下的起裂压力 p_{c} 判据可表示为

$$p_c > 3\sigma_3 - \sigma_1 - p_p + R_m \tag{2-6}$$

式中，p_c 为岩层水力破裂时的起裂压力；σ_3、σ_1 分别为围岩最小主应力和最大主应力；p_p 为孔隙水压；R_m 为岩石抗拉强度。

该判据仅为承压含水层地下水对回采前底板岩层的静态影响，无法表征采动过程中水压对底板岩层的动态影响。为此，将采动主应力转换特征引入到该指标中，得到基于上述阈值判断的水压作用裂隙起裂判别指标 k_w，即

$$k_w = \frac{p_0}{3\sigma_3' - \sigma_1' - p_p + R_m} \tag{2-7}$$

当 $k_w \geqslant 1$ 时，水压力达到岩体起裂压力阈值，即在水压作用下岩体将发生起裂，产生裂隙，形成过水通道，因此通过该指标可表征采动过程中水压对突水裂隙通道形成的作用和影响。

3. 采动底板含水层失稳判别指标

底板岩层采动应力扰动强度是指底板岩层在采动应力扰动下发生失稳突水前所呈现出的抵抗能力，其判据是指该能力的阈值。

采动底板突水是由矿山压力与水压共同作用的结果。式(2-5)仅是采动应力对承压含水层底板扰动程度趋势的判别，无法判断采动过程中承压含水层底板是否失稳，而当莫尔应力圆与包络线相切或相交时，岩石即发生破坏失稳。因此，可采用采动后的莫尔应力圆半径与圆心到包络线距离的比值作为采动后岩体失稳的判别指标 k_i，即

$$k_i = \frac{\frac{|\sigma_1' - \sigma_3'|}{2}}{O_2O_2'} = \frac{|\sigma_1' - \sigma_3'|}{2c\cos\varphi + \sin\varphi(\sigma_1' + \sigma_3' - 2p_w)} \tag{2-8}$$

当 $k_i \geqslant 1$ 时，说明莫尔应力圆与包络线相切或相交，即底板承压含水层失稳破坏。

4. 煤层底板采动应力扰动突水判据

通过结合采动底板岩层扰动程度判别指标、水压作用下的裂隙起裂判别指标以及采动后岩体失稳判别指标，可得到煤层底板采动应力扰动突水判据 k：

$$\begin{aligned} k &= k_{3d}k_wk_i \\ &= \left|\frac{\sigma_1' - \sigma_3'}{\sigma_1 - \sigma_3}\right| \frac{2c\cot\varphi - 2p_w + \sigma_1 + \sigma_3}{2c\cot\varphi - 2p_w + \sigma_1' + \sigma_3'} \\ &\quad \cdot \frac{p_w}{3\sigma_3' - \sigma_1' - p_p + R_m} \cdot \frac{|\sigma_1' - \sigma_3'|}{2c\cos\varphi + \sin\varphi(\sigma_1' + \sigma_3' - 2p_w)} \end{aligned} \tag{2-9}$$

式中，k 为底板岩层采动应力扰动强度判据；k_{w} 为基于岩体起裂压力阈值的水压作用裂隙起裂判别指标；k_i 采动后岩体失稳判别指标；p_{w} 为静水压力；c 为岩石内聚力；φ 为岩石内摩擦角；R_{m} 为岩石抗拉强度；p_{p} 为孔隙水压。

综上，当底板在采动作用下达到强扰动程度并达到失稳状态，且在水压作用下产生裂隙时，底板容易发生突水，因此可将 $k>1$ 作为煤层底板采动应力扰动突水判据。

2.2.3　底板岩样加载-卸压应力路径下的损伤特征

1. 岩样采集和加工

焦作矿区赵固二矿四盘区 14030 工作面地面标高+75.3～+77.8m，煤层顶板标高为−662.73～−676.50m，走向长约 2000m，切眼长约 200m，煤厚平均 6m，煤层倾角 4°～6°。工作面底板综合柱状图如图 2-9 所示，底板主要为太原组薄层灰岩与砂泥岩互层结构，其中 L8 灰岩与 L2 灰岩属强富水含水层，且 L2 灰岩同煤系地层基底的奥陶系巨厚灰岩强富水含水层仅有薄层铝土质泥岩相隔，对矿井威胁较大；L8 灰岩与 L2 灰岩之间的灰岩地层含水性弱。

柱状图	名称	层厚/m	岩性描述
	大占砂岩	2.8～5.9	浅灰、深灰色细～粗粒砂岩，成分以石英、长石为主
	砂质泥岩、泥岩	3.6～17.3	由灰黑色砂质泥岩和灰色泥岩组成，胶结致密，块状构造，全区赋存，较稳定
	2^1煤	3.9～6.1	黑色亚金属光泽，块状，少量粉状，煤层结构简单，部分含夹矸一层
	砂质泥岩、泥岩	13.7～14.1	由灰黑色砂质泥岩和灰色泥岩组成
	L9灰岩	0.9～2.1	灰岩，深灰色，含动物化石，隐晶质结构，致密、坚硬
	泥岩	4.7	泥岩，深灰色，上部有薄层菱铁质泥岩，性脆坚硬
	砂质泥岩	4.8	砂质泥岩，灰黑色，呈水平层现，含少量白云母片，裂隙充填方解石脉比重大
	L8灰岩	6.8～10.11	灰色，深灰色，隐晶质结构，含有燧石，具裂隙及方解石脉，含星点状黄铁矿
	泥岩	1.88	泥岩，黑色，含炭质，上部夹砂质泥岩含薄煤层一层
	L7灰岩	5.70	L7灰岩，灰色，隐晶质含大量动物化石，下部有时为砂质泥岩或薄煤层一层
	砂质泥岩	19.71	砂质泥岩，灰、深灰色，含白云母片及植物化石，显水平层理
	L6灰岩	2.33	L6灰岩，灰色，致密坚硬，含燧石结核，底部有时为砂质泥岩或薄煤一层
	砂质泥岩	3.09	砂质泥岩，深灰色，上部为泥岩，中下部为薄层细砂岩，含白云母片及植物化石
	L5灰岩	4.98	L5灰岩，深灰色，性脆坚硬不稳定，有时相变为泥岩或砂质泥岩
	中-粗粒砂岩	1.63	中-粗粒砂岩，浅灰色，成份以石英为主，长石及暗色矿物次之
	砂质泥岩	0.26	砂质泥岩，深灰～灰黑色，顶部为薄层泥岩，中下部夹细砂岩
	L4灰岩	2.68	L4灰色，灰黑色，隐晶质含蜓科石化，下部有时为泥岩或薄煤一层
	泥岩	7.14	泥岩，灰黑色，上部为中粒砂岩，成份以石英为主，下部为黑色泥岩，具星点状黄铁矿
	L3灰岩	12.53	L3灰岩，灰色，致密坚硬含蜓科化石，偶夹薄煤一层
	砂质泥岩	0.08	砂质泥岩，灰-灰黑色，含黄铁矿结核，中间夹有薄层细砂岩
	L2灰岩	13.6	灰色，深灰色，隐晶质，致密坚硬，含燧石条带，产大量蜓科化石，具裂隙及小溶洞

图 2-9　工作面底板综合柱状图

利用高温高压岩石综合测试系统(图 2-10)开展不同孔隙水压下太原组薄层灰岩加载-卸压试验，该试验系统是一套闭环数字伺服控制装置，具有测试精度高、性能稳定、可靠的特点，系统中配有声发射采集模块，能够在试验过程中对声发射信息进行实时采集和捕捉。按照《煤和岩石物理力学性质测定方法　第 1 部分：采样一般规定》(GB/T 23561.1—2009)相关内容要求，采集该工作面底板灰岩地层样品，并采用锯、钻和磨工序加工成 50mm×100mm 标准圆柱样品，其中圆柱直径为 50mm，要求试样两端面的平行度偏差不得大于 0.05mm，尺寸偏差不得大于 0.2mm。

图 2-10　高温高压岩石综合测试系统

2. 试验方案

根据煤层回采过程中底板加载-卸压应力路径过程，将试验过程分为以下 3 个阶段(图 2-11)。

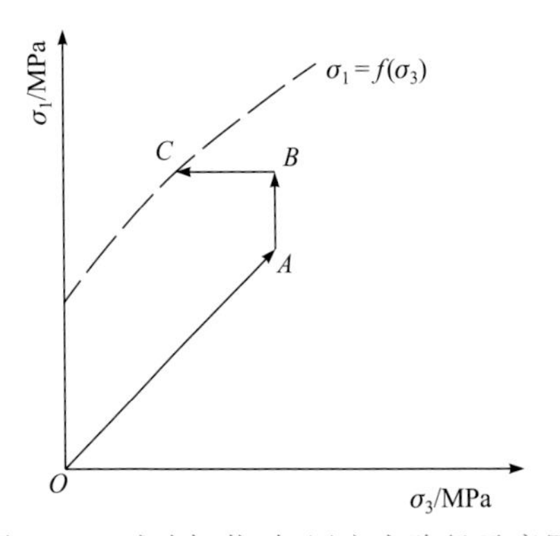

图 2-11　试验加载-卸压应力路径示意图

第 1 阶段(OA)：静水压力状态。采用应力控制，以 2MPa/min 的加载速度施加围压和轴压达到 15MPa，并分别施加孔压 4MPa、7MPa 和 10MPa。为避免试验中由于应力施加不均匀造成的水压致裂现象，在施加较小围压和轴压的同时施加较小孔隙水压，而后保持孔压恒定，施加围压和轴压达到目标值，再施加孔压达到目标值。

第 2 阶段(*AB*)：采空区前后底板垂直应力集中状态。保持围压 15MPa 恒定，采用位移控制，以 6mm/min 的加载速度施加轴压，直到试样达到屈服。该阶段轴向应力代表垂向应力，即为最大主应力。

第 3 阶段(*BC*)：采空区下方底板卸压状态，垂向约束解除，最大主应力由垂直应力转换成水平应力，并且水平应力不再继续增大。采用应力控制，以 0.5MPa/min 的卸压速度降低围压至试样失稳破坏，该阶段中轴向应力保持恒定并代表水平应力，即为最大主应力，围压代表垂向应力，不断降低。

为确定卸压位置，将该试验分为两组，第 1 组为不同孔隙水压常规三轴加载试验，第 2 组为不同孔隙水压加载-卸压三轴试验。其中，第 2 组试验中卸压位置根据第 1 组加载试验获取，主要依据屈服极限(约 $2\sigma_{max}/3$)、体积扩容等信息判断(张长科等，2009)。在两组试验过程中均同步采集声发射信息。

3. 结果与分析

1) 不同孔隙水压下灰岩常规三轴试验

由图 2-12～图 2-14 可知，不同孔隙水压(简称“孔压”)下灰岩三轴应力-应变曲线趋势基本一致，曲线变化过程中均以近乎直线的弹性变形为主，压密阶段和塑性阶段均不明显，属于典型的弹性体变化特征，说明灰岩原生孔隙较少、结构密实。失稳瞬间呈跌落的尖峰分布特征，说明试样具有明显的脆性属性，通过峰值附近均存在较大声发射振铃计数可知，试样在失稳跌落瞬间释放出较大的弹性应变能。此时，孔压为 4MPa、7MPa、10MPa 的偏应力

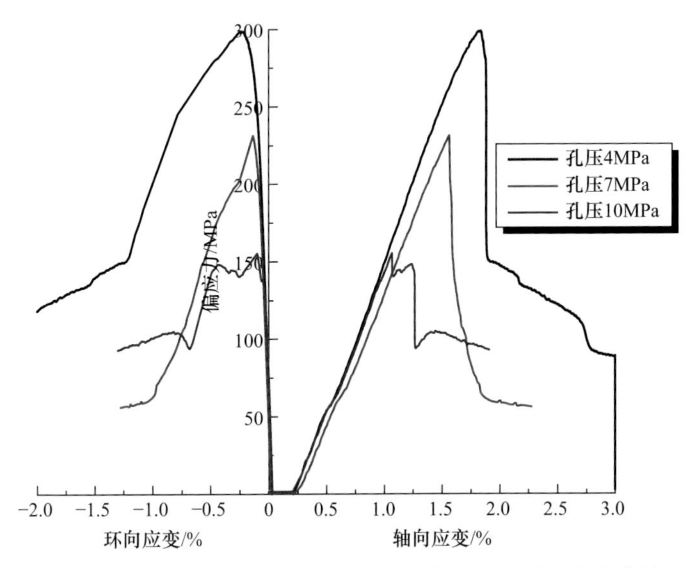

图 2-12　不同孔隙水压下灰岩常规三轴试验应力-应变曲线

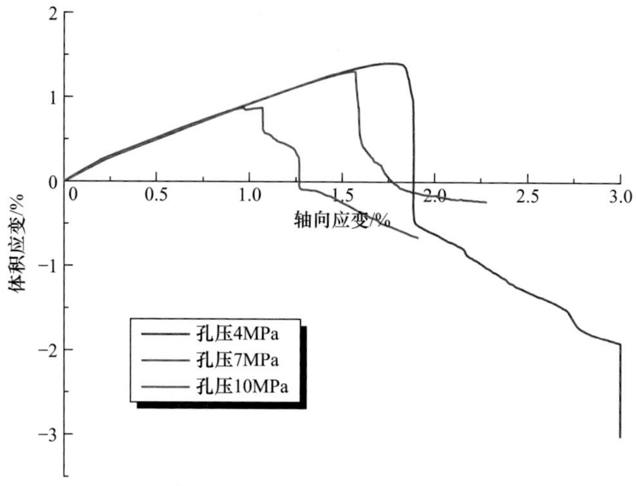

图 2-13　不同孔压下灰岩常规三轴试验体积应变与轴向应变关系曲线

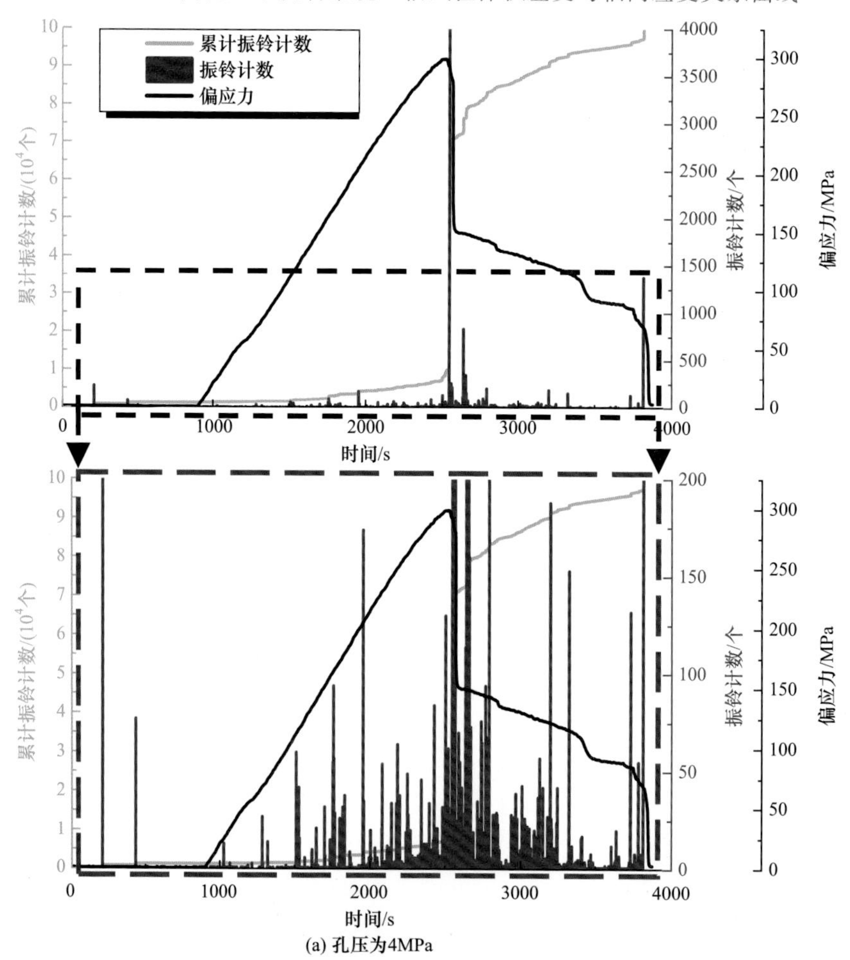

(a) 孔压为4MPa

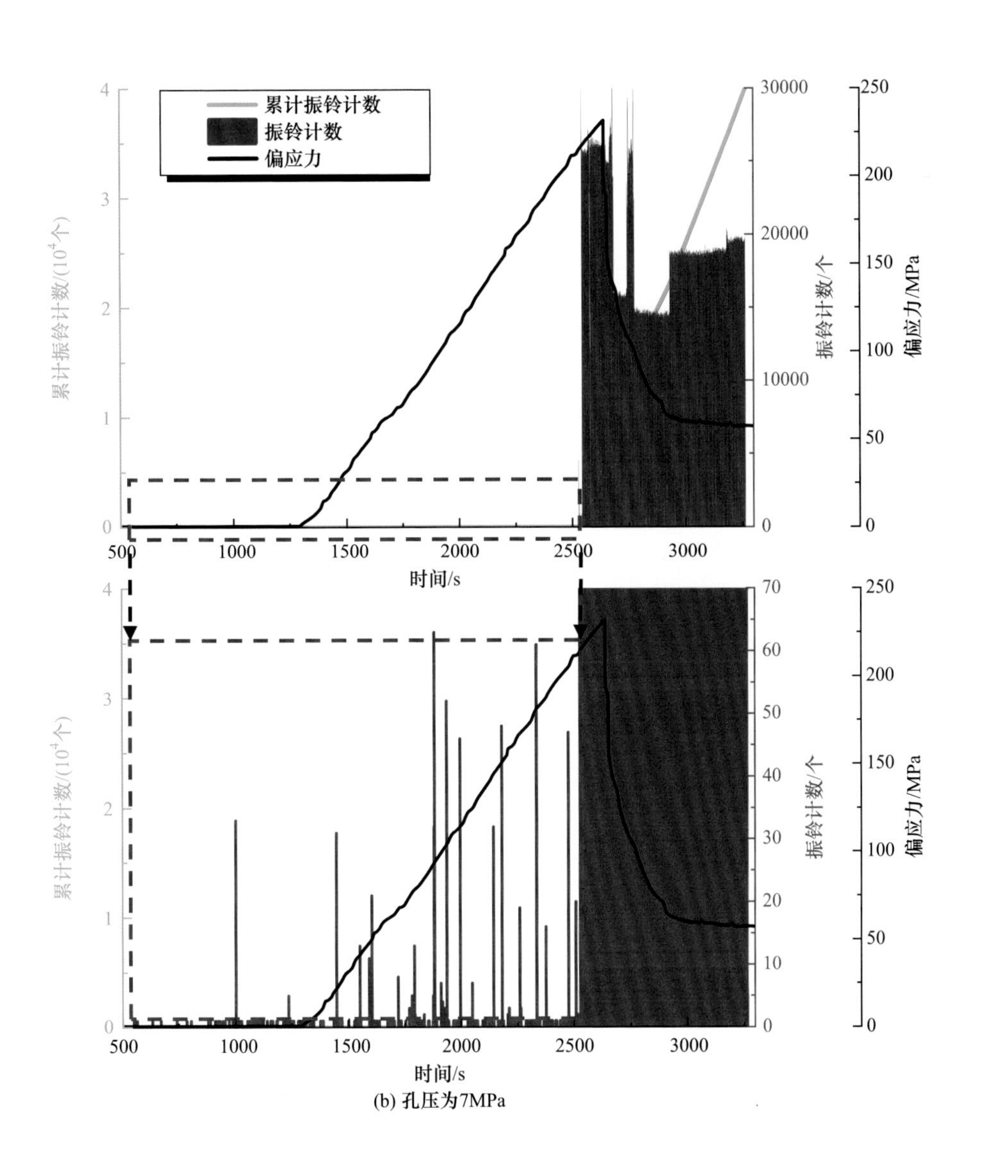
累计振铃计数
振铃计数
偏应力
累计振铃计数/(10⁴个)
振铃计数/个
偏应力/MPa
时间/s
0
1
2
3
4
500
1000
1500
2000
2500
3000
0
10000
20000
30000
0
50
100
150
200
250
10
20
30
40
50
60
70

(b) 孔压为7MPa

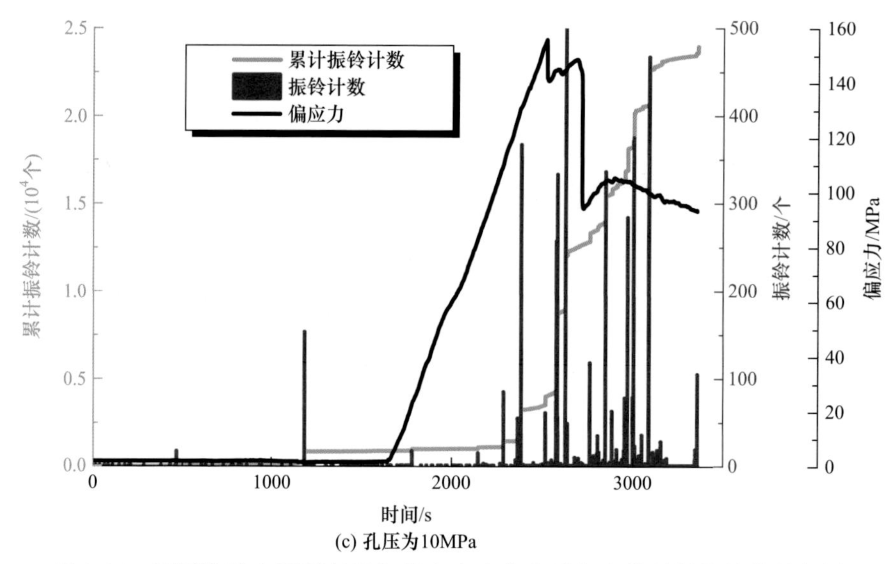

(c) 孔压为10MPa

图 2-14 不同孔隙水压下灰岩加载应力变化曲线与声发射振铃计数叠加图

峰值分别约为 298.94MPa、231.11MPa、156.89MPa。说明水压对灰岩试样存在较为明显的弱化作用，且这种弱化作用还体现在孔隙水压小的试样峰值前声发射振铃计数明显多于孔隙水压大的试样，如孔隙水压为 4MPa 和 7MPa 的试样偏应力峰值前声发射振铃计数明显多于孔隙水压 10MPa 试样。

由图 2-12～图 2-14 可知，在静水压力阶段偏应力为 0，但仍存在较强的声发射事件，原因在于原生空隙在围压加载压密过程中产生了大量声发射信号。由图 2-13 可知，在加载初期，试样的体积应变曲线在初始阶段与轴向应变曲线近乎重叠，弹性模量基本相近，环向应变曲线基本与纵轴重叠，说明该阶段以轴向变形为主，环向变形较小。当环向应变出现左向偏移弯曲时，体积应变与轴向应变曲线分离，体积应变曲线出现线性偏移，说明试样产生环向位移，但增速逐渐降低，而轴向应变曲线仍保持了较好的线性特征。随着偏应力增大，体积应变从增加转向减小，孔压为 4MPa、7MPa 和 10MPa 的试样分别在轴向应变达到 1.73%、1.56%、1.04%时进入体积扩容状态，对应的偏应力分别为 288.38MPa、230.19MPa、152.30MPa，而该值均大于偏应力峰值的 2/3，基本接近偏应力峰值，侧向说明底板灰岩塑性阶段的短暂特征。试样在偏应力峰值后仍表现出较大的偏应力，并在轴向加载过程中偏应力峰值前期产生了较多的声发射振铃计数，原因在于失稳后灰岩在加载过程中裂隙存在持续损伤、破裂及裂隙面间的错动摩擦。

2) 不同孔隙水压下灰岩加载-卸压三轴试验

由图 2-15 和图 2-16 可知，在试验前期加载阶段中应力、应变特征与前文常规三轴试验类似。根据常规试验结果，在孔隙水压为 4MPa、7MPa 和

10MPa 的岩样偏应力峰值分别达到 323.96MPa、206.93MPa、165.75MPa，轴向应变峰值分别达到 1.89%、1.31%、1.04%时，开始均匀减小围压，此时轴向应力保持恒定。如图 2-16 所示，孔隙水压为 4MPa、7MPa 和 10MPa 的岩样体积应变分别在轴向应变为 1.88%、1.28%、1.05%开始由增大转为减小，表明试样由压缩状态转向扩容状态，因此可佐证上述卸压点位置选择合理。

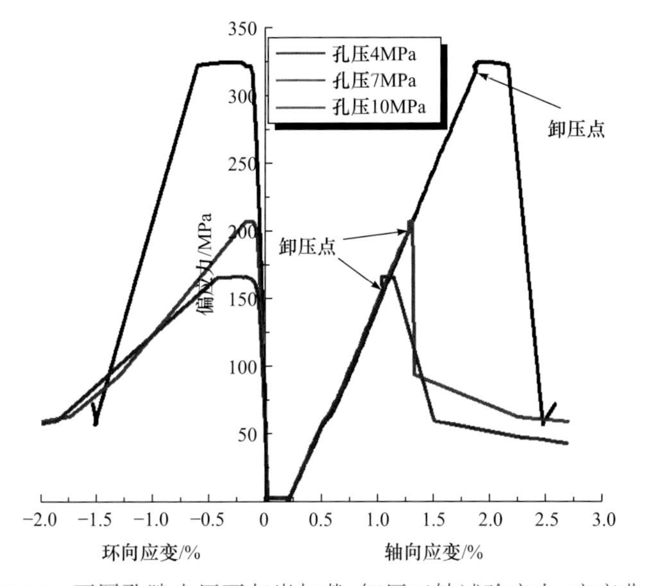

图 2-15　不同孔隙水压下灰岩加载-卸压三轴试验应力-应变曲线

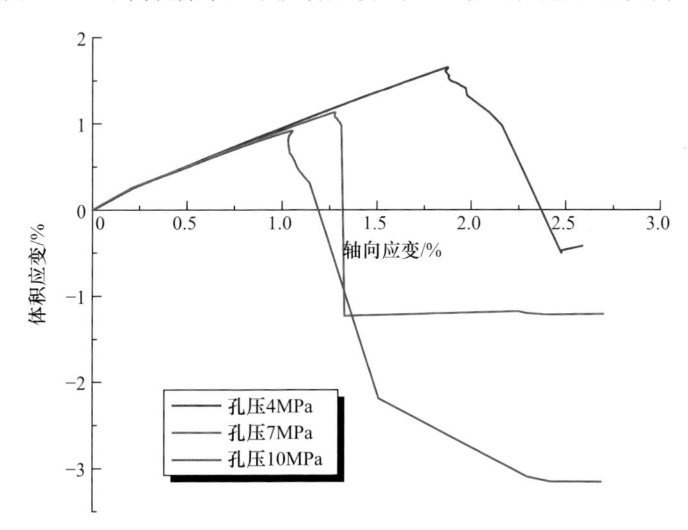

图 2-16　不同孔压下灰岩加载-卸压三轴试验体积应变与轴向应变关系曲线

在卸压开始后，试样扩容速率加快，且明显大于常规三轴试验，说明环向约束的解除直接促进了扩容发展。由图 2-15 和图 2-17 可知，试样在卸压后并未立即产生失稳，而是存在明显的延迟效应，该试验现象与采场出现煤层回采滞后突水现象一致(李连崇等，2009)。由该阶段的声发射信息可知，失稳前试样中在不断累积微小裂隙，失稳时试样产生了远大于之前的声发射振铃事件，说明试样中微小裂隙的累积存在突变特征。实际回采过程中，煤层采动致使底板出现应力卸压过程，该过程具有一定时间效应，而且由于底板岩层自身强度性质和脆性特征，岩层失稳存在前期的损伤累积过程，增加了采动底板突水的时间效应。

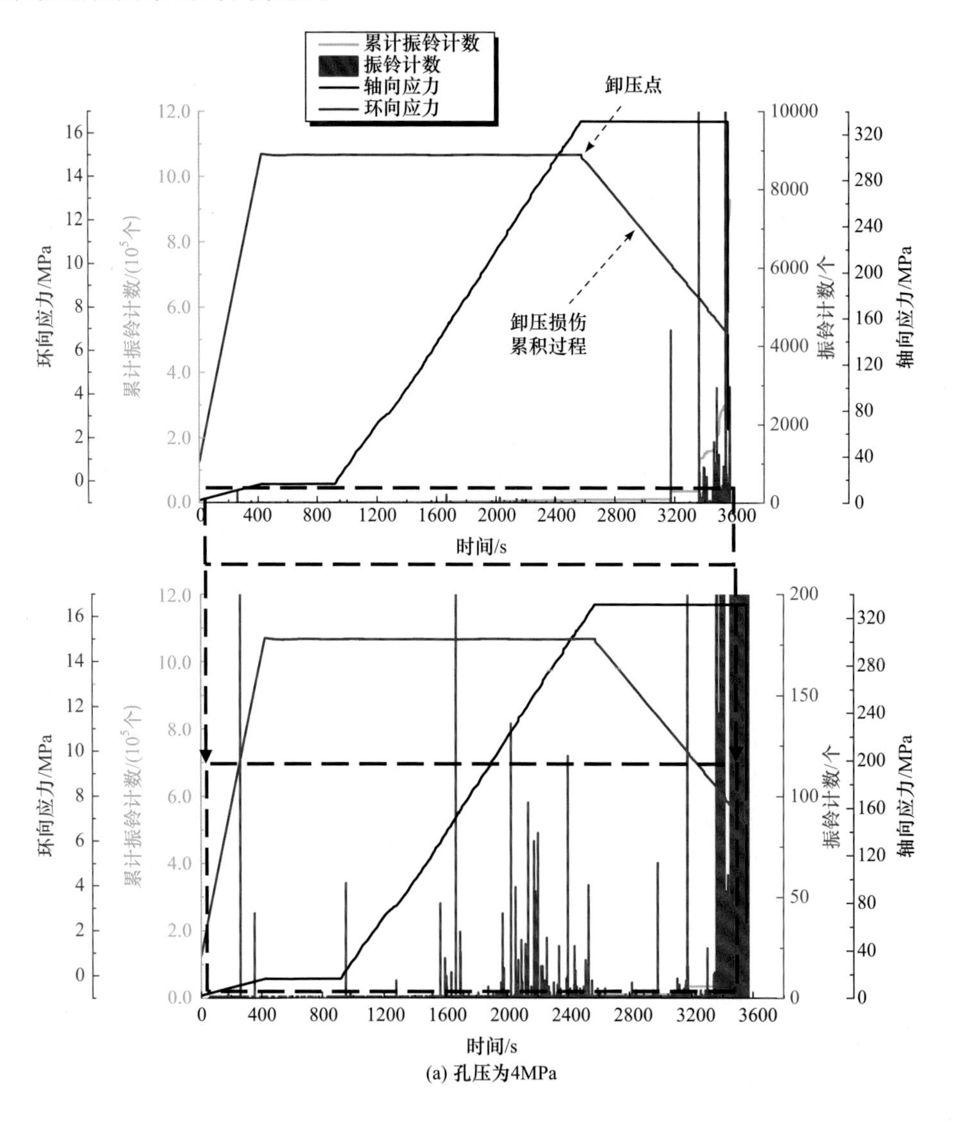

(a) 孔压为4MPa

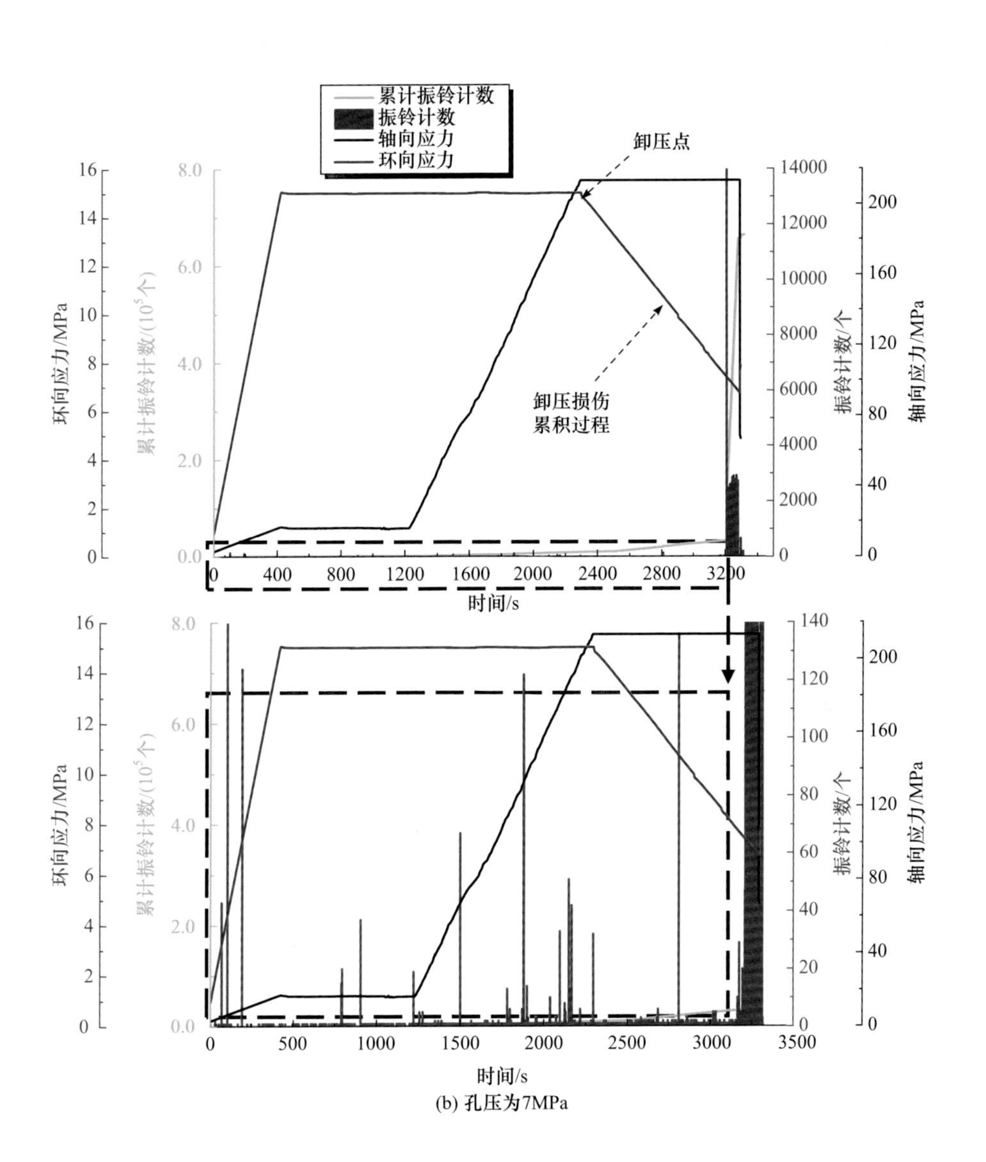
累计振铃计数
振铃计数
轴向应力
环向应力
卸压点
卸压损伤
累积过程
环向应力/MPa
累计振铃计数/(10^5个)
振铃计数/个
轴向应力/MPa
时间/s

(b) 孔压为7MPa

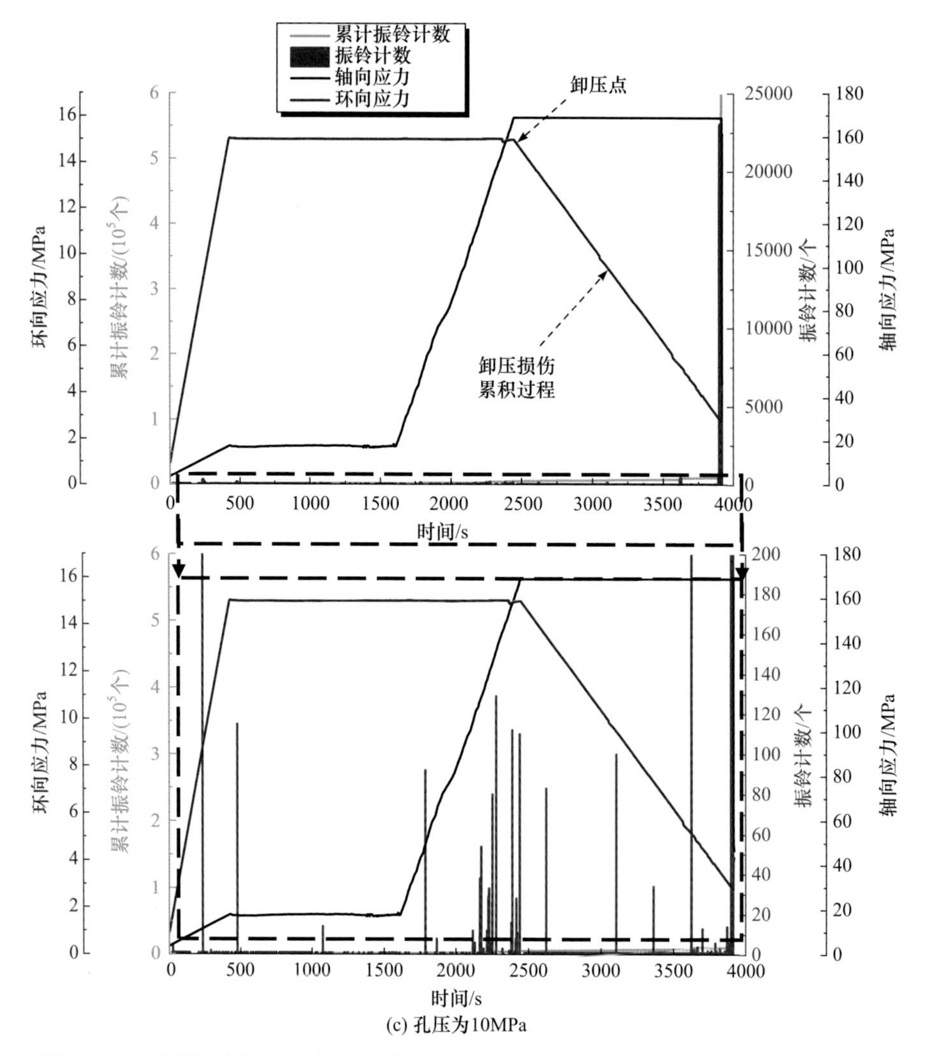

(c) 孔压为10MPa

图 2-17　不同孔隙水压下灰岩加载-卸压应力变化曲线与声发射振铃计数叠加图

2.2.4　底板采动应力时空演化特征

1. 数值计算模型和方案

为开展数值模拟计算，利用 RMT-150B 型岩石力学伺服试验机开展室内常规岩石物理力学性质试验。每个参数测定时，试样数量一般不少于 3 个，巴西劈裂和三轴压缩试验一般不少于 5 个岩样，测定单轴抗压强度、内聚力、抗拉强度、内摩擦角、泊松比、弹性模量等岩石物理力学参数。根据工作面顶底板地层分布和厚度参数，结合地层物理力学性质得到数值计算参数(表 2-3)。

表 2-3　数值计算中地层物理力学参数

序号	岩性	厚度/m	埋深/m	抗拉强度/MPa	弹性模量/GPa	抗压强度/MPa	密度/(kg/m³)	内聚力/MPa	内摩擦角/(°)	泊松比
1	砂质泥岩	50	545	2.65	11.22	57.69	2717	8.20	36.0	0.28
2	中粒砂岩	50	595	3.00	12.06	58.72	2803	8.50	35.0	0.26
3	砂质泥岩	16	611	2.65	11.22	57.69	2717	8.20	36.0	0.28
4	中粒砂岩	16	627	3.00	12.06	58.72	2803	8.50	35.0	0.26
5	砂质泥岩	24	651	2.65	11.22	57.69	2717	8.20	36.0	0.28
6	2^1煤	6	657	1.30	1.93	6.75	1300	1.25	20.0	0.25
7	砂质泥岩	16	673	1.33	5.61	28.85	2717	4.10	31.0	0.28
8	泥岩	12	685	1.14	9.15	36.59	2625	3.76	27.4	0.24
9	L8 灰岩	12	697	2.22	20.26	71.50	2693	12.83	41.0	0.21
10	砂质泥岩	20	717	1.33	5.61	28.85	2717	4.10	31.0	0.28
11	灰岩	12	729	2.22	20.26	71.50	2693	12.83	41.0	0.21
12	泥岩	12	741	1.14	9.15	36.60	2625	3.76	27.4	0.24
13	L2 灰岩	24	765	2.22	20.26	71.50	2693	12.83	41.0	0.21
14	泥岩	20	785	1.14	9.15	36.60	2625	3.76	27.4	0.24
15	奥陶系灰岩	40	825	2.22	20.26	71.50	2693	12.83	41.0	0.21

采用 FLAC3D 数值软件模拟计算，模型采用四边形网格构建，长 400m(X 方向)、宽 200m(Y 方向)、高 330m(Z 方向)。煤层及地层设置为水平，工作面宽度 120m，两侧各留设 40m 宽煤柱，工作面长度 240m，两侧各留设 80m 宽煤柱。模拟计算中沿 X 方向自左向右回采，每个回采步距为 20m，分为 12 个进尺回采，累计产生 12 个模拟计算结果。

根据该区域相关构造应力实测资料(李见波，2016)，最小主应力和最大主应力均为水平方向，分别为 15.04MPa 和 28.51MPa。在模型 X 方向边界施加 15.04MPa 水平应力，Y 方向施加 28.51MPa 水平应力；垂向顶界面施加 7.48MPa 载荷，X 方向边界施加 15.04MPa 水平应力，Y 方向施加 28.51MPa 水平应力，因此初始条件下最大主应力为水平 Y 方向。L8 灰岩设置 4MPa 压力水头，L2 灰岩设置 7MPa 压力水头。模型采用莫尔-库伦本构模型、大应变变形模式，单元数为 162000 个，节点数为 174102 个。模拟计算中，利用 FISH 语言对结果文件进行二次开发，在模型内部布置测点、测线，提取主应力历史路径、三向应力状态、支承压力等数据。其中，在砂质泥岩、L8 灰岩、L2 灰岩分别沿平行于回采方向在采场中心设置测线，即 $Y = 100$m 测线分别与砂质泥岩、L8 灰岩、L2 灰岩顶界面所在平面的交线，测点坐标中 X 坐标的起点和终点分别为 48m、332m，起点和终点均在煤柱中，中间以 44m 均匀间隔设置测点。

2. 采动底板主应力方向演化特征

图 2-18 为 Y = 100m 测线上不同测点最大主应力倾角和最大主应力方位角随回采步距变化的极坐标图，图中圆周角度表示方位角，极坐标半径表示倾角。最大主应力倾角和最大主应力方位角变化明显不同。不同测点最大主应力方位角随回采步距增加变化较小，倾角存在一定变化。

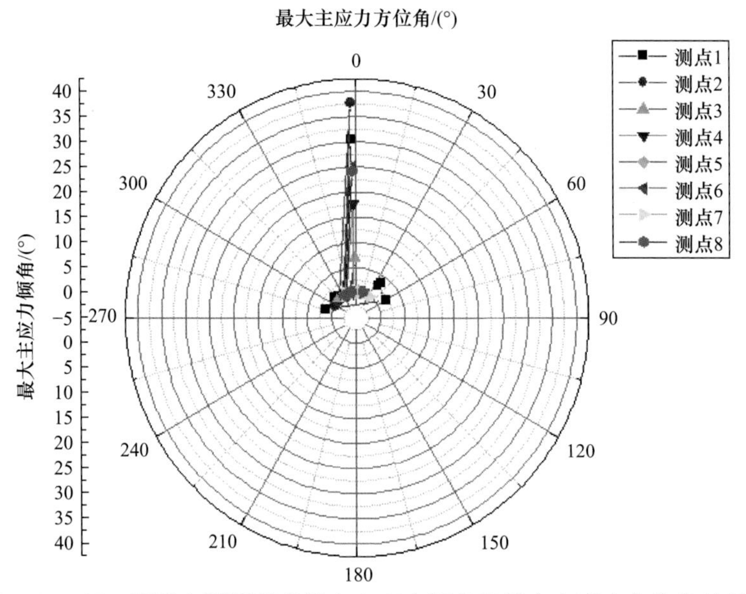

图 2-18 Y = 100m 测线上不同测点最大主应力倾角和最大主应力方位角的极坐标图

结合图 2-19～图 2-21 中最大主应力倾角随回采步距的变化曲线可知，最

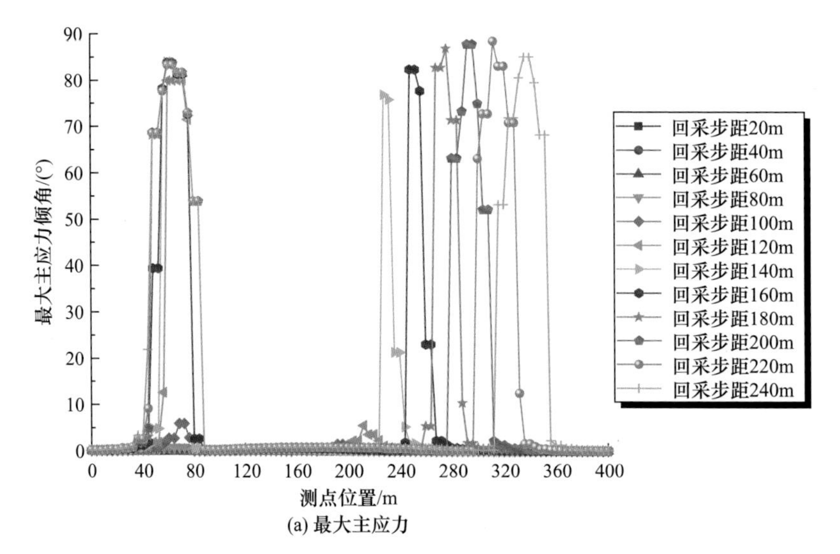

(a) 最大主应力

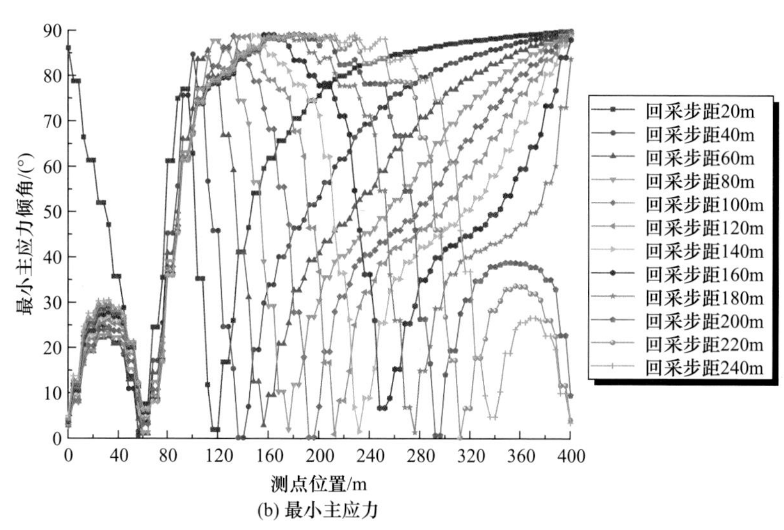

(b) 最小主应力

图 2-19　砂质泥岩顶界面($Z = 152$m)主应力倾角随回采步距变化曲线

大主应力倾角随回采步距的增加，局部位置呈现尖峰形特征分布，该局部位置在采空区后方煤体底板，当回采步距达到 140m 时，采空区前方底板倾角也出现尖峰形分布，且峰值达 90°，说明最大主应力方向转为垂直。上述现象随着测点位置(底板深度)的增加而逐渐减弱，如 L8 灰岩仅在采空区后方煤体下底板存在尖峰形分布，L2 灰岩最大主应力倾角变化小，不存在尖峰形分布。由图 2-19～图 2-21 中最小主应力倾角随回采步距的变化曲线也可知，最小主应力倾角沿工作面推进方向呈增大—减小—增大趋势。由此说明在采空区位置，由于底板由垂向压缩到膨胀的迅速转变，垂向约束急剧降低，致使最小主应力方向迅速发生转换。

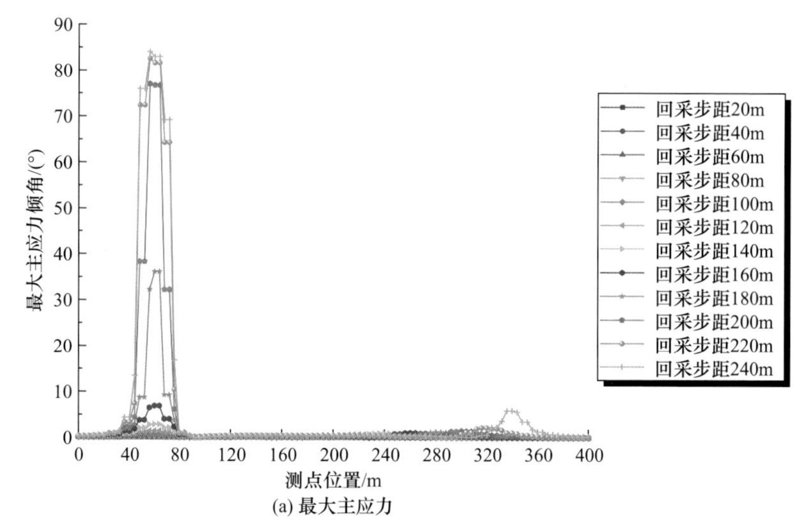

(a) 最大主应力

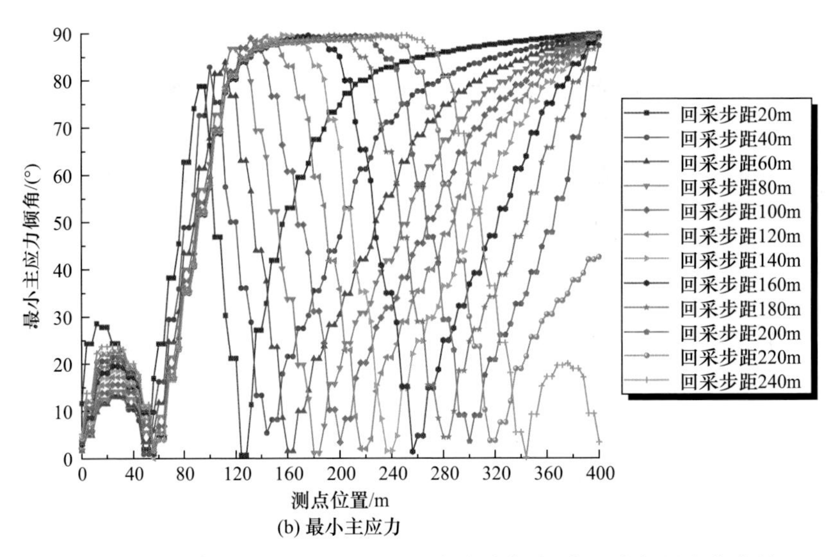

(b) 最小主应力

图 2-20　L8 灰岩顶界面(Z = 128m)主应力倾角随回采步距变化曲线

3. 采动底板应力状态演化特征

基于每个回采步距的计算结果,获取平面 Y=100m 分别与平面 Z = 152m(砂质泥岩顶界面)、Z = 128m(L8 灰岩顶界面)、Z = 84m(L2 灰岩顶界面)相交测线上监测的最大主应力与最小主应力，得到不同回采步距下最大主应力与最小主应力差值变化曲线(图 2-22)。由图 2-22(a)可知，砂质泥岩底界最大主应力与最小主应力差值随测点位置呈增大—减小—增大—减小的不均匀分布特征。在回采步距大于 60m 后出现两个尖峰分布特征，分别位于采空区前后煤

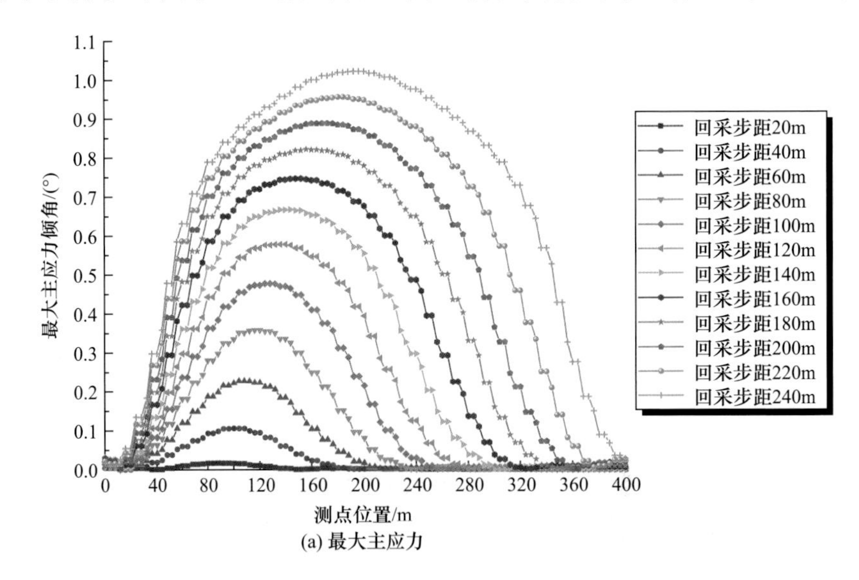

(a) 最大主应力

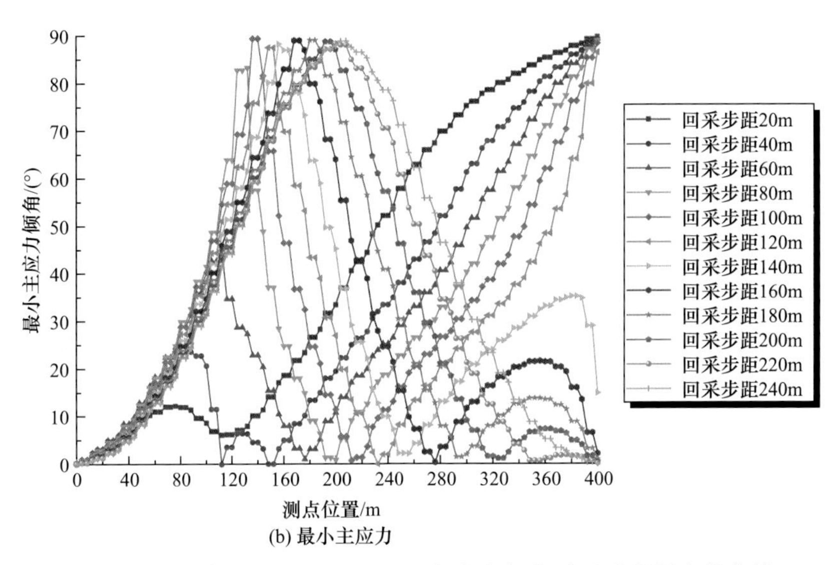

(b) 最小主应力

图 2-21　L2 灰岩顶界面($Z = 84$m)主应力倾角随回采步距变化曲线

壁附近，且采空区后方煤壁处峰值略大于前方煤壁处峰值；另外，在采空区位置呈应力差低谷分布特征，低谷极值约位于采空区中心。由图 2-22(b)可知，L8 灰岩底界最大主应力与最小主应力差值呈增大—稳定—增大—减小—稳定—减小的变化趋势。与砂质泥岩底界处主应力差值变化不同，L8 灰岩底界主应力差值在采空区前后煤壁处并未出现尖峰分布特征，而是呈稳定不变的分布特征，在采空区中心位置出现应力峰值，但在回采步距达到 100m 后，该尖峰特征逐渐消失，并呈稳定不变的分布特征。由图 2-22(c)可知，L2 灰岩

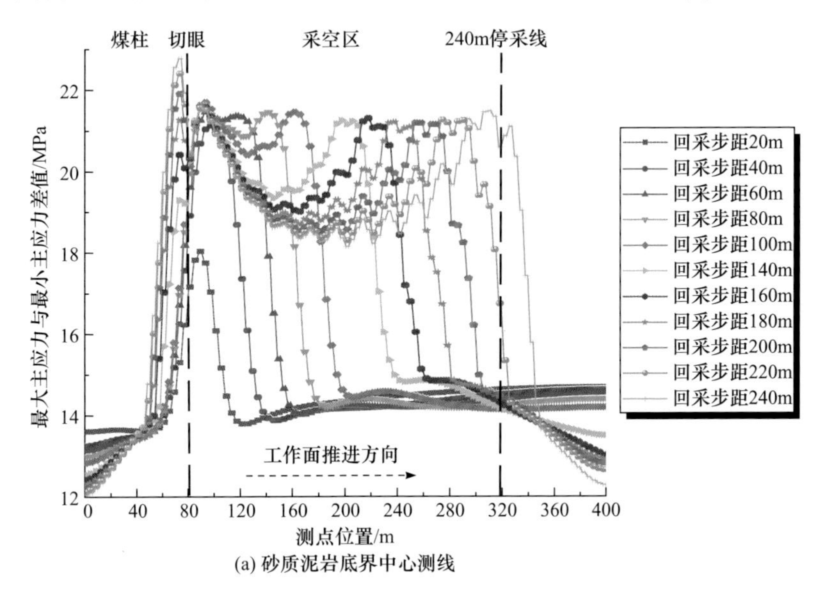

(a) 砂质泥岩底界中心测线

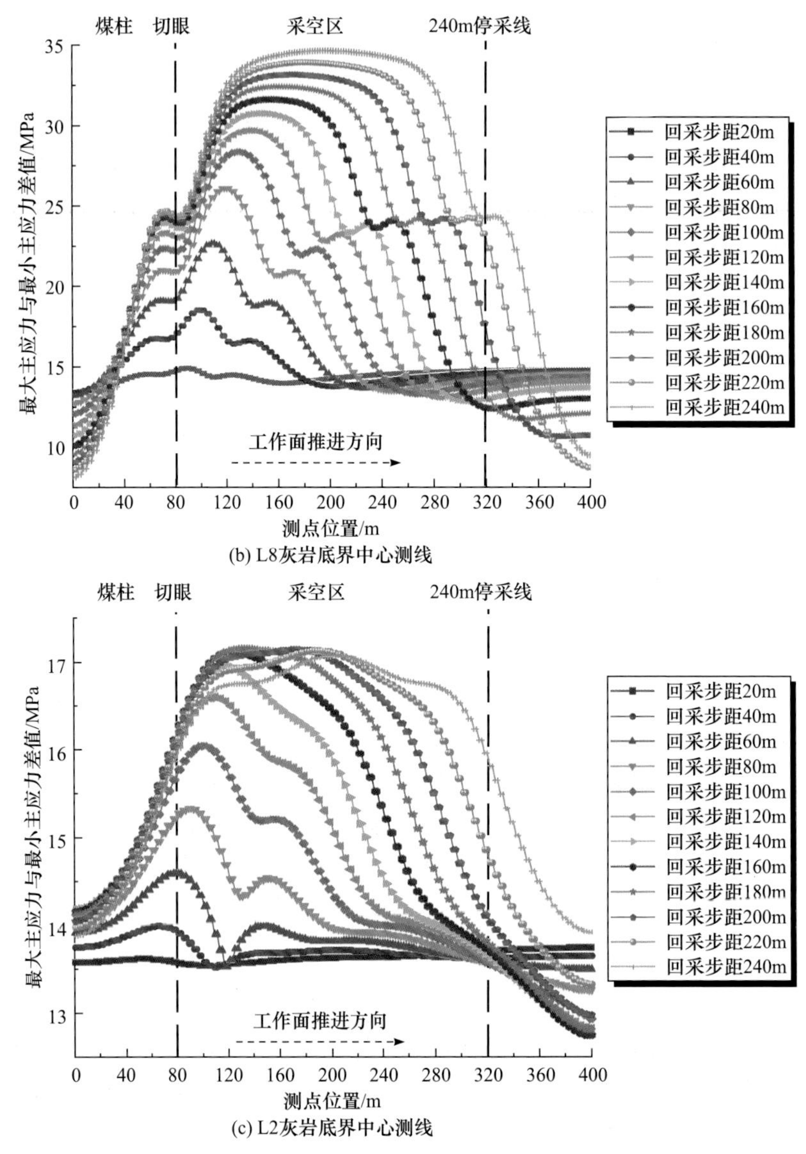

(b) L8灰岩底界中心测线

(c) L2灰岩底界中心测线

图 2-22　最大主应力与最小主应力差值变化曲线

底界处最大与最小主应力差值沿工作面推进方向呈增大—减小的趋势，主应力差值沿工作面回采方向变化较小。在回采步距小于等于 80m 时，主应力差值变化特征与 L8 灰岩变化特征类似，在采空区前后煤壁处出现尖峰分布特征，采空区中部出现低谷应力差极值；当回采步距大于 80m 后，L2 灰岩主应力差值呈单峰变化特征，峰值位置随回采步距增加远离切眼位置，且在采空区位置呈现平稳的分布特征。

由上述分析可得，煤层采动造成最大主应力与最小主应力差值变化趋势随着测点位置的增加从“增大—减小—增大—减小”的“双峰”变化趋势到“增大—稳定—增大—减小—稳定—减小”的“单峰”的变化趋势，再到“增大—稳定—减小”的“平顶”变化趋势，在不同测点位置表现出不同的分布特征，但总体上主应力差值均增大，且集中在采空区前后煤壁附近的采空区。

2.3　矿井水文地质条件和水患探查新技术

矿井开采过程中，需采用水文地质测绘、物探、钻探、试验和地下水动态观测等手段，探查矿井主要含(隔)水层的水文地质条件，掌握矿井地下水的形成、赋存和运动特征及开采扰动影响规律，这是水害防治工作的基础。同时，在矿井生产过程中，需利用井下物探、钻探等手段，超前探查断层、陷落柱等导水通道并消除水灾隐患，以确保矿井的安全开采。

随着矿井水文地质条件探查技术的发展，部分常规技术手段取得了跨越式发展，目前主要在水文地质试验手段、煤矿井下水灾隐患探查方面有显著突破。本节参考了国内外在矿井水文地质条件探查方面最新的研究成果，重点介绍双封隔器分层抽水精细探查技术、煤矿巷道快速掘井“长掘长探”技术、煤矿井下随掘地震监测技术以及煤矿采煤工作面随采地震探测技术，形成了矿井水文地质条件精细探查、掘进水灾隐患超前探测、掘进/回采水灾隐患动态探测的新模式，有力支撑我国现代化煤矿的安全高效智能化建设。

2.3.1　双封隔器分层抽水精细探查技术

含水层抽水试验是查明矿井主要含水层水文地质条件最为有效的手段之一。瑞士 Solexperts 公司在传统单孔全段抽水试验的基础上，研制了双封隔器系统、重型双栓塞系统，实现了同一含水层内部不同层段的精细探查，以及不同含水层之间的水力联系探查。长期以来，受限于设备成本较高且深度超过 300m 抽水设备不适用，该系统在我国煤田水文地质勘探中并未得到有效推广。

中国地质调查局研发出类似装备使双封隔器分层抽水设备国产化，极大降低了设备成本，并研发了满足我国需求的系列装备，实现了在中深孔中进行分层抽水，并逐步推广到煤田水文地质勘探领域。目前，最常采用的技术是利用双封隔器分层抽水，对含水层进行精细探查，系统查明含水层主要富水层位，并在抽水过程中同时监测其他层位，揭示不同层间的水力联系。

1. 地下水分层抽水系统

地下水分层抽水系统主要由分层隔离单元、抽水单元、抽水试验数据记录与显示单元和封隔器充气单元组成(图 2-23)：

(1) 分层隔离单元包括上封隔器和下封隔器；

(2) 抽水单元包括潜水泵、出水管、潜水泵供电电缆、变频控制柜等；

(3) 抽水试验数据记录与显示单元包括自动水位水温监测探头、监测数据传输电缆、数据显示与存储器、流量计等；

(4) 封隔器充气单元包括高压氮气瓶、减压器、高压三通阀和高压充气管等(郭小铭，2022)。

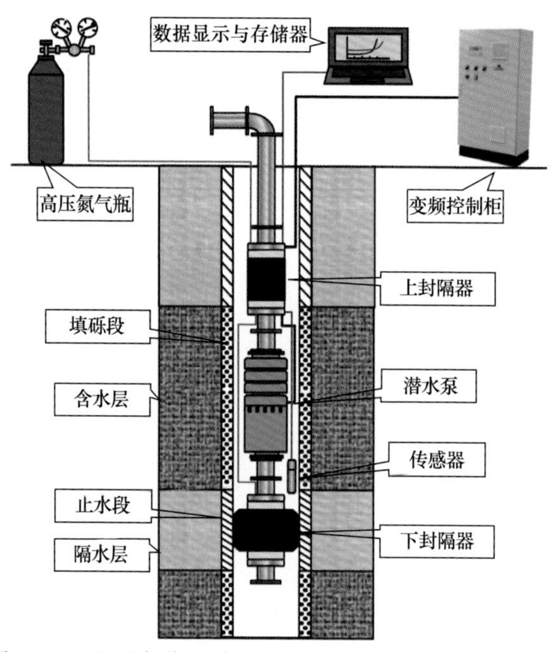

图 2-23 地下水分层抽水系统示意图(李海学等，2020)

2. 分层抽水试验方法

分层抽水试验过程中，在钻孔内采用双封隔器隔离抽水目的层段两端的非目的层，同时在上封隔器以上、下封隔器以下安装水位无线监测传感器，封隔器充气膨胀隔水并在地下水位稳定之后，利用潜水泵对目的层段进行抽水，同时监测抽水目的层、上封隔器以上、下封隔器以下三个层位的水位、水温变化，以获得抽水目的层段和上、下层位的水文动态参数。

基于双封隔器分层抽水可实现单孔同径不同含水层依次抽水，省去传统的套管隔离止水工艺，施工效率更高。具体的应用范围主要有两个方面：①对于同一含水层组，利用封隔器对各含水层分别抽水，同时在封隔器上、下安装水位传感器，同步监测上、下含水层水位，从而探查不同含水层之间的水力联系[图 2-24(a)]；②对于巨厚灰岩含水层，由于不同层段富水性差异明显，对各层段依次进行分层抽水，可有效探查含水层内部的主要富水层段[图 2-24(b)]。

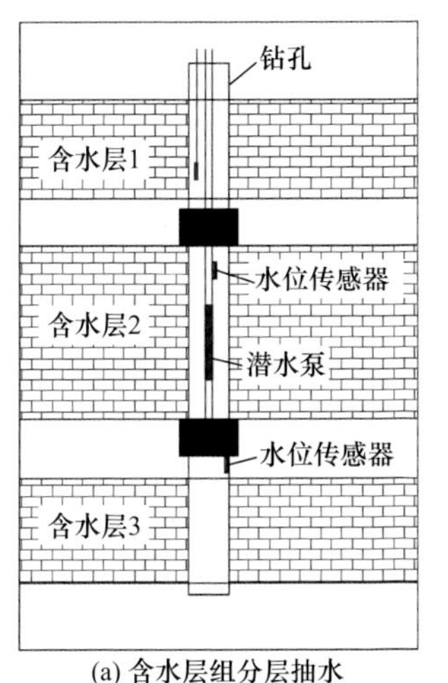

(a) 含水层组分层抽水

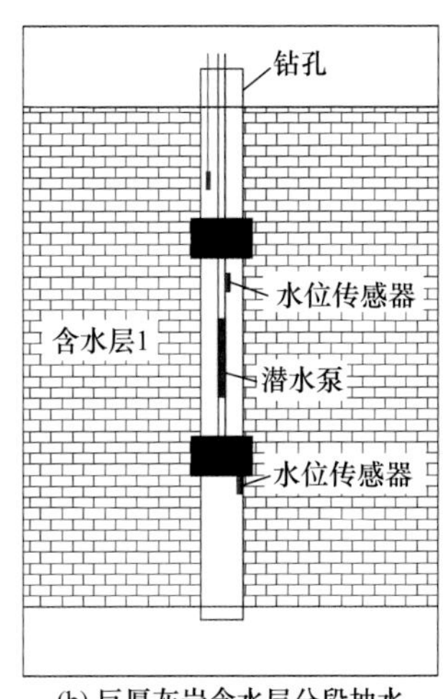

(b) 巨厚灰岩含水层分段抽水

图 2-24　双封隔器分层抽水精细探查方法

2.3.2　煤矿巷道快速掘进“长掘长探”技术

常规的“短掘短探”技术存在探测距离短、“探钻分离”、“探掘分离”等问题，且与巷道掘进存在工作时间、空间和环境上的矛盾，无法适应巷道快速掘进的地质需要。“长掘长探”是定向钻探+孔中物探相互融合的巷道超前探测新技术，具有掘进与探测平行作业、钻探与物探一体化施工等突出优势，可以实现掘进巷道长距离、高精度的地质超前探测，满足巷道快速掘进的地质需求(程建远等，2022)。

1. 技术思路

“长掘长探”技术通过在快速掘进巷道的后方或邻近巷道预设钻场，以避免钻探作业与快速掘进在施工时间和空间上的矛盾，利用煤矿井下定向钻探技术实现长距离定向钻孔布设(图 2-25)。为了弥补钻探“一孔之见”的不足，在长距离定向长钻孔中采用孔中物探技术与装备，开展钻孔径向富水区、地质构造的超前探测工作，从而形成以定向长钻孔为圆心、半径 30m、深度近 1000m 的探测范围，能够满足巷道快速掘进的长距离探测、长时间掘进需求。在巷道快速掘进到前期长钻孔控制的边界之前，再次施工超前定向长钻孔，并同步开展孔中物探，如此往复、循环探测，就能够实现快速掘进工作面的“长掘长探”。

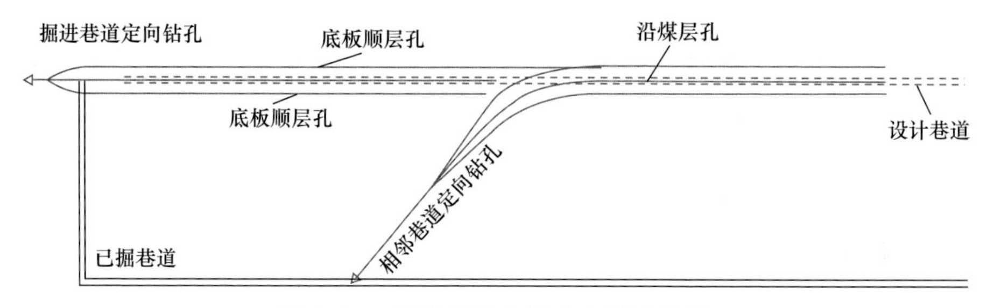

图 2-25　长距离定向钻孔布设示意图

2. 关键技术

“长掘长探”是定向钻探与孔中物探技术的融合，其中定向钻探主要服务于沿目的层受控钻进，而孔中物探的主要任务是实现钻孔径向一定范围的高精度探测。定向钻探技术、钻孔地质雷达探测技术、钻孔瞬变电磁探测技术等是实现“长掘长探”的关键技术。

1) 定向钻探技术

煤矿井下近水平定向钻探技术在我国煤矿井下瓦斯抽采、水害防治、冲击地压灾害预防等方面发挥了巨大作用。目前，煤矿井下定向钻进技术与装备已经成熟并得到了广泛应用，取得了顺煤层定向钻进 3353m 的世界纪录(石智军等，2019)，完全满足“长掘长探”的钻孔深度需求。

2) 钻孔地质雷达探测技术

煤矿井下低频地质雷达探测深度达 30～50m，分辨率可以达到亚米级，但是矿井地质雷达发射天线与接收天线的外形尺寸相对较大，只能在巷道空间施工，且施工时容易受到巷道周围铁磁性物质的影响。

3) 钻孔瞬变电磁探测技术

钻孔瞬变电磁探测技术是将常规在巷道发射、巷道接收的瞬变电磁工作模式，改变为在钻孔中建立一次电磁场、钻孔接收二次感应场，从而实现基于定向钻孔纵向 1000m 长距离、径向 30m 半径范围内富水异常区的超前探测。

2.3.3　煤矿井下随掘地震监测技术

煤矿井下随掘地震监测技术采用掘进机掘进时震动信号作为激发源，替代常规地震勘探中的炸药震源，具有震源绿色、安全、成本低、可重复、探掘同步等优点。为促进随掘地震的工业性应用，推动掘进工作面的智能化进程，王保利等(2022)从随掘地震震源特征、波场特征、探测距离和探测精度方面入手，分析了随掘地震的探测性能，研究结果表明：①综掘机或者掘锚机都具有激发地震波场的能力；②震源模拟结果表明，无论是纵轴式掘进机还是横轴式掘锚机，所产生地震波在波场特征上基本是一致的，均可作为随掘地震的震源；③数值模拟波场和实际波场均显示，随掘地震可以使用槽波和横波进行超前探测；④随掘地震掘进机震源信号中体波的传播距离和槽波传播距离均有增加，在进行反射超前探测时，体波探测距为槽波的两倍左右；⑤与常规一次性地震探测方法相比，随掘地震跟踪探测可使成像信噪比提高，对异常构造具有更好的成像精度，并能更准确地刻画断层等构造的空间形态(图 2-26)。

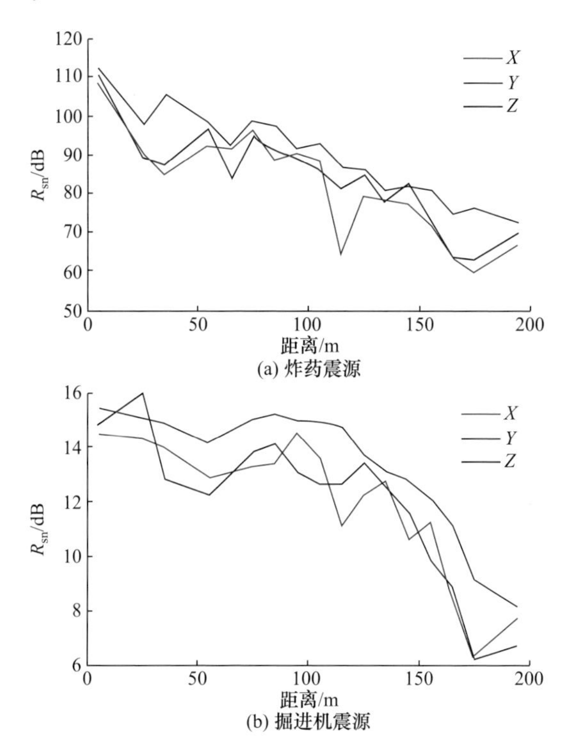

图 2-26　炸药震源和掘进机震源信噪比 R_{sn} 与传播距离曲线

X-掘进前方向；*Y*-垂直测帮方向；*Z*-竖直方向

2.3.4　煤矿采煤工作面随采地震探测技术

煤矿采煤工作面随采地震探测技术以采煤机作为震源，实现对采煤工作面内静态地质构造高精度探测和开采动力灾害的监测预警，为采煤工作面的地质透明化、开采智能化提供数据支撑。随采地震监测系统包括采集系统和观测系统，以及数据采集软件、数据处理流程及软件等。

1. 采集系统和观测系统

1) 采集系统组成

采集系统包括地面和井下两个分系统，系统体系结构如图 2-27 所示。地面系统主要由交换机、随采地震数据采集服务器、随采地震数据处理服务器、磁盘阵列和监视器组成，主要负责井下采集系统控制、数据采集存储、处理和显示等；井下系统包括交换机、检波器串、矿用本安型数据监测分站、隔爆电源、供电线路和光缆等，各监测分站通过光缆与地面主机使用 IEEE1588 协议进行时间同步，并将采集的数据经光纤环网发送到地面系统。

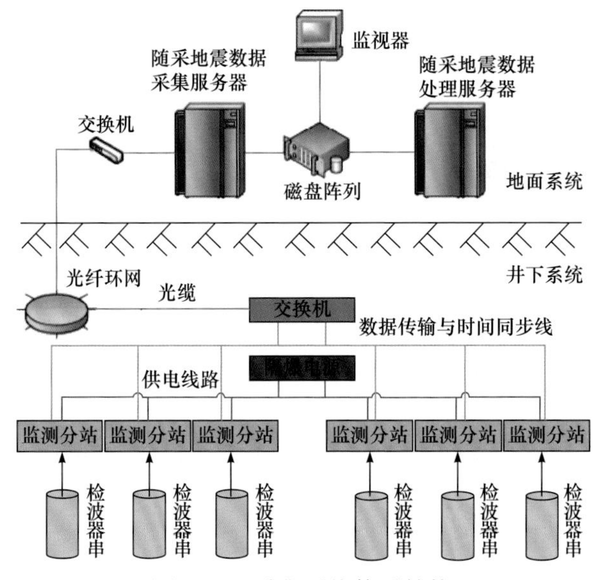

图 2-27　采集系统体系结构

2) 观测系统设计

随采地震监测系统井下网络设备观测系统采用孔巷联合的方式完成对采煤工作面的细分包围(考虑了槽波探测的两个构造)，确保射线覆盖均匀且无盲区，并有助于提高地震干涉记录质量和探测精度(陆斌，2019)。

2. 数据采集软件、数据处理流程及软件

1) 数据采集软件

随采地震(seismic while mining，SWM)的观测系统以多测线方式布设，道数较多，所需采集站数量相应较多，数据量巨大。因此，数据采集软件需要考虑数据的采集、存储效率问题。

2) 数据处理流程及软件

随采地震硬件设备及采集软件可借用现有的微地震在线监测系统进行搭建和数据采集，而随采地震的数据处理软件在国内外尚无相关报道。由于随采地震具有实时、连续不间断、数据量大等特点，与传统地震数据处理方式也有一定差别，同时随采数据处理软件需要与采集软件进行配套，以实现对数据的共享访问和通信，现有的传统地震数据处理平台无法使用。根据上述特点，中国煤科西安研究院研发了 SWM 系统(王保利，2019)。该系统采用了分层体系结构，并针对随采地震数据处理流程(图 2-28)设计了多任务并发执行机制：采集数据监听线程、干涉线程、动态 CT 成像线程、静态反射波成像线程和主线程等互相独立、并行执行、互不干扰，通过消息机制进行通信，并利用数据库表实现数据共享。

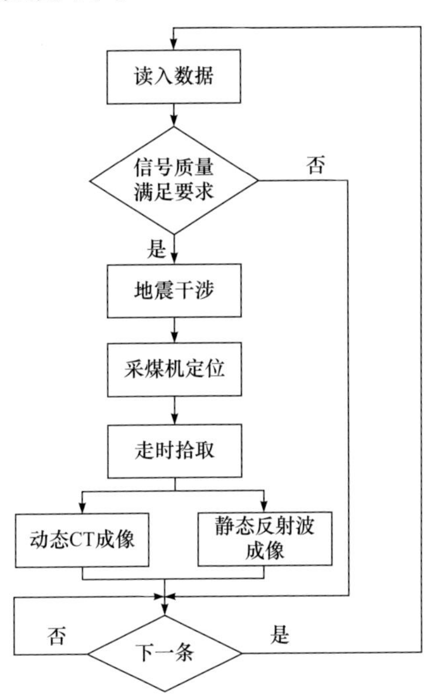

图 2-28　随采地震数据处理流程

以贵州岩脚煤矿 12701 智能工作面随采地震的试验为例，在试运行期间，选取了 1.5 个月的数据进行处理分析和解释，主要包括等效炮集记录、采煤机定位、动态成像和静态成像结果。探测结果表明：①从获得的随采地震干涉记录来看，采煤机截割震动作为随采地震的震源是适合的，可以获得高信噪比的虚拟炮集记录；②设计的随采地震采集系统、观测系统、采集处理软件架构和随采地震数据处理流程是合理可行的，能够满足随采地震实时、自动、大数据量等要求，整体运行稳定性良好；③随采地震能够探测采煤工作面的静态构造和应力动态变化，可为未来工作面透明化动态地质建模、回采过程中煤岩动力灾害监测预警提供数据和技术支持。

2.4 煤层底板突水危险评价方法

根据对煤层底板水害形成机制的研究,揭示煤层底板突水是岩层应力场、渗流场等因素在开采扰动影响下的复杂作用过程。为防止煤层底板突水事故发生，煤矿开采前需进行底板突水危险性评价，划分识别出突水危险区，指导煤层的安全开采。目前，我国水文地质学家提出了大量突水危险性评价方法，现阶段使用最为普遍的是已经写入《煤矿防治水细则》的三种方法，即突水系数法、脆弱性指数法、五图双系数法，本节将重点介绍并综合论述这三种评价方法。

2.4.1 突水系数法

突水系数法是我国最经典的一种煤层底板水害评价方法，水文地质模型较为简单。该方法起源于 20 世纪 60 年代的焦作矿区水文地质会战期间，我国矿井水文地质工作者借鉴了匈牙利的底板相对隔水层概念，提出了采用突水系数作为评价底板突水与否的标准。式(2-10)初期确定的形式为水压与隔水层厚度的比值，即

$$T = \frac{P}{M} \tag{2-10}$$

式中，T 为突水系数，MPa/m；P 为作用于隔水层底板的水压，MPa；M 为底板隔水层厚度，m。

同时，通过总结我国华北型煤田九大矿务局的突水资料，总结出两个评价突水威胁的临界值：正常地质块段计算的临界突水系数为 0.10～0.15MPa/m，构造破坏块段为 0.06MPa/m。

20 世纪 70 年代，以原煤炭科学研究总院西安分院为代表的水文地质工作者，认识到式(2-10)无法体现出煤层开采扰动矿山压力造成的底板破坏影响，评价结果有一定偏差，因此对突水系数法进行了修改，形式如式(2-11)所示：

$$T = \frac{P}{M - C_p} \tag{2-11}$$

式中，C_p 为矿压对底板的破坏深度，m。

该形式考虑了采矿活动影响下矿山压力造成的底板破坏，其水文地质物理概念模型更为合理，并进一步列入了《矿井水文地质规程》《煤矿防治水工作条例》，以及《建筑物、水体、铁路及主要井巷煤柱留设与压煤开采规程》。但是，评价模型调整之后，并未重新总结出新的临界突水系数值，而是沿用了 20 世纪 60 年代提出的统计临界值。

20 世纪 70 年代至 21 世纪初，不同学者对突水系数法进一步进行了修正，代表性的有两种：①充分考虑不同岩层强度和阻水能力差异性特点，提出了等效隔水层概念，并将突水系数修改为式(2-12)的形式；②考虑承压水导升高度的影响，将突水系数修改为式(2-13)的形式。

$$T=\frac{P}{\sum_{i=1}^{n}M_i m_i-C_p} \tag{2-12}$$

$$T=\frac{P}{M-C_p-h} \tag{2-13}$$

式中，M_i 为隔水层底板各分层厚度，m；n 为分层数；m_i 为各分层等效厚度换算系数，或各分层的强度比系数；h 为承压水导升高度，m。

由于式(2-12)和式(2-13)中各分层等效厚度换算系数和承压水导升高度难以确定，不便于现场实际应用，因此一直未得到行业完全认可，也未写入相应的规程、条例等文件中。

2009 年，国家安全生产监督管理总局审议通过的《煤矿防治水规定》中，考虑到式(2-11)存在较为严重的计算方法和阈值不匹配问题，本着还原历史的原则，将突水系数计算式重新变为式(2-10)的形式，并明确了正常地质块段计算的临界突水系数为 0.10MPa/m。2018 年颁布的《煤矿防治水细则》中仍沿用该修订结果。

目前，我国主要采用的突水系数法评价是目前可操作性较强、应用较为方便的评价方法，对矿山水文地质工作者有较强的指导意义。但是，其采用的原始式形式仍存在未考虑底板扰动破坏的问题，未来仍需重点研究式(2-11)的临界突水系数值，得出合理阈值后还可以重新修订突水系数计算式。

2.4.2　脆弱性指数法

煤层底板突水是多种因素综合影响下复杂的非线性动力过程，而突水系数法主要考虑含水层的水压和隔水层厚度，难以全面描述煤层底板突水问题。为此，中国矿业大学(北京)武强院士等(2014，2013)提出了基于地理信息系统(geographic information system，GIS)煤层底板突水威胁评价的脆弱性指数法。

该方法是一种将可确定底板突水多种主控因素权重系数的信息融合方法与具有强大空间信息分析处理功能的GIS耦合于一体的煤层底板突水预测评价方法，不仅可以考虑煤层底板突水的众多主控因素，而且可以刻画多因素之间相互复杂的作用关系和对突水控制的相对“权重”比例，并进行多级脆弱性分区。

根据权重确定的数学方法类型，可将脆弱性指数法分为非线性法和线性法两大类：非线性法包括ANN型脆弱性指数法、证据权重法脆弱性指数法、贝叶斯法型脆弱性指数法等；线性法包括AHP型脆弱性指数法等。同时，根据权重是否为定值还可分为常权脆弱性指数法和变权脆弱性指数法。脆弱性指数法的具体评价步骤如下：

(1) 根据对矿井充水水文地质条件的分析，建立煤层底板突水的水文地质物理概念模型，确定煤层底板突水主控因素。根据我国多年来大量突水案例的系统分析与总结，提出了矿井带压开采煤层底板突水的主控指标体系(图2-29)。

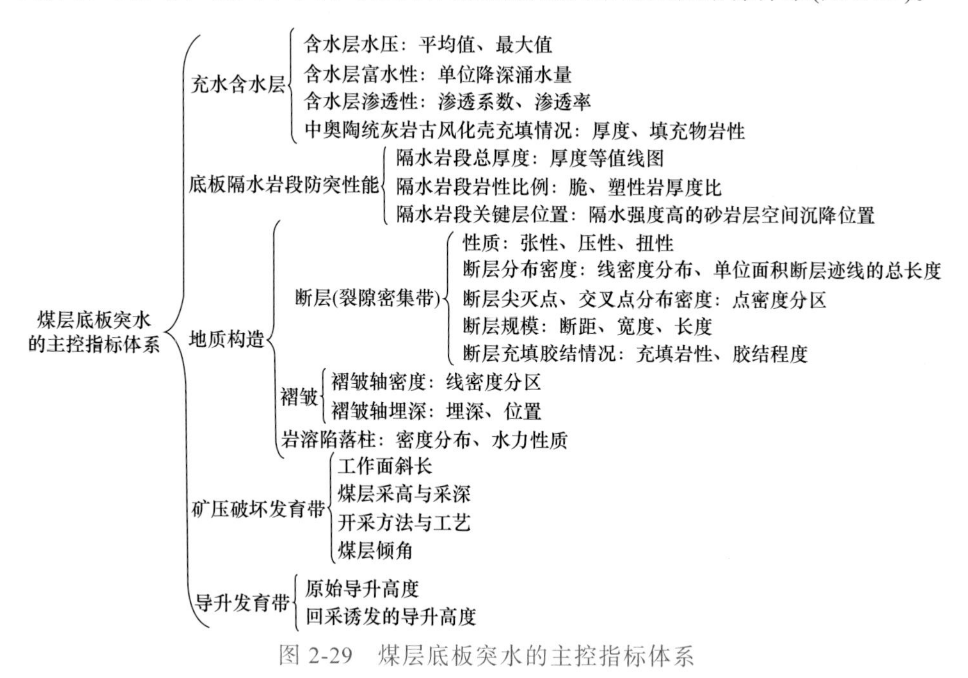

图2-29 煤层底板突水的主控指标体系

(2) 采集并收集各突水主控因素的基础数据，并进行归一化无量纲分析和处理。

(3) 应用地理信息系统，建立各主控因素的子专题图层。

(4) 应用信息融合理论，采用线性或非线性数学方法，通过模型反演识别或训练学习，确定煤层底板突水的主控因素“权重”系数，建立煤层底板突

水脆弱性的预测预报评价模型,并应用地理信息系统叠加方法进行信息融合。脆弱性指数法的基本模型为

$$VI=\sum_{k=1}^{n}W_k f_k(x,y) \tag{2-14}$$

式中，VI 为脆弱性指数；W_k 为影响因素权重；$f_k(x,y)$ 为单因素影响值函数，表示第 k 个主控因素量化值归一化后的值；(x,y) 为地理坐标；n 为影响因素的个数。

(5) 研究各计算单元的突水脆弱性指数，采用频率直方图的统计分析方法，确定突水脆弱性分区阈值，得出突水风险评价分区图。利用已知突水资料进行拟合，验证突水预测评价结果的准确性。

2.4.3　五图双系数法

采用突水系数法判识底板突水危险过程中,无法科学反映煤层开采造成的底板扰动破坏带、断裂构造等直接导通含水层的情况，也无法反映承压含水层水压导升过程中造成的水头耗散。为了弥补其该方面问题，煤炭科学研究总院西安分院(现中国煤科西安研究院)在国家工业性试验项目研究过程中，提出了底板突水危险性评价的“五图双系数法”，并得到了推广和应用。五图双系数法用于采煤工作面评价时涉及许多细致的工作内容，具体流程如图 2-30 所示。

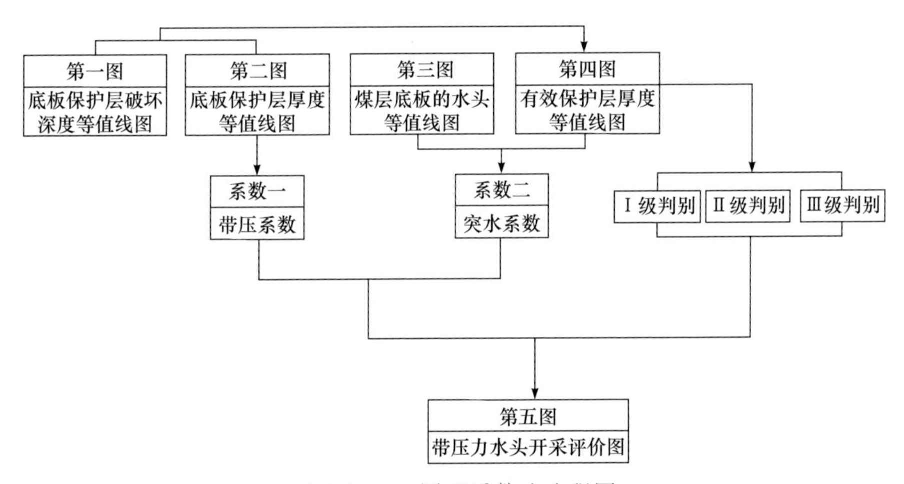

图 2-30　五图双系数法流程图

1)　“五图”的概念和意义

(1) 在工作面回采过程中，由于矿压等因素综合作用，在煤层底板产生一定深度的破坏，这种破坏后的岩层具有导水能力，称之为“导水破坏深度”。

通过试验和计算可以获得该值的分布状况，据此绘制底板保护层破坏深度等值线图(第一图)。

(2) 煤层底面至含水层顶面之间的这段岩层为“底板保护层”，它是阻止承压水涌入采掘空间的屏障，需查明其厚度及其变化规律，据此绘制底板保护层厚度等值线图(第二图)。

(3) 煤层底板以下含水层的承压水头将分别作用在不同标高的底板上，根据计算绘制煤层底板的水头等值线图(第三图)。

(4) 把导水破坏深度从底板保护层厚度中减去，所剩厚度称为“有效保护层”，是真正具有阻抗压力水头能力且起安全保护作用的部分，据此绘制有效保护层厚度等值线图(第四图)。

(5) 最后，根据有效保护层的存在与否和厚度大小，依照“双系数”和“三级判别”综合分析，即可绘制带压开采技术的最重要图件——带压力水头开采评价图(第五图)。

2) “双系数”和“三级判别”的概念和意义

(1) 在研究保护层时，要同时进行保护层阻抗压力水头能力的测试，根据所获参数计算保护层的总体带压系数(系数一)，即每米岩层可以阻抗压力水头的指标。另一系数是突水系数，它是有效保护层厚度与作用其上的水头比(系数二)。

(2) “三级判别”是与“双系数”配合用来判别突水与否、突水形式和突水量变化的 3 个指标：Ⅰ级判别是判别工作面必然发生直通式突水的指标；Ⅱ级判别是判别工作面发生非直通式突水可能性及其突水形式的指标；Ⅲ级判别是判别已被Ⅱ级判别定为突水工作面的突水量变化状况指标。

第 3 章　煤层底板灰岩含水层超前区域治理技术

3.1　超前区域治理模式分类和选择准则

3.1.1　超前区域治理模式分类

现阶段，我国煤层底板水害超前区域治理工程已经形成了地面、井下施工，定向钻进为主，常规钻进结合径向射流的施工方式。针对太原组薄层灰岩和奥陶系厚层灰岩的含水层治理模式，其具体定义为以底板水害防治与带压开采为目标，考虑基础水文地质条件、治理区地面施工条件、治理层位选择和钻孔钻进方式，从工程施工方案选择角度构建形成技术可靠、经济合理的注浆治理技术与方案的组合技术体系。

1. 分类指标

1) 施工位置

一般而言，施工位置可选取地面钻孔施工结合地面浆液配置、井下钻孔施工结合地面浆液配置、井下钻孔施工结合井下浆液配置 3 种方案。由于井下浆液配置制浆能力低，对于大规模超前区域治理一般不采用该制浆方案，均为地面制浆。施工位置的确定主要以钻孔施工位置为标准，分为地面钻进和井下钻进 2 种方案，需根据地面和井下条件进行确定。地面条件确定包括施工场地地形、水电条件、交通状况、环保要求、浆液运输、民事协调、采空区分布、钻探技术、地质条件等，任一条件无法达到时均认为无地面施工条件。井下条件确定主要为采掘工程布设，考虑是否已有井巷系统或可新增井巷系统进行钻探工程施工。

2) 层位选择

我国华北型石炭—二叠纪煤层底板以太原组薄层灰岩、泥岩、砂岩互层结构为主，基底为奥陶系巨厚灰岩或寒武系灰岩。同时，多数区域奥陶系灰岩顶部存在古风化壳，具备一定的隔水性能。由于泥岩地层钻孔施工难度高，浆液扩散性能差，石炭—二叠纪煤层底板超前区域治理钻孔施工层位需选择合适位置的薄层灰岩或奥陶系厚层灰岩顶部相对隔水段，进而利用钻孔注浆实现地层改造。因此，我国超前区域治理工程改造层位选择包含薄层灰岩和厚层灰岩 2

种方案。一般而言，薄层灰岩顶板、底板均为泥岩隔水地层，注浆时属于全封闭顶底有界结构，浆液在顶/底界内顺层扩散，注浆效果好，是优先选择层位。但是，对于煤层底板到奥灰间距较小的矿井，薄层灰岩层数少且改造薄层灰岩难以满足防治水的要求，需选择奥灰顶部相对隔水的古风化壳层位进行改造。

3) 钻进方式

随着地面和井下定向钻进技术的发展，钻孔通过定向钻进技术实现沿水平方向钻进，加之侧向分支钻孔施工，实现受煤层底板水害威胁区域探查和治理的全覆盖。由于在部分煤层埋深较浅、构造发育地区定向钻孔造斜难度高、轨迹设计困难，可通过地面常规钻孔中径向射流技术实现区域治理。因此，在超前区域治理过程中有定向钻进和径向射流 2 种钻进方式。

2. 模式分类

根据确定的模式分类指标，结合现场钻探工程和注浆工程施工情况，对各可利用指标进行组合(图 3-1)。

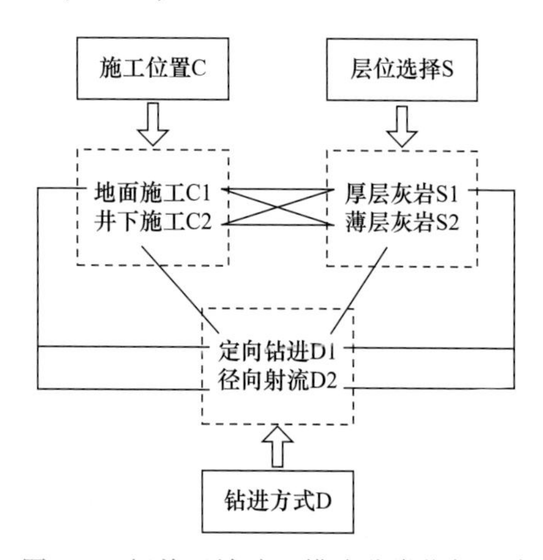

图 3-1　超前区域治理模式分类指标组合

由此可知，对于超前区域治理工程分类过程中，优先考虑施工位置和改造层位选择，其中地面、井下均可进行厚层灰岩和薄层灰岩的治理，根据施工位置和层位选择指标，确定钻进方式。地面施工可进行定向钻进和径向射流，井下施工仅可开展定向钻进；针对厚层灰岩可利用定向钻进和径向射流方式改造，薄层灰岩中仅可进行定向钻进。

采用交叉分类原则对各指标进行交叉组合分类，仅在 3 个指标可连接形成闭合环路径时，提炼形成治理模式。依据此原则共概化得出 5 种超前区域治理注浆改造模式(表 3-1)。

表 3-1　超前区域治理注浆改造模式

施工位置 C	层位选取 S	钻进方式 D	改造模式 M
地面施工 C1	厚层灰岩 S1	定向钻进 D1	C1S1D1 地面定向钻孔厚层灰岩改造模式 M1
井下施工 C2	厚层灰岩 S1	定向钻进 D1	C2S1D1 井下定向钻孔厚层灰岩改造模式 M2
地面施工 C1	薄层灰岩 S2	定向钻进 D1	C1S2D1 地面定向钻孔薄层灰岩改造模式 M3
井下施工 C2	薄层灰岩 S2	定向钻进 D1	C2S2D1 井下定向钻孔薄层灰岩改造模式 M4
地面施工 C1	厚层灰岩 S1	径向射流 D2	C1S1D2 地面径向射流厚层灰岩改造模式 M5

由此可知，针对煤层底板灰岩含水层水害影响程度，主要采用地面、井下定向钻孔改造薄层灰岩和厚层灰岩含水层，同时在部分区域选取地面厚层灰岩利用径向射流技术开展含水层改造。现阶段，根据各种条件组合形成了地面定向钻孔厚层灰岩改造模式 M1、井下定向钻孔厚层灰岩改造模式 M2、地面定向钻孔薄层灰岩改造模式 M3、井下定向钻孔薄层灰岩改造模式 M4 和地面径向射流厚层灰岩改造模式 M5(图 3-2～图 3-6)。

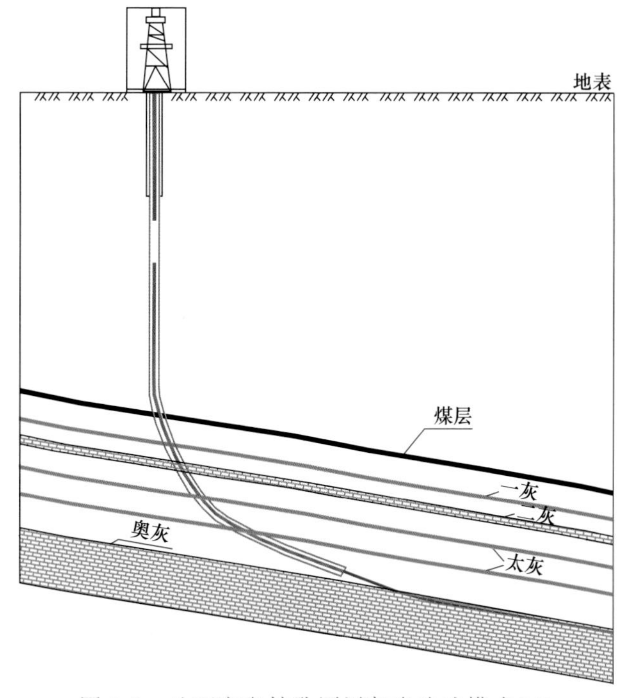

图 3-2　地面定向钻孔厚层灰岩改造模式 M1

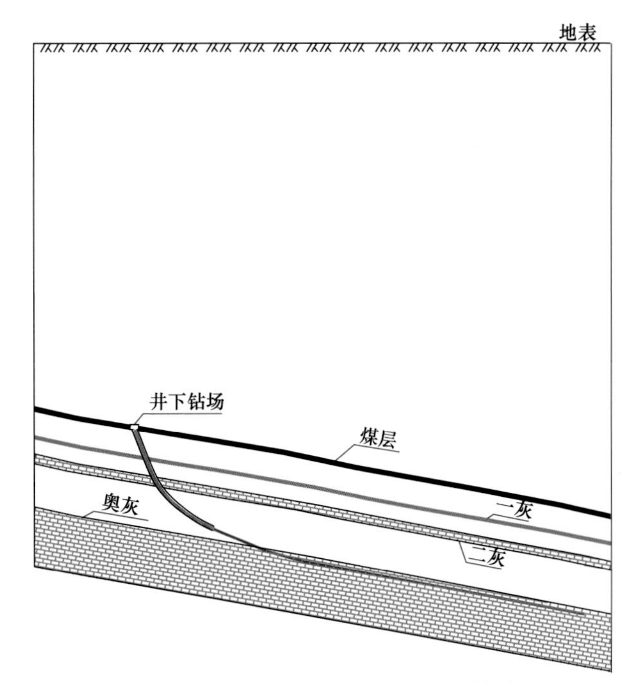

图 3-3　井下定向钻孔厚层灰岩改造模式 M2

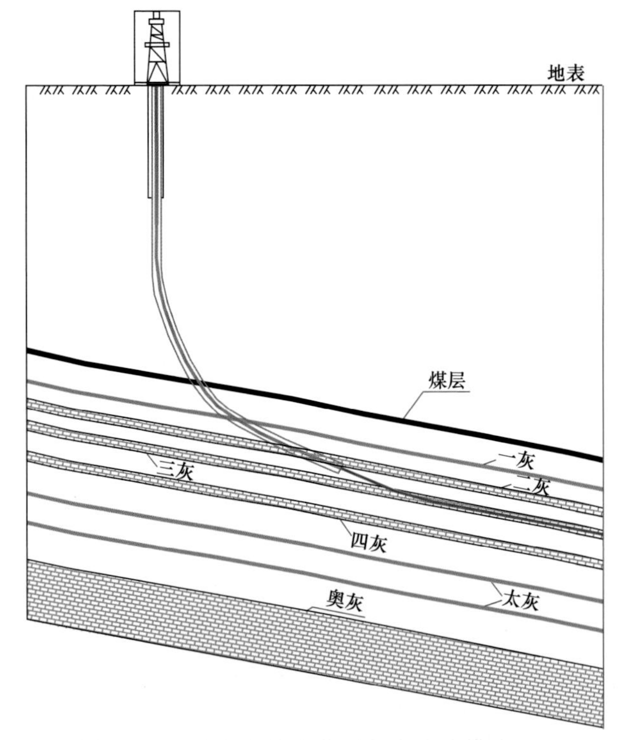

图 3-4　地面定向钻孔薄层灰岩改造模式 M3

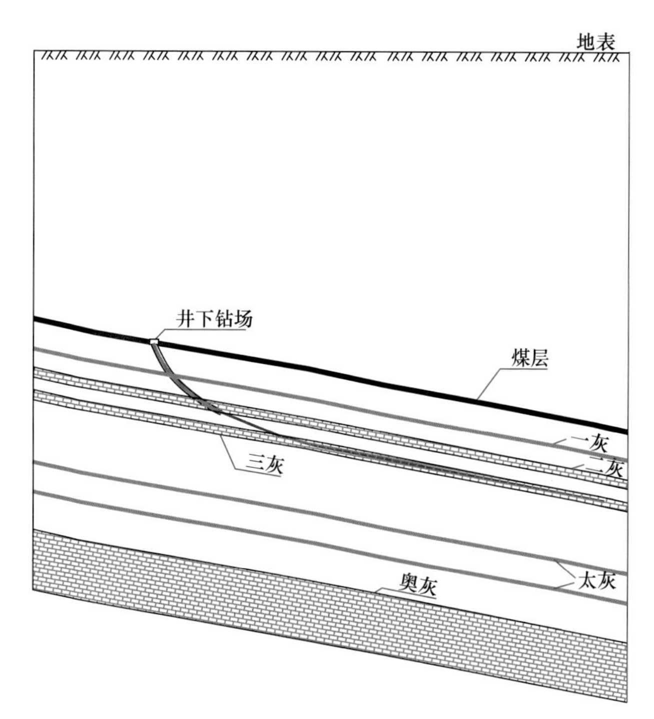

图 3-5　井下定向钻孔薄层灰岩改造模式 M4

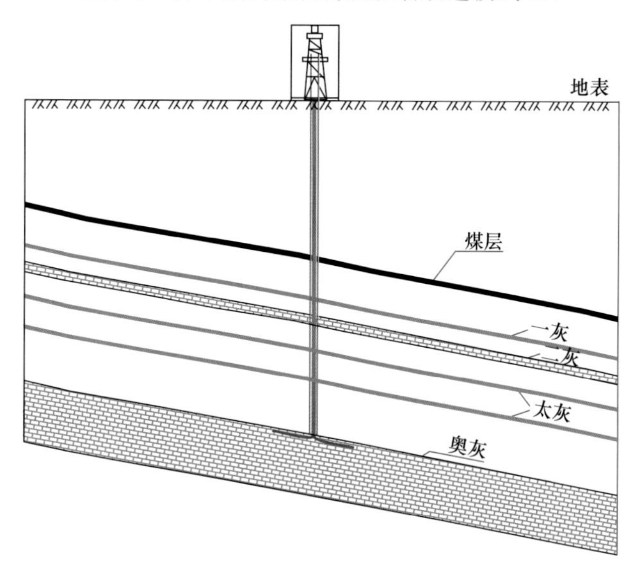

图 3-6　地面径向射流厚层灰岩改造模式 M5

对于华北型煤田而言，限于现阶段井下钻探和注浆技术发展水平，目前主流改造模式为 M1 和 M3，如我国淮北矿区朱庄煤矿采用地面定向钻孔薄层灰岩改造模式对太原组三灰地层进行改造；峰峰矿区采用地面定向钻孔厚层灰岩改造模式，重点针对奥灰顶部风化壳进行注浆改造。同时，在部分地形起伏明显、无钻孔施工条件的地区域采用改造模式 M2 和 M4，如韩城矿区桑树坪煤矿采用井下定向钻孔厚层灰岩改造模式，针对奥陶系峰峰组灰岩顶部古风化壳层进行注浆治理。在煤层埋深浅、难以实现定向钻孔造斜的情况下，采用改造模式 M5 进行煤层底板奥灰含水层水害防治。

3. 亚类模式

1) 布孔形态

布孔形态决定了选用各治理模式施工过程中钻孔在治理区域内的覆盖方式，影响浆液运移规律和注浆改造效果，取决于钻进方式的选取。钻井工艺试验结果表明，定向钻进过程中利用侧向分支孔，形成多种钻孔布设形态，根据最终钻孔分布形态，利用比拟命名方法，分为 4 种布孔形态：扇骨状 S1、鱼骨状 S2、梳状 S3、叉状 S4；径向射流是依托常规回转钻进的直孔，在治理层位利用射流工艺形成多个射流孔，形成梅花状 S5。

其中，厚层灰岩中定向钻孔垂直方向角度调整灵活，布孔形态较为丰富，可施工 S1～S4 的任意形态；薄层灰岩中垂直方向角度调整空间小，分支孔施工受角度影响，以施工难度低的扇骨状 S1 布孔形态为主。径向射流钻孔分布形态可归为同一类型，可在平面不同方向侧向开不同数量的射流分支注浆孔。

钻孔轨迹的方位包括主孔方位与分支孔方位，主孔方位的选择要保证其他分支孔能够实现，并且覆盖目标区域。主孔方位要保证钻孔单元中两侧钻孔能够顺利完，同时还应尽可能与裂隙的优势发育方位斜交。

2) 注浆材料

根据钻孔超前探查地层裂隙、孔隙和构造发育情况，灌注水泥浆液或骨料对地层进行超前改造。根据钻孔探查的情况，灌注不同材质的注浆材料。常见的超前区域改造注浆材料包含 4 种：碎石骨料 G1、河沙骨料 G2、水泥-粉煤灰浆液 G3、纯水泥浆液 G4。

碎石骨料 G1：以粒径介于 5～10mm 的碎石子为主，常用于治理地层中大型裂隙、断层、溶洞和陷落柱等有较大空间的构造。

河沙骨料 G2：根据粒径的不同可分为细沙(0.25～0.35mm)、中沙(0.35～0.5mm)和粗沙(粒径大于 0.5mm)，主要用于封堵大空间构造、小型裂隙和岩溶。

水泥-粉煤灰浆液 G3：利用地面制浆系统，按照一定水固比配备形成水泥-粉煤灰浆液，有助于提高结石体强度并调整浆液的凝结时间。

纯水泥浆液 G4：纯水泥浆液是注浆最常用材料，是其他注浆材料的黏合剂。

超前区域治理中钻遇明显漏水，大型构造发育区段可利用碎石骨料或河沙骨料进行灌注，之后通过水泥浆液使其胶结。在常规注浆段通常利用水泥-粉煤灰浆液进行灌注，也可利用纯水泥浆液对中小裂隙进行注浆改造。

3) 模式亚类划分

将本次划分得出的超前区域探查改造模式结合施工设计中布孔形态、注浆材料分类，综合确定超前区域治理注浆改造亚类模式(表 3-2)。本次亚类划分将可施工的钻孔形态全部列出，在实际应用过程中可根据具体情况进行选取，主要通过不同的注浆材料组合进行亚类划分。

表 3-2　超前区域治理注浆改造亚类模式

改造模式 M	布孔形态 S	注浆材料 G	亚类模式
C1S1D1 地面定向钻孔厚层灰岩改造模式 M1	扇骨状 S1 鱼骨状 S2 梳状 S3 叉状 S4	碎石骨料 G1 河沙骨料 G2 水泥-粉煤灰浆液 G3 纯水泥浆液 G4	C1S1D1/(S1.S2.S3.S4)/(G1.G2.G3) C1S1D1/(S1.S2.S3.S4)/(G1.G2.G4) C1S1D1/(S1.S2.S3.S4)/(G2.G3) C1S1D1/(S1.S2.S3.S4)/(G2.G4) C1S1D1/(S1.S2.S3.S4)/(G3) C1S1D1/(S1.S2.S3.S4)/(G4)
C2S1D1 井下定向钻孔厚层灰岩改造模式 M2	扇骨状 S1 鱼骨状 S2 梳状 S3 叉状 S4	水泥-粉煤灰浆液 G3 纯水泥浆液 G4	C2S1D1/(S1. S2.S3.S4)/(G3) C2S1D1/(S1. S2.S3.S4)/(G4)
C1S2D1 地面定向钻孔薄层灰岩改造模式 M3	扇骨状 S1 梳状 S3 叉状 S4	碎石骨料 G1 河沙骨料 G2 水泥-粉煤灰浆液 G3 纯水泥浆液 G4	C1S2D1/(S1.S3.S4)/(G1.G2.G3) C1S2D1/(S1.S3.S4)/(G1.G2.G4) C1S2D1/(S1.S3.S4)/(G2.G3) C1S2D1/(S1.S3.S4)/(G2.G4) C1S2D1/(S1.S3.S4)/(G3) C1S2D1/(S1.S3.S4)/(G4)
C2S2D1 井下定向钻孔薄层灰岩改造模式 M4	扇骨状 S1 鱼骨状 S2 梳状 S3 叉状 S4	水泥-粉煤灰浆液 G3 纯水泥浆液 G4	C2S2D1/(S1. S2.S3.S4)/(G3) C2S2D1/(S1. S2.S3.S4)/(G4)
C1S1D2 地面径向射流厚层灰岩改造模式 M5	梅花状 S5	水泥-粉煤灰浆液 G3 纯水泥浆液 G4	C1S1D2/(S5)/(G3) C1S1D2/(S5)/(G3)

亚类组合分析得出，C1S1D1 地面定向钻孔厚层灰岩改造模式共分出 6 组亚类模式，C2S1D1 井下定向钻孔厚层灰岩改造模式划分 2 组亚类模式，C1S2D1 地面定向钻孔薄层灰岩改造模式划分 6 组亚类模式，C2S2D1 井下定向钻孔薄层灰岩改造模式划分 2 组亚类模式，C1S1D2 地面径向射流厚层灰岩改造模式划分 2 组亚类模式，综合划分为 18 组亚类模式，在现场实际应用

中结合现场实际条件综合考虑。鉴于不同区域注浆材料就地取材的灵活性选择，部分矿区采用黄土-水泥浆液进行注浆，也可以作为局部区域的亚类模式补充。

3.1.2 超前区域治理模式选择准则

不同的超前区域治理模式有其特定的试用条件，在开展煤层底板灰岩含水层治理过程中需充分考虑地面施工条件、煤层埋深、煤层底板承受水压，综合确定施工位置和钻进方式；结合煤层与奥灰含水层之间薄层灰岩、突水系数(初始数值和改造后数值)确定改造层位，从而综合确定超前区域治理模式。因此，可得到各判识指标选择准则：①地面有施工条件优先考虑地面施工；②煤层埋深大于 800m 时，地面施工钻探成本高，优先考虑井下施工；③煤层底板所承受水压大于 6MPa 时，井下孔口装置难以保障施工安全，必须选用地面施工；④煤层埋深小于 240m 时，地面定向钻孔施工难以实现造斜，优先考虑地面径向射流；⑤煤层底板有薄层灰岩地层结构，优先考虑改造薄层灰岩；⑥薄层灰岩、厚层灰岩顶部改造后需满足突水系数的要求。依据该选择准则，可建立煤层底板灰岩含水层超前区域治理模式选择流程(图 3-7)。

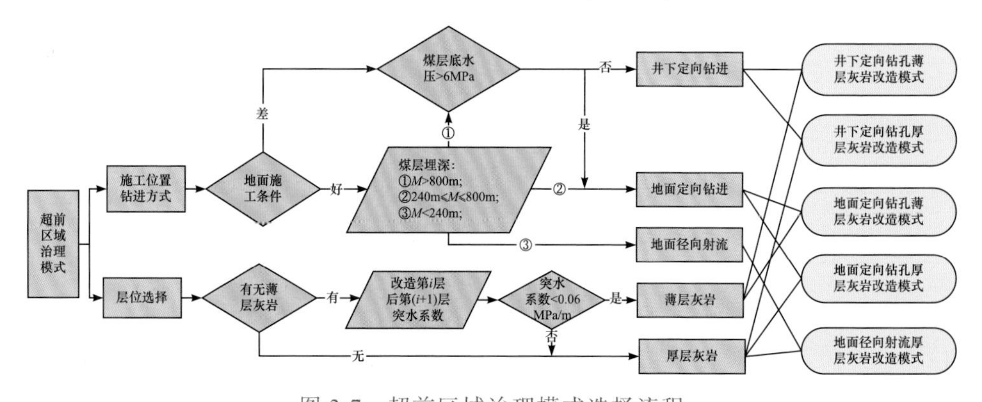

图 3-7 超前区域治理模式选择流程

3.2 水平孔倾斜裂隙注浆浆液扩散规律

3.2.1 水平孔倾斜裂隙注浆浆液扩散理论模型

1. 浆液的本构方程

基于成本、环保、浆液性能和制浆工艺等因素，现阶段煤层底板超前区域注浆普遍采用水泥浆液，水泥颗粒相对较细，能够进入裂隙开度较小的微小裂隙。

浆液黏度是决定浆液流动性好坏的重要指标，不同水灰比(水与水泥的质量比)的水泥浆液黏度时变性特征不同，具有不同的浆液流型。因此，掌握不同水灰比水泥浆液黏度时变性规律是探索裂隙含水层水平孔注浆浆液扩散规律的基础。

利用旋转黏度计对超前区域注浆改造中广泛使用的水泥浆液(水灰比分别为 0.6∶1、0.8∶1、1∶1、2∶1)进行黏度时变性试验。通过对不同时间水泥浆液的黏度数据进行拟合，得到不同水灰比下浆液黏度随时间变化规律，可知水灰比分别为 0.6∶1、0.8∶1、1∶1 的水泥浆液黏度随时间呈现指数变化趋势；水灰比为 2∶1 的水泥浆液黏度随时间变化较小，基本保持不变。不同水灰比水泥浆液黏度随时间变化函数见表 3-3。结合文献中关于水泥浆液流型划分标准(《岩土注浆理论与工程实例》协作组，2001)，本小节将水灰比不大于 1∶1 的水泥浆液视为黏时变流体，水灰比大于 1∶1 的水泥浆液视为黏度与时间无关的牛顿流体。基于成本和可注性考虑，超前区域治理过程中广泛采用水泥稀浆，因此水泥浆液为牛顿流体。

表 3-3 不同水灰比水泥浆液黏度随时间变化函数

序号	浆液水灰比	浆液黏度(y)随时间(x)变化函数
1	0.6∶1	$y=0.3612\mathrm{e}^{9\times10^{-5x}}$
2	0.8∶1	$y=0.1611\mathrm{e}^{10^{-4x}}$
3	1∶1	$y=0.1198\mathrm{e}^{10^{-4x}}$
4	2∶1	$y=8\times10^{-7x}+0.0973$

2. 模型构建的基本假设

以下推导应满足假设：①浆液的运动是连续的；②浆液是各向同性流体且不可压缩，浆液容重在流动过程中保持不变，流速稳定；③浆液侧壁满足无滑移边界；④裂隙上、下表面满足无滑移边界条件，即上、下表面处浆液流动速度为 0；⑤裂隙开度均匀分布；⑥浆液扩散方式为完全驱替扩散，不考虑浆液相界面处水与浆液的混合；⑦浆液流动属于层流运动。

3. 承压倾斜裂隙浆液扩散模型

溶蚀裂隙是原生构造裂隙经具侵蚀性的流动地下水进一步扩容的产物，按裂隙延伸走向与岩层层面交接关系，可将其分成斜交、垂直、平行层面三种，水平定向钻在煤层底板含水层注浆时与裂隙呈现斜交、垂直或平行状态(图 3-8)，而垂直和平行分别为裂隙与层面夹角为 90°和 0°状态，垂直或倾斜裂隙的注浆加固和封堵对于底板突水防治更为重要，因此本小节采用水平孔与裂隙斜交状态为例进行分析。沿水平孔垂直剖面可得孔中注浆浆液进入倾斜裂隙后的扩散剖面，见图 3-9，由于煤层底板裂隙含水层为承压含水层，其水位标高处于含水层上方，因此浆液在水平孔上方和下方裂隙区域中均受到静水压力的阻力作用。为便于分析，将承压裂隙含水层水平孔注浆概化为承压倾斜裂隙浆液扩散模型，取沿上、下裂隙中扩散运动的浆液微团为分析对象，可得浆液微团在流动过程受质量力、表面压力、浆液黏性摩擦力，其中表面压力包括注浆压力和静水压力(图 3-10)。沿平行于浆液扩散方向和垂直于倾斜裂隙方向分别建立 x 轴和 y 轴，裂隙开度为 $2h$，水平注浆孔与裂隙交叉点为坐标 O 点，裂隙与水平孔夹角为 α，静水压力为 p_0，水平孔上方裂隙中的浆液扩散距离为 L_s，水平孔下方裂隙中的浆液扩散距离为 L_x，f 为浆液所受的单位质量力(柳昭星，2022)。

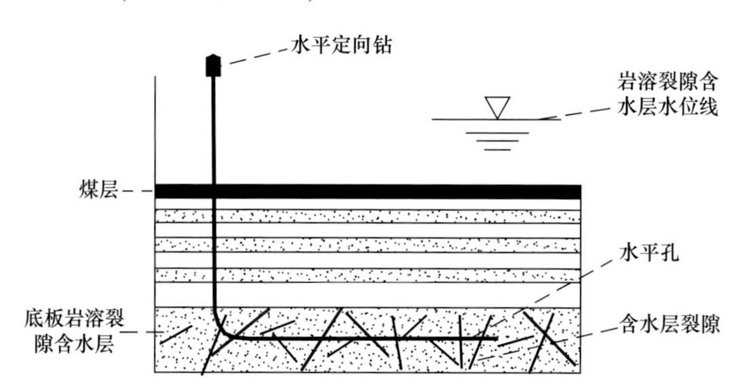

图 3-8　溶蚀裂隙含水层水平定向钻孔超前注浆示意图

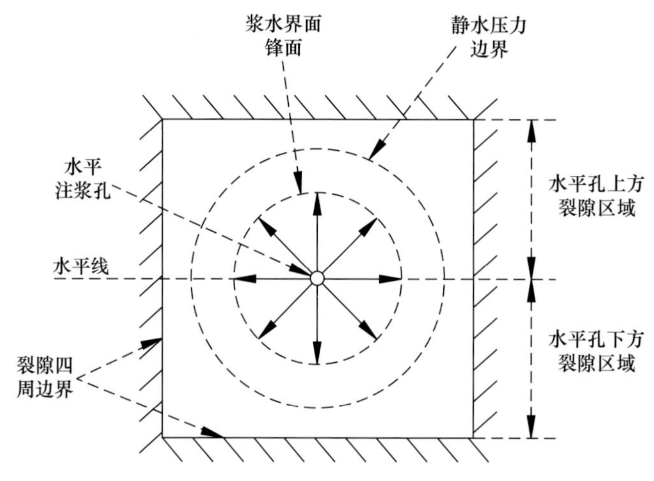

图 3-9　含水层倾斜裂隙水平孔注浆浆液扩散剖面示意图

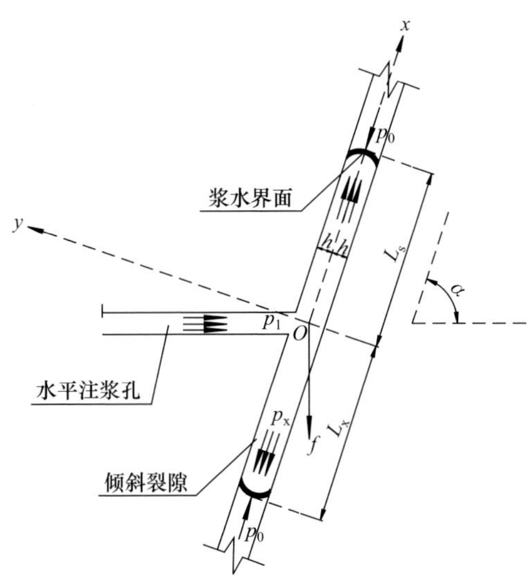

图 3-10 含水层倾斜裂隙水平孔注浆浆液扩散受力示意图

将描述黏性流体在各种力的作用下的平衡关系的基本方程与连续性方程、本构方程联立可组成不可压缩黏性流动求解的基本方程组(章梓雄等，2011)。通过联立方程组进行化简可得向量方程：

$$\frac{\mathrm{d}V}{\mathrm{d}t}=f-\frac{1}{\rho}\mathrm{grad}p+\nu\nabla^2 u \tag{3-1}$$

式中，$\frac{\mathrm{d}V}{\mathrm{d}t}$为浆液质量微团在力的作用下产生的加速度；$f$为单位质量力；$\frac{1}{\rho}\mathrm{grad}p$为压力梯度产生的表面压力；$\nu\nabla^2 u$为浆液黏性摩擦力。

由于裂隙与水平孔存在夹角，浆液从水平注浆孔进入倾斜裂隙后其质量力在裂隙方向存在分量，该分量与浆液扩散方向仍存在夹角(图 3-11)，且在水平孔上、下裂隙中分别呈现阻力和动力作用，这种作用差异可通过浆液微团运移方向分量体现，因此可得x轴方向浆液单位质量力分量：

$$f_x=g\sin\alpha\cos\theta \tag{3-2}$$

式中，θ为浆液微团运移方向与α方向垂直重力分量的夹角，当$\theta\in(90°,270°)$，浆液处于上方裂隙；当$\theta\in(0°,90°)\cup(270°,360°)$，浆液处于下方裂隙。

$\frac{\mathrm{d}V}{\mathrm{d}t}$为流体速度$(u,v,w)$随时间的变化率，即速度的物质导数，在$x$方向分量为

$$\frac{\partial u}{\partial t}+u\frac{\partial u}{\partial x}+v\frac{\partial u}{\partial y}+w\frac{\partial u}{\partial z} \tag{3-3}$$

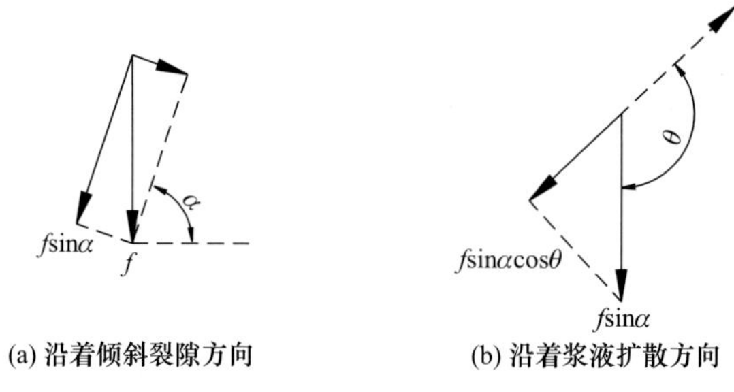

图 3-11　倾斜裂隙中浆液单位质量力受力分解

grad$p$ 为表面压力 p 在空间 x、y、z 方向的偏微分量，其中沿 x 方向分量为 $\frac{\partial p}{\partial x}$；$v\nabla^2 u_x$ 为黏性摩擦力沿 x 方向的分量，其中 ∇^2 为拉普拉斯算子，$\nabla^2=\frac{\partial}{\partial x^2}+\frac{\partial}{\partial y^2}+\frac{\partial}{\partial z^2}$；$v$ 为运动黏度系数，与黏度μ的关系为 $v=\frac{\mu}{\rho}$。由此得到黏性摩擦力在 x 轴方向分量：

$$\frac{\mu}{\rho}\left(\frac{\partial^2 u}{\partial x^2}+\frac{\partial^2 u}{\partial y^2}+\frac{\partial^2 u}{\partial z^2}\right) \tag{3-4}$$

将式(3-3)、式(3-4)、压力梯度 grad$p$ 、式(3-2)代入式(3-1)，可得到在 x 方向的标量方程：

$$\frac{\partial u}{\partial t}+u\frac{\partial u}{\partial x}+v\frac{\partial u}{\partial y}+w\frac{\partial u}{\partial z}=g\sin\alpha\cos\theta-\frac{1}{\rho}\frac{\partial p}{\partial x}+\frac{\mu}{\rho}\left(\frac{\partial^2 u}{\partial x^2}+\frac{\partial^2 u}{\partial y^2}+\frac{\partial^2 u}{\partial z^2}\right) \tag{3-5}$$

连续性方程是基于质量守恒定律建立的质量平衡方程，不可压缩流体体积膨胀率为 0，即速度的散度为 0，得到连续性方程：

$$\frac{\partial u}{\partial x}+\frac{\partial v}{\partial y}+\frac{\partial w}{\partial z}=0 \tag{3-6}$$

x 方向为浆液微团扩散方向，浆液在 y 方向和 z 方向流速为 0，结合式(3-6)，得

$$\frac{\partial v}{\partial y}=0\text{，}\frac{\partial w}{\partial z}=0\text{，}\frac{\partial u}{\partial x}=0$$

即沿 x 方向速度变化为 0，说明浆液微团为稳定流动，这与前文流速稳定的假设一致，即浆液微团在流动过程中加速度为 0。

$$\frac{\partial u}{\partial t}=0$$

由此，可将 x 方向标量方程式(3-5)转化为

$$g\sin\alpha\cos\theta-\frac{1}{\rho}\frac{\partial p}{\partial x}+\frac{\mu}{\rho}\frac{\partial^2 u}{\partial y^2}=0 \tag{3-7}$$

根据浆液侧壁为无滑移边界假设，可得边界条件：

$$y=\pm h, u=0$$

对于下方裂隙，根据该边界条件对式(3-6)积分，求解得浆液微团沿 x 方向的下方裂隙速度：

$$u_{\mathrm{x}}=\frac{1}{2\mu}\left(-\rho g\sin\alpha\cos\theta+\frac{\partial p}{\partial x}\right)\left(y^2-h^2\right) \tag{3-8}$$

通过对式(3-8)在裂隙开度方向求积分和平均值得裂隙截面牛顿流体浆液平均流速：

$$\overline{u}_{\mathrm{x}}=-\frac{h^2}{3\mu}\left(-\rho g\sin\alpha\cos\theta+\frac{\partial p}{\partial x}\right) \tag{3-9}$$

式中，平均速度 $\overline{u}_{\mathrm{x}}$ 的下标 x 表示下方裂隙。

假设水平注浆孔倾斜裂隙相交的孔口处注浆压力为 p_1，其进入裂隙后经过压力衰减，最后与静水压力平衡，因此假设浆液沿着水平注浆孔以下裂隙内扩散距离为 L_{x} 时的浆液锋面压力为 p_0，即达到静水压力 p_0，可得边界条件为

$$\begin{cases} x=0, p=p_1 \\ x=-L_{\mathrm{x}}, p=p_0 \end{cases} \tag{3-10}$$

则式(3-9)可转化为

$$\overline{u}_{\mathrm{x}}=\frac{h^2}{3\mu}\left(\rho g\sin\alpha\cos\theta+\frac{p_1-p_0}{L_{\mathrm{x}}}\right) \tag{3-11}$$

通过前文推导得到浆液微团扩散方向浆液在裂隙截面上的平均流速，而浆液在进入裂隙后实际呈现四周扩散现象，流速中存在的角度 θ 代表浆液扩散的辐角，即不同的 θ 代表不同方向上的浆液微团流速。因此，可通过一定时间内浆液在四周扩散的某方向浆液微团流速得到对应的浆液扩散距离，从而通过几何体积计算方法得到对应的浆液注入体积。设水平注浆孔半径为 r_0，裂隙开度为 b，时间 t 内浆液在钻孔下方裂隙中扩散距离为 x，由此得到下方裂隙中注浆量为

$$Q_{\mathrm{x}}=\pi x\cdot b\cdot\overline{u}_{\mathrm{x}}t$$

式中，注浆量 Q_{x} 的下标 x 表示下方裂隙。

将水平注浆孔下方裂隙截面浆液平均流速式(3-9)分别代入上述注浆量公式，积分可得

$$p_{\mathrm{x}}=\frac{12Q_{\mathrm{x}}\mu}{\pi tb^{3}}\ln\left(-x\right)+\rho g\sin\alpha\cos\theta x+C \tag{3-12}$$

式中，注浆压力 p_{x} 的下标 x 表示下方裂隙；C 为积分常量。

根据水平注浆孔孔口处压力 p_1 得

$$p_{\mathrm{x}}=p_1+\frac{12Q_{\mathrm{x}}\mu}{\pi b^{3}t}\ln\left(-\frac{x}{r_0}\right)+\rho g\sin\alpha\cos\theta\left(x-r_0\right),\theta\subset\left(0,\frac{\pi}{2}\right)\cup\left(\frac{3\pi}{2},2\pi\right) \tag{3-13}$$

根据浆液裂隙中扩散的平均速度可得到浆液流量。当 $x<0$，对于水平孔下方裂隙中浆液流量为

$$q_{\mathrm{x}}=\frac{\pi b^{3}}{12\mu}\left(p_1-p_0+\rho g\sin\alpha\cos\theta L_{\mathrm{x}}\right) \tag{3-14}$$

式中，浆液流量 q_{x} 的下标 x 表示下方裂隙。

注浆量还可根据浆液流量随时间的积分得到，即单位时间段内注入裂隙的浆液体积应等于该时段内增大扩散半径 r 所需要的浆液体积，因此有

$$\int_0^t q_{\mathrm{x}}\mathrm{d}t=\int_{r_0}^{L_{\mathrm{x}}}\pi bL_{\mathrm{x}}\mathrm{d}L \tag{3-15}$$

将式(3-14)代入式(3-15)，可得牛顿流体浆液下方裂隙中扩散距离控制方程：

$$t=\frac{6\mu\left(L_{\mathrm{x}}^{2}-r_0^{2}\right)}{b^{2}\left[\left(p_1-p_0\right)+\rho gL_{\mathrm{x}}\sin\alpha\cos\theta\right]},\theta\subset\left(0,\frac{\pi}{2}\right)\cup\left(\frac{3\pi}{2},2\pi\right) \tag{3-16}$$

式中，浆液扩散距离 L_{x} 的下标 x 表示下方裂隙。

水平孔上方裂隙(当 $x>0$)中，牛顿流体浆液截面平均速度($\overline{u}_{\mathrm{s}}$)、注浆压力($p_{\mathrm{s}}$)、浆液扩散距离($L_{\mathrm{s}}$)控制方程(下标 s 表示上方裂隙)与下方裂隙具有相同表达，区别在于上方裂隙中 $\theta\in(90°,270°)$。

4. 与数值模拟结果对比

1) 三维倾斜裂隙模型建立和计算参数设置

为进一步验证前文理论模型在一定静水压力和不同水灰比浆液下的适用性和可靠性，基于数值模拟软件 COMSOL 对水平注浆孔倾斜裂隙浆液扩散进行计算。采用 COMSOL 软件构建三维裂隙模型，裂隙的尺寸为 3000mm×3000mm×5mm，注浆孔位置位于中间靠上 2/3 处[图 3-12(a)]。所建立的几何模型结构，采用 8 节点六面体实体单元离散。在建立网格过程中，首先对上侧一面采用 4 节点四边形单元进行面网格划分后，采用 Sweep 扫略网格方法进行体网格的生成。通过网格数量对比优化，将整个结构系统离散为 25622 个单元[图 3-12(b)]。模型采用两相流进行计算，根据计算工况，浆

液在裂隙含水层中驱替地下水进行扩散。因此，裂隙模型中流体区域分为两部分，一部分为未注浆之前裂隙内的地下水，另一部分为注浆后在裂隙内扩散的浆液。其中，地下水的材料属性在软件中采用水的属性进行设置，注入浆液的参数按照表 3-4 进行设置。

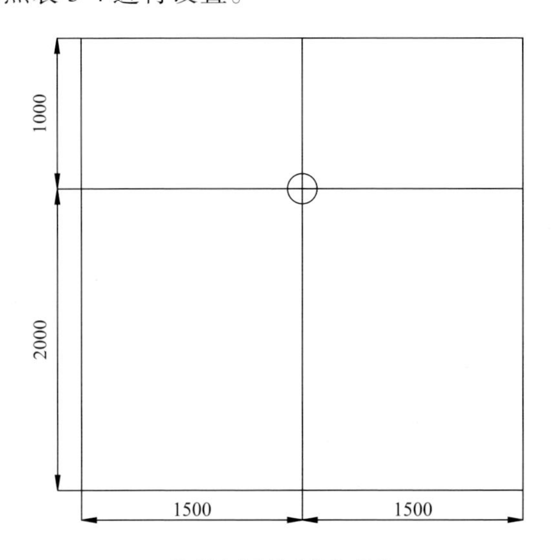

(a) 模型尺寸及钻孔位置(单位：mm)

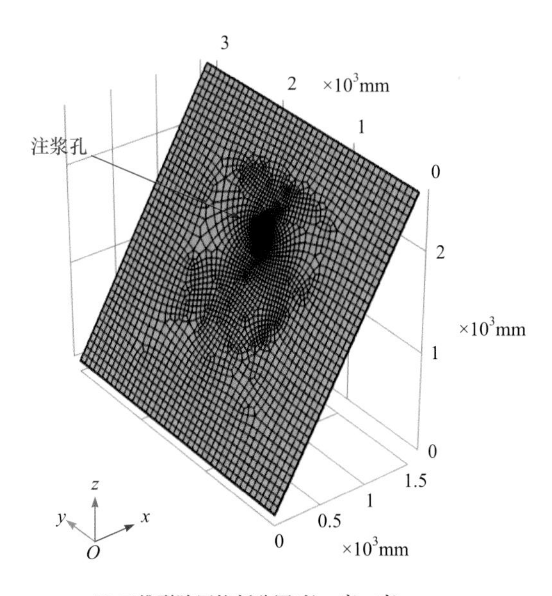

(b) 三维裂隙网格剖分图(长、宽、高)

图 3-12　三维裂隙模型图

表 3-4 数值模拟与理论模型对比计算参数表

浆液参数			裂隙参数		注浆压力/MPa	静水压力/MPa
水灰比	黏度/(Pa · s)	密度/(kg/m³)	宽度/mm	倾角/(°)		
3 : 1	0.0742	1160	5	60	0.15	0.1
2 : 1	0.0967	1248				

在设置边界时，一般要设置入口和出口的边界类型。入口和出口的边界类型是联合使用的。通常设置的入口边界类型有速度边界、压力边界、质量流量边界。出口边界类型一般是速度边界、压力边界。在该计算中，考虑到计算流体分别为浆液和水，可视为不可压缩流体，注浆孔处设定为压力边界，注浆压力取 0.15MPa，流体在几何出口时的流动状况未知。根据该裂隙为承压状态，将裂隙周围四个侧面设为压力边界，即设定静水压力为 0.1MPa。在进行浆液的扩散场计算时，浆液采用体积分数进行定义，入口处的浓度为 1，不含浆液的地下水浓度为 0。其他计算参数见表 3-4。

2) 计算结果对比

经过数值模拟计算得到不同注浆时间下倾斜裂隙中浆液扩散形态(图 3-13 和图 3-14)，可明显看出浆液在倾斜裂隙中沿着裂隙呈现四周辐向扩散，并且随着注浆时间的增加，注浆孔下方裂隙扩散形态范围明显大于注浆孔上方裂隙

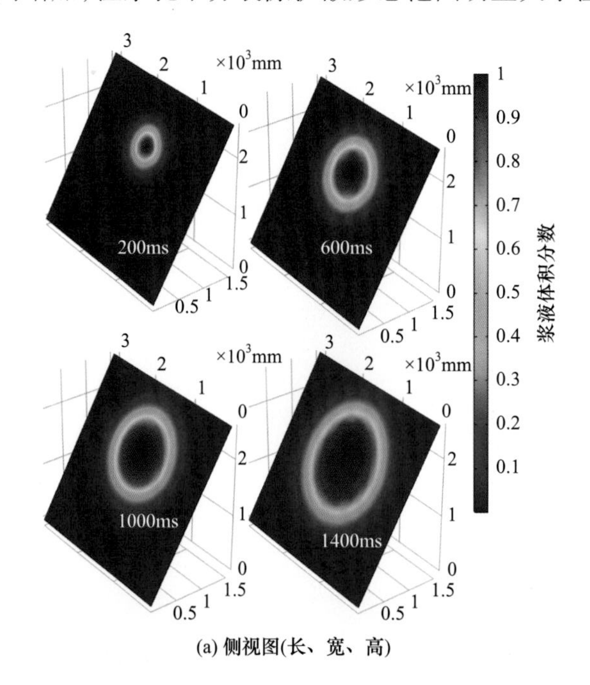

(a) 侧视图(长、宽、高)

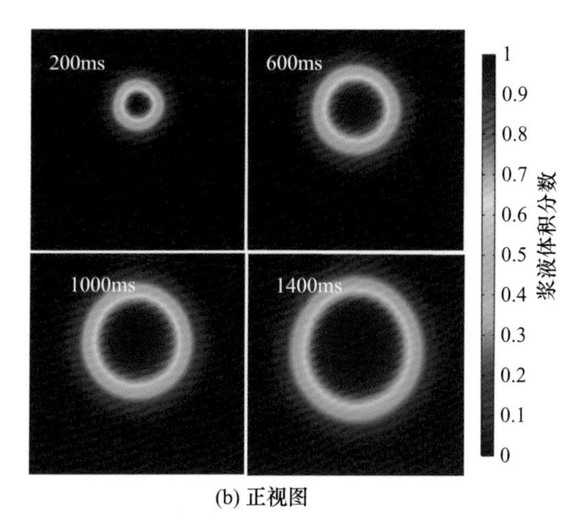

(b) 正视图

图 3-13　三维倾斜裂隙注浆不同时间浆液扩散形态

扩散形态范围，浆液扩散形态迹线呈现椭圆形态。这与前文通过理论计算得到的倾斜裂隙浆液形态基本一致。将数值模拟计算中不同时间上方裂隙与下方裂

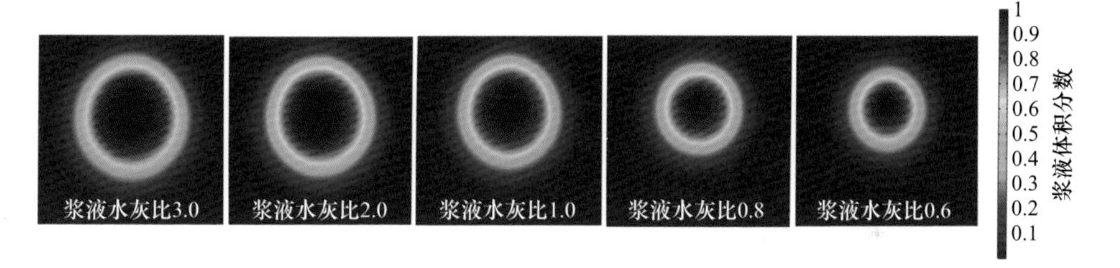

图 3-14　倾斜裂隙中不同水灰比浆液在注浆时间 1500ms 下的扩散形态

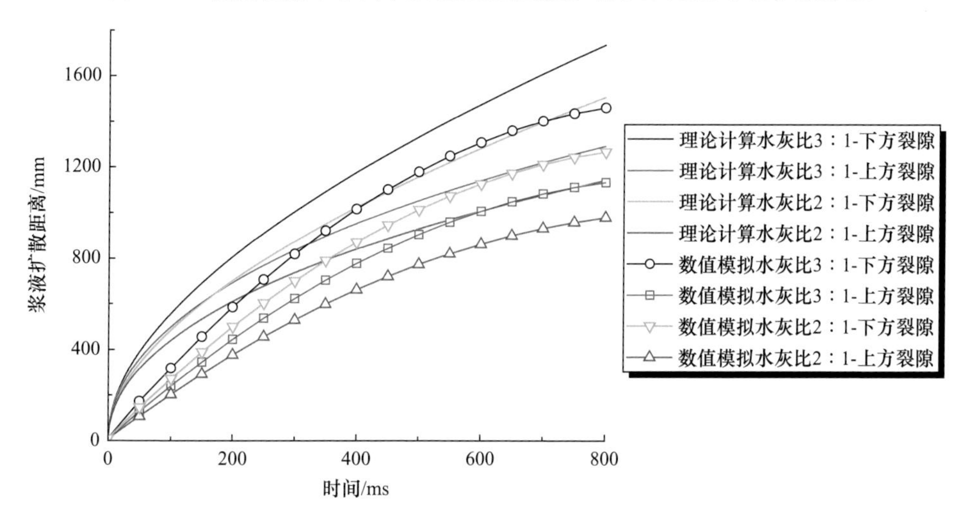

图 3-15　不同水灰比水泥浆液扩散距离的理论计算与数值模拟结果对比

隙中扩散距离与理论计算结果进行对比，得到不同水灰比水泥浆液扩散距离的理论计算结果与数值模拟结果基本一致(图 3-15)。通过上述浆液扩散形态和数值计算结果表明，理论计算控制模型能够较为准确地描述倾斜裂隙浆液扩散形态和距离。

3.2.2 水平孔倾斜裂隙注浆浆液扩散物理模拟

裂隙岩体注浆理论的研究对象为浆体和被注岩体介质，研究问题涉及受注介质特征本构关系、断裂损伤与浆体特性本构关系、控制标准及其浆液与受注介质相互作用关系。这些问题十分复杂，目前尚难以利用理论研究方法或计算机数值模拟手段得到满意解答。采用物理模拟试验则可以较好地解决上述难题，室内物理模拟试验能真实地反映浆体与受注岩体介质之间的流固耦合关系以及运移、扩散、沉积、凝固过程，有助于研究浆液驱替、封堵的机理，对理论研究和数值模拟的可靠性进行验证。真实裂隙网络复杂多变，难以定量描述，研究浆液在其中的运移规律极其困难，非常有必要对岩体裂隙进行简化研究，而单一裂隙是构成岩体裂隙网络的基本元素(许光祥，1999)。因此，研究单一裂隙浆液运移规律是研究复杂裂隙网络浆液运移的前提，为此，自主设计一套模拟多主控变量的可视化单裂隙注浆试验装置，用于研究浆液运移和封堵规律。

1. 试验目的与原理

1) 试验目的

掌握单一平板裂隙充水状态下，浆液在人工原岩裂隙中运移、扩散、沉积分布形态和规律；掌握黏度时变浆液的扩散半径与注浆压差、裂隙倾角、裂隙宽度的量化关系。

2) 试验原理

在相似模拟时，不可能完全做到 1∶1 的相似，需要用到相似原理进行试验设计，模型试验的相似原理主要有几何相似、运动相似、动力相似和牛顿数相似，据此导出相似准则与相似判据。所遵循的相似准则包括重力相似准则(弗劳德准则)、黏滞力相似准则(雷诺准则)、压力相似准则(欧拉准则)、弹性力相似准则、表面张力相似准则(韦伯准则)和非定常性相似准则(施特鲁哈尔准则)等。在模型试验实施中，不同的相似准则很难同时满足，一般使得主要相似准则满足即可。本小节研究的对象为静水条件下的注浆扩散，浆液扩散多为层流，对运动起控制作用的是黏滞力和压力，因此采用雷诺准则和欧拉准则作为判断准则。

试验中涉及的几何相似、运动相似、动力相似取值如下：

(1) 几何相似。为使模型与工程原位情况相近，裂隙模型中裂隙宽度为 1∶1 模型。

(2) 运动相似。本次试验设计的值为不同压力下的，浆液黏度相似比为 1 的扩散模拟，因此运动相似比也为 1。

(3) 动力相似。在模拟时注浆压力与静水压力为实际压强的 1/1000～1/400，浆液黏度相似比为 1。

2. 试验装置

为实现不同静水压力、倾角、裂隙宽度、粗糙度、注浆压力、浆液密度(水固比)等条件下浆液的扩散运移规律，本小节设计满足以上变控条件的注浆物理模型试验系统，利用自主设计的试验模型和装置，开展变多主控因素的浆液扩散规律模拟试验研究。注浆模拟试验系统主要包括四大系统：水压恒定系统(A)、可视化注浆平台(B)、数据采集分析系统(C)、注浆系统(D)[图 3-16(a)]。

1) 水压恒定系统

水压恒定系统 A 由空气压缩机、定水头压力桶、气压稳压阀门、进水管路构成。空气压力装置功率为 950W，最大容量为 35L，最大压强为 0.7MPa；通过压气管路与静水压力桶进行连接，管路中间有气压稳压阀门对进气压力进行控制，并通过球形阀门控制气流的开启；管路由耐高压软管构成，最大承受压强为 3MPa。定水头压力桶为整个装置提供稳定水压环境，当注浆装置中的水注浆压力大于定水头压力时，浆液通过驱替作用将装置中的水排出，定水头压力桶中的水为试验室内自来水，试验期间水温基本保持恒定。另外，

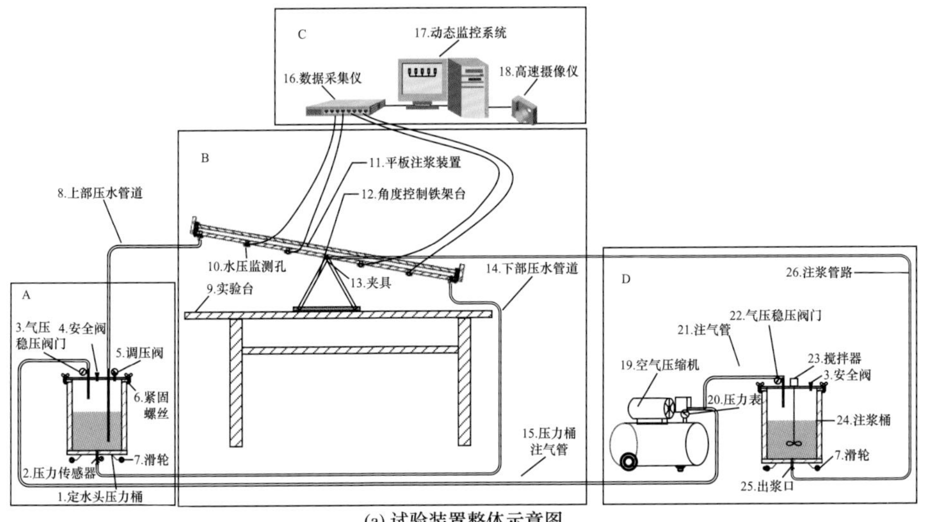

(a) 试验装置整体示意图

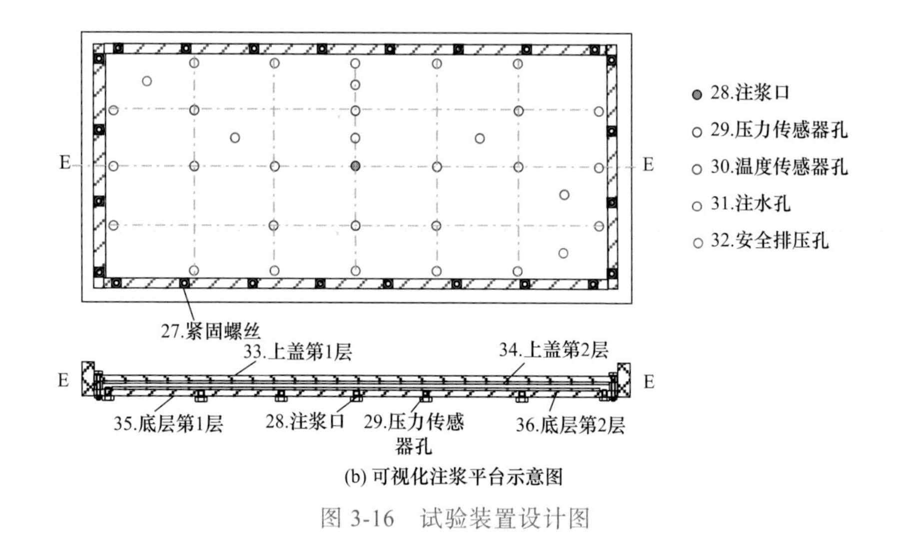

(b) 可视化注浆平台示意图

图 3-16 试验装置设计图

气压稳压阀门连接在静水压力桶顶部，气压稳定阀门灵敏度较高，量程为 0～1MPa，出口压强范围根据试验要求可以调节。注浆桶盖上安装调压阀两个：一个控制从空气压缩机进入注浆桶的压强，另一个控制注浆压力桶出气压强。当定水头压力桶中的气体压强增大时，能够及时将多余的气体排到桶外，使得桶中压力始终维持在一个较为稳定的值。

2) 可视化注浆平台

可视化注浆平台 B 包括上盖层、下底板、密封条、紧固螺丝、平板裂隙安放底座、角度调节器[图 3-16(b)]。试验装置实物如图 3-17 所示。

图 3-17 试验装置实物图

(1) 上盖层。单裂隙拟合装置上部使用有机玻璃板，实现注浆过程可视化，上部密封板尺寸为 1.20m×0.60m×0.02m(长×宽×高)。

(2) 下底板。主要有两部分：四周围护结构，底层。其中，四周维护结构的长边两块，尺寸为 1.28m×0.55m×0.02m(长×宽×高)，短边两块，尺寸为 0.68m×0.55m×0.02m(长×宽×高)；底层有 2 层，都使用有机玻璃板构成，底层第 1 层，尺寸为 1.24m×0.64m×0.02m(长×宽×高)，底层第 2 层，尺寸为 1.20m×0.60m×0.01m(长×宽×高)，底层用于各种传感器、监测原件的安装。

(3) 密封系统。通过密封胶条进行密封，通过改变密封胶条的层数改变裂隙宽度的设置，其中四个裂隙宽度分别是 1mm、5mm、8mm、10mm，设计依据是裂隙宽度等级划分及密封胶条的厚度，防水垫宽为 40mm，密封胶条承受的最大静水压力为 0.6MPa。上盖层、密封胶条、下底板四周边缘布置螺丝孔，通过紧固螺丝连接，上盖面可以进行拆卸。

3) 数据采集分析系统

数据采集分析系统 C 分为数据采集仪、动态监控系统和高速摄像仪。数据采集仪包括压力、流速、温度等传感器对注浆过程的参数采集，采集的参数反映注浆扩散过程中物理、化学变化过程；动态监控系统由压力传感器、温度传感器、流速传感器和采集软件组成；高速摄像仪用于迹采图像采集。

4) 注浆系统

注浆系统 D 包括空气压缩机、气压稳压阀门、搅拌器、注浆桶和注浆管路。

气压稳压阀门：注浆桶盖上安装调压阀一个，控制从空气压缩机进入注浆桶的压力，稳压阀的量程为 0～1MPa。

搅拌器：通过气管与空气压缩机连接，安装在注浆桶盖，能够对注浆浆液进行搅拌，防止浆液发生沉淀，使得浆液保持均匀状态。

注浆桶：用于浆液储存，使注浆浆液维持在一个比较稳定的注浆压力，实现恒压注浆；注浆压力桶最大承受压力为 0.6MPa。

注浆管路：采用耐压注浆管线将注浆桶传输到注浆裂隙平台，注浆管线耐压压力超过 3MPa。

5) 平板裂隙材料选择及受力分析

为实现可视化注浆模拟，上盖层材料必须为透明材质，可选用普通有机玻璃和亚克力特殊有机玻璃，由于亚克力材料韧性强于普通有机玻璃，本次顶板材料确定为亚克力透明板；下底板对透明性无具体要求，可选用的材质要求可塑性强、平整度高，良好的平整度才能确保密封垫片的密封效果。根据市场调研结果，304 不锈钢、亚克力材料可以作为备选材料。

3. 试验材料

试验注浆材料主要采用水泥、粉煤灰、水玻璃等，均源自冀中能源集团。主要注浆试验材料及性能：浆液采用复合硅酸盐水泥 P.C32.5R 配制而成的纯水泥浆液；粉煤灰中粒径大于 0.08mm 的部分占 32.3%(质量分数)，属于级外品粗灰，细粒部分中 20μm 颗粒占 23%，粉煤灰的实测密度为 2.26g/cm^3；水玻璃模数为 2.31，质量分数 42%，质量浓度为 50°Be′。

4. 试验方案

为了更好地研究浆液运移扩散规律，根据是否添加水玻璃，将注浆扩散试验分为两大类：无水玻璃(常规注浆)类和添加 3%(质量分数)水玻璃(非常规注浆)类。根据是否添加粉煤灰，将注浆扩散试验同样分为两大类：无粉煤灰类和添加粉煤灰类(质量分数 20%)。控制密度组浆液扩散试验方案见表 3-5，控制裂隙倾角组浆液扩散试验方案见表 3-6，控制注浆压差组浆液扩散试验方案见表 3-7，控制裂隙宽度组浆液扩散试验方案见表 3-8。

表 3-5 控制密度组浆液扩散试验方案

序号	浆液类别	注浆压差/MPa	裂隙倾角/(°)	裂隙宽度/mm	裂隙粗糙度/mm	浆液密度/(g/cm^3)
1	纯水泥	0.012	0	5.0	0.3～0.5	1.2、1.3、1.4、1.5、1.6
2	水泥-水玻璃	0.012	0	5.0	0.3～0.5	1.2、1.3、1.4、1.5、1.6
3	水泥-粉煤灰	0.012	0	5.0	0.3～0.5	1.2、1.3、1.4、1.5、1.6

表 3-6 控制裂隙倾角组浆液扩散试验方案

序号	浆液类别	注浆压差/MPa	裂隙倾角/(°)	裂隙宽度/mm	裂隙粗糙度/mm	浆液密度/(g/cm^3)
1	纯水泥	0.012	0、10、20、30、40	5.0	0.3～0.5	1.3
2	水泥-水玻璃	0.012	0、10、20、30、40	5.0	0.3～0.5	1.3
3	水泥-粉煤灰	0.012	0、10、20、30、40	5.0	0.3～0.5	1.3

表 3-7　控制注浆压差组浆液扩散试验方案

序号	浆液类别	注浆压差/kPa	裂隙倾角/(°)	裂隙宽度/mm	裂隙粗糙度/mm	浆液密度/(g/cm³)
1	纯水泥	1、2、3、4、5	0	5.0	0.3～0.5	1.3
2	水泥-水玻璃	1、2、3、4、5	0	5.0	0.3～0.5	1.3
3	水泥-粉煤灰	1、2、3、4、5	0	5.0	0.3～0.5	1.3

表 3-8　控制裂隙宽度组浆液扩散试验方案

序号	浆液类别	注浆压差/kPa	裂隙倾角/(°)	裂隙宽度/mm	裂隙粗糙度/mm	浆液密度/(g/cm³)
1	纯水泥	0.012	0	2、5、8、10	0.3～0.5	1.3
2	水泥-水玻璃	0.012	0	2、5、8、10	0.3～0.5	1.3
3	水泥-粉煤灰	0.012	0	2、5、8、10	0.3～0.5	1.3

5. 试结果与分析

1) 控制浆液密度组

如图 3-18～图 3-20 列出不同密度的各浆液在人工原岩中的扩散形态。通过试验可知：①浆液扩散形态类似于“脊背状”，浆液在裂隙中的充填可分为三个区域，即浆液混合区、分层扩散区、沉积区；②注浆口附近出现一个浆液混合区，混合区内不出现浆水分离的现象，混合区外开始出现分层扩散区，

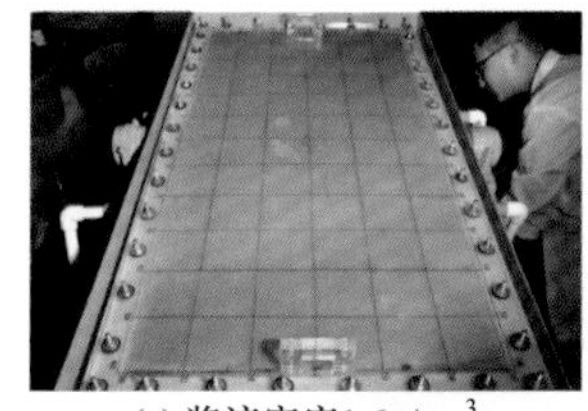
(a) 浆液密度1.6g/cm³

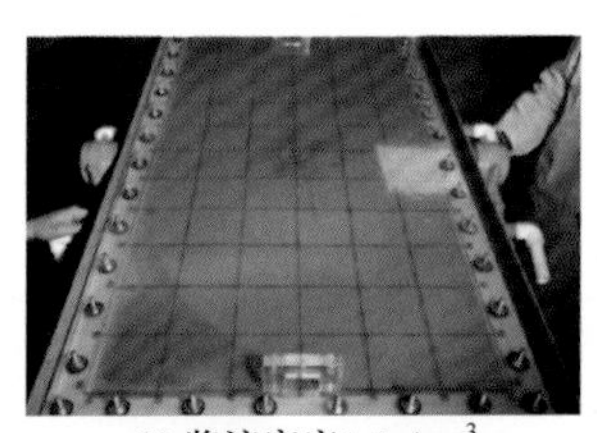
(b) 浆液密度1.5g/cm³

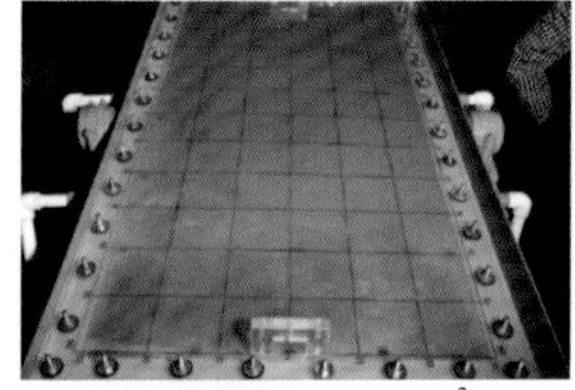
(c) 浆液密度1.4g/cm³

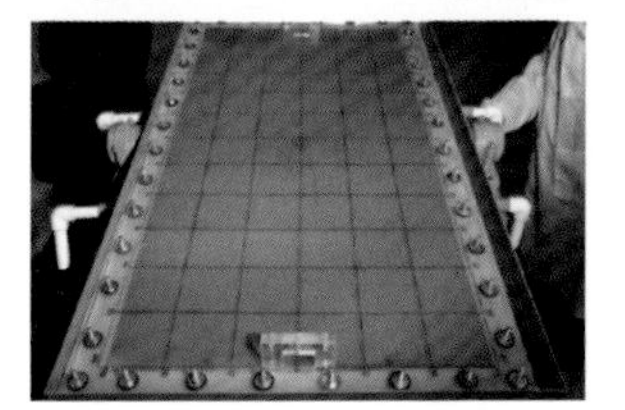
(d) 浆液密度1.3g/cm³

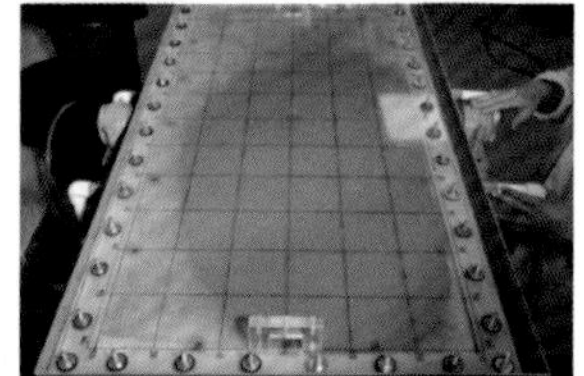
(e) 浆液密度1.2g/cm³

图 3-18　纯水泥组浆液扩散形态图

分层扩散区出浆水分离并分层扩散的现象，即当浆液扩散到一定扩散范围，分层扩散区范围不再增加，随着注浆时间的增长，浆液开始出现浆水分离现象，新的浆液扩散层累积到原有的沉积浆液上，累积层称为沉积区，沉积区的高度越来越大；③注浆压力不恒定的情况下，后期浆液扩散层的扩散半径逐步递减，形成“背水斜坡”，且浆液密度越大，背水斜坡的倾角越小，即新的扩散层损失的扩散半径越大；④浆液扩散时，单次分层扩散的浆液厚度非恒定值，而是与扩散形态类似的“小型脊背扩散层”。

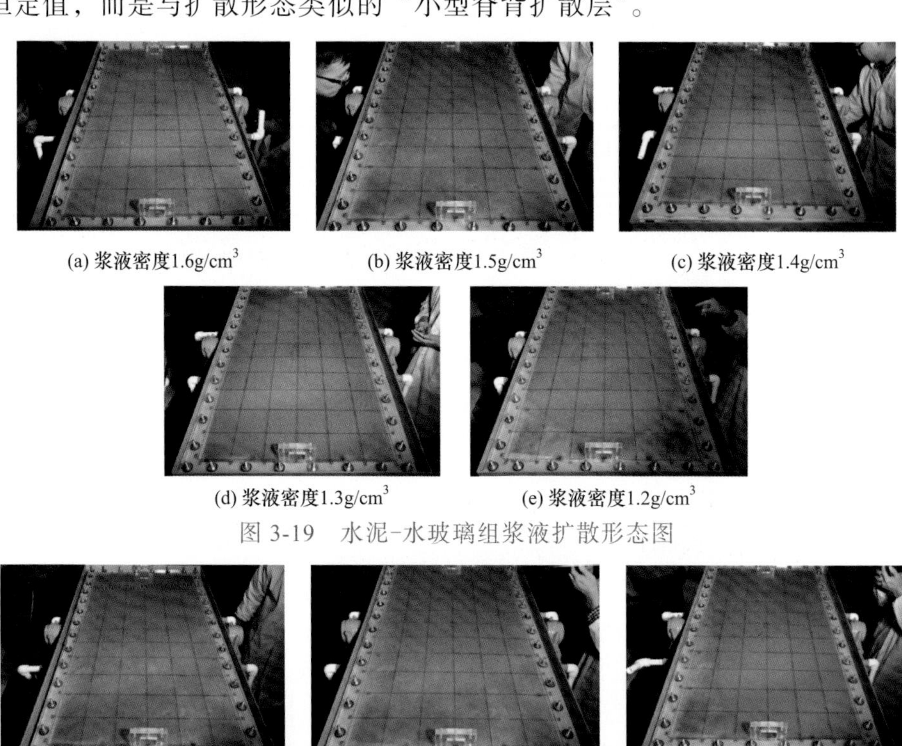

(a) 浆液密度1.6g/cm^3　(b) 浆液密度1.5g/cm^3　(c) 浆液密度1.4g/cm^3

(d) 浆液密度1.3g/cm^3　(e) 浆液密度1.2g/cm^3

图 3-19　水泥-水玻璃组浆液扩散形态图

(a) 浆液密度1.6g/cm^3　(b) 浆液密度1.5g/cm^3　(c) 浆液密度1.4g/cm^3

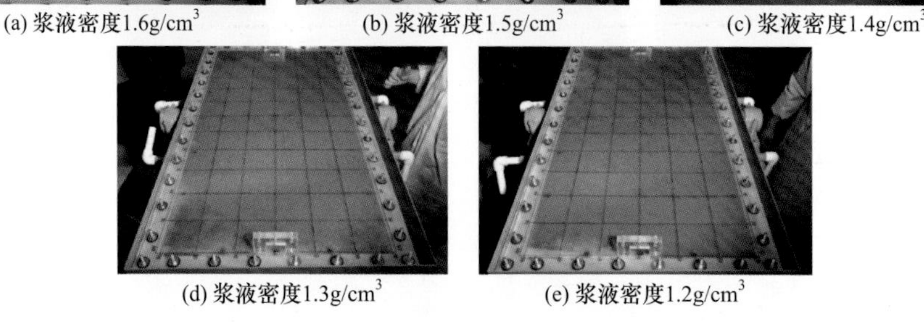

(d) 浆液密度1.3g/cm^3　(e) 浆液密度1.2g/cm^3

图 3-20　水泥-粉煤灰组浆液扩散形态图

2) 控制裂隙倾角组

同前文浆液扩散形态，裂隙倾角对浆液扩散有很大的影响，形成非对称的椭圆形扩散范围。根据纯水泥组逆向扩散半径与倾角统计结果，对扩散半径与注浆压力的数据进行拟合，拟合结果见表 3-9～表 3-11。

表 3-9　纯水泥组变倾角模拟试验拟合结果

序号	拟合方法	拟合式	决定系数(R^2)
1	线性拟合	$y=-0.162x+8.722$	0.8457
2	二次多项式拟合	$y=0.0058x^2-0.4626x+11.885$	0.9399
3	半对数拟合	$y=-3.769\ln x+16.368$	0.9336
4	指数拟合	$y=10.292e^{-0.035x}$	0.8673
5	幂指数拟合	$y=49.785x^{-0.794}$	0.8940

注：y 表示浆液逆倾斜方向扩散的最大半径，cm；x 为裂隙倾角，(°)。表 3-10、表 3-11 同。

表 3-10　水泥–水玻璃组变倾角模拟试验拟合结果

序号	拟合方法	拟合式	决定系数(R^2)
1	线性拟合	$y=-0.173x+8.175$	0.7520
2	二次多项式拟合	$y=0.0097x^2-0.6605x+13.05$	0.9431
3	半对数拟合	$y=-4.042\ln x+16.369$	0.8902
4	指数拟合	$y=9.4684e^{-0.042x}$	0.8485
5	幂指数拟合	$y=61.709x^{-0.941}$	0.9410

表 3-11　水泥–粉煤灰组变倾角模拟试验拟合结果

序号	拟合方法	拟合式	决定系数(R^2)
1	线性拟合	$y=-0.2344x+9.4971$	0.8894
2	二次多项式拟合	$y=5.5x^2-40x+85.375$	0.9911
3	半对数拟合	$y=-5.069\ln x+19.233$	0.9719
4	指数拟合	$y=14.104e^{-0.066x}$	0.9634
5	幂指数拟合	$y=193.45x^{-1.388}$	0.9855

当裂隙宽度为 5.0mm，粗糙度为 0.3～0.5mm 时，使用不同的函数形式对试验数据进行浆液逆向扩散半径经验式拟合，无论是哪种函数，都可以明显反映出逆向扩散半径与裂隙倾角存在着负相关的关系。

综上，可以得出 3 种浆液逆向扩散半径与裂隙倾角之间存在着负相关的关系，3 组拟合式有一个共同的特点，最大扩散半径与裂隙倾角使用二项式表达式时，拟合精度较高。因此，在考虑倾角对扩散半径影响时，可以尝试使用二次多项式的拟合关系对裂隙倾角的影响控制因素进行补充，其影响因素表达式可以确定为 $y=ax^2+bx+c$。

3) 控制注浆压差组

通过试验图像对比分析，发现平台倾角为 0°下，3 种浆液扩散轨迹具有相同的规律性，任意时刻的扩散轨迹趋于不规则圆(irregular circle，IC)形态，具体过程：3 组浆液在扩散中扩散边界线始终保持 IC 形态，随着时间的增大往外扩展；在注浆口附近出现一个浆液混合区，混合区半径与注浆压差大小有关，注浆压差越大，混合区半径越大，混合区内不出现浆液分离的现象，混合区外开始出现浆水分离并分层扩散的现象，且注浆时间越长这种现象越明显；当浆液在同一个注浆压差下，出现多次分层扩散情况，且注浆压差越大分层次数增多；注浆停止后，浆液扩散半径边缘出现一个平缓的斜坡。

根据纯水泥组有效扩散半径与注浆压差统计结果绘制其相应的曲线，同时，对有效扩散半径与注浆压差的数据进行拟合，拟合结果见表 3-12～表 3-14。

表 3-12　纯水泥组变注浆压差模拟试验拟合结果

序号	拟合方法	拟合式	决定系数(R^2)
1	线性拟合	y=13.196x−23.55	0.9264
2	二次多项式拟合	y= 2.8281x^2−6.6004x+8.125	0.9653
3	半对数拟合	y = 41.454ln$x$−27.356	0.8564
4	指数拟合	y= 1.6676$e^{0.6809x}$	0.9486
5	幂指数拟合	y = 1.2041$x^{2.2462}$	0.9671

注：y 表示浆液有效扩散半径，cm；x 为注浆压差 $\Delta P = P_{注} - P_{水}$，kPa。表 3-13、表 3-14 同。

表 3-13　水泥–水玻璃组变注浆压差模拟试验拟合结果

序号	拟合方法	拟合式	决定系数(R^2)
1	线性拟合	y =15x−45.25	0.8948
2	二次多项式拟合	y=5.5x^2−40x+85.375	0.9911
3	半对数拟合	y=70.053ln$x$−81.168	0.8334
4	指数拟合	y=1.8681$e^{0.5173x}$	0.9229
5	幂指数拟合	y=0.5174$x^{2.4446}$	0.8799

表 3-14　水泥–粉煤灰组变注浆压差模拟试验拟合结果

序号	拟合方法	拟合式	决定系数(R^2)
1	线性拟合	y=4.841x−16.868	0.9398
2	二次多项式拟合	y=0.3403x^2−0.0033x−1.6587	0.9629
3	半对数拟合	y=29.414ln$x$−38.121	0.8457
4	指数拟合	y=1.1448$e^{0.3401x}$	0.9591
5	幂指数拟合	y=0.2044$x^{2.1871}$	0.9665

对有效扩散半径与注浆压差的数据进行拟合可得，当裂隙宽度为 5.0mm，粗糙度为 0.3～0.5mm 时，使用不同的函数形式对试验数据进行浆液扩散半径经验式拟合，对于纯水泥组、水泥-粉煤灰组，幂指数函数拟合度最好，决定系数 R^2 分别为 0.9671 和 0.9665；对于水泥-水玻璃组，二次多项式拟合度最好，决定系数为 0.9911。

使用拟合函数的曲线进行最大有效扩散半径预测，注浆压力设定为 10～100kPa，将实际注浆压差代入试验数据拟合式时，只有线性拟合函数预测的最大有效扩散半径与实际工程中可能出现的最大有效扩散半径较为接近，二次多项式和幂指数两个拟合函数用于预测时，最大有效扩散半径都出现过大的情况(图 3-21～图 3-23)。

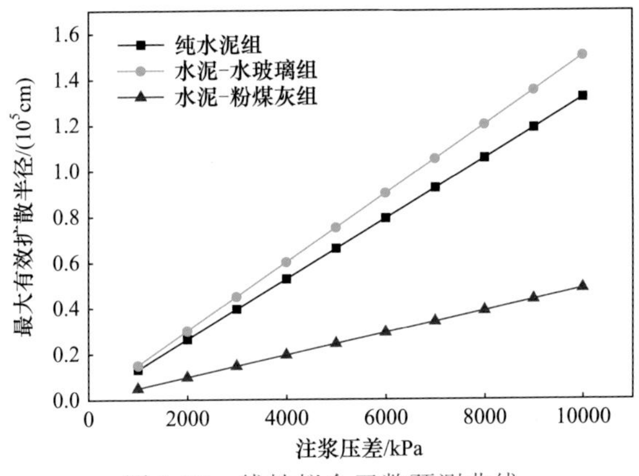

图 3-21　线性拟合函数预测曲线

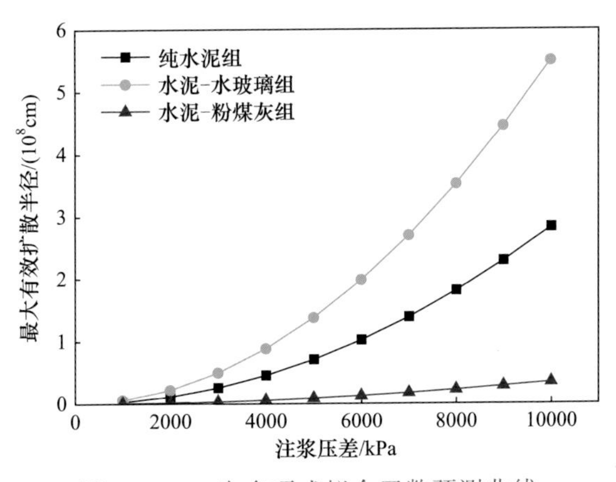

图 3-22　二次多项式拟合函数预测曲线

4) 控制裂隙宽度

根据纯水泥组、水泥-水玻璃组和水泥-粉煤灰组扩散半径与裂隙宽度变

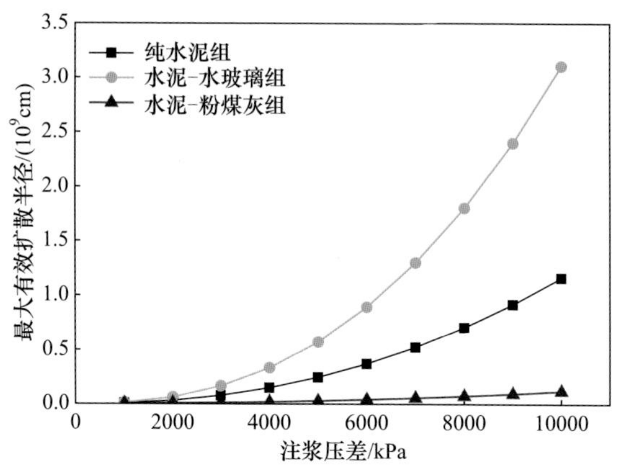

图 3-23 幂指数拟合预测函数曲线

化统计结果进行数据拟合(表 3-15～表 3-17)。当注浆压差为 4kPa，粗糙度为 0.3～0.5cm 时，水泥组浆液扩散半径随着裂隙宽度的减少而减小，使用不同函数形式对水泥组试验数据进行浆液扩散半径经验式拟合，其中二次多项式拟合度最好，决定系数为 0.9988；当注浆压差为 2.5kPa，粗糙度为 0.3～0.5cm 时，纯水泥组浆液扩散半径随着裂隙宽度的减少而减小，其中二次多项式拟合度最好，决定系数为 0.9992；当注浆压差为 3kPa，粗糙度为 0.3～0.5cm 时，纯水泥组浆液有效扩散半径随着裂隙宽度的减少而减小，其中二次多项式拟合度最好，决定系数为 0.9743。

表 3-15 纯水泥组变裂隙宽度模拟试验拟合结果

拟合方法	拟合式	决定系数(R^2)
线性拟合	y=4.064x+2.8151	0.9797
二次多项式拟合	y=−0.2119x^2+6.1828x+0.3997	0.9988

注：y 表示浆液有效扩散半径，cm；x 为裂隙宽度，cm。

表 3-16 水泥-水玻璃组变裂隙宽度模拟试验拟合结果

拟合方法	拟合式	决定系数(R^2)
线性拟合	y=2.927x−0.5324	0.9949
二次多项式拟合	y=0.0712x^2+2.2142x+0.2796	0.9992

表 3-17 水泥-粉煤灰组变裂隙宽度模拟试验拟合结果

拟合方法	拟合式	决定系数(R^2)
线性拟合	y=3.647x+0.7197	0.9736
二次多项式拟合	y=−0.0369x^2+3.9991x+0.3520	0.9743

3.2.3　不同因素影响下水平孔倾斜裂隙注浆浆液扩散规律

浆液扩散距离和迹线形态随不同因素的变化特征不仅能够反映浆液扩散规律，而且对于指导注浆设计和现场工程实践中关键参数设计具有重要意义。在裂隙含水层中浆液扩散距离具有诸多受控因素，如裂隙开度、裂隙倾角(裂隙与注浆孔夹角)、注浆压力、注浆时间、浆液黏度、浆液密度、注浆量、静水压力等，而注浆压力、注浆时间、浆液性能和注浆量属于可控性注浆参数，而裂隙开度、裂隙倾角、静水压力等参数为受注介质客观属性。为定量分析可控性注浆参数和受注介质客观参数对浆液扩散距离和迹线形态的影响特征，本小节分别基于牛顿流体和黏时变流体的浆液扩散距离控制方程采用控制变量法进行分析计算(柳昭星等，2020)。

1. 计算工况和参数

利用 MATLAB 软件分析计算在不同的浆液黏度(μ)、注浆压力(p_1)、裂隙倾角(α)、裂隙开度(b)、静水压力(p_0)下浆液扩散距离(L)随注浆时间(t)的变化特征，其中牛顿流体基于式(3-16)，具体计算参数和工况见表 3-18。其他固定参数值，水平注浆孔半径 r_0 为 0.076m，静水压力 p_0 为 10MPa，重力加速度 g 为 9.8m/s^2。

表 3-18　牛顿流体浆液扩散距离和迹线形态计算参数

因素	工况	浆液			裂隙		注浆压力/MPa
		水灰比	黏度/(Pa · s)	密度/(kg/m^3)	宽度/mm	倾角/(°)	
注浆压力	1	2∶1	0.0967	1248	0.2	30	12
	2	2∶1	0.0967	1248	0.2	30	15
	3	2∶1	0.0967	1248	0.2	30	20
	4	2∶1	0.0967	1248	0.2	30	25
裂隙开度	5	2∶1	0.0967	1248	1.0	30	20
	6	2∶1	0.0967	1248	5.0	30	20
	7	2∶1	0.0967	1248	10.0	30	20
裂隙倾角	8	2∶1	0.0967	1248	0.2	0	20
	9	2∶1	0.0967	1248	0.2	60	20
	10	2∶1	0.0967	1248	0.2	90	20
浆液水灰比	11	3∶1	0.0742	1160	0.2	30	20

2. 不同参数下浆液扩散迹线和距离变化规律

1) 不同注浆压力

考虑浆液扩散辐射角，对不同注浆压力下(工况 1～4)牛顿流体浆液扩散距离进行计算，得到不同注浆压力下牛顿流体浆液扩散迹线极坐标(图 3-24)。分析可得，对于相同注浆压力和注浆时间，浆液扩散迹线形态均呈现下方裂隙大于上方裂隙的沿中心垂直线对称、钻孔上下非对称的近似椭圆形态，上方裂隙中部迹线呈现微凹特征分布，而浆液扩散距离最大值和最小值分别出

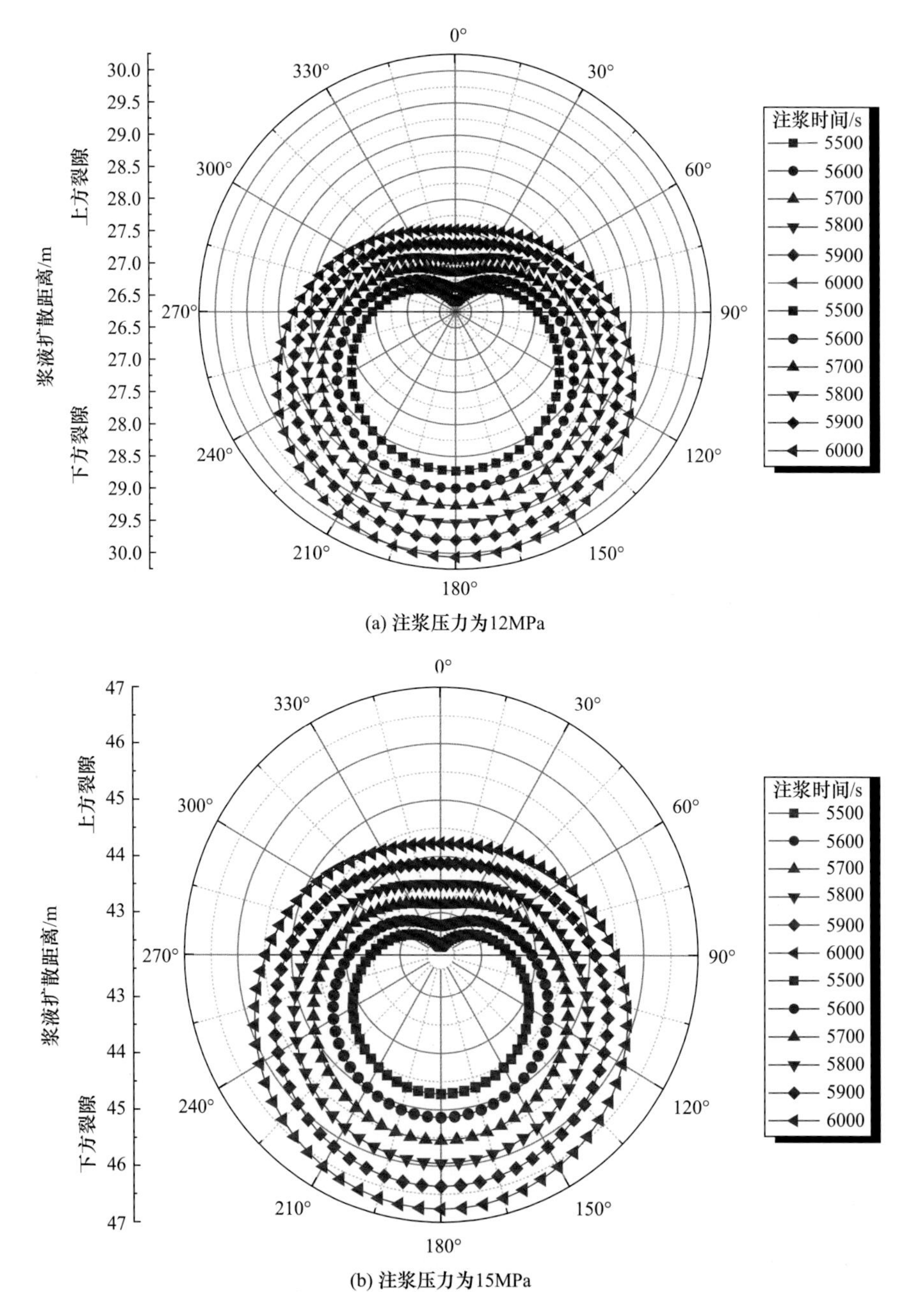

(a) 注浆压力为12MPa

(b) 注浆压力为15MPa

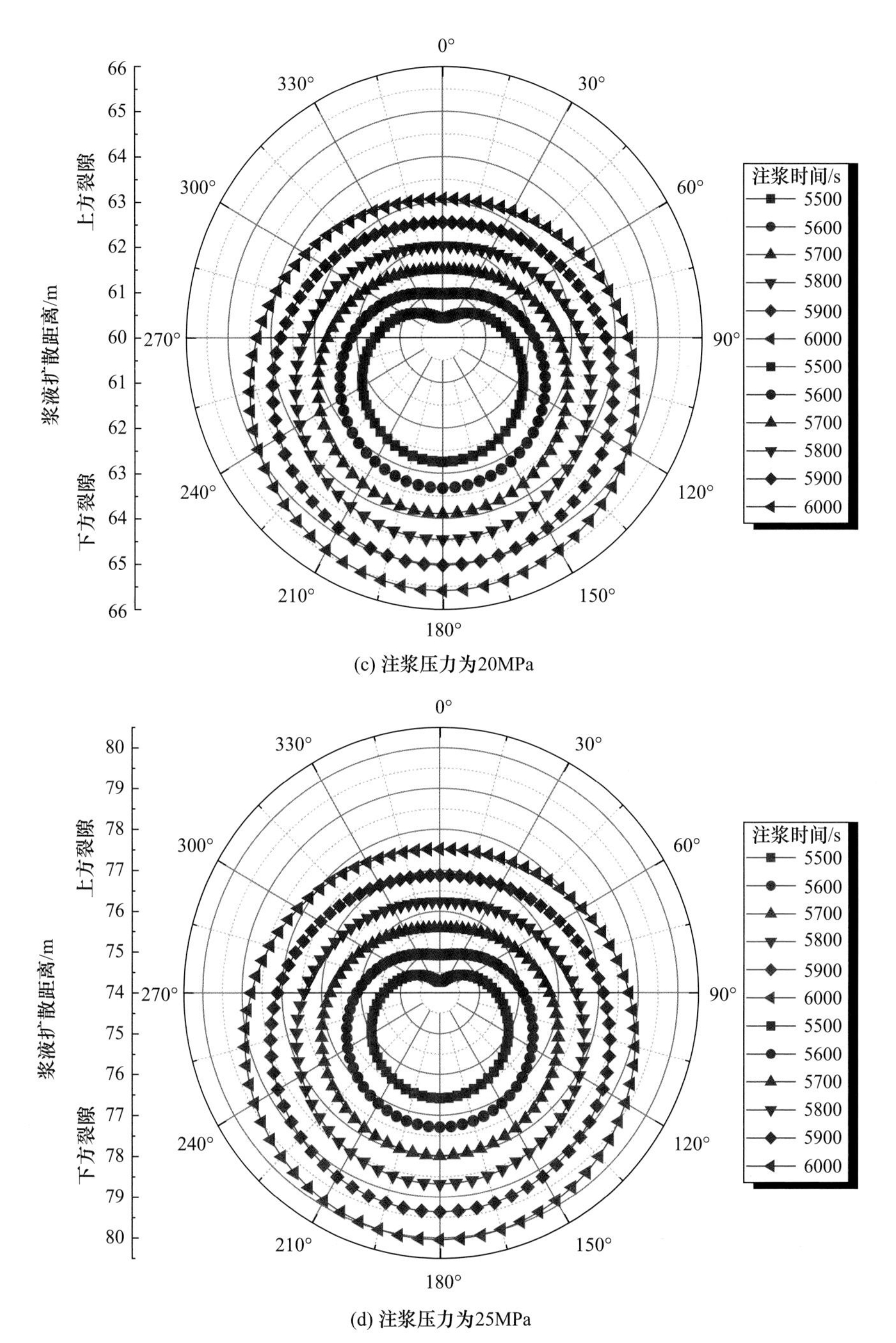

(c) 注浆压力为20MPa

(d) 注浆压力为25MPa

图 3-24　不同注浆压力下牛顿流体浆液扩散迹线极坐标图

现在方位角为 0°和 180°的位置，即垂直方向，原因在于浆液自重在钻孔上、下裂隙中分别起到了阻力作用和动力作用，该作用效应以垂线为对称轴向两侧递减；对于相同注浆压力和不同注浆时间，浆液扩散迹线范围随着时间的增加而逐渐增大，其中下方裂隙中扩散范围的增加幅度大于上方裂隙中的，且上方裂隙中部迹线微凹特征逐渐弱化；对于不同注浆压力和相同注浆时间，浆液扩散迹线范围随着注浆压力增加而增大，而且在相同时间内迹线范围增幅变大。

由浆液扩散迹线形态分析可知，浆液扩散距离是 θ 为 0°和 180°位置，因此得到不同注浆压力下浆液扩散距离随注浆时间变化曲线(图 3-25)。由图 3-25 可知，不同注浆压力下浆液最大扩散距离随注浆时间增加而增大，但增大速率逐渐降低；同一注浆时间浆液扩散距离随注浆压力的增大而增大，且随注浆时间增加，不同注浆压力浆液扩散距离差距逐渐增大，说明注浆压力对浆液扩散距离的影响具有明显的时间效应。对比水平注浆孔上、下方裂隙中浆液扩散距离可知，同一注浆压力下水平注浆孔下方裂隙中的最大扩散浆液扩散距离始终大于上方裂隙中的最小浆液扩散距离，且差距随着时间而扩大。

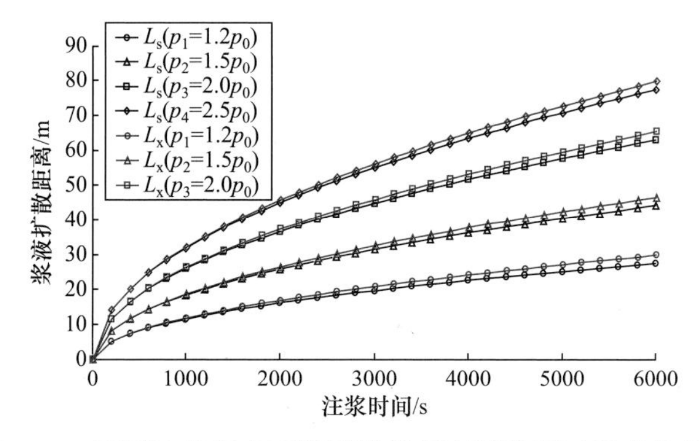

图 3-25　不同注浆压力下浆液扩散距离随注浆时间变化曲线

L_s-上方裂隙中浆液最小扩散距离；L_x-下方裂隙中浆液最大扩散距离；p_i-注浆压力

同理，可得到不同裂隙开度、浆液水灰比和裂隙倾角下浆液扩散迹线和扩散距离变化规律。出于篇幅考虑，本小节不再列出该部分浆液扩散迹线和扩散距离变化曲线。

2) 不同裂隙开度

不同裂隙开度下浆液扩散迹线范围呈现较大变化，浆液扩散迹线范围随着裂隙开度的增加而大幅增大，相同时间内其增加幅度随着时间增加而增大，而且下方裂隙浆液扩散迹线范围大于上方裂隙，两者差值随裂隙开度的增大而增大，说明裂隙开度对浆液扩散迹线呈显著影响。不同裂隙开度下，浆液扩散距离随注浆时间增加而增大，但增加速率逐渐降低，并且降低幅度随开度减小而增大，说明较小裂隙开度下浆液扩散距离随时间变化不明显；同一时刻，浆液扩散距离随裂隙开度增加而增大，但增加幅度不同，其中不同时刻从微张裂隙(隙宽 1mm)到中张裂隙(隙宽 5mm)浆液扩散距离增加幅度最大，且差距随时间增加逐渐扩大；通过对比各宽度裂隙中浆液扩散距离可知，在较大注浆压力下(2 倍静水压力)，闭合裂隙(0.2mm)或者微张裂隙在达到一定扩散距离后增幅较小。因此，在实际注浆过程中，升压注浆阶段注浆时间不宜过长，但考虑闭合裂隙或微张裂隙发育数量居多，在采用短暂升压注浆后宜采用高压劈裂注浆，以实现闭合裂隙或者微张裂隙的扩缝充填。中张裂隙或宽张裂隙(10mm)扩散距离随时间增加可达上千米甚至更大，前期注浆过程中应采用低压灌注，以防止浆液超出设计扩散范围。对比水平注浆孔上、下方裂隙中浆液扩散距离可知，在闭合裂隙、微张裂隙和中张裂隙尺度下，下方裂隙中浆液扩散距离大于上方裂隙中的浆液扩散距离，且差距随着裂隙开度的增大而扩大，并呈现成倍增长特征。该现象与文献(张佳兴，2020)中利用隙宽 3mm 的倾斜平板裂隙进行浆液扩散模型试验得到的注浆孔上、下裂隙中浆液扩散距离明显不同的现象相吻合。

3) 不同裂隙倾角

在裂隙倾角为 0°时，浆液扩散迹线为均匀对称的圆形，但随着裂隙倾角增大，浆液在上、下方裂隙中扩散迹线范围差距逐渐增大，而且相同时间内浆液扩散迹线范围在下方裂隙中增幅变大，在上方裂隙中增幅变小。该现象与张佳兴(2020)验证物理模型试验中理论计算结果一致。不同裂隙倾角下浆液扩散距离随注浆时间的增加而增大，增加速率也随注浆时间增加而放缓；同一时间内，在水平注浆孔下方裂隙中浆液扩散距离随着裂隙倾角增大而增大，而在水平注浆孔上方裂隙中浆液扩散距离随着裂隙倾角增大而降低，原因在于浆液自重在水平孔上、下方裂隙中对浆液扩散距离分别起到阻力和动力作用；相对其他影响因素，在相同变量条件下，水平注浆孔上、下裂隙中浆液扩散距离相差较小，说明裂隙倾角对浆液扩散距离具有影响，但在该裂隙开度(0.2mm)下影响相对较小。

4) 不同浆液水灰比

由前文水泥浆液黏度时变性试验可得，水灰比大于等于 2∶1 时表现为常黏度特性，水泥浆液为牛顿流体浆液。对比分析可知，随着水灰比的增大，上、下方裂隙中浆液扩散迹线范围均变大，但两者差值和单位时间内增加幅度较小，主要原因为裂隙开度较小。不同水灰比下浆液扩散距离随注浆时间的增加而增大，但增大速率随时间增加而降低；同一时刻，浆液扩散距离随着水灰比的增大而增大，且增大幅度随时间增加而增加，说明较大的水灰比对浆液扩散距离影响更加显著。因此，对于低压注浆阶段，当持续时间较长时需及时降低浆液水灰比，以限制浆液扩散距离随时间的持续增大。另外，不同水灰比浆液在水平注浆孔下方裂隙中的浆液扩散距离大于上方裂隙中的浆液扩散距离，且随时间的增加而增大，但在该裂隙开度(0.2m)下差距不明显。

3.3 超前区域注浆参数优化与工艺

3.3.1 钻孔群注浆管理模型建立

超前区域注浆参数优化方案的确定是一个多目标非线性规划问题求非劣解的过程。其中，决策变量是岩体注浆后的渗透性能和注浆工程量。目标函数是由注浆功率因子(注浆压力与注浆量之积)、注浆工程量、注浆后岩体性能三个方面的目标值组成。根据现场对三个方面的目标值侧重程度，非劣解求解过程赋以权重计算。约束条件主要是要求工作面采后涌水量可控，突水系数在规范安全值范围内。

据此，建立多目标规划模型。

目标函数：

$$\begin{cases} \min W_{注} \propto \lambda_1 W(L,S) \\ \min E_{注} \propto \lambda_2 P_{注} Q_{注} \\ \min M_{注} \propto \lambda_3 M(a,\sigma) \end{cases} \tag{3-17}$$

约束条件：

$$\begin{cases} Q_{\max} \leqslant \eta_1 Q_{排} \\ (T_s)_{\max} \leqslant \eta_2 (T_s)_{安全} \end{cases} \tag{3-18}$$

式中，λ_1、λ_2、λ_3为常参数，有确定的物理意义，分别表示与注浆孔进尺、裂隙岩体空隙发育特征和浆液性能有关的系数；$W_{注}$为注浆工程量投入；$E_{注}$为注浆强度；M和$M_{注}$分别为原有隔水层厚度和注浆改造的隔水层厚度；L和S分别为注浆孔长度和超前区域注浆面积；$P_{注}$和$Q_{注}$分别为注浆压力和单位注浆量；a和σ分别为浆液的水灰比和浆液结石体的抗压强度；$Q_{\max}$为最大涌水量；$Q_{排}$为最大排水量；T_s为突水系数；约束条件中，η_1为约束工作面采后最大涌水量的安全系数，暂取0.8；η_2为约束工作面采后突水系数的安全系数，暂取0.8。

3.3.2 注浆工程参数设计与优化

1) 注浆工程量投入

底板超前区域注浆改造是利用地面水平定向钻对底板灰岩进行超前注

浆，根据区域注浆改造范围对钻孔长度和间距进行布置。钻孔间距过大会导致钻孔间浆液无法实现有效搭接，注浆改造在两孔间存在薄弱区域，钻孔间距过小致使钻探工程量过多；钻孔长度过短会使改造区域内需要施工的垂直主孔过多，钻孔长度过长会造成钻孔中液柱过长，注浆阻力过大，无法实现有效注浆。因此，注浆应该以最小工程量满足底板超前区域注浆改造为目标。

根据区域注浆改造面、钻孔的有效注浆长度和浆液扩散距离，可得到注浆工程量的投入总和，从而得到满足区域注浆改造面积要求的最为经济的注浆工程投入。通过分析得到注浆工程量投入总和计算式为

$$W_{注} \approx \left(\frac{\sqrt{S}}{2L_{浆}}+1\right)\cdot \text{int}\left(\frac{\sqrt{S}}{L_{\max}}\right)\cdot L_{\max} \tag{3-19}$$

式中，$W_{注}$ 为注浆工程量投入；S 为区域改造面积；$L_{浆}$ 为浆液扩散距离；$L_{\max}$ 为钻孔水平段长度；int 为取整函数。

实际注浆过程中，浆液在管壁摩阻和静水压力作用下会达到受力平衡，即作用在岩体上的有效注浆压力非常小，难以对孔隙、裂隙进行封堵或充填，此时的钻孔长度可视为钻孔长度的极限。注浆段上的实际压力，可按式(3-20)计算：

$$p_0 = p + p_s - p_\xi - p_H \tag{3-20}$$

式中，p_0 为作用到注浆段中点上的实际压力；p 为孔口处压力表显示压力；p_s 为浆液自重产生的压力；p_ξ 为浆液在流经自压力表至注浆段中点路程上的流动损失；p_H 为稳定地下水位的水头压力。

浆液自重计算示意见图 3-26，其产生的压力 p_s 为

$$p_s = \frac{1}{10}\left[\left(h_1 + h_{2-1}\right)\gamma_s + \left(h_{2-2} + \frac{h_3}{2}\right)\left(\gamma_s - 1\right)\right] \tag{3-21}$$

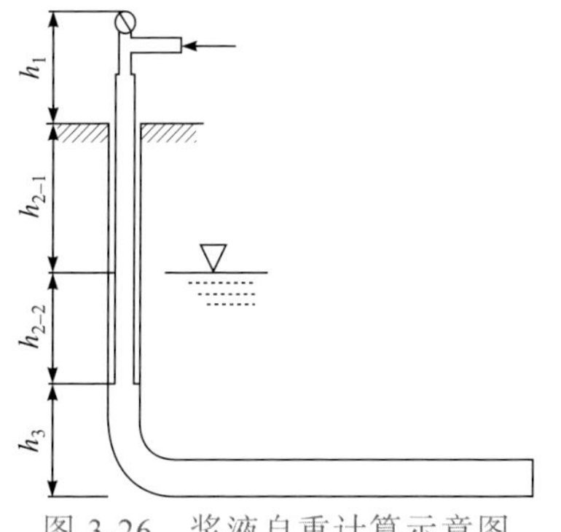

图 3-26　浆液自重计算示意图

式中，γ_s 为浆液重度；h_1 为孔口注浆压力表至地表的高度；h_{2-1} 为地表至地下静水位高度差；h_{2-2} 地下静水位至套管底部的高度差；h_3 为注浆孔段的垂直高度。

在饱水岩体中，沿程阻力损失由两部分组成，即由克服浆液初始动切力(启动压力)产生的压力损失以及由浆液和水在裂隙中运动时因黏度造成的运动阻力损失，即

$$p_{\xi} = p_{\mu} + p_{\tau_0} \tag{3-22}$$

式中，p_{μ}为由于浆液黏度造成的压力损失；p_{τ_0}为克服浆液初始动切力产生的压力损失。

对于宾厄姆流体：

$$p_{\xi} = p_{\mu} + p_{\tau_0} = \frac{8\mu lq}{\pi r^4} + \frac{8l\tau_0}{3r} \tag{3-23}$$

式中，μ为浆液塑性黏度；l为注浆管路的长度；q为注浆流量；r为注浆管的半径；τ_0为浆液的初始动切力。

对于牛顿流体，根据达西-维斯巴赫式得

$$p_{\xi} = \lambda \cdot \frac{l}{d} \cdot \frac{v^2}{2g}$$

式中，λ为水力摩阻系数；l为管道计算长度，m；d为注浆孔内径，m；v为流体在注浆孔内的平均流速，m/s；g为重力加速度，m/s^2。

2) 以注浆功率因子为结束标准

底板超前区域注浆过程中决定注浆效果的参数有很多，可分为客观固定参数和人为操作参数。客观固定参数包括受注地层岩体裂隙几何参数、渗透性和静水压力等，人为操作参数包括浆液性能、注浆压力、注浆量、注浆时间等。注浆目的是通过人为干预实现一定面积的岩体物理力学性质的提高，人为干预即通过人为操作参数来实现，而注浆压力和注浆量是反映人为干预过程的关键参数。因此，可通过以注浆量与注浆压力的乘积，即注浆功率因子作为注浆结束的标准，原因有以下几点。

(1) 浆液流动动量守恒定律表明，任一区域内(闭合曲面面积为A，包含浆液体积为Q)，浆液的动量变化率等于该区域浆液体积质量力和浆液表面力之和，即

$$\frac{\mathrm{d}}{\mathrm{d}t}\int_{Q}\rho\vec{V}\mathrm{d}Q = \int_{Q}\rho\vec{F}\mathrm{d}Q + \int_{A}\rho\vec{\tau_n}\mathrm{d}A \tag{3-24}$$

式中，$\vec{V}$、$\vec{F}$、$\vec{\tau}_n$分别为浆液的流速、单位质量力和任一法线方向n的面上应力；ρ为浆液容重。

(2) $E = PQ$是注浆压力和注浆量的综合反映，表示注浆功率因子，它与岩体结构特性有关。对于一定性质的岩体结构，E为一定量时，当岩体注浆较困难，即注浆量较小时，提高注浆压力至一定值后就结束注浆；当岩体在低压注浆较容易时，限制注浆量达到一定值后结束注浆；其他情况下，取注浆压力和注浆量为中间值，且保持E为定量。

图 3-27 为注浆强度示意曲线，图中 a_1 和 a_2 分别表示岩体渗透性或空隙发育程度的上限和下限，在静止状态，注浆压力 P 是浆液的黏度 τ_0、浆液扩散半径 L_{max} 和岩层裂隙的等效开度 b 的函数，即

$$P=\frac{2\tau_0 L_{max}}{b} \tag{3-25}$$

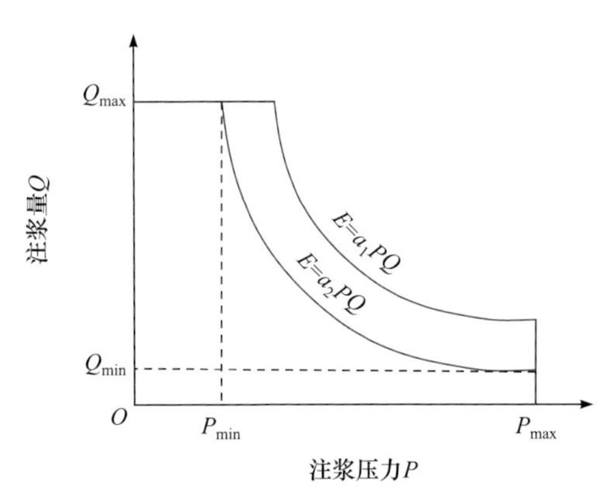

图 3-27　注浆强度示意曲线

每米的注浆量，可表示为

$$Q_{注}=\pi b L_{max}^2 \tag{3-26}$$

则注浆功率因子可表示为

$$P\cdot Q_{注}=2\pi\tau_0 L_{max}^3 \tag{3-27}$$

从上述推导可看出，对于一个给定的注浆强度和一个具有一定黏度的浆液而言，不管岩层裂隙的实际开度如何，浆液的扩散半径大致是相同的。浆液的实际扩散半径 R 与注浆强度的函数关系存在诸多影响因素，如各种裂隙系统的几何形状和尺度、岩层中单位尺寸中包含的裂隙数及分布频度、裂隙表面的不规则情况、浆液的流变性质等。为实际工作需要，可将上述影响因素设定为影响因子 K，即

$$E=P\cdot Q_{注}=2\pi\tau_0 L_{max}^3/K^3 \tag{3-28}$$

选择一个合适的注浆功率因子需要明确影响因子 K，对于注浆加固区域，注浆功率因子必须根据受注地层的可注性和设计所要达到的目标来确定。因此，确定影响因子 K 可采用数学方法、试验方法和观测法得到。数学方法是从对岩层中裂隙分布的情况进行精确简化的描述着手，并以此为基础，模拟注浆过程，而岩层裂隙分布具有随机性和非均质性，因此该方法只能适用于比较简单的情况；试验方法是在注浆过程中现场试验测量浆液扩散半径，以得到浆液扩散半径与注浆功率因子的函数关系；观测法是根据以前的经验或

文献资料，从先假定一个临时的注浆功率因子开始，然后根据注浆过程中得出的结果对该值进行调整。

根据注浆功率因子的影响因子表达式：

$$K_{\mathrm{t}} = L_{\max\mathrm{t}}\sqrt[3]{2\pi\tau_0/E_{\mathrm{t}}} \tag{3-29}$$

式中，下标 t 表示相应的量为通过已有资料统计分析得到。

$$E = 2\pi\tau_0 L_{\max}^3/K^3 = 2\pi\left(L_{\max}^3\ \tau_0/L_{\max\mathrm{t}}^3\tau_{0\mathrm{t}}\right)/E_{\mathrm{t}} \tag{3-30}$$

由于底板灰岩超前区域注浆工程具有隐蔽性特征，且受注地层埋深较大，浆液扩散半径以现有的物探、钻探等手段无法精确获取。因此，注浆功率因子可通过试验法和观测法综合确定，即借鉴已有资料，并从控制注浆角度将水平分支孔间距代替浆液扩散半径，从而可得到底板灰岩注浆强度的基础值，对于具体的超前区域注浆工程，可基于该基础值，结合实际的水平分支孔间距，确定实际应用的注浆强度。

选取注浆效果良好的部分矿区底板灰岩超前区域注浆工程中注浆压力和注浆量的历时数据，得到钻孔分支孔单位注浆功率因子随累计注浆时间的变化曲线(图 3-28～图 3-34)。通过分析变化曲线可得，在钻孔注浆过程中，除去注浆开始和结束为止，单位注浆功率因子出现增加和降低现象外，单位注浆功率因子随累计注浆时间的增加基本稳定在某个值或某几个值，即在工况一定的情况下，单位注浆功率因子能够稳定在一定范围内(表 3-19)。

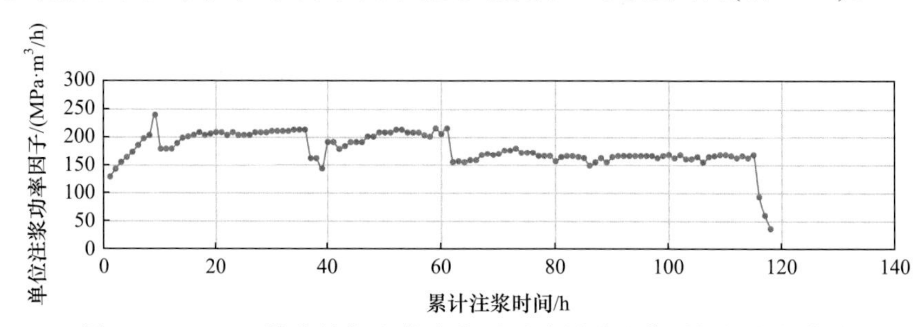

图 3-28　D13-1 钻孔单位注浆功率因子随累计注浆时间的变化曲线

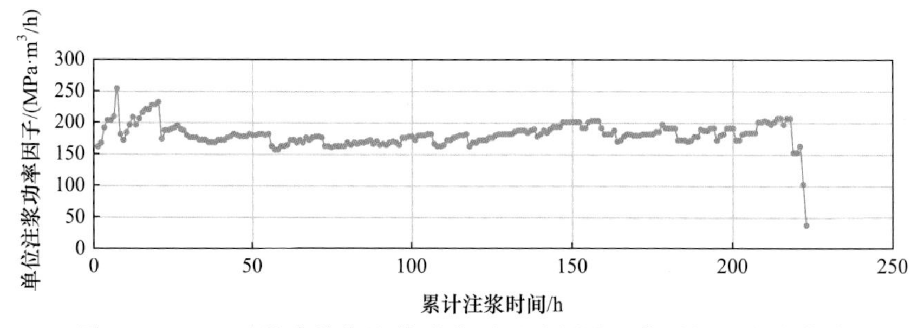

图 3-29　D13-2 钻孔单位注浆功率因子随累计注浆时间的变化曲线

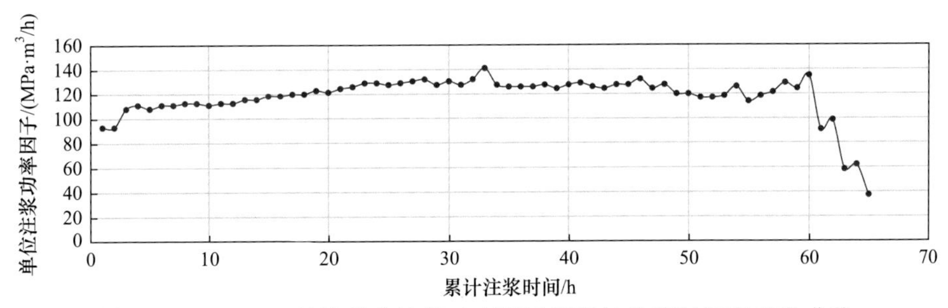

图 3-30　D13-4-1 钻孔单位注浆功率因子随累计注浆时间的变化曲线

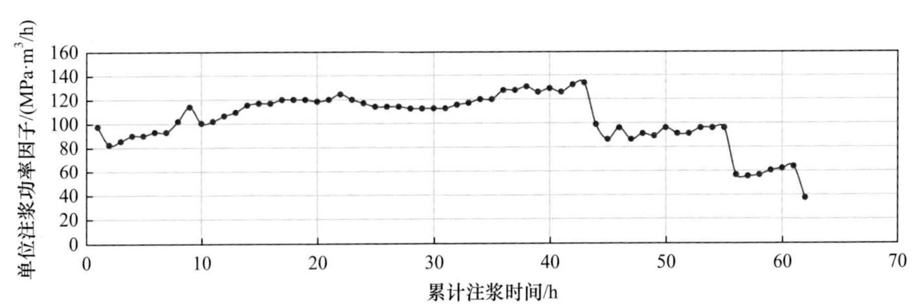

图 3-31　D13-4 钻孔单位注浆功率因子随累计注浆时间的变化曲线

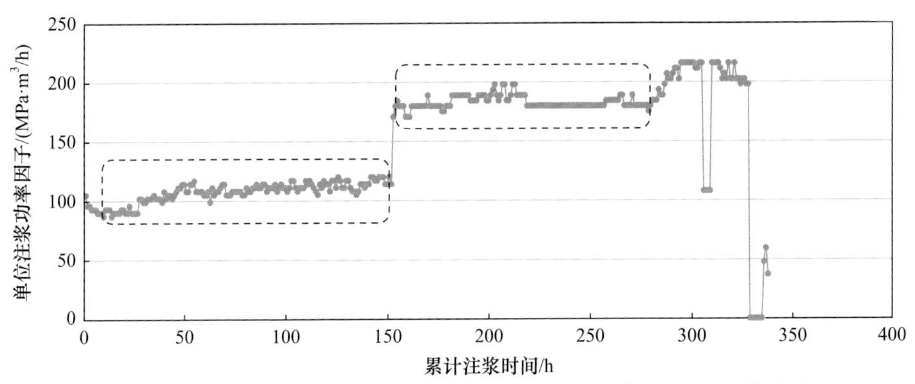

图 3-32　D10-1 钻孔单位注浆功率因子随累计注浆时间的变化曲线

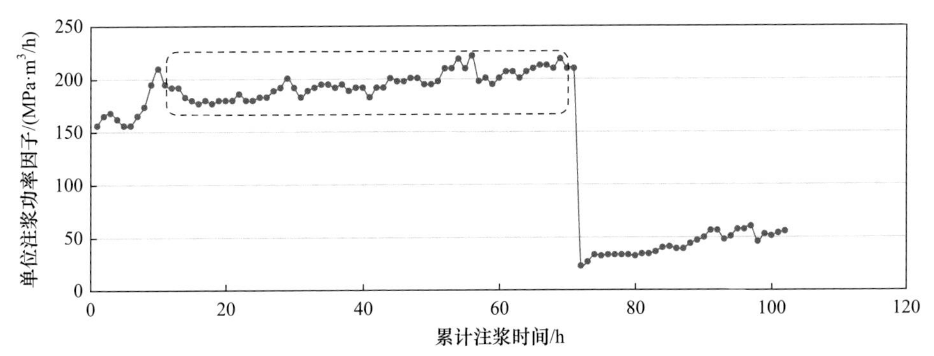

图 3-33　D10-1-2(670～800m)钻孔单位注浆功率因子随累计注浆时间的变化曲线

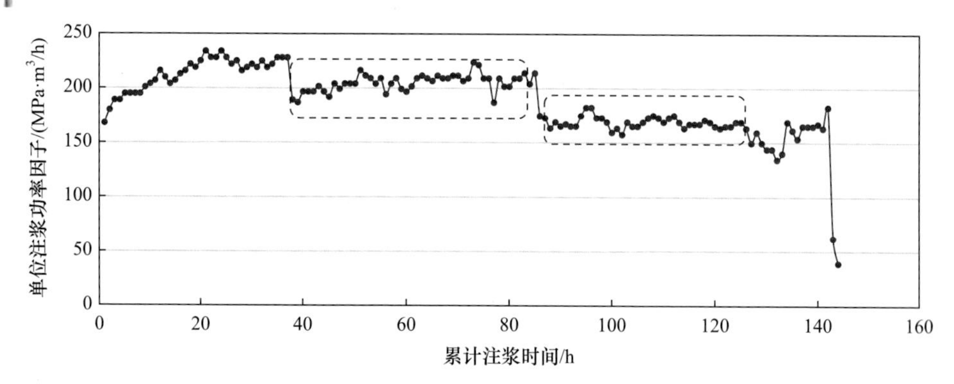

图 3-34　D10-3 钻孔单位注浆功率因子随累计注浆时间的变化曲线

表 3-19　部分钻孔单位注浆功率因子和注浆压力统计表

序号	钻孔	单位注浆功率因子/(MPa · m³/h)	注浆压力/MPa	序号	钻孔	单位注浆功率因子/(MPa · m³/h)	注浆压力/MPa
1	D13-1-1	250/150	8.2/9.6	13	D10-1-2	200	6.7
2	D13-1	200/170	8.2/8.9	14	D10-1-2	180/150	6/5
3	D13-2	170	8.9	15	D10-1-3	100/50	3.5/1.5
4	D13-3-1	250/170	8.4/9.2	16	D10-2	250/150	7/6
5	D13-3-2	200	6.8	17	D10-2-1	250/200/50	8.5/6.9/5.2
6	D13-3	250/200	8.5/6.8	18	D10-2-2	250/170	8.3/9.0
7	D13-4-1	130	8.6	19	D10-3	200/170	8.4/9.0
8	D13-4	120/100	8.0/10.0	20	D10-4	200	8.2
9	D13	200	6.8	21	D10-4-1	150/50	7.8/9.7
10	D10-1-1	350/250	6.5/5.6	22	D10-5	230/200/170	7.5/8.2/9.2
11	D10	140/120	7.3/4.0	23	D10-6	250/230/200	8.3/7.7/8.1
12	D10-1	180/100	4.0/3.6	—	—	—	—

表 3-19 中单位注浆功率因子对应的分支孔间距为 65m、水压为 2～3MPa，受注地层为太原组薄层灰岩，统计得到对应的单位注浆功率因子为 350MPa · m³/h、250MPa · m³/h、230MPa · m³/h、200MPa · m³/h、180MPa · m³/h、170MPa · m³/h、150MPa · m³/h、140MPa · m³/h、130MPa · m³/h、120MPa · m³/h、100MPa · m³/h、50MPa · m³/h。由于注浆序次不同，所对应的地层裂隙特征有所不同，因此不同序次的注浆孔可选择不同的单位注浆功率因子，第一序次可选择 350MPa · m³/h 为基数，第二序次可选择 200MPa · m³/h 为基数，第三序次可选择 100MPa · m³/h 为基数。通过统计得到注浆效果良好的底板灰岩单位注浆功率因子基础值，可为其他底板灰岩超前区域注浆改造参数提供优化依据。

综上，得到

$$E = 2\pi\tau_0 I_{\max}^3 / K^3 = 2\pi\left[I_{\max}^3\tau_0 / \left(I_{\max t}^3 \tau_{0t} \right) \right] / E_t \tag{3-31}$$

通过不同序次钻孔浆液密度不同(一序孔 1.6g/cm^3，二序孔 1.4g/cm^3，三序孔 1.2g/cm^3)，可分别确定一序孔、二序孔和三序孔的单位注浆功率因子计算式。

一序孔：$E = 2\pi\left[I_{\max}^3\tau_0 / \left(65^3 \times 0.0337 \right) \right] / 350 = 0.2376 I_{\max}^3 \tau_0 = P_1 \cdot V_1$

二序孔：$E = 2\pi\left[I_{\max}^3\tau_0 / \left(65^3 \times 0.0624 \right) \right] / 200 = 0.0733 I_{\max}^3 \tau_0 = P_2 \cdot V_2$

三序孔：$E = 2\pi\left[I_{\max}^3\tau_0 / \left(65^3 \times 0.1587 \right) \right] / 100 = 0.0144 I_{\max}^3 \tau_0 = P_3 \cdot V_3$

其中，$I_{\max}$ 可依据钻孔间距而定，浆液黏度 τ_0 可根据浆液密度而定，在注浆过程中可通过调节浆液密度和注浆压力来实现注浆能量的合理平衡。即

一序孔：$$0.2376 I_{\max}^3 = \frac{P_1 \cdot V_1}{\tau_{01}}$$

二序孔：$$0.0733 I_{\max}^3 = \frac{P_2 \cdot V_2}{\tau_{02}}$$

三序孔：$$0.0144 I_{\max}^3 = \frac{P_3 \cdot V_3}{\tau_{03}}$$

通过上述内容可知，在实际注浆过程中，当注浆钻孔间距确定后，可通过调整注浆压力、单位注浆量和浆液黏度来达到不同序次注浆孔的单位注浆功率因子。在调整过程中，可明显看出注浆压力、单位注浆量和浆液密度间的相关关系：在使用固定水灰比的水泥浆液进行注浆时，当单位注浆量较大，意味着需要降低注浆压力；反之，则需要提高注浆压力。在调整水灰比过程中，可根据单位注浆量、注浆压力变化进行调整，当单位注浆量较大时，可降低注浆压力或水灰比(即增加浆液黏度)；当单位注浆量较小时，可增大注浆压力或水灰比(即降低浆液黏度)，从而实现在注浆过程中注浆压力、单位注浆量和浆液密度的平衡，获得合理科学的注浆功率因子。结合实际情况，根据注浆过程中注浆压力和单位注浆量等特征，按照充填阶段、升压阶段、加固阶段和劈裂阶段，可根据上述结论得出不同注浆阶段的注浆工艺参数(表 3-20)。

表 3-20　不同注浆阶段注浆压力、浆液密度工艺调整列表

注浆阶段	注浆压力/MPa	浆液密度/(g/cm^3)
充填阶段	$P \leqslant 0.0$	>1.6
升压阶段	$0.0 < P \leqslant 5.2$	1.4～1.6
加固阶段	$5.2 < P \leqslant 9.7$	1.2～1.4
劈裂阶段	$P > 9.7$	1.2

3.3.3 超前区域注浆工艺

1. 导水通道治理注浆方法

1) 注浆材料

常用的注浆材料有骨料、水泥、粉煤灰、黏土及化学材料，材料的选择决定导水通道的治理效果。

(1) 骨料。骨料主要用于较大的隐伏导水通道，目的是充填过水通道、断层破水带中较大的裂隙，缩小过水断面。根据《建设用砂》(GB/T 14684—2022)可将建设用沙分为粗砂、中砂、细砂。对于大型导水通道使用粒径大于 2mm 的砾石，另外附以尾矿砂充填。尾矿砂沉降速度快，较河砂结石强度高，配以黄土可增加沉降距离，增强可注性，有些地段可代替水泥浆使用，降低工程造价。

(2) 水泥。根据《水泥的命名原则和术语》(GB/T 4131—2014)，一般选用普通硅酸盐水泥 P.O32.5 水泥，纯水泥浆结石强度高，扩散范围较大，为了提高加固效率，可使用高标号的水泥。

(3) 水玻璃。硅酸钠俗称泡花碱，是一种无机物，其水溶液俗称水玻璃，是一种矿黏合剂。将水泥与水玻璃以一定的比例进行混合作为注浆材料。此浆液的特点是可在极短的时间内凝固，凝胶时间能自行控制；结石率高，结石体积可达 100%；可灌注性好；结石致密，透水性低。因此，在地下水流速较大时，这种浆液可快速地在预定地点凝固在灰岩裂隙中，不至于被地下水冲稀带走，适用于封堵出水点及附近灰岩裂隙(刘宗原，2021)。

(4) 粉煤灰。根据《用于水泥和混凝土中的粉煤灰》(GB/T 1596—2017)，粉煤灰级别不低于Ⅱ级粉煤灰。粉煤灰具有经济性的特点，但是其固结性、水硬性远远低于水泥，因此为了保证治理效果，粉煤灰应根据具体情况合理使用。

2) 骨料灌注工艺

对于大型断层、陷落柱等有一定规模的空洞型导水通道治理需优先灌注骨料，一方面对空洞进行充填，减少水泥等高成本材料费用；另一方面灌注骨料后再高压注浆，提高结石体的强度，进而增加柱体治理后的抗破坏能力。

(1) 工艺流程。骨料灌注一般采用先进的孔口密闭射流拌和防喷系统。将系统与钻孔密闭连接，利用高压水流的携带能力和孔内高强度负压将骨料灌入孔内，在柱体内空洞、大裂隙或过水通道内运移沉积。骨料灌注工艺流程如图 3-35 所示。

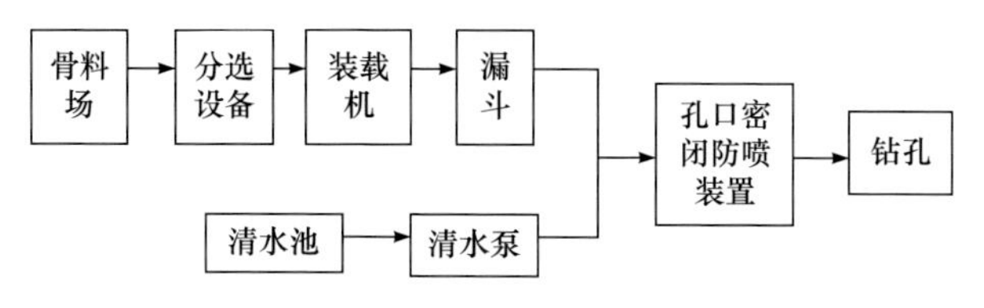

图 3-35　骨料灌注工艺流程示意图

将清水通过管路泵入钻孔内，水流量不低于 60m³/h，把骨料经漏斗由泵入孔内水流产生的负压带入孔内(图 3-36)。骨料粒径要根据孔径及地层情况选择，骨料粒径一般遵循先细砂灌注一段时间后，真空度未发生变化或变大，则使用中砂灌注，直至到粗砂、砾石，粒径较大的砾石充填一段时间后，往往因较大导水通道已无法充填砾石，而逐级降低骨料粒径直至充填结束。即遵循先细后粗，导通导水通道，再粗后细，充填导水通道的原则。

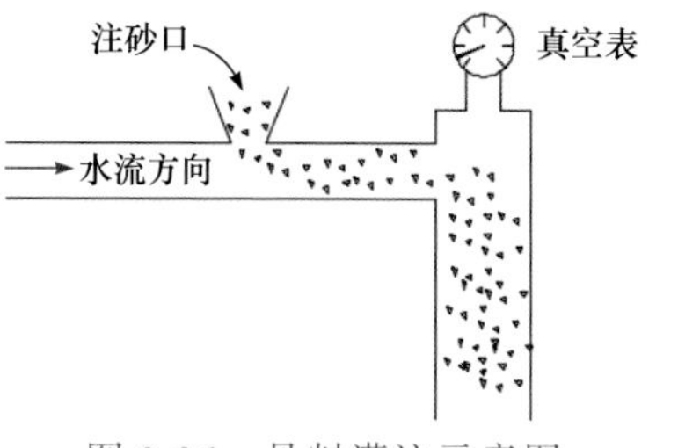

图 3-36　骨料灌注示意图

(2) 骨料粒径。灌注过程中，骨料粒径的选择对灌注效果和进度有较大影响。骨料粒径过大，则灌注过程中易发生堵孔，且骨料堆积范围较小，不利于对所有空间进行充填；骨料粒径过小，影响堆积体后期的注浆高压加固，降低柱体内结石体强度，因此必须根据导水通道空间性质和水文特征合理选择骨料粒径。骨料按粒径主要分为两大类，粗骨料和细骨料。细骨料主要有粉砂、细砂和粗砂；粗骨料主要有卵石、碎石、废渣和混凝土等。骨料粒径分类详见表 3-21。

表 3-21　骨料粒径分类表

骨料名称		粒径/mm	备注
粉煤灰		0.010～0.045	颗粒粒径比水泥小
砂	粉砂	<0.350	占全重的 80%
	细砂	0.350～0.500	占全重的 50%
	粗砂	>0.500	占全重的 50%
碎石	米石	3.000～5.000	占全重的 95%及以上
	小石子	5.000～10.000	占全重的 95%及以上
	中石子	10.000～30.000	占全重的 95%及以上
	大石子	30.000～50.000	占全重的 95%及以上

3) 浆液灌注工艺

现场调研现阶段我国主要注浆设备，明确了效率高、效果可靠的“下行式”压水注浆工艺。该工艺具体包括钻孔施工过程中，采用多源信息融合的判识方法进行导水通道判识，判识到有通道时，停钻并进行全孔压水、洗孔，获取注浆前通道渗透性参数；结合压水试验、钻井液漏失与随钻伽马，综合判识通道的导水性与导水规模；采用地面注浆系统，结合相关注浆参数进行下行式注浆。其注浆系统以混合搅拌系统为核心，通过注浆系统从孔口灌注。其中，注浆主要采用充填注浆和高压注浆。充填注浆指在灰岩中遇到漏失量大的裂隙或溶洞时，采用 260～600L/min 的大排量注浆泵注入密度 1.2～1.6g/cm^3 的水泥浆液，对裂隙或溶洞快速充填。高压注浆指在钻井液漏失较小区段和钻孔终孔注浆时，为增加扩散距离和填充细微裂隙，采用高压注浆，使浆液向岩层内的残留空隙和细小裂隙扩展，增加扩散距离，提高加固效果。

2. 含(导)水裂隙探查和治理技术

含(导)水裂隙是由于构造运动或地下水溶蚀作用形成的不同规模、不同性质的岩溶和裂隙，是灰岩含水层的主要赋水空间。超前区域治理钻孔可直接揭露隐伏导水通道，或通过含水层岩溶裂隙间接揭露隐伏导水通道，其治理技术存在较大差异。通过对含水裂隙的高压注浆治理，一方面实现隐伏导水构造的治理，另一方面降低含水层富水性，增强含水层强度，降低未治理的隐伏导水通道突水的可能性。以淮北矿区作为现场试验区，综合其他矿区的含(导)水裂隙治理技术，对含(导)水裂隙的发育特征、探查轨迹相对位置、探查孔间距、浆液参数、注浆压力的控制等方面进行研究，在导水裂隙治理过程中形成相关治理技术。

1) 含(导)水裂隙探查

(1) 探查模式。根据灰岩中裂隙的发育形态和灰岩层位的关系，确定探查钻孔在灰岩中的相对位置：在以近水平裂隙为主的灰岩地层中，由于顺层裂隙发育，钻孔只能揭露一部分裂隙，钻孔的相对探查位置对注浆效果影响明显；垂向裂隙和网状裂隙钻孔揭露充分，裂隙连通性好，对钻孔的相对位置要求较低(图 3-37)。通过现场试验，发现对于顺层裂隙，钻孔布设应该靠近灰岩层位的中上部，而对于垂向裂隙和网状裂隙，钻孔应该布设在灰岩层位的中部，揭露裂隙、改造裂隙更加充分，治理效果更好。

(2) 探查钻孔间距。钻孔间距是决定治理效果和治理经济效益的关键参数，在朱庄煤矿和桃园煤矿分别进行不同钻孔间距的试验，对钻孔布设间距进行研究。选取桃园Ⅱ1042 工作面进行现场试验，通过钻孔揭露含水裂隙中钻井液漏失点与最近的漏失点的平面距离，评价布孔间距的合理程度。设计

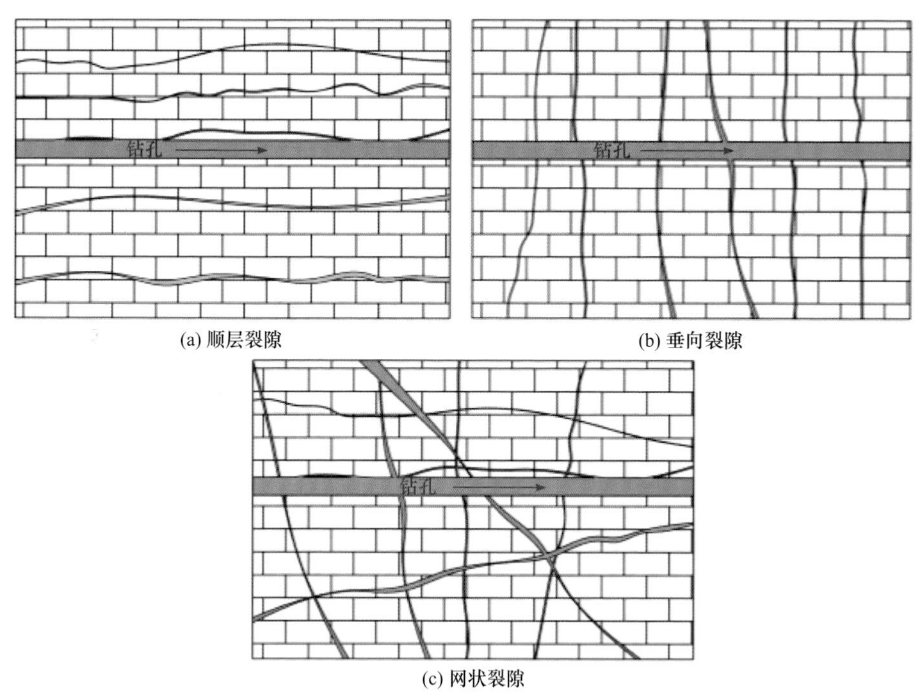

(a) 顺层裂隙　(b) 垂向裂隙　(c) 网状裂隙

图 3-37　不同类型裂隙的探查效果

试验钻孔 4 组，钻孔平面布置呈扇状发散，钻孔间距为 0～60m，记录钻进过程中钻井液漏失点，统计漏失点与最近注浆点或最近钻井液漏失点的距离，试验结果统计见表 3-22。

表 3-22　试验钻孔钻井液漏失点距离统计表

钻孔	注浆井深/m	漏失点深/m	钻井液漏失量/(m^3/h)	与最近注浆点或最近钻井液漏失点的距离/m	平均距离/m
SY1	1376.00	1230	3～20	58.2	53.0
SY1-2	1261.00	1190	6	65.8	
SY1-2-1	1006.00	1004	56	35.0	
SY2	726.80	723	60	102.0	50.6
	1236.00	1101	3	29.5	
SY2-1	1017.00	1016	40	38.4	
SY2-2	782.00	776	60	50.1	
	1261.50	1074	2～3	74.7	
SY2-3-1	1089.00	1077	5	58.8	
SY2-4-1	949.00	949	45	40.5	
	1069.00	1065	45	43.4	
	1233.00	920	3	27.6	

续表

钻孔	注浆井深/m	漏失点深/m	钻井液漏失量/(m^3/h)	与最近注浆点或最近钻井液漏失点的距离/m	平均距离/m
SY2-5	1174.93	1146	60	53.6	50.6
	1230.00	1136	5	37.7	
SY3	597.00	574	35	13.0	63.3
	629.00	620	65	23.0	
	768.00	749	35	120.0	
SY3-1	1180.35	1161	60	61.1	
SY3-2	1117.00	1062～1117	60	46.7	
SY3-3	1073.00	887	20	77.9	
SY3-3-1	1097.00	1018	15	61.1	
SY3-4	1194.48	1050	3	100.6	
SY3-5	1183.87	1167	60	66.3	
SY4	721.00	712	45	98.0	55.3
	763.00	747	47	26.0	
SY4-1	777.00	772	45	36.0	
	820.00	815	45	38.0	
	894.00	890	45	70.0	
	1016.00	970	5	76.0	
SY4-1-1	975.00	950	8	50.9	
SY4-1-2	836.00	833	48	25.0	
	1035.00	1010	6	62.4	
SY4-2	960.00	950	10	113.4	
SY4-3	958.00	895	12	60.1	
SY4-3-1	1217.00	1120	5	7.6	

试验中，钻孔总共发生漏失 35 次，与最近注浆点或最近钻井液漏失点的距离最小为 7.6m，距离最大为 120.0m，平均距离 55.7m；各组试验平均距离最小 50.6m，最大 63.3m。结果表明，浆液在灰岩裂隙中并非均一扩散，无确切的扩散半径，而是一个范围，同时根据钻孔漏失情况，确定试验区探查钻孔最优布孔间距为 50～60m。

2) 含(导)水裂隙注浆治理技术

以浆液运移规律和注浆工程参数优化模型为指导，结合含(导)水裂隙结构特征，将注浆治理过程划分为不同阶段，并优化确定各阶段的注浆压力、注浆材料及性质，形成含(导)水裂隙治理的“梯度增压”注浆工艺。

(1) 确定注浆压力参数。通过淮北矿区、邯邢矿区大量注浆工程实践，统计单孔注浆过程中注浆压力变化，发现各单孔的注浆压力变化呈阶段式发展：注浆压力在无压状态下持续一段时间后开始上升，上升至 4～5MPa 时会持续稳定一段时间，之后继续上升至 7～8MPa 稳定，之后继续上升至终压，在此过程中注浆压力有反复现象(图 3-38)。

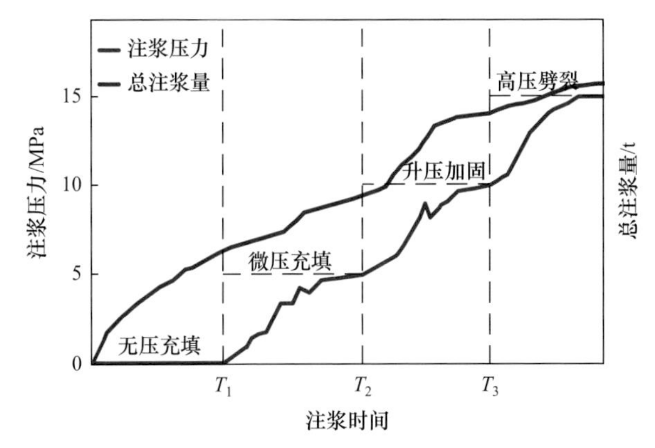

图 3-38　不同时间段注浆压力和总注浆量变化

统计不同压力阶段的单孔注浆量，发现不同注浆阶段其注浆量差异较大，对含(导)水裂隙的充填改造效果不同(图 3-39)。以淮北矿区 4 个钻孔组的原

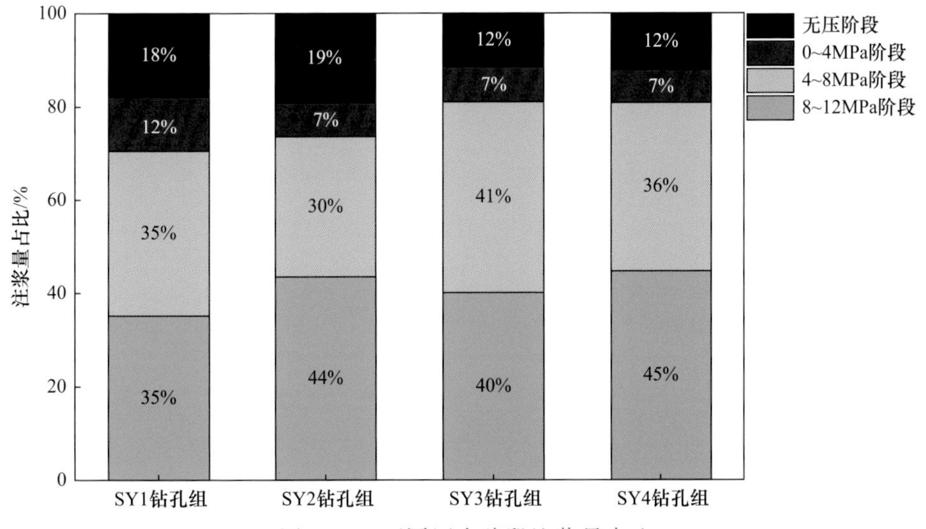

图 3-39　不同压力阶段注浆量占比

位注浆试验为例，将不同钻孔组按照注浆压力划分为四个阶段，不同钻孔组注浆过程中，注浆量首先主要集中在注浆压力 4MPa 以上阶段，其注浆量占总注浆量的 70%～81%；其次，无压阶段的注浆量占比为 12%～19%，0～4MP 阶段注浆量占比最小。其中，在 4MPa 以上注浆区段内，高压阶段(8～12MPa)的注浆量平均可占总注浆量的 40%，是最主要的注浆阶段。因此，终孔压力应不小于 12MPa，达到高压注浆。

(2) 单孔梯度增压注浆工艺。根据钻孔注浆阶段划分和材料选取，确定含(导)水裂隙的注浆治理需采用梯度增压的注浆工艺，单孔注浆分为无压充填(≤0MPa)、微压充填(0～4MPa)、升压加固(4～8MPa)和高压劈裂(8～12MPa)四个阶段，注浆终压需达到 12MPa 的高压，以确保注浆效果。具体梯度增压注浆工艺单孔采用孔口封闭静压分段下行式注浆方法，注浆过程分为充填、升压、加固和劈裂四个阶段，注浆压力、注浆材料按照表 3-23 确定。

表 3-23　梯度增压注浆工艺标准及参数

注浆阶段	浆液材料	注浆压力/MPa	浆液密度/(g/cm^3)
无压充填阶段	骨料、水泥基混合浆液(砂子、粉煤灰、黏土等)	$P\leqslant 0$	>1.6
微压充填阶段	纯水泥浆液、水泥-粉煤灰浆液、水泥-黏土浆液	$0<P\leqslant 4$	1.4～1.6
升压加固阶段	纯水泥浆液、水泥-黏土浆液	$4<P\leqslant 8$	1.2～1.4
高压劈裂阶段	纯水泥浆液	$8<P\leqslant 12$	1.2

3. 断层(带)探治技术

断层是地壳受力发生断裂，沿断裂面两侧岩块发生的显著相对位移的构造。断层通常呈带状分布，是地层中的薄弱区域，易形成底板含水层的导水通道，是区域治理的主要对象。

1) 治理钻孔布设

对于超前区域治理未实际揭露的隐伏导水断层，通过地面定向钻孔针对断层上下盘分别布孔(图 3-40)，同时通过走向、倾向进行相互交叉、网格化布孔探查。

2) 断层(带)探治技术

注浆前要进行压水试验，确定钻孔单位时间透水量(透水率)，并根据地层情况确定注浆材料及浆液浓度。按照表 3-24 所示优先选择标准确定注浆材料。

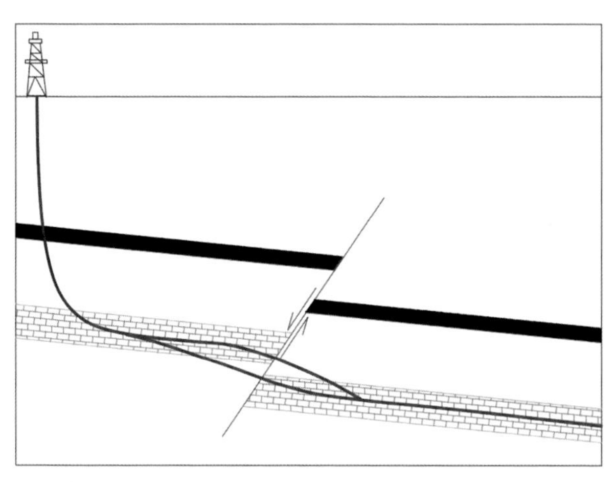

图 3-40　断层(带)治理剖面钻孔布置示意图

表 3-24　注浆材料优先选择标准

透水率/Lu	注浆材料
$q \leqslant 0.05$	纯水泥浆液
$0.05 < q \leqslant 0.10$	水泥-粉煤灰双浆液
$0.10 < q \leqslant 0.20$	水泥浆液携带砂子
$0.20 < q \leqslant 0.50$	砂子与粒径 0.5～15mm 的砾石
$q > 0.50$	粒径大于 15mm 的砾石

(1) 不同材料注浆顺序。注浆治理过程中根据“骨料—骨料水泥混合浆液—水泥-粉煤灰双浆液—纯水泥浆液”的顺序进行，同时结合注浆压力综合确定浆液密度。前期注浆压力为 0 时，使用水泥-粉煤灰双浆液，起始浆液密度为 1.2g/cm^3，水泥浆液、粉煤灰浆液体积比为 1∶1；当注浆压力超过 1MPa 后，开始逐渐减小粉煤灰浆液的比例；注浆压力超过 3MPa 时，采用纯水泥浆液，注浆终压应不低于静水压力的 2～2.5 倍。

(2) 注浆流量确定。在骨料灌注阶段，为使得骨料灌注过程中具有一定的负压，水和骨料混合体流量不低于 60m^3/h。水泥浆液注浆过程中，先期流量控制在 30m^3/h，根据注浆压力调整注浆流量，若注浆压力长时间保持不变，则加大注浆流量，也可调高注浆密度。当注浆压力达到设计终孔压力时，先调整浆液密度，水泥浆液密度调整至 1.5～1.6g/cm^3，随着浆液密度的调高，注浆压力会有所下降，当浆液密度已无法调高，但注浆压力达到设计终孔压力时，则需降低注浆流量。为避免注浆后期注浆流量过低，水泥浆液密度过大而造成水泥凝固，从而固结注浆管，终止注浆流量不低于 3.6m^3/h。

4. 陷落柱探治技术

岩溶陷落柱为垂向面状导水通道，通常内部空间大、封堵难度高，是区域治理过程中主要治理对象之一。根据陷落柱导水特征，形成“治理层位—钻孔布设—综合注浆”的陷落柱探查与注浆治理综合技术。

1) 治理层位

治理层位的选取依据关键隔水层(段)厚度、采掘工程扰动、岩溶陷落柱周边构造发育情况等因素确定，一般分为全段、止水帽段(顶部或全段)、止水塞段(中部)和根基段(底部奥灰岩含水层)(图 3-41)。

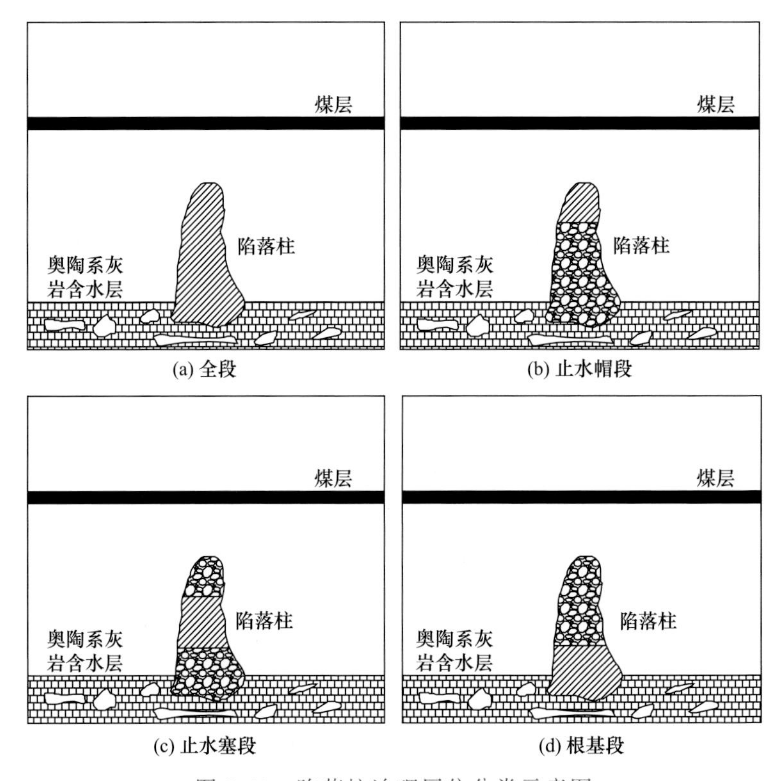

图 3-41　陷落柱治理层位分类示意图

(1) 止水帽段。全充水或导水型陷落柱具有导通奥灰水的可能，且需要在陷落柱内部或附近进行采掘活动，治理层位从陷落柱顶端至煤层采掘安全厚度或直至奥灰岩层，实现此类岩溶陷落柱的彻底有效治理。带帽段在不进行全段治理的情况下，治理层位选择分为巷道掘进和工作面开采两种情况。

①巷道掘进时，按照底板承压水安全隔水层厚度式计算治理层厚度，首

先按照《煤矿防治水细则》计算临界安全隔水层厚度；安全隔水层厚度乘以安全系数，得出治理层厚度。陷落柱发育高度超过开采煤层的，治理层厚度为煤层底板至治理层位底板；陷落柱发育高度未到开采煤层的，治理层厚度为陷落柱顶至治理层位底板。

治理层厚度计算式：

$$t_c = tC_{安}$$

式中，t_c 为治理层厚度，m；t 为安全隔水层厚度，m；$C_{安}$ 为安全系数，取值>1.5。

②工作面开采时，按照突水系数计算式计算隔水层厚度，再结合陷落柱治理后的柱体强度与正常岩层的折算系数，计算治理层厚度，最后确定治理层位。

$$t_c = \frac{P}{TC_{折}}$$

式中，t_c 为治理层厚度(煤层底板至治理层位底板)，m；P 为治理层位底板承受的水压，MPa；$C_{折}$ 为折算系数，治理后柱体强度与正常岩体强度的比值。

(2) 止水塞段(中部)和根基段(奥陶系灰岩含水层)。当陷落柱发育为不完全充水段时，或陷落柱柱体及附近一定范围内不进行采掘活动(留设安全煤柱)，治理层位根据陷落柱发育和柱内充填情况，选择陷落柱中段合适层位或底部层位进行加固治理，建立止水塞，切断奥灰含水层与煤层底板岩层的水力联系。层位选择时应考虑岩层基础强度、浆液扩散条件、钻孔施工难度等因素。治理层厚度计算参考巷道掘进时的临界安全隔水层厚度计算式。

2) 钻孔布设

根据陷落柱的治理层位和治理方式，地面定向水平孔治理陷落柱布孔方式可分为 3 种方式，止水帽式、止水塞式、根基式，特殊情况下也可以相互组合。钻孔结构可采用三开结构，分为直孔段、定向导斜段和定向水平段。一开直孔段：孔径为 311mm，下入 244.5mm×8.94mm 孔口套管，其中直径为 244.5mm，壁厚为 8.94mm，采用水泥固井，隔离第四系及裸露基岩段地层；二开定向导斜段：一开套管底口至陷落柱边界外 50～100m，孔径为 216mm，至奥陶系灰岩接近顺层，下入 177.8mm×8.05mm 孔口套管，其中直径为 177.8mm，壁厚为 8.05mm，采用水泥固井；三开定向水平段：孔径为 152mm，裸孔顺层钻进。

3) 综合注浆

灌注骨料，一方面对空洞进行充填，减少水泥等高成本材料费用；另一方面，灌注骨料后再高压注浆，提高结石体的强度，进而增加陷落柱柱体治理后的抗破坏能力。以先骨料、后浆液的原则进行灌注封堵。根据空间大小、水流流速、大裂隙连通情况等对骨料粒径进行级配组合，砂石比例介于3∶1～1∶1。之后，在砂体堆积体内进行高压注入水泥浆，起压实、胶结作用，提高骨料堆积体的强度，进而增加陷落柱柱体的整体强度和抗破坏能力。骨料灌注后期，导水通道、多孔介质孔隙度较灌注前变小。为了使细小的通道得到更好的充填并具有一定的固结强度，往往在细砂灌注阶段，使用水泥浆液携带细砂进行灌注。一般情况下，水泥浆液密度从1.2g/cm^{3}开始，灌注流速不低于60m^3/h，若灌注一段时间后无变化，则可将水泥浆液密度调高至1.6g/cm^3。

3.4 隐伏导水通道超前判识与治理

煤层底板隐伏导水通道是发生底板突水事故的主要因素之一，也是超前区域治理过程中的主要治理对象。煤矿井巷工程施工前，仅能够依托地球物理勘探技术进行导水通道的探查，但由于地形地貌、物探技术的多解性等客观条件制约，在井巷工程施工前仍需在井下对物探查明的疑似导水通道进行近距离探查，其探查精度受到井下钻进技术、注浆能力的制约，探查精度低，且影响了煤矿井巷工程的施工进度。

基于水文地质结构的水害类型划分，煤层底板含水层在导水通道的影响下可形成单层、组合的贯通型水害，该水害危险性较高。导水通道主要包含岩溶裂隙、断层、陷落柱等。在地面开展地球物理勘探难以准确判识小型断层、开度较小的裂隙及岩溶裂隙等小型构造，同时探查位置精度难以满足安全生产需求。采用钻进过程中岩屑录井、钻时录井、钻井液漏录井、压水试验和随钻伽马综合判识指标，能够验证地面物探疑似通道并在区域上探查隐伏导水通道发育情况，形成钻进过程中隐伏导水通道判识的主要指标、变化规律、通道类型等，科学判识通道导水性，为超前区域治理提供基础依据。

3.4.1 隐伏导水通道类型与特征

利用钻探技术进行地质构造判识是一种直接接触的探查方法，具有直观、可靠的特点，因此在防治水工作中相应提出"物探先行、钻探验证"的技术思路。超前区域治理中，采用远距离定向钻孔判识隐伏导水通道，可为采区巷道布设、采掘规划等提供基础依据，同时远距离接触保障了施工安全，是超前区域治理的核心技术之一。通过对我国煤矿开采揭露的主要导水通道特征进行分析，结合钻探过程中所能获取的主要参数，形成通道探查与判识方法。

1. 隐伏导水通道发育特点

随着开采深度的增加，淮北、淮南、黄河北、邢台等主要矿区开采环境，尤其是水文地质条件日趋复杂，部分矿井煤层底板承受着高水压影响。通过对淮北、淮南、黄河北、邢台等矿区各矿井揭露的隐伏导水构造情况进行收集和分析，总结矿井隐伏导水通道的特征主要表现在以下方面：

(1) 隐伏导水通道的类型具有多样性，巷道掘进期间发生过揭露隐伏断层、陷落柱及裂隙突水事故，回采期间发生过由于开采对底板隔水层的破坏、隐伏断层、陷落柱、裂隙导通，导致突水事故，还存在复合型的隐伏导水通道。

(2) 褶曲轴部裂隙相对发育，含水层富水性强、隔水层相对薄弱，特别是存在褶曲轴部与断层、褶曲轴部与陷落柱的构造组合时，附近特殊构造极度发育，含水层富水性增强、隔水层变得更薄弱，有利于隐伏导水通道的发育，是发生煤层底板水害可能性最大的部位，且突水危险性被进一步放大。

(3) 隐伏导水通道多发育于煤层底板，发育层位低，位置不明，充填较松散、胶结差，导水性较好。断层及陷落柱往往发育较好，连通深层奥灰水，对矿井安全生产造成极大的威胁。

(4) 隐伏导水构造具有隐蔽性好、可探测性差的特点。

(5) 工作面开采过程中围岩应力的重新分布，底板发生扰动破坏，产生的裂隙可能引发与隐伏导水构造导通滞后突水。

2. 隐伏导水通道的类型

华北型煤田开采主要受到断层、陷落柱和岩溶裂隙构造的充水影响，根据岩溶含水层特征及钻探过程中所能够探查的构造精度种类和性质，将隐伏导水通道分为以下几类。

(1) 岩溶裂隙(简称“溶隙”)：封闭溶隙、弱连通溶隙、强连通溶隙。

可溶的沉积岩在构造运动、溶蚀作用等影响下会产生空隙，这种空隙称为溶隙。岩溶水系统是由不同规模、不同性质的溶隙组成的含水结构，其不同位置所发育的溶隙规模与特征各不相同。根据溶隙的连通性和导水性，可将溶隙分为封闭溶隙、弱连通溶隙和强连通溶隙。

(2) 断层：隔水断层、弱导水断层、导水断层。

灰岩地层受应力作用而破裂，并且沿破裂面两侧的岩块有明显相对滑动产生的地质构造称为断层。断层缩短了煤层到含水层的距离，同时断层面作为地层中的薄弱面，极易发生突水。根据断层面间所充填的断层性质、断层规模及应力差异，按照导水性可将断层分为弱导水断层和导水断层。

(3) 陷落柱：全充水强导水型陷落柱、边缘充水导水型陷落柱、不导水(微弱导水)型陷落柱。

岩溶陷落柱是可溶岩在一定地质环境中，遭受构造、地应力、地下水等因素的影响而形成的溶洞，而后上覆岩层或围岩受到破坏而坍塌。根据陷落柱内坍塌地层压实程度不同，陷落柱导水性具有明显差异，从而将其分为全充水强导水型陷落柱、边缘充水导水型陷落柱、不导水(微弱导水)型陷落柱。岩溶陷落柱作为煤层开采底板潜在的导水通道，一旦发生该类型突水事故，将会造成极为严重的灾害性后果。

3.4.2 隐伏导水通道判识指标

区域治理过程中，定向钻孔在钻遇不同地层和通道时，其岩屑录井、钻井液录井等均会有显著差异，通过总结钻进过程中不同指标信息，结合现场工程实践与理论分析，形成隐伏导水通道多源信息融合的判识方法，为指导区域治理钻孔施工过程中导水通道判识提供技术支撑。

1. 岩屑录井

地下岩石被钻头破碎后，随钻井液到达地面，这些岩石碎块称为岩屑。在钻井过程中，按照一定取样间距和迟到时间，连续收集和观察岩屑并恢复地下地质剖面的过程，称为岩屑录井。岩屑录井具有成本低、操作简便、资料及时且系统性强等优点。超前区域治理中，地面定向钻井厚层灰岩改造模式 M1、井下定向钻井厚层灰岩改造模式 M2、地面定向钻井薄层灰岩改造模式 M3、井下定向钻井薄层灰岩改造模式 M4 均采用定向钻进技术，探查煤层底板太原组薄层灰岩或奥陶系厚层灰岩顶部。岩屑录井可以反映出钻探过程中钻孔孔底位置的实时地层岩性，由此判识隐伏导水通道发育情况。通过超前区域治理工程施工情况统计分析，结合煤层主要导水通道的形态特征，得出不同构造在岩屑录井中的不同反应特征。

1) 地层起伏的岩屑录井特征

针对灰岩含水层治理的水平定向钻进过程中，如灰岩逐渐变化为其他岩性(泥岩、砂岩)，且持续钻进条件下仍未变化为灰岩地层，说明该区域地层发生了微小起伏或地层略有变薄，通过调整钻孔角度变化，钻孔轨迹后可继续沿灰岩钻进。地层起伏造成的岩屑录井差异曲线如图 3-42 所示，该曲线类型划分为岩屑-Ⅰ型。

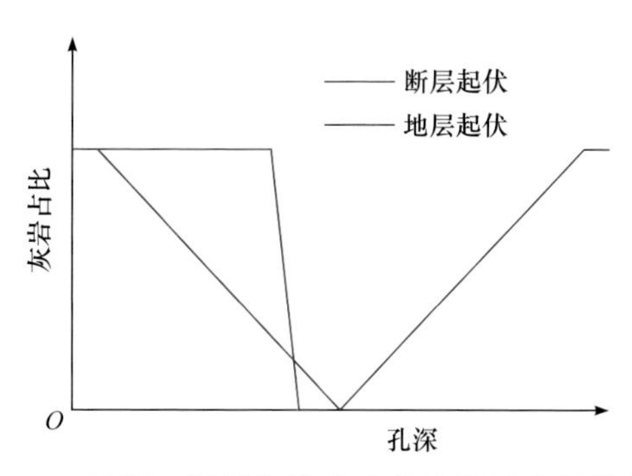

图 3-42　地层、断层起伏造成的岩屑录井差异曲线

2) 钻遇构造的岩屑录井特征

灰岩地层中断裂构造常被泥岩、杂性岩块所充填，由于充填物质和构造结构面的差异性，构造的导水性各不相同。通过岩屑录井信息，绘制孔深-灰岩占比曲线，结合孔内其他特征，可判识不同类型地质构造发育情况。岩屑录井结果表明，岩屑中灰岩占比由 100%急剧下降，呈陡坎形态，构造发育造成的岩屑录井曲线如图 3-42，该曲线类型划分为岩屑-Ⅱ型。当钻孔钻遇断层构造时，地层岩性由灰岩突变为泥岩或砂质泥岩，孔内无明显异响声；当钻孔钻遇陷落柱时，地层岩性由灰岩突变为泥岩、砂质泥岩、煤等混杂岩性，甚至出现黄铁矿等煤层伴生结核物质，同时孔内有明显岩爆声。

2. 钻时录井

不同岩性强度的差异性，使得抗钻头破碎能力各不相同，表现为钻进速率的差异。用钻穿单位厚度岩层所用的时间判别井下岩层性质的方法称为钻时录井。在相同的钻具组合和钻进参数下，统计单位进尺钻孔施工所用时间，判断井下地层岩性变化和隐伏导水通道发育情况。通过岩石力学强度分析可知，我国华北型煤田煤系地层主要有泥岩、砂岩、灰岩和煤层。一般而言，泥岩强度低，砂岩强度中等，灰岩强度最高，因此在钻时曲线上表现为泥岩钻时短，砂岩次之，灰岩最长的特点。通过超前区域治理工程施工情况统计分析，结合煤层主要导水通道的形态特征，得出不同构造在钻时录井中的不同反应特征。

1) 地层起伏的钻时录井特征

与岩屑录井较为类似，在地层起伏条件下岩层发生渐变，因此由灰岩向砂岩、泥岩地层过渡时，钻时录井表现为单位进尺的钻时逐渐减小。调整钻孔角度后，随着钻孔轨迹逐渐进入灰岩地层，钻时缓慢增加。地层起伏造成的钻时录井差异曲线如图 3-43 所示。该曲线类型划分为钻时-Ⅰ型。

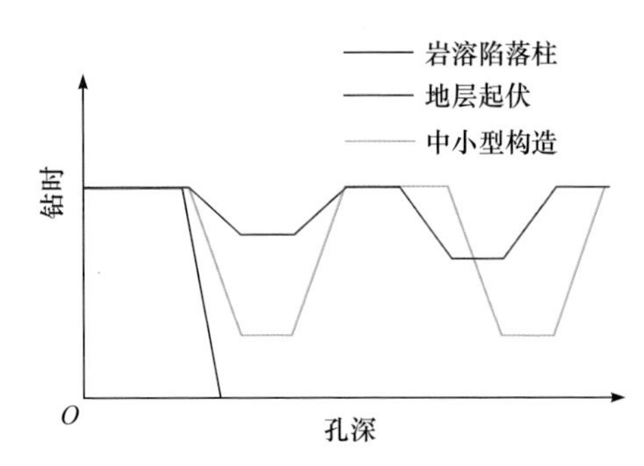

图 3-43　在钻遇地层起伏、中小型构造、岩溶陷落柱的钻时录井差异曲线

2) 钻遇构造的钻时录井特征

灰岩地层中隐伏构造常被泥岩、砂岩等上覆煤系地层或断层泥等岩性充填，也可能形成空洞。通过钻时录井信息，绘制形成孔深-钻时曲线，可判识不同类型构造特征，主要曲线类型有：

(1) 单位进尺的钻时曲线迅速减小但钻具并未放空，持续钻进后钻时仍未有明显增加，调整钻具角度到合适层位后钻时曲线恢复原速率，表明钻遇较为明显的断层、裂隙构造或中小型构造(图 3-43)，该曲线类型划分为钻时-Ⅱ型(尹尚先等，2005)。

(2) 单位进尺的钻时曲线迅速减小为 0，表明钻具在该处放空，地下为明显的岩溶空洞，或者为全充水强导水型、边缘充水导水型岩溶陷落柱(图 3-43)。该曲线类型划分为钻时-Ⅲ型。

3. 钻井液录井

根据不同地层与构造发育特征造成的钻井液漏失、液体物理化学性质变化特征，进行地层构造与岩性的判识，称为钻井液录井。钻井过程中，每隔一定时间或深度测试钻井液漏失量，同时将返出孔口的泥浆取样化验，测试其密度、黏度、含砂量、pH 等。钻井液通过泥岩和弱透水砂岩地层时，性质变化较小；通过灰岩含水层时，受到微碱性地下水影响，钻井液密度、黏度减小，钻井液漏失明显；如遇导水构造，往往会发生钻井液全部漏失现象。

因此，作为隐伏通道导水性判识的主要指标，钻井液录井中主要参考漏失情况进行划分，其中完整灰岩地层钻井液仅少量消耗，将其曲线形态定义为钻井液-Ⅰ型；钻遇导水构造时钻井液漏失量迅速增大，甚至全孔漏失不返浆，将其曲线类型定义为钻井液-Ⅱ型(图 3-44)。

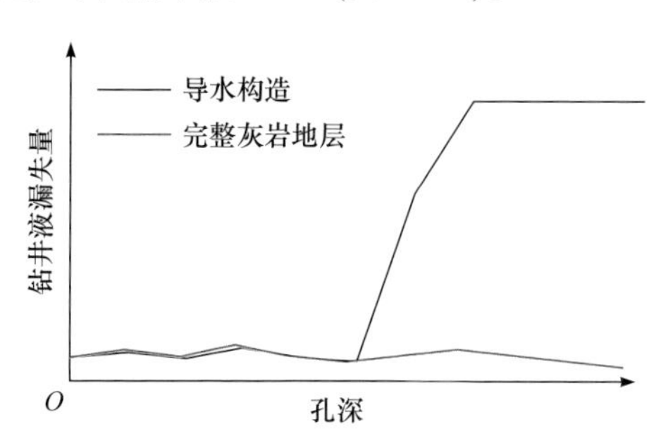

图 3-44　钻井液录井在完整灰岩地层、导水构造中曲线形态

4. 压水试验

压水试验是指将清水压入钻孔试验段，根据一定时间内压入的水量和施加压力的关系，测定岩体相对透水性的试验。通过钻孔压水试验可以测定岩体透水性，评价岩体的渗透性能，从而分析岩体完整性和裂隙、岩溶发育程度。《水利水电工程钻孔压水试验规程》中规定，压水试验采用吕荣试验方法，成为各行业的主要参考依据。透水率是以 Lu 为单位表征的试验段岩体渗透性指标，定义为试验段压力 1MPa 时，每米试验段的压入流量为 1L/min，即 1Lu=1L/(m·MPa·min)。

$$q=\frac{Q}{PL}$$

式中，q 为试验段的透水率，Lu；Q 为试验段压入流量，L/min；P 为作用于试验段内的压力，MPa；L 为试验段长度，m。

当试验段位于地下水位以下，透水率在 10Lu 以下，P-Q 曲线为层流型时，可用式(3-32)求算地层渗透系数。

$$K=\frac{Q}{2\pi HL}\ln\frac{1}{r} \tag{3-32}$$

式中，K 为地层渗透系数，m/d；Q 为试验段压入流量，m^3/d；H 为试验压力，以水头表示，m；L 为试验段长度，m；r 为钻孔半径，m。

按照式(3-32)，如假定压水试验的压力为 1MPa(即 100m 水头)，每米试段的压入流量为 1L/min(即 1.44m^3/d)，试验段长度为 5m。即在透水率为 1Lu 的条件下，以孔径 56～150mm 计算得到渗透系数为(1.11～1.37)×10^{-5}cm/s。由此可见，作为近似关系，1Lu 相当于渗透系数为 0.012～0.01m/d。

通过压水试验，获得的渗透率可以基本反映出地层钻遇导水构造的导水情况。在正常地层区域或导水构造区域，压水试验获得的渗透率基本保持稳定，曲线表现为平缓微小波动，将其曲线类型定义为压水-Ⅰ型(图 3-45)。钻遇导水构造时，压水试验获得的渗透率迅速增大，曲线表现为短距离上升，将其曲线类型定义为压水-Ⅱ型。

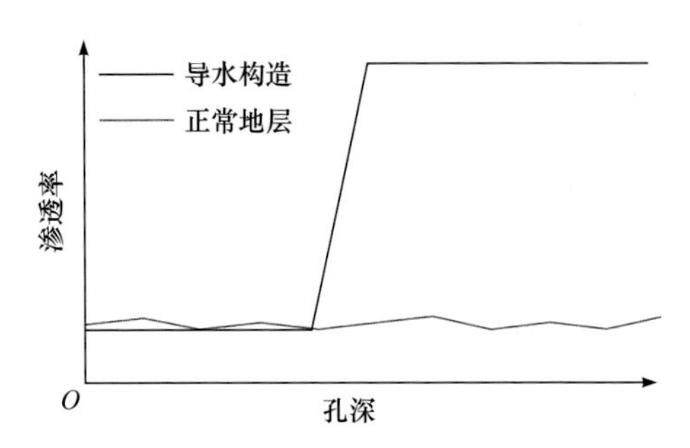

图 3-45　压水试验在钻遇(非)导水构造曲线形态

5. 注浆参数

对于已经初步判识的隐伏导水构造，常采用注浆方式对其进行封堵。注浆过程中，注浆压力、浆液密度、注浆流量可以反映出隐伏导水通道的发育规模与连通性，进一步对隐伏导水通道的判识结果进行验证。对于连通性较好的大型裂隙、断层和全(边缘)导水型陷落柱，往往长时间、高密度、大流量的注浆工程也不足以使注浆压力升高，曲线表现为随着注浆持续时间的增加，单位注浆量减小，注浆压力增高，将其曲线类型定义为注浆-Ⅰ型(图 3-46)。连通性较差、规模较小的裂隙、断层构造，采用低密度、小流量的注浆参数，短时间内注浆压力可升高至终压，将其曲线类型定义为注浆-Ⅱ型。

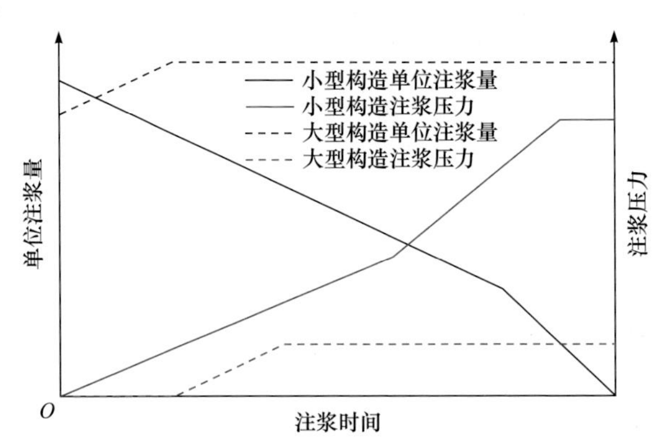

图 3-46　注浆参数在钻遇小型、大型构造曲线形态

6. 随钻伽马录井

自然伽马测井是常见的放射性地球物理测井方法，记录了地层中所含放

射性元素衰变时放出的伽马射线强度。目前，自然伽马测井主要用于识别岩性、计算沉积层生热率、沉积物源分析、古沉积环境的演化等方面，利用自然伽马测井信号和提取的自然伽马真值子波，采用维纳滤波法求取测井系统逆因子函数。根据逆因子函数，用自然伽马测井信号做卷积直接计算泥质含量。当地层不含泥质以外的放射性物质时，自然伽马录井曲线是指示地层泥质含量的最好方法，因此可以利用构造对自然伽马录井曲线的响应特征来进行深部灰岩地层中隐伏导水通道的评价。

采用随钻伽马录井对隐伏导水通道进行测井判识与验证，丰富了超前区域治理过程中隐伏导水通道的判识方法。在自然伽马录井曲线中，裂隙易引起伽马值增大，从而判识构造发育情况。

3.4.3 隐伏导水通道判识方法

隐伏导水通道的存在是造成煤层底板突水事故的主要因素之一，该通道是超前区域治理的主要对象。对我国多个矿区超前区域治理钻探、注浆成果进行统计，总结出岩屑录井、钻时录井、钻井液录井、压水试验、注浆参数和随钻伽马录井 6 个隐伏导水通道的主要判识指标。其中，岩屑录井和钻时录井用于判识构造通道发育情况，钻井液录井、压水试验和注浆参数用于判识通道的导水性，随钻伽马录井作为孔内地球物理探查方法，对所判识的隐伏导水通道进行验证和预判。通过多个因素分别对通道和导水性进行判识，综合分析钻进过程中隐伏导水通道的发育情况。

1. 通道判识因素

隐伏导水通道判识指标分析表明，定向钻进过程中岩屑录井共有 3 种曲线类型，即岩屑渐变型(岩屑-Ⅰ型)、岩屑突变无岩爆型(岩屑-Ⅱ型)、岩屑突变有岩爆型(岩屑-Ⅲ型)；钻时录井曲线共有 3 种曲线类型，即钻时渐变型(钻时-Ⅰ型)、钻时突变未放空型(钻时-Ⅱ型)、钻时突变放空型(钻时-Ⅲ型)。根据不同构造形态特征，得出灰岩含水层中构造存在的多元信息通道判识组合，见表 3-25。通道判识方法如图 3-47 所示。

表 3-25　多元信息通道判识组合

序号	岩屑录井形态	钻时录井形态	判识构造类型
1	岩屑渐变型(岩屑-Ⅰ型)	钻时渐变型(钻时-Ⅰ型)	穿层，无构造
2	无变化形态	钻时突变未放空型(钻时-Ⅱ型)	小型岩溶裂隙(d<10cm)
3	无变化形态	钻时突变放空型(钻时-Ⅲ型)	大型岩溶裂隙(d>10cm)

续表

序号	岩屑录井形态	钻时录井形态	判识构造类型
4	岩屑突变无岩爆型(岩屑-Ⅱ型)	钻时突变未放空型(钻时-Ⅱ型)	小型断层
5	岩屑突变无岩爆型(岩屑-Ⅱ型)	钻时突变放空型(钻时-Ⅲ型)	大中型断层
6	岩屑突变有岩爆型(岩屑-Ⅲ型)	钻时突变未放空型(钻时-Ⅱ型)	胶结良好陷落柱
7	岩屑突变有岩爆型(岩屑-Ⅲ型)	钻时突变放空型(钻时-Ⅲ型)	胶结较差陷落柱

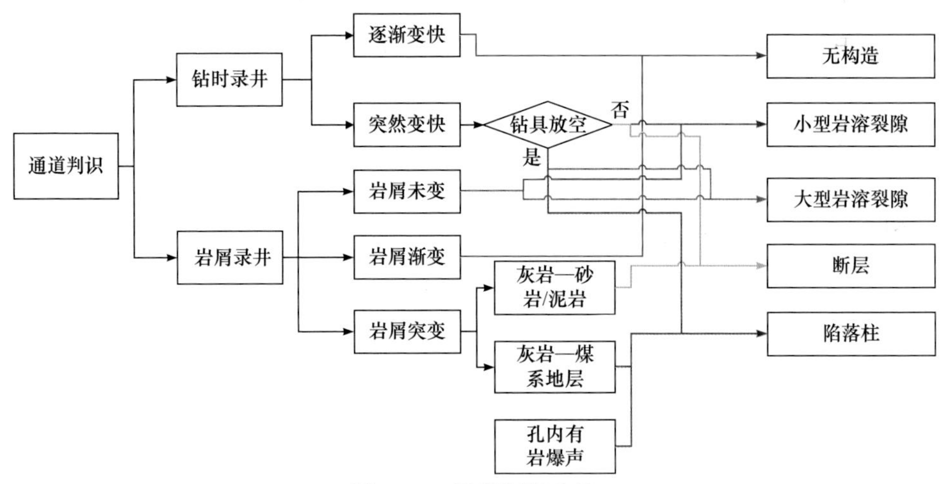

图 3-47　通道判识方法

结合钻时录井、岩屑录井可以基本判识隐伏通道，具体如下。

1) 穿层、无构造

由于地层起伏、灰岩变薄或钻孔井斜与地层倾角不符造成的钻孔从灰岩地层出层，在钻井过程中岩屑录井、钻时录井曲线均会发生一定变化。该情况虽有钻时变化，但属于逐渐变快，岩性注浆从目的层灰岩渐变为泥岩或者砂岩等其他地层，主要是这种情况下经过钻孔轨迹调整，可再次进入灰岩地层。

2) 岩溶裂隙

岩溶系统中裂隙与岩溶的形成有一定关联，水流沿可溶岩的节理裂隙进行流动，不断对裂隙壁进行溶蚀和冲蚀，从而不断扩大而成具有较大的高宽比，形成溶穴、溶洞等岩溶结构。定向钻进过程中，钻时突然减小但钻具未放空，岩屑录井无明显变化，表明钻遇小型裂隙构造或溶孔发育区，一般裂隙或溶孔直径小于 10cm；若钻时突然减小且钻具明显放空，甚至可无阻力进尺，但岩屑录井无明显变化，表明钻遇大型溶穴或溶洞，一般裂隙或溶孔直径大于 10cm。

3) 断层

由于断层两盘错动而造成岩性差异，使得钻遇断层时岩屑录井和钻时录井均有明显变化。钻孔施工过程中，岩屑由灰岩突变为泥岩或砂岩，但孔内无明显的岩爆声，同时单位进尺所用钻时明显减小，并且通过调整角度也很难使钻孔轨迹重新进入目标灰岩层，可判别为钻遇断层构造。若钻时减小但钻具未放空，表明断层规模较小；若钻时减小且钻具放空，甚至可无阻力进尺，表明断层规模较大。特殊情况下，在断层两盘错断造成上下盘不同层位的灰岩对接且断层带宽度小，采用该判识方法难以识别。

4) 陷落柱

由于围岩和柱体岩性差异、应力分布等，在钻遇陷落柱过程中孔内岩爆声是陷落柱构造的主要判识依据。钻进过程中，岩屑由灰岩突变为泥岩、砂岩等，甚至含煤屑、黄铁矿等煤系地层物质，孔内有类似于鞭炮爆炸的霹雳声，钻时明显减小，是钻遇陷落柱的明显特征。若钻时减小但钻具未放空，表明陷落柱柱体胶结程度较好，多为不导水(微弱导水)陷落柱；钻时减小且钻具放空，甚至可无阻力进尺，表明陷落柱胶结较差，多为全充水强导水型陷落柱和边缘充水导水型陷落柱。

2. 导水性判识因素

定向钻进过程中采用钻井液录井、压水试验和注浆参数，判识钻遇构造的导水性能，从而为超前区域治理目标提供主要依据。根据我国现阶段主要治理区钻孔施工揭露情况统计，确定钻井液录井中钻井液漏失量>30m^3/h，压水试验渗透率>10Lu，单位注浆量>10t/m 作为地层中通道导水性的判识标准。基于多因素建立综合判识标准，对通道的导水性能进行分区，得出不同构造类型的导水性类型(图 3-48)。根据 3 个因素进行通道导水性分区，将其共分为 8 个区域，各区性质及导水性分析如下。

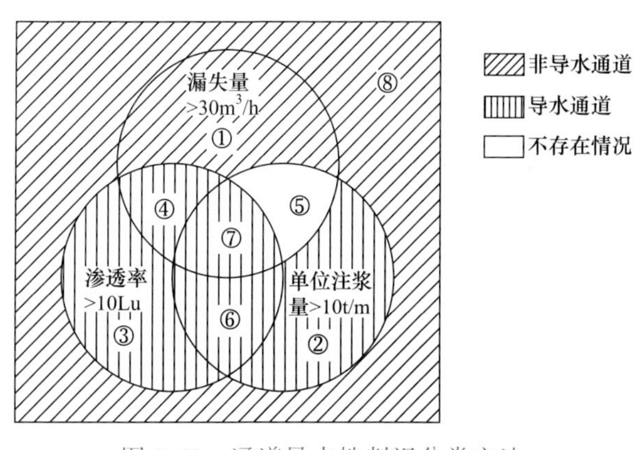

图 3-48 通道导水性判识分类方法

①区：漏失量>30m^3/h，渗透率≤10Lu，单位注浆量≤10t/m。该区钻井液瞬时漏失量较大，压水试验表现为水压短时间上升，总注浆量有限。该情况常见于连通性差的岩溶裂隙和断层，多为死岩溶结构，属非导水通道。

②区：漏失量≤30m^3/h，渗透率≤10Lu，单位注浆量>10t/m。该区表现为钻井液漏失量小，压水试验表现出水压短时间上升，渗透率小，但注浆时总注浆量较大。该情况常见于相互连通的微小岩溶裂隙、小型断层，裂隙带/断层带有一定的泥质充填，但无法抵挡含水层水压，属导水通道。

③区：漏失量≤30m^3/h，渗透率>10Lu，单位注浆量≤10t/m。该区表现为钻井液漏失量小，但压水试验时水压上升缓慢，渗透率大，但总注浆量有限。该情况常见于连通性较差的微小型岩溶裂隙，裂隙充填物较少，属导水通道。

④区：漏失量>30m^3/h，渗透率>10Lu，单位注浆量≤10t/m。该区表现为钻井液漏失量大，压水试验时水压上升缓慢，渗透率大，但总注浆量有限。该情况常见于连通性较差的大型岩溶裂隙或断层，岩溶裂隙、断层宽度大但延伸范围有限，注浆时空间易充满。该类构造在采矿条件下对底板导水有一定促进作用，属导水通道。

⑤区：漏失量>30m^3/h，渗透率≤10Lu，单位注浆量>10t/m。一般情况下，不存在该情况。

⑥区：漏失量≤30m^3/h，渗透率>10Lu，单位注浆量>10t/m。该区表现为钻井液漏失量小，压水试验渗透率较大，但总注浆量较大。该情况常见于相互连通的微小岩溶裂隙、小型断层，充填物力学性质较为薄弱，压水试验使得地层原有微小裂隙被压裂，裂隙空间变大。由于裂隙之间交错发育，水压并无明显增长，测得的渗透率较大，后期注浆对这些裂隙进行填充。由于裂隙发育广泛，进浆量较大，属导水通道。

⑦区：漏失量>30m^3/h，渗透率>10Lu，单位注浆量>10t/m。该区在钻进过程中发生钻井液大量漏失，压水试验时在高流量情况下水压不高，测得的渗透率较大，并且后期注浆地层注浆量较大。该情况常见于钻遇大型断裂构造、导水陷落柱等，属于最典型的导水通道。

⑧区：漏失量≤30m^3/h，渗透率≤10Lu，单位注浆量≤10t/m。该区在钻进过程中钻井液漏失量较小或无消耗，压水试验时在流量较小的情况下很快起压，测得的渗透率较小，且地层注浆量有限。该情况一般处于长距离钻进无明显漏失，且多元信息判识方法尚未判明构造发育。该情况常见于地层中无明显构造，仅为微裂隙、孔隙的缓慢渗透，属非导水通道。

3.4.4 隐伏导水通道探查钻孔施工方法

1. 隐伏导水通道探查钻孔布设原则

(1) 了解井下巷道与采空区分布情况、采动裂隙发育高度：在钻孔设计中应避开井下巷道与采空区，偏离采空区、井下巷道和采动裂隙带，要有效避开工作面回采影响、免遭破坏，注浆时不破坏工作面两巷底板。

(2) 钻孔方位选择：钻孔轨迹的方位包括主孔方位与分支孔方位，主孔方位的选择要保证其他分支孔能够实现，并且覆盖目标区域。一方面，主孔方位要保证钻孔单元中两侧钻孔能够顺利完成；另一方面，钻孔轨迹还应尽可能与裂隙的优势发育方位斜交。

(3) 钻孔间距确定：钻孔间距的确定要结合注浆工程中浆液的扩散范围，既能保证浆液对治理区段的全覆盖，又经济节约。在项目具体实施过程中，根据施工效果对钻孔间距进行动态调整。

(4) 目标层选择：钻孔探查目标层距煤层底板的距离要达到经过治理后能够满足《煤矿防治水细则》中关于突水系数要求的隔水层厚度，另外目标层要选择最对煤层造成出水影响的发育有隐伏导水通道的含水层。

(5) 分支孔设计：分支孔可分为一级分支孔和多级分支孔。一级分支孔从二开套管开始侧钻，为了减少重复进尺、提高工作效率、缩短工期，可设计多级分支孔，多级分支孔的侧钻点位于其上级分支孔上，须结合钻机能力，在全角变化率处于合理并可实施的范围内进行多级分支孔的设计。

2. 隐伏导水通道探查钻孔施工工艺

通过钻探施工，在钻进过程中每钻进 1m，进行捞砂作业，通过岩屑录井判识所处地层是否与预想地层一致，若发生偏差，及时分析原因并进行轨迹调整。在钻进过程中对每米的钻进时间进行钻时录井，由于岩屑的返出具有一定的延迟时间，而钻时能瞬时表现出当前钻孔孔底位置的钻进情况，可以对地质条件的改变及时表现。在钻进过程中时刻关注钻井液的漏失情况，如遇到钻井液连续漏失，起钻进行压水试验，通过压水计算渗透率，预判该钻孔轨迹钻进区段的可注性，如具有良好的可注性，进行注浆作业。通过对注浆过程中注浆流量、浆液密度、注浆压力的动态调整，目的是在依序次注浆过程中最大程度使水泥浆液充填度达到最好，扩散距离最远，有效结石率最高。若该漏失点并非处于钻孔终孔位置，注浆结束后需进行扫孔作业，扫孔至注浆位置后，通过压水试验来评价上次的注浆效果，若效果良好，继续钻进作业。

通过钻进注浆作业过程中钻时录井、岩屑录井、钻井液录井、压水试验、注浆参数的一系列综合分析，对于特殊区域结合随钻伽马录井进行成像处理，进行多元信息隐伏导水通道的判识(图 3-49)。

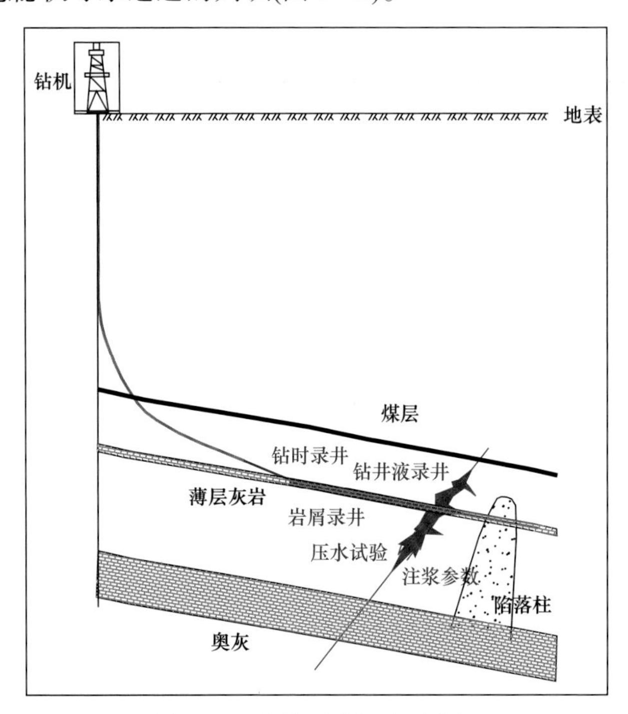

图 3-49　隐伏通道探查示意图

3.4.5　导水通道探治应用实例

根据导水通道判识及划分，对煤层底板突水影响较大的主要有导水(岩溶)裂隙、不同规模的导水断层和导水陷落柱。区域治理过程中主要采用注浆加固方式对不同类型的导水通道进行治理，以加固薄弱区域并将含水层改造为隔水地层，避免发生含水层突水事故。

1. 导水通道判识

淮北矿业股份有限公司朱庄煤矿Ⅲ6213 工作面为Ⅲ62 采区边角块段，走向长 309～405m，倾斜宽 69～145m，2014 年 4 月 3 日Ⅲ6213 工作面发生涌水。涌水量在初期持续增大，推测与底板太灰、奥灰含水层有关。ZK2-1(新孔)分支孔于 6 月 15 日开始钻进，钻进至 779m 时出现钻井液漏失量超过 $60m^3/h$，孔底有“噼啪”的异响声，钻孔延伸至 788m 钻井液漏失并未减小，随后起钻。779～797m 段地层较为破碎，质软，岩性发生突变为泥质岩性，钻时仅用约 20min。起钻后测稳定水位埋深 89.8～90.0m，压水试验测得渗透率为 10.42Lu，该孔注浆时长达 15d，总注浆量为 7971t，单位注浆量为 73.81t/m。经过多元信息判识，推测该处为发育隐伏导水陷落柱，钻遇其边缘裂隙带。经过井下验证，该区域发育长轴约 60m，短轴约 30m，发育高度大体在第三层灰岩含水层顶界面，距离 6 煤底板 70～80m 的陷落柱(图 3-50)。

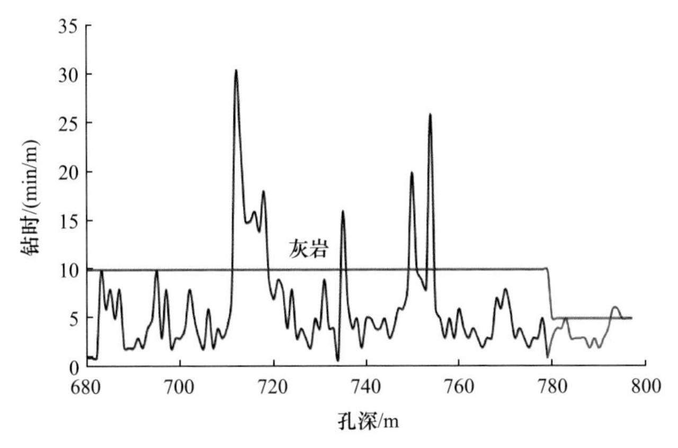

图 3-50　ZK2-1(新孔)分支孔钻进隐伏导水通道判识图

朱庄煤矿Ⅲ633 工作面为Ⅲ63 采区右翼布置的第二个工作面，该工作面在井巷系统未形成前进行区域超前治理，其中 D10-1-1 孔斜穿Ⅲ633 工作面外段。钻进过程中 722m 进入灰岩，940m 突变为泥岩，至 990m 钻时变快，经过轨迹调整，50m 后于 990m 进入灰岩。钻进过程中未发生钻井液漏失现象，钻进至终孔 1030m 后，起钻压水试验测得渗透率为 9.3Lu，注浆历时 19d，累计注浆量为 11460t，单位注浆量为 28.44t/m，经过多元信息判识，该处发育隐伏导水断层(图 3-51)。经过物探验证，该处发育有 DF15 断层(H=0～10m∠70°)。

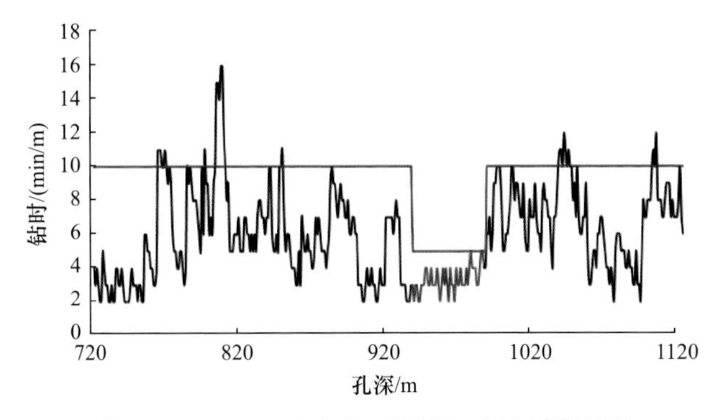

图 3-51　D10-1-1 孔钻进隐伏导水通道判识图

2. 导水通道治理

朱庄煤矿Ⅲ63 采区回风下山，与 6 煤的间距约 30m，在朱庄矿对Ⅲ63 采区左翼 6 煤底板薄层灰岩区域超前治理注浆改造过程中，在高压注浆影响下，DF9 断层(倾角 65°，落差 0～4m，属正断层)受到扰动后活化，引起巷道顶板开裂，太灰水通过底板断层进入巷道，初始涌水量为 20m^3/h，后期稳定涌水量为 55m^3/h。

1) 注浆层位选择

由于Ⅲ63 采区回风下山突水的水源主要是太灰水，通过 DF9 断层将其导入巷道形成突水。三灰距离巷道出水点间距约 50m，与治理段隔水层厚度和水压匹配，并且可注性好。选定三灰为此次治理的截流层位(王宇航等，2017)。

2) 治理方案设计

地面定向顺层钻孔：通过井上下对照，合理设计钻孔轨迹，避开采空区，并与现有的井下巷道达到安全距离。针对Ⅲ63 采区回风下山底板断层带治理，设计 1 个主孔，4 个分支孔，呈扇状发散，分支孔从主孔二开套管之下的合适位置开始侧钻。通过主孔的施工，找准Ⅲ63 采区回风下山冒顶涌水通道，应用分支孔对断层带及其附近三灰进行探查注浆加固(图 3-52)。

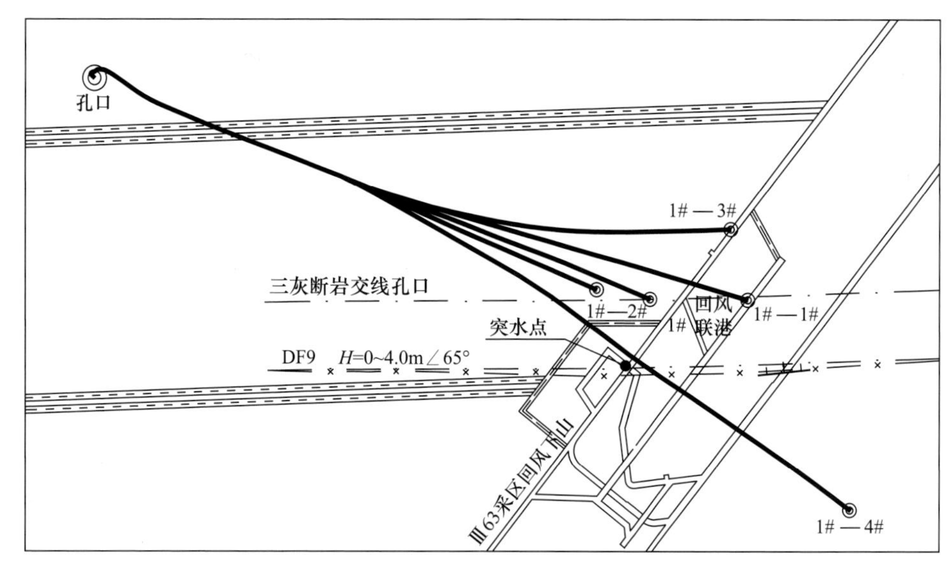

图 3-52 断层带治理钻孔设计平面布置图

治理前期以骨料灌注为主，待断层带中较大孔隙被填堵、突水点被封堵，水量减少后，再通过水泥浆液注浆加固，将巷道与第三层灰岩含水层之间的垂向导水通道彻底填充，阻断两者之间的水力联系。为防止已被有效封堵的突水点形成再次突水，对断层带及第三层灰岩含水层通过分支钻孔水泥浆液高压注浆，填充第三层灰岩含水层中的岩溶裂隙，封堵断层带导水通道，同时充填并改造断层带附近第三层灰岩含水层的岩溶裂隙。

3) 治理过程

(1) 突水治理。

主孔直孔段 0～111.2m，下表层套管 0～110.84m，至第四系松散层下 10m；造斜段 111.2～673.62m，下技术套管 0～667.92m，套管底口距 6 煤底 40m，位于太原组一灰下 5m；顺层裸孔段在 DF9 三灰断岩交线外侧 20m 进入设计目标层位后，顺三灰层进行钻进(图 3-53)。

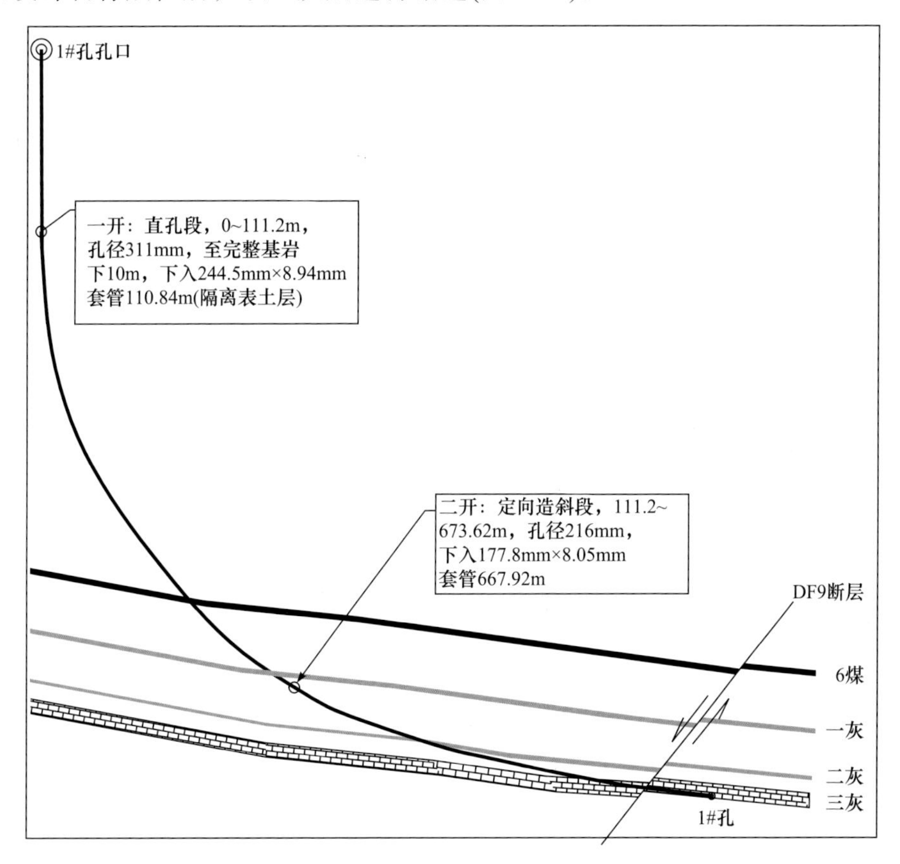

图 3-53　DF9 三灰断层带治理平面布置图

主孔在 820m 进入三灰含水层，三灰钻进 14m 即 834m 处，发生钻井液全漏失，漏失量为 $60m^3/h$。随后，起钻进行简易水文观测，水位埋深超过 400m，经过连通试验分析可得，在 834m 处与井下Ⅲ63 采区回风下山冒顶突水点连通，经过反复骨料灌注并不断延伸至 847m，井下涌水量逐渐减少，最终延伸至 877m 处，水位埋深已恢复至 95m，再次进行水泥浆液注浆加固，孔压 3MPa 停注，井下的涌水量已从初期的 $55m^3/h$ 减少至 $10m^3/h$。主孔对突水点的治理经过三个阶段。

第一阶段：骨料灌注充填截流阶段。2014 年 6 月 15 日～7 月 3 日，受注段 673.62～847.00m，地面持续无压，并且在骨料灌注的过程中出现孔口负压，多次发生堵孔现象，经过反复扫孔，并不断改变骨料粒径，井下涌水量得到控制，累计灌注骨料 593t，且在骨料灌注过程中，巷道略有细小骨料存在，但骨料量极低。由此说明，骨料已被大量充填在断层带中，但由于Ⅲ63 采区回风下山冒顶严重，为避免引起次生危害，暂停骨料灌注，进行井下挡墙施工建设，此时三灰水位埋深已恢复至 95m。

第二阶段：水泥浆液无压充填阶段。井下挡墙施工结束后，进行扫孔，钻探至 877m 再次发生钻井液全漏失，漏失量为 $60m^3/h$。骨料灌注 44t 后，多次发生井口喷砂，已无法再继续灌注骨料。调整注浆工艺，采用水泥浆液注浆充填，截至 8 月 7 日使用水泥干料 230t，涌水量显著下降。经过前一阶段骨料的灌注，原有的较大原生断层裂隙已被填充，但骨料间或断层带中其他微小裂隙无法充填密实，经过注水泥浆液后，出水点周围的原始裂隙已被完全充填。

第三阶段：水泥浆液高压加固阶段。自 8 月 7 日 17 时开始，孔口压力开始上升，进入带压注浆阶段。考虑到断层带高压注浆对井下相关巷道稳定性的影响，注浆终压控制为孔口压力 3MPa，此时浆柱压力为 9.84MPa，而三灰的水压已恢复到 6.11MPa，因此注浆总压为 6.73MPa，此阶段使用水泥干料 32t，涌水量已降为 $10m^3/h$。经过分析，剩余涌水量来自其他岩溶裂隙通道，因此需对出水点附近断层带及含水层进行探查治理。

(2) 断层带及其附近含水层区域治理。

设计 1#—1#孔对 1#主孔东部三灰含水层及断层带进行探查治理，全段未见钻井液明显漏失，稳定水位埋深 73.1m。该孔使用水泥干料，井下涌水量未见明显减少，因此推断剩余涌水量的水源及导水通道未在出水点东部，继而设计 1#—2#孔对出水点西部区域进行探查治理。

1#—2#孔对 1#孔西部三灰含水层及断层带进行探查治理，钻进至 842m 发生钻井液全漏失，漏失量为 $60m^3/h$，水位埋深为 45.4m。在注浆过程中发现巷道跑浆现象，说明再次发现导水通道，经过 13h 的无压注浆，此时井下突水量已减小到不足 $3m^3/h$，导水的岩溶裂隙被填充，此时注浆量达 130t。8 月 17 日 11 时孔口升压，期间孔口压力最大为 4.5MPa，至 8 月 19 日孔口压力骤然降低至约 1MPa。说明在此阶段，通过施加于地层上的注浆压力，突破了岩层薄弱带，与其附近的岩溶裂隙相互沟通，此阶段注浆量为 446t，累计注浆量为576t。经过再次升压对新的裂隙通道加固，于8月20日9时注浆结束，此时孔口压力为6MPa，总压力为9.73MPa，而突水点已无出水。

1#—3#孔与1#—4#孔是对出水点附近的三灰含水层进行注浆加固，在治理过程中测得1#—3#孔三灰水位埋深48.5m，1#—4#孔三灰水位埋深47.8m，这与三灰的正常水位相符，说明前期治理效果显著。1#—3#孔对三灰断岩交线北侧区域进行注浆加固注浆改造，总水泥注浆量为45t；1#—4#在风巷外侧50m顺三灰层位钻进，对断层带南侧区域进行注浆加固注浆改造，三灰总顺层距离239m，总水泥注浆量为516t，1#—3#与1#—4#终孔总压力约10MPa。

(3) 治理效果。

通过地面定向顺层钻孔与骨料快速灌注及高压注浆工艺相结合，一方面对Ⅲ63采区回风下山突水点进行了治理，另一方面实现了断层带及突水点附近三灰含水层加固改造的目的，历时103d，总钻探进尺1875.62m，水泥注浆量为1698t，注骨料量为637t。1#钻孔完成注浆后，Ⅲ63采区回风下山涌水量从初始的55m^3/h减小到10m^3/h。1#—1#孔对1#主孔东部断层带进行检查，未发现导水通道。1#—2#孔对1#主孔西部断层带进行检查，再次发现导水通道。注浆期间，Ⅲ63采区回风下山涌水量减小到3m^3/h；注浆结束后，井下已无明显出水，至此，完成突水点治理目的。1#—3#孔与1#—4#孔对断层带附近三灰含水层进行区域探查，完成超前区域治理的目的。

3.5 注浆效果评价与检验

注浆效果评价与检验是超前区域治理注浆工程之后的重要环节，对保障矿井安全开采有重要意义。针对现阶段井下注浆效果检验现状，确定注浆效果，检查钻孔布设方法，并形成“定性分析—物探探查—定量评价”的效果检验思路，开发用于效果检验的井下近距离孔间电磁波透视装备，形成系统的技术体系，为超前区域治理效果保障与注浆工程实施提供技术支撑。

3.5.1 注浆效果定性评价方法

灰色关联分析可综合多种注浆因素：注浆量、钻井液漏失量、伽马值、水温、平均透水率、注浆段长度等，通过关联、分组、综合评分进行效果检验。

1. 灰色关联分析

灰色关联分析是灰色系统方法之一，广泛应用于经济学、社会学和环境学等各个领域(邓聚龙，2002)。它的基本思想是根据两个数据序列几何形状的相似性来确定它们之间的关系度。根据几何形状建立了关系分析模型。断线之间的几何形状越近，关系度就越大。

令系统行为特征的序列为 $X_0(k)\ (k=1,2,\cdots,n)$，关系序列为 $X_i(k)$ $(k=1,2,\cdots,n;i=1,2,\cdots,m)$。

为了实现特征和关系序列的非维度化，对 $X_0(k)$ 和 $X_i(k)$ 实现了标准化操作。

系统特征的标准化序列为

$$\tilde{X}_0(k)=\frac{X_0(k)-\bar{X}_0(k)}{S_0(k)} \tag{3-33}$$

$$\bar{X}_0(k)=\frac{1}{n}\sum_{k=1}^{n}X_0(k) \tag{3-34}$$

$$S_0(k)=\sqrt{\frac{1}{n-1}\sum_{k=1}^{n}(X_0(k)-\bar{X}_0(k))^2} \tag{3-35}$$

标准化的关系序列为

$$\tilde{X}_i(k)=\frac{X_i(k)-\bar{X}_i(k)}{S_i(k)} \tag{3-36}$$

$$\bar{X}_i(k)=\frac{1}{n}\sum_{k=1}^{n}X_i(k) \tag{3-37}$$

$$S_i(k)=\sqrt{\frac{1}{n-1}\sum_{k=1}^{n}(X_i(k)-\bar{X}_i(k))^2} \tag{3-38}$$

式中，k=1,2,⋯,n；i=1,2,⋯,m；$\tilde{X}_0(k)$ 和 $\tilde{X}_i(k)$ 对应分量差的绝对值序列。

$$\Delta_i(k)=\left|\tilde{X}_0(k)-\tilde{X}_i(k)\right| \tag{3-39}$$

然后，计算 $X_0(k)$ 对 $X_i(k)$ 的灰色关联系数：

$$\gamma_{X_0X_i}(k)=\frac{m+\xi M}{\Delta_i(k)+\xi M} \tag{3-40}$$

式中，$M=\max\limits_i\max\limits_k\Delta_i(k)$；$m=\min\limits_i\min\limits_k\Delta_i(k)$；$\xi$ 为区分系数，$\xi\in(0,1)$，一般 $\xi=0.5$。

$X_0(k)$ 相对于 $X_i(k)$ 的灰色关系度定义为

$$\gamma_{X_0X_i}=\frac{1}{n}\sum_{k=1}^{n}\gamma_{X_0X_i}(k) \tag{3-41}$$

因此，得到 $k=1,2,\cdots,n$，$i=1,2,\cdots,m$ 时的灰色关系度 $\gamma_{X_0X_i}$。一般情况下，$\gamma_{X_0X_i}>0.7$ 的影响因素定义为强影响因素，$0.60\leqslant\gamma_{X_0X_i}\leqslant0.70$ 为一般影响因素，$\gamma_{X_0X_i}<0.60$ 为弱影响因素。

2. 灰色分组评价

灰色聚类是一种基于灰数的白化权函数，将观测指标或观测对象划分为可定义类的方法。集群可以看作是同一类中所有观测对象的集合。

1) 白化重量函数

假设高类的下限为 H，中类的中限为 Z，低类的上限为 L，d_{ij} 为观测值，i 为样品，j 为指数。

$$H = \bar{X}_i(k) + S_i(k) \tag{3-42}$$

$$Z = \bar{X}_i(k) \tag{3-43}$$

$$L = \bar{X}_i(k) - S_i(k) \tag{3-44}$$

设定不同类别的白化重量函数，得到灰色类别的白化重量函数图和计算权系数的公式(图 3-54～图 3-56)。

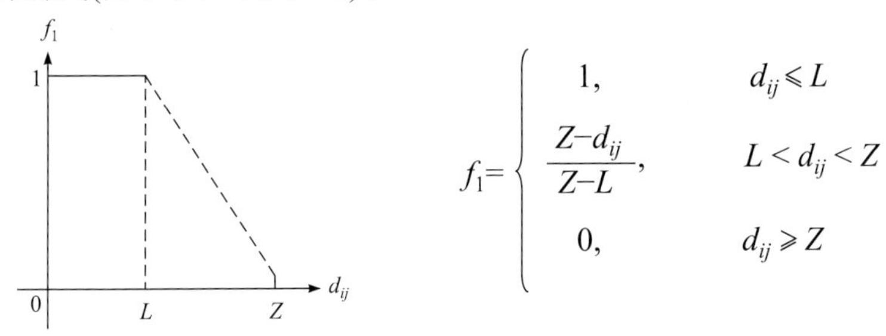

图 3-54　下限测量白化重量函数

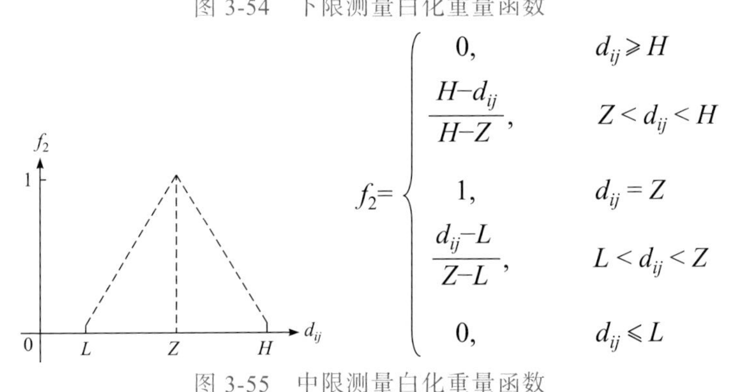

图 3-55　中限测量白化重量函数

2) 根据灰色关联度计算权重

根据每个指数的灰色关联度，确定每个灰色关联度指数的权重：

$$W_j = \frac{\gamma_j - 0.7}{\sum_{j=1}^{n}(\gamma_j - 0.7)} \tag{3-45}$$

式中，j=1,2,⋯,n；γ_j 为灰色关联度指数；n 为评价指数数目。

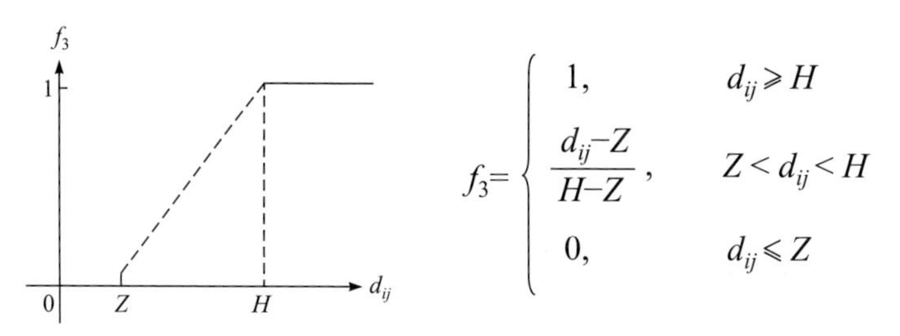

图 3-56　上限测量白化重量函数

3) 计算综合分数

计算综合权重矩阵：

$$A=\left(\sum_{j=1}^{n}f_1W_j,\sum_{j=1}^{n}f_2W_j,\sum_{j=1}^{n}f_3W_j\right) \tag{3-46}$$

然后用 A 乘以归一化权重向量 $\xi=(0.5,0.3,0.2)^{\mathrm{T}}$，并利用中心系统计算各评价对象的综合分数。

3. 应用实例

邢东矿-980 区域探查治理工程采用“地面定向近水平分支井群”技术，最大限度地揭露了奥陶系灰岩含水层。通过注浆工程，阻止奥陶系灰岩水进入矿井，保证了深部采面的安全。设计地面主孔一个，编号为 XD1，其近水平分支孔间距 70m，层位主要是奥陶系灰岩八段的下部，共完成近水平分支孔 40 个，完成钻探工作量为 27638.98m。区域内主要开采工作面为 2125、2126、2127、2129、2222、2224 和 2228 工作面。采用孔口注浆方式高压注浆，一般水灰比为 3∶1，共完成注浆 98 次，水泥注浆量 21428.36t。

工程结束后，分析和整理 98 个注浆点的注浆量、钻井液漏失量、伽马值、水温、平均透水率、注浆长度、底板奥灰水压和隔水层厚度等数据，并利用式(3-39)和式(3-40)进行灰色关联度计算。在方程组中，注浆量的标准化序列为 $(k=1,2,\cdots,98;i=1,2,3,4)$。对钻井液漏失量、伽马值、水温、平均透水率、注浆段长度、底板奥灰水压、隔水层厚度等进行了标准化关系序列分析 $X_i(k)$ $X_0(k)$ $(k=1,2,\cdots,98;i=1,2,3,4)$。

灰色关联度结果显示，钻井液漏失量、伽马值、水温、平均透水率、注浆段长度、底板奥灰水压、隔水层厚度的 7 个灰色关联度指数均大于 0.7(表 3-26)。事实表明，这 7 个评价指标都是影响评价结果的重要因素，权重可以根据它们的灰色关联度来确定。

表 3-26　灰色关联度的结果

相关因素	灰色关联度指数
平均透水率	0.8396
伽马值	0.8342
钻井液漏失量	0.8306
注浆段长度	0.8165
水温	0.7907
底板奥灰水压	0.7850
隔水层厚度	0.7619

使用式(3-46)，根据每个指数的含义来确定每个类别的灰色边界(表 3-27)。

表 3-27　每个类别的灰色边界

类别	平均透水率/Lu	伽马值/(Bq/g)	钻井液漏失量/(m^3/h)	注浆段长度/m	水温/℃	底板奥灰水压/MPa	隔水层厚度/m
H	0.0057	11.98	32.45	44.50	28.04	13.62	173.52
Z	0.0032	6.88	20.36	263.36	29.68	12.91	176.91
L	0.0008	1.77	8.26	482.22	31.32	12.20	180.30

然后，计算白化权函数。通过式(3-46)得到每个指数的权重(表 3-28)。

表 3-28　各指数权重

指数	平均透水率/Lu	伽马值/(Bq/g)	钻井液漏失量/(m^3/h)	注浆段长度/m	水温/℃	底板奥灰水压/MPa	隔水层厚度/m
权重	0.184	0.177	0.172	0.154	0.120	0.112	0.081

利用式(4-47)和中心系统，计算得到了突水风险评估的综合权重系数、综合分数(表 3-29)，并绘出注浆效果评价图(图 3-57)。

表 3-29　综合权重系数和综合分数

注浆点序号	综合权重系数			综合分数
	高类	中类	低类	
1	0.41	0.04	0.55	65.22
2	0.40	0.21	0.39	68.06
3	0.36	0.15	0.49	64.75
⋮	⋮	⋮	⋮	⋮
97	0.24	0.16	0.60	57.33
98	0.25	0.25	0.49	60.33

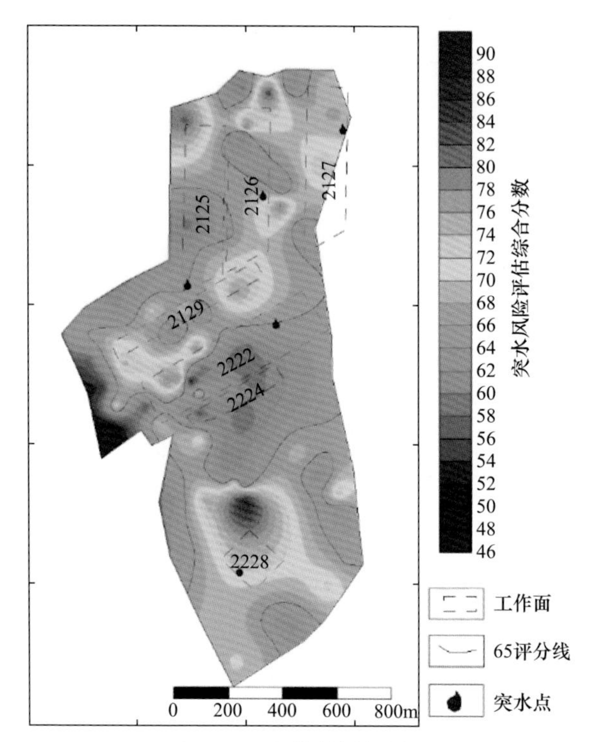

图 3-57　注浆效果评价图

根据注浆效果评价图，注浆效果分为 3 个层次：红色区为注浆效果较差区域，蓝色区为注浆效果较好区，其中的绿色和黄色区域是注浆效果一般区域。利用灰色关联分析法确定了影响邢东矿注浆改造效果的 7 个主要控制因素。通过计算得到 7 个因素与注浆量的灰色关联度排序：平均透水率(0.8396)>伽马值(0.8342)>钻井液漏失量(0.8306)>注浆段长度(0.8165)>水温(0.7907)>底板奥灰水压(0.7850)>隔水层厚度(0.7619)。

通过灰色聚类评价，计算得到注浆效果的综合得分并绘制等值线图，操作简单、直观。从综合得分等值线图可以看出探查治理区域内，突水点皆位于注浆效果评价得分在 65 分以上的注浆效果较差的区域。进行注浆改造后，涌水量明显减小，注浆效果良好。

3.5.2　注浆效果定量评价方法

注浆效果评价为煤层底板超前区域治理技术的重要组成部分。准确地进行注浆效果评价，不但可以有效保证矿井采掘安全，还可以为超前区域治理工程布设提供指导，进一步优化注浆孔布设及注浆工艺。目前，注浆效果评价方法有钻探、物探和注浆特征分析法等，主要以定性评价方法为主。以钻井液漏失量、钻孔涌水量、透水率和改造层厚度 4 个指标为研究对象，可建立超前区域治理技术的注浆效果定量评价标准。

1. 钻井液漏失量

1) 含义

钻井液漏失量指在钻进过程中钻进钻井液的损失量。在数量上等于某一时间内钻井液增添量与钻井液循环系统中储存量之差，是钻孔施工过程中简易水文观测的其中一项指标。钻井液漏失量与钻孔揭露范围内地层裂隙发育情况及富水性直接相关。当地层中裂隙发育时，钻井液漏失量增加。当钻遇含水层时，钻井液的漏失量与含水层水压、富水性、导水性和钻井液循环压力有关。

为了保证钻井液漏失量观测的准确性，钻孔施工条件具备的情况下，应尽量使用清水钻进。采用清水钻进可以避免泥浆堵塞地层中裂隙的情况发生。钻进至注浆层段后，钻井液漏失量观测频率为 10m/次，当钻井液漏失量发生异常变化时，钻井液漏失量观测频率为 1m/次。当现场地质及水文地质条件和施工条件限制的情况下，必须使用泥浆钻进时，应加大钻井液的观测频率。

2) 变化规律及评价标准

检查孔施工过程中，若发现钻井液漏失量及性质发生变化时，表明钻孔揭露范围内地层的透水性发生了变化。钻井液漏失量的大小可以直观反映钻孔揭露岩层的裂隙发育情况。超前区域治理中，注浆改造的层段为含水层，注浆改造后其隔水层性能增加，但是不能完全排除局部裂隙发育区存在的可能性，该区段具有含水、导水的可能性。下面根据钻孔揭露地层条件，分析钻井液漏失量的变化。

当注浆改造层段内存在不含水的裂隙区时，钻孔揭露后，钻井液漏失量会增加，且孔内水位会下降，两者的变化趋势与裂隙率呈正相关关系。当注浆改造层段内存在含水、导水的裂隙区时，钻孔揭露后，钻井液漏失量和水位的变化与该裂隙区的水压、导水性、富水性和钻井液的循环压力有关，其中以含水层水压影响最为显著。当含水层的水压高于钻井液的循环压力时，钻井液漏失量减小，同时钻井液的物理、化学指标会发生相应的变化，当含水层的富水性和导水性较强时，钻井液漏失量可为负值；当含水层的水压低于钻井液循环压力时，钻井液漏失量增加；当含水层水压与钻井液循环压力相等时，钻井液漏失量呈增加的趋势，变化趋势与未揭露裂隙区时相同，但是钻井液的物理、化学指标会发生相应的变化。

钻井液漏失量的变化形式可分为三种：钻井液均匀消耗、钻井液漏失量突然增加但未失返、钻井液漏失量失返。当岩层中的大部分裂隙被充填，但是局部的微小裂隙尚未被充填，具有一定的连通性时，钻井液漏失量呈均匀消耗形势。当岩层中存在大的裂隙未被封堵，且具备一定的连通性时，钻井液漏失量呈突然增大的形势，但是由于裂隙规模有限，钻井液仍未失返，需要进行补充注浆工作。当岩层中存在大的裂隙区未被封堵，裂隙之间连通性较好时，钻井液漏失量呈突然失返的形势，需要进行补充注浆工作。当岩层中裂隙富水且水头标高高于钻井液水头时，钻井液体积增加，钻井液漏失量会呈负值，但该种情况较少见。

根据多个矿区注浆改造施工技术经验，当钻井液漏失量为均匀消耗的形式时，其漏失量不大于 1L/(min·m)，表明注浆效果良好。将检查孔钻井液漏失量为均匀消耗，且钻井液漏失量不大于 1L/(min·m)，确定为钻井液漏失量评价注浆效果的临界值，满足该要求时，表明注浆效果良好。

2. 钻孔涌水量

1) 含义

钻孔涌水量指钻孔钻进过程中钻遇富水异常区的出水量。该指标直观地反映注浆层位的富水性，钻孔涌水量与注浆层位的裂隙发育特征、裂隙导水性及含水层的补给量有关。

施工检查孔过程中，若发现孔内出水，要开展涌水量观测，观测频率为 1 次/m，检查孔终孔后进行水压观测。水压观测完成后，开展单孔(或群孔)放水试验，观测涌水量的变化情况。根据钻孔涌水量和水压，综合分析注浆效果。

2) 变化规律及评价标准

由于地质及水文地质条件复杂，岩层中的裂隙未能被浆液完全充填，在局部地段仍可能存在富水异常区。当钻孔揭露富水异常区后，钻孔开始出水，当富水异常区无法得到附近水源补给时，即该区域周围岩层裂隙已被浆液充填，钻孔涌水量有减小的趋势，最后降至无水，同时观测不到水压值。当富水异常区裂隙与附近水源连通时，即该区域周围岩层裂隙未被浆液充填或者充填不完全时，钻孔可稳定出水，且钻孔的水压值恒定。

钻孔涌水的形式可分为均匀出水和集中出水。根据检查孔施工的过程中，钻孔为均匀出水时，表明岩层中的大部分裂隙均被充填，但是局部的微小裂隙尚未被充填，具有一定的连通性，出水特征为钻孔涌水量逐步增加，检查孔终孔后，总涌水量较小。检查孔施工至某个层段时钻孔集中出水，钻孔涌水量突然增加，且无下降趋势，表明该处裂隙尚未被浆液充填或者充填不完全，该段裂隙宽度仍具有一定规模，需要开展补充注浆工作。

根据多个矿区注浆改造施工技术经验，当井下检查孔为均匀出水且每钻进 100m 段内涌水量小于 5m³/h 时，表明注浆效果良好。将检查孔涌水量为均匀出水，且每钻进 100m 段内涌水量不大于 5m³/h，确定为钻孔涌水量评价注浆效果的临界值，满足该要求时，表明注浆效果良好。

3. 透水率

1) 指标含义

通过压水试验获得透水率，用于判断地层的透水性和裂隙发育程度。透水率为评价地层注浆效果的关键参数，同时也是单孔注浆是否达到注浆结束标准的评价参数。《水利水电工程钻孔压水试验规程》中透水率计算式为

$$q = \frac{Q}{lP}$$

式中，q 为试验段的透水率，Lu；l 为试验段长度，m；Q 为压入流量，L/min；P 为试验压力，MPa。

2) 透水率测试现场试验

超前区域治理工程施工完毕后，采用井下注浆效果检查孔进行透水率测试是最主要的检查手段。依托桃园煤矿区域治理工程，开展井下检查钻孔透水率实测，结合我国其他区域以往测试结果，综合确定区域治理透水率指标。

(1) 桃园煤矿Ⅱ4 采区注浆概况。桃园煤矿 10#煤底板主要有三层灰岩含水层，一灰与 10#煤及灰岩之间的地层均为粉砂岩和泥岩类岩层，其中三灰厚度适中，稳定性好，属于较为合适的注浆层位(图 3-58)。

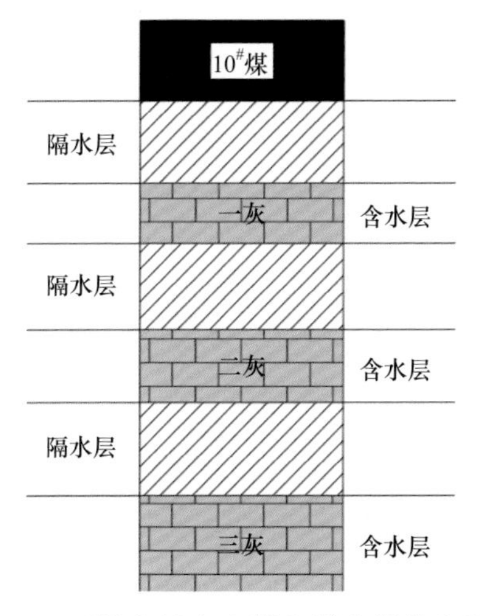

图 3-58　10#煤底板含水层和隔水层分布示意图

桃园煤矿Ⅱ4 采区采用地面超前区域治理模式，注浆治理三灰地层，共施工 9 个孔组，共 86 个钻孔(图 3-59)，累计完成钻探工程量 48187.82m，治理面积 927421m^2，使用水泥干料 266151t、粉煤灰干料 14028t，合计 280179t。

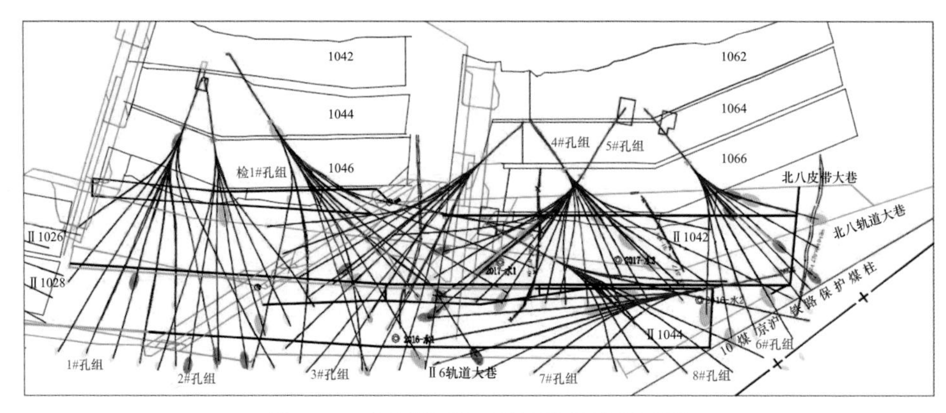

图 3-59　区域治理工程钻孔轨迹平面图

(2) 检查孔压水试验设计。Ⅱ1044 工作面区域治理完成后，在井下施工放水孔和检查孔，选取检 47#、检 48#和检 49#钻孔进行压水试验(图 3-60)，各孔揭露含水层情况见表 3-30。

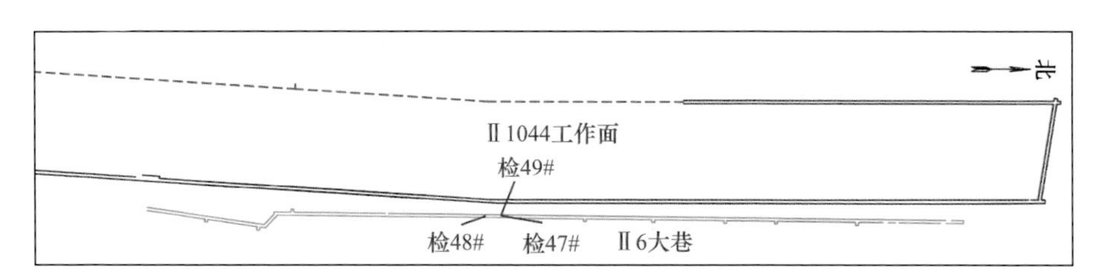

图 3-60　测试钻孔位置示意图

表 3-30　钻孔参数及揭露含水层情况统计表

孔号	方位角/(°)	倾角/(°)	孔深/m	一灰		二灰		三灰	
				深度/m	长度/m	深度/m	长度/m	深度/m	长度/m
检 47#	10	–68	68.0	41.6	3.0	50.4	4.0	60.8	7.2
检 48#	160	–60	64.9	39.5	4.5	52.4	2.2	60.5	2.4
检 49#	292	–24	60.8	31.8	1.8	39.2	3.0	47.8	11.0

采用双栓塞压水试验装置，从裸孔段开始，自上而下开展压水试验。测试段长为 0.4m，为 10#煤底板至三灰底面之间的全部岩层。确定本次压水试验按照 3 级压力、5 个阶段进行，3 级压力分别为 0.5MPa、1MPa、1.5MPa。

测试过程中，每个阶段稳定时间不少于 10min。测试装置为中国煤科西安研究院研制的压水仪器。该仪器由上、下分隔段和测试段组成，分隔段长度约为 1.2m，中间测试段长度为 0.8m。压水试验成套设备如图 3-61 所示。

(a) 压水成套装备

(b) 打压和压水记录装置

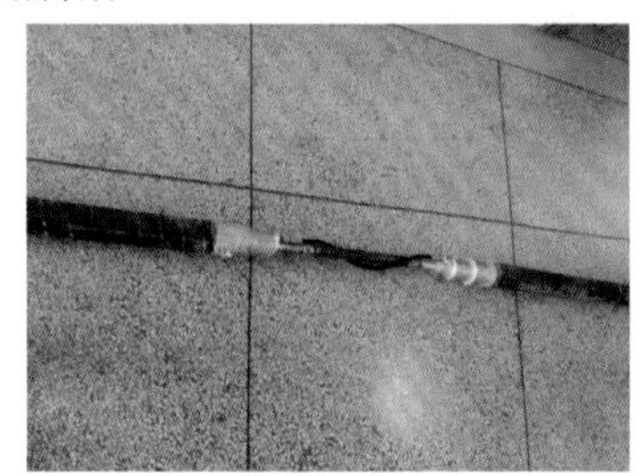

(c) 测试装置

图 3-61　压水试验成套设备

(3) 测试步骤。

洗孔：采用压水法，钻具下到孔底，流量达到水泵的最大出力，至孔口回水清洁，肉眼观察无岩粉时方可结束。当孔口无回水时，洗孔时间不得少于 15min。

试段隔离：用钻杆把试验装置放到预定测试位置，通过手压泵给止水塞加压膨胀，分离测试段，过程中止水塞压力保持在 2～5MPa，以确保止水塞安全有效。

水位观测：注水开始后，采用水箱进行水位观测，每隔 1min 观测 1 次，水位下降速度连续 2 次均小于 0.5cm/min 时，观测工作即可结束。

压力和流量观测：采用井下自压水作为供水水源，采用抗震压力表和耐高压电子压力表观测压力和流量，观测间隔 5min/次。

(4) 测试段选取。根据钻孔揭露灰岩厚度及隔水层厚度综合确定压水试验测试段，具体压水段设计如图 3-62～图 3-64 所示。

(5) 压水试验测试成果。检 47#孔共开展分段压水试验 8 次，其中砂岩、泥岩类岩层中开展压水试验 5 次，一灰、二灰和三灰中各开展压水试验 1 次。

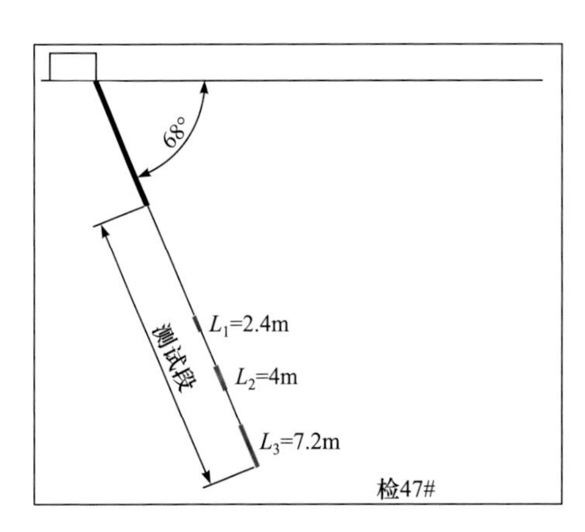

图 3-62　检 47#孔剖面图

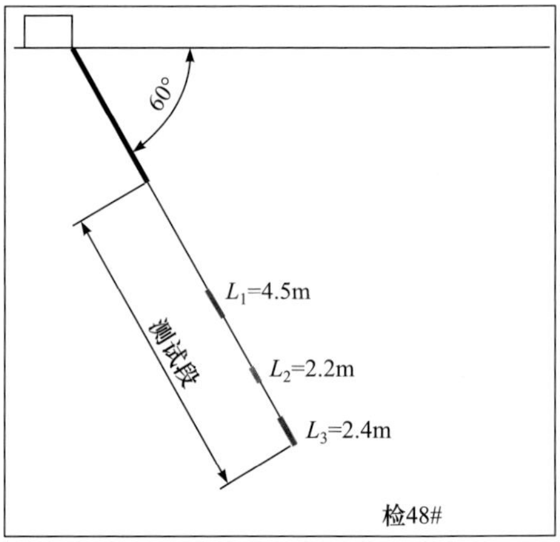

图 3-63　检 48#孔剖面图

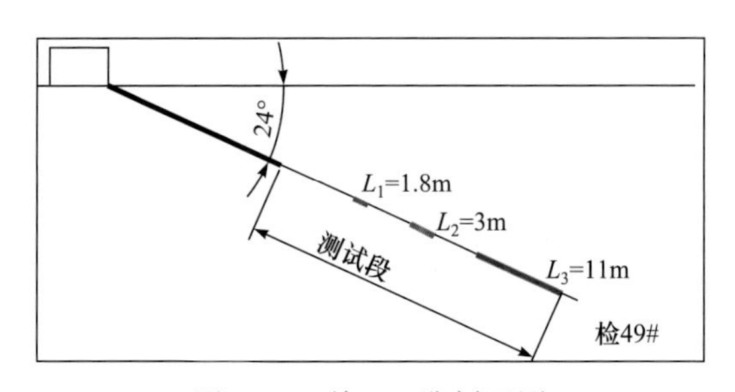

图 3-64　检 49#孔剖面图

根据测试结果，隔水层透水率为 0.0037～0.3000Lu，灰岩透水率为 0.2333～1.5000Lu，三灰经过注浆之后，透水率明显低于一灰和二灰。检 47#孔压水试验成果统计见表 3-31。

表 3-31　检 47#孔压水试验成果统计表

序号	测试段起/m	测试段止/m	注水段中心/m	注水段起/m	注水段止/m	透水率/Lu	备注
1	24.3	27.6	26.0	25.6	26.4	0.1000	—
2	28.3	31.6	30.0	29.6	30.4	0.1000	—
3	33.3	36.6	35.0	34.6	35.4	0.1333	—
4	41.1	44.4	42.8	42.4	43.2	1.5000	L_1
5	44.3	47.6	46.0	45.6	46.4	0.3000	—
6	50.7	54.0	52.4	52.0	52.8	1.3333	L_2
7	55.3	58.6	57.0	56.6	57.4	0.0037	—
8	61.3	64.6	63.0	62.6	63.4	0.2333	L_3

检 48#孔共开展分段压水试验 7 次，其中砂岩、泥岩类岩层中开展压水试验 4 次，一灰、二灰和三灰中各开展压水试验 1 次。测试结果显示，隔水层透水率为 0.0367～1.0833Lu，检 48#孔在一灰和二灰之间的砂岩、泥岩类地层中裂隙较发育，透水率较高，灰岩透水率为 0.0367～1.6667Lu，三灰经过注浆之后，透水率明显低于一灰和二灰。检 48#孔压水试验成果统计见表 3-32。

表 3-32 检 48#孔压水试验成果统计表

序号	测试段起/m	测试段止/m	注水段中心/m	注水段起/m	注水段止/m	透水率/Lu	备注
1	23.3	26.6	25.0	24.6	25.4	0.1500	—
2	30.3	33.6	32.0	31.6	32.4	0.1333	—
3	39.3	42.6	41.0	40.6	41.4	1.6667	L_1
4	46.3	49.6	48.0	47.6	48.4	1.0833	—
5	51.8	55.1	53.5	53.1	53.9	1.3333	L_2
6	55.3	58.6	57.0	56.6	57.4	0.0367	—
7	60.0	63.3	61.7	61.3	62.1	0.0367	L_3

检 49#孔共开展分段压水试验 8 次，其中砂岩、泥岩类岩层中开展压水试验 4 次，一灰、二灰中各开展压水试验 1 次，三灰中开展压水试验 2 次。根据测试成果显示，隔水层透水率为 0.0011～0.8333Lu，灰岩透水率为 0.1167～1.5000Lu，三灰经过注浆之后，透水率明显低于一灰和二灰。检 49#孔压水试验成果统计见表 3-33。

表 3-33 检 49#孔压水试验成果统计表

序号	测试段起/m	测试段止/m	注水段中心/m	注水段起/m	注水段止/m	透水率/Lu	备注
1	23.3	26.6	25.0	24.6	25.4	0.1167	—
2	26.3	29.6	28.0	27.6	28.4	0.1167	—
3	31.0	34.3	32.7	32.3	33.1	1.5000	L_1
4	34.3	37.6	36.0	35.6	36.4	0.8333	—
5	39.0	42.3	40.7	40.3	41.1	1.3333	L_2
6	43.3	46.6	45.0	44.6	45.4	0.0011	—
7	48.3	51.6	50.0	49.6	50.4	0.1250	L_3
8	53.3	56.6	55.0	54.6	55.4	0.1167	L_3

(6) 透水率指标确定。岩体透水率与裂隙发育及其连通性直接相关。当岩体中裂隙发育且连通性较好时，透水率较大；反之，则透水率较小。在《水利水电工程地质勘察规范》(GB 50487—2008)中给出了岩(土)体渗透性分级标准(表 3-34)。由此可知，在透水率小于 1.0Lu 时，岩(土)体的渗透系数小于 10^{-5}cm/s。根据经验，透水率小于 1.0Lu 时，可作为隔水层考虑。

表 3-34 岩(土)体渗透性分级标准

渗透性等级	标准		岩体特征
	渗透系数/(cm/s)	透水率/Lu	
极微透水	0～10^{-6}	0.0～0.1	含开度<0.025mm 裂隙的岩体
微透水	10^{-6}～10^{-5}	0.1～1.0	含开度 0.025～0.050mm 裂隙
弱透水	10^{-5}～10^{-4}	1.0～10.0	含开度 0.050～0.100mm 裂隙
中等透水	10^{-4}～10^{-2}	10.0～100.0	含开度 0.100～0.500mm 裂隙
强透水	10^{-2}～1	≥100.0	含开度 0.500～2.500mm 裂隙
极强透水	≥1	≥100.0	含开度>2.500mm 裂隙或连通孔洞

桃园煤矿现场压水试验结果表明，正常非注浆条件下灰岩地层多可大于 1.0Lu 以上，部分达到 1.5Lu 以上；隔水层和注浆后地层透水率均小于 1.0Lu。结合多个矿区注浆改造施工技术经验，当透水率不大于 1.0Lu 时，表明改造层位的注浆效果达到设计要求，故选取透水率 1.0Lu 为注浆效果评价的临界值。在施工检查孔的过程中，应分段取得注浆层段的单位透水率。当每个层段的透水率均不大于 1.0Lu 时，表明注浆效果良好。

注浆改造完之后，岩层中的裂隙大部分均已经被封堵，岩层可近似为均质介质，压水试验中水的扩散也可近似为球形扩散。在现场条件具备的情况下，可施工 1 个或多个观测孔，在压水试验的过程中，开展流量观测，估算单位体积岩层的透水率。在条件具备时，可利用岩层的体积透水率作为注浆效果评价的标准。

4. 改造层厚度

1) 含义

注浆改造层厚度即为注浆区域改造设计中要求改造的层位和厚度，可分为薄层灰岩注浆改造和奥灰顶部注浆改造。改造层厚度为区域注浆改造中的最重要的指标。改造层厚度通过临界突水系数反算安全隔水层厚度，安全隔水层厚度中的含水层厚度即为改造层厚度。

2) 评价标准

注浆孔均按照已有规程规范确定改造层位及厚度，结合浆液扩散规律，完成了注浆孔的轨迹设计。在地层结构预测准确的前提下，只要轨迹偏差、注浆结束标准均满足设计要求时，且在该注浆层段内，透水率、钻孔涌水量、钻井液漏失量均达到注浆良好标准时，表明改造层厚度达到设计要求。

当地层结构预测和钻孔轨迹偏差较大，注浆层位可能偏高或偏低，需要根据突水系数式计算安全隔水层厚度，并根据实际钻探和注浆施工情况，以安全隔水层厚度为依据布置注浆孔，当发现裂隙发育区时，应开展补充注浆工作。补充注浆完成后，再根据透水率、钻孔涌水量和钻井液漏失量指标开展注浆效果评价，直至安全隔水层厚度范围内岩层均达到注浆效果良好要求。注浆效果定量评价流程如图 3-65 所示。

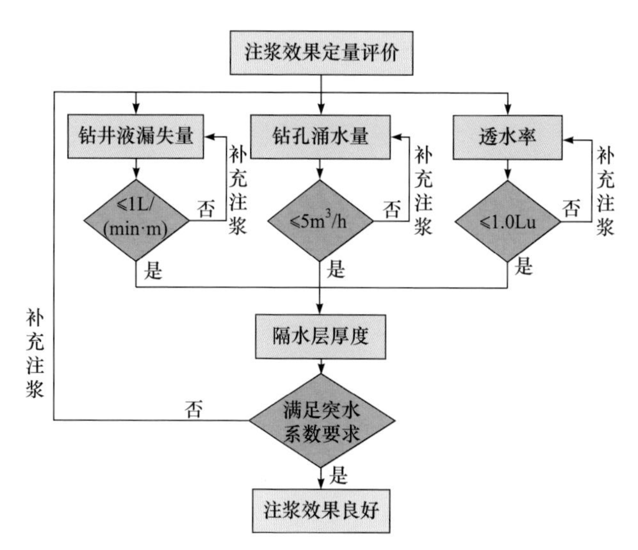

图 3-65　注浆效果定量评价流程图

3.5.3　注浆效果孔中物探检验设备及配套工艺

1. 电磁波透视基本理论

电磁波在地下岩层中传播时，由于各种岩、矿电学性能参数(电阻率、介电常数等)不同，对电磁波能量的吸收有一定差异，电阻率较低的岩、矿具有较大的吸收作用。另外，伴随着断裂构造或空洞所出现的界面，能够对电磁波产生折射、反射等作用，也会造成电磁波能量的损耗。因此，如果巷道与巷道、钻孔与地面、钻孔与钻孔之间电磁波穿越岩层和煤层的途径中存在着含水地段、陷落柱、断层、空洞或其他不均匀地质构造，电磁波能量就会被其吸收或完全屏蔽，信号显著减弱，形成透视异常(王均双等，2008；阎海珠等，2004)。交换发射机与接收机的位置，测得同一异常，这些异常交会的地方，就是地质异常体的位置。研究各种岩层及地质构造对电磁波传播的影响(包括吸收、反射、二次辐射等作用)所造成的各种异常，从而进行地质解释(图 3-66)。

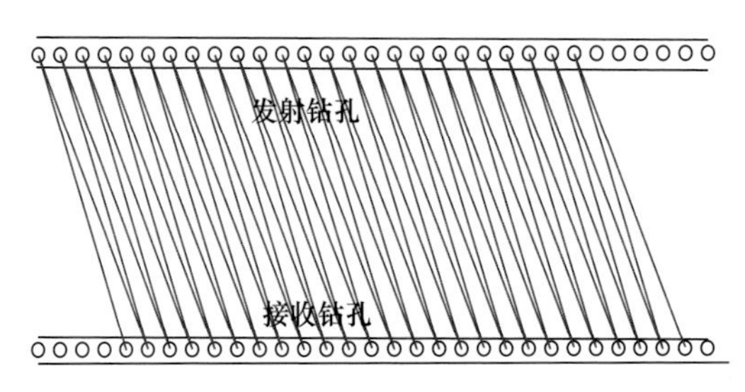

图 3-66　钻孔中无线电磁波透视工作原理图

发射点到接收点的电磁波传播表示(肖玉林等，2016):

$$H = H_0 \frac{e^{-\beta r}}{r} \sin\theta$$

式中，H_0为决定于发射功率和天线周围煤层的初始场强；β为煤层对电磁波的吸收系数；r为P点到O点的直线距离，m；θ为偶极子轴与观测点方向的夹角。

发射探头与接收探头分别位于两个钻孔中，在推进过程中，发射探头与接收探头以一定的偏移距离保持同步推进，点距 5～10m 接收数据。两个探头由孔口逐渐推送到孔底。接收探头到达孔底后，发射探头送至孔底，接收探头退出一段距离，在同步退出的过程中再次以 5～10m 间距接收透视数据，完成两孔透视。

2. 孔中电磁波透视数值模拟与成像

要实现对孔中数据处理，需要进行必要的数值模拟研究，模拟数据规律。对模拟数据进行处理后，根据处理结果的好坏调整参数，以期达到最佳的处理效果。电磁波在介质中的传播规律比较复杂，在模拟过程中，采用全空间电磁波传播式(图 3-67)。在发射探头向孔底推进过程中，每个发射点对应两个接收点，设定异常体位置横向位置 40～60m，纵向 30～40m，背景介质电磁波吸收衰减系数为 0.02dB/m，异常体介质电磁波吸收衰减系数为 0.04dB/m。

发射钻孔 1 号点发射时，接收钻孔 5～6 号接收点接收，发射钻孔 2 号点发射时，接收钻孔 6～7 号点接收，依次类推。发射-接收同一偏移距离(接收点与发射点差距为常数)接收曲线如图 3-68。

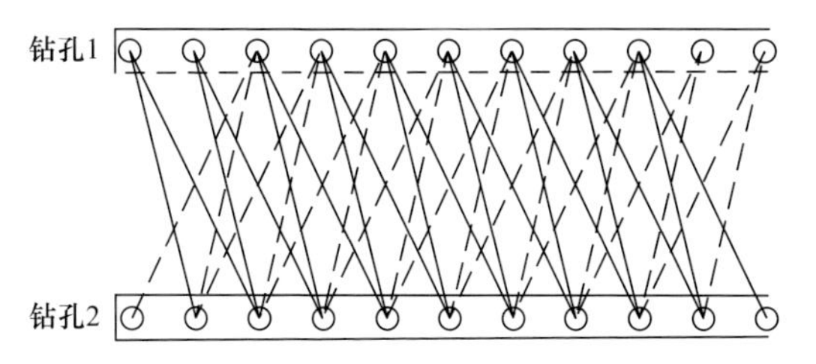

图 3-67　全空间电磁波传播式示意图

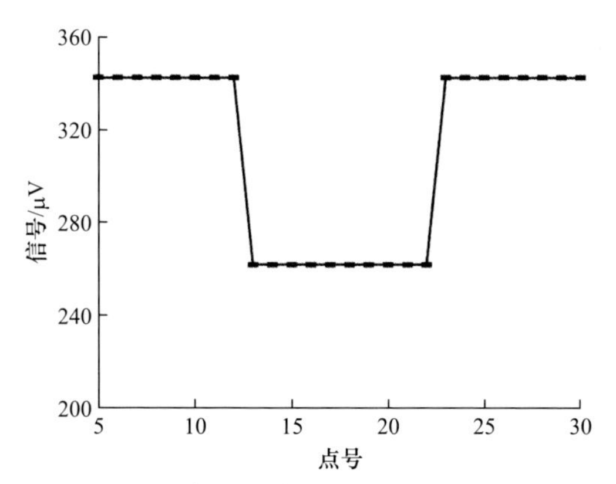

图 3-68　孔中电磁波透视观测数据接收曲线

从接收曲线可以看出，孔中接收方式下，异常横向位置十分明显，接收曲线所有数据对应的发射-接收相对位置一致,距离对接收信号的影响完全消除，信号幅度变化位置即为异常所在位置。

为验证孔中电磁波透视方法的可行性，以孤立的注浆液分布模型为例进行说明，在对灰岩含水层注浆之后，地层残余含水构造与已经改造完成的地层介质电性分布不同，残余富水构造分为孤立或条带状。

模型中，两钻孔间距 40m，可利用钻孔深度 400m，设定 4 处注浆扩散区，范围分别为横轴 x 方向(钻进方向，下同)50～60m，y 方向(钻孔径向，下同)30～40m；x 方向 18～190m，y 方向 30～40m；x 方向 250～270m，y 方向 10～40m；x 方向 350～360，y 方向 30～40m。发射点与接收点间距均为 5m，背景吸收衰减系数为 0.02dB/m，扩散区吸收衰减系数为 0.04dB/m，采用“一对二”施工方式，得到残余含水构造液孤立分布模型接收曲线，如图 3-69 所示。

图 3-69 横坐标为接收点号，纵坐标为接收信号，所有接收数据发射-接收相对位置相同，在接收点 10～12 号、37～38 号、51～54 号、71～72 号接收数据明显减弱，反映异常存在。对正演数据进行反演，得到的残余含水构造液孤立分布模型反演结果，见图 3-70。图 3-70 中黑色虚线框为设定的浆液分布位置，颜色深浅代表吸收衰减强度大小，蓝色为吸收衰减高值区。从反

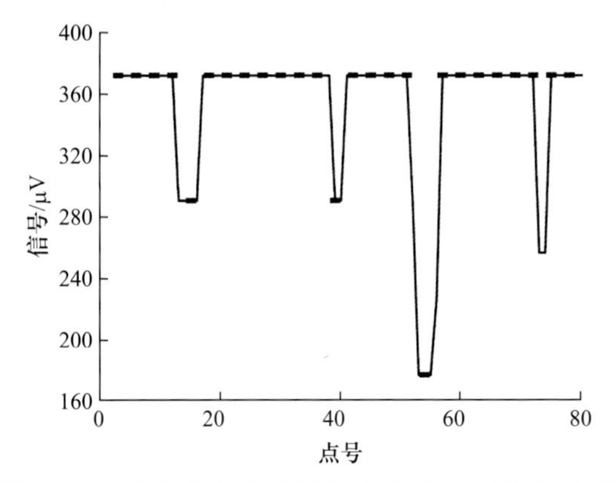

图 3-69　残余含水构造液孤立分布模型接收曲线

演结果可知，高吸收衰减区与设定模型位置基本对应，横向位置比纵向位置定位更加准确。由于采集数据量不足，剖分网格规模较大，与实际的反演结果相比精细化程度欠缺(刘磊等，2021)。

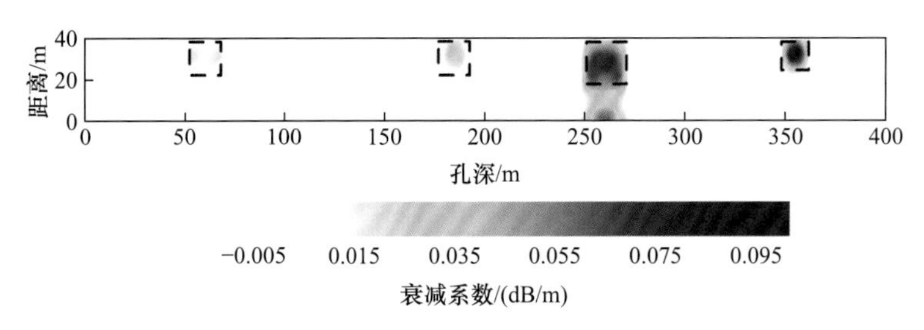

图 3-70　残余含水构造液孤立分布模型反演结果

3. 电磁波透视仪发射机研制

发射机是孔中电磁波透视仪的建场设备，发射机供出稳定、具有较强功率且符合本安要求的电磁波信号是发射机的主要技术指标。图 3-71 为电磁波透视仪发射机样机组成框图，主要包括单片机、DDS 直接数字式频率合成器、功率放大、频率选择、天线等。发射机采用本安型防爆设计，仪器能量由锂离子电池组提供，具有防止过充电、过放电、限流、短路等保护功能。锂离子电池组、电池保护板和发射电路均用硫化硅橡胶浇封在电路仓内，输出部分采用直流隔离、限流电阻限能的方法实现本质安全防爆目的。电磁波透视仪发射机样机如图 3-72 所示。

4. 电磁波透视仪接收机研制

电磁波透视仪接收机由模拟板、数字板、电源板和面板组成(图 3-73)。接收机接收的信号范围为纳伏至微伏级，按探测设计要求可选择接收探测频率信号。

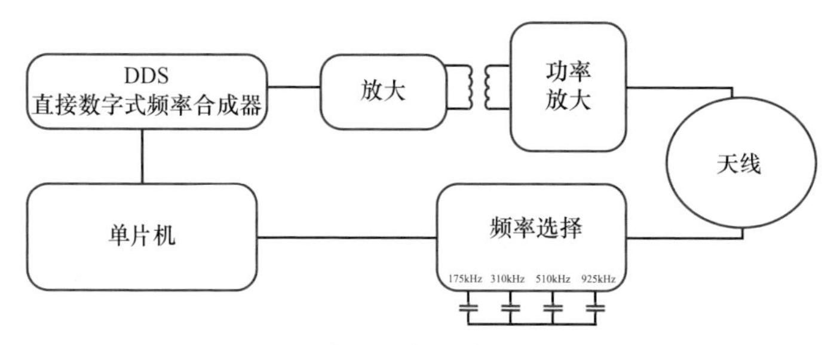

图 3-71　电磁波透视仪发射机样机组成框图

图 3-72　电磁波透视仪发射机样机

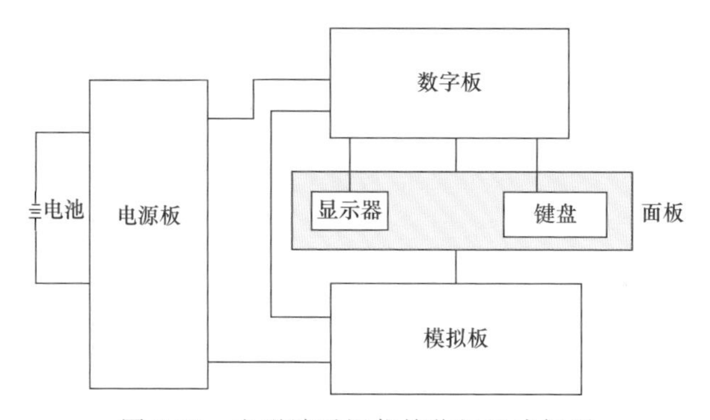

图 3-73　电磁波透视仪接收机组成框图

接收机采用本安型防爆设计。其中本安电源是由电池组、限流稳压电路、电源变换电路、多重保护电路组成。电源电路板的设计符合有关“ib”级的防爆规定，每路电源都经两级过压、过流保护。锂离子电池组与电源电路板用硫化硅橡胶浇封在电池仓内。

孔中接收天线采用多级放大设计,使得孔中接收信号通过天线放大处理,实现电磁波信号的高性能接收。电磁波透视仪接收机样机如图 3-74 所示。

图 3-74　电磁波透视仪接收机样机

5. 孔中无线电磁波现场试验

对自主研发设备开展了一次井下试验，试验地点位于内蒙古国源矿业龙王沟煤矿 61617 工作面。试验场地 61617 工作面宽度 255m，分别由 2 台 ZDY12000 型钻机在主运和辅运巷进行底板定向钻孔施工，定向钻孔的布置如图 3-75 所示。

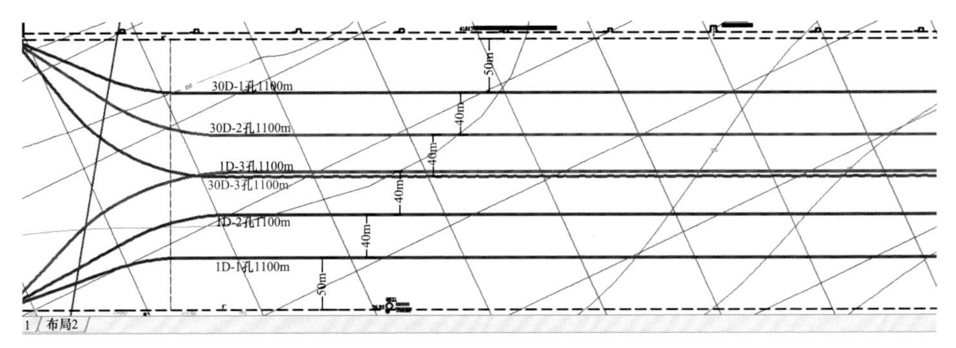

图 3-75 61617 工作面定向钻孔布置图

在主运(上图下巷)共施工三个底板定向钻孔，1D-1 孔、1D-2 孔、1D-3 孔，辅运(上图上行)施工两个底板定向钻孔，30D-1 孔、30D-2 孔及一个顶板定向钻孔 30D-3 孔，6 个钻孔长度均设计为 1100m。选择 1D-3 孔和 30D-2 孔作为试验钻孔，水平段选取 120m 左右范围开展试验，两孔间距 40m。采取“一对二”施工方式，具体施工方式如图 3-76 所示，钻孔 1 对应实际的 1D-3 孔，钻孔 2 对应实际的 30D-2 孔。钻孔中 1#测点的坐标见表 3-35。

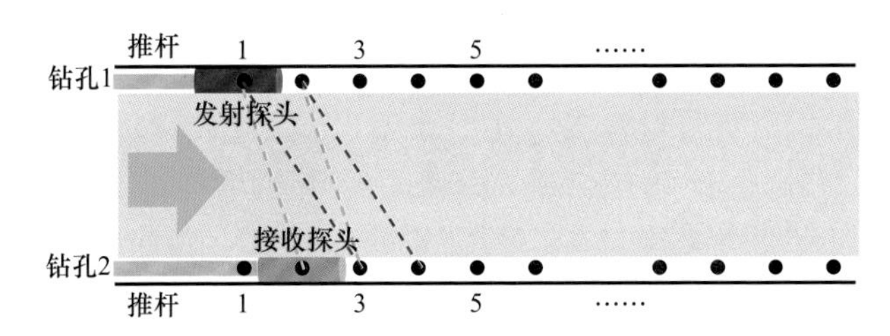

图 3-76 钻杆送入过程中孔中电磁波透视施工方式示意图

表 3-35 钻孔中 1#测点坐标

测点编号	孔深/m	水平距/m
30D-2 孔	231	216.3
1D-3 孔	243	227.0

(1) 注浆前探测：在测量过程中，发射点与对应接收点相对偏移距离 3m、6m，所有发射点偏离 3m 的接收点与偏离 6m 的接收曲线如图 3-77 所示。

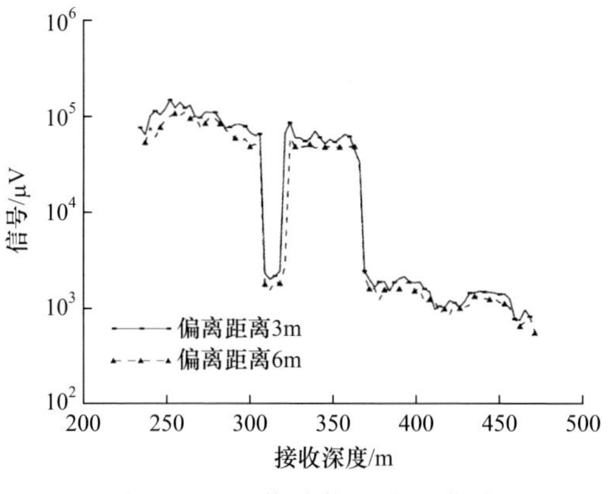

图 3-77　注浆前信号接收曲线

根据实测数据可以看出，3m 偏离距离接收曲线与 6m 偏离距离接收曲线有较好一致性，231～250m 曲线小幅上升，250～300m 接收深度缓慢降低，300～312m 处，接收曲线陡降，312～366m 恢复正常水平。366m 深度后，信号幅度较低，根据测量时间推断，信号降低原因为发射探管电量不足导致。对数据进行二维成像处理，注浆前透视吸收衰减系数平面分布如图 3-78 所示。其中，横轴位置为相对于两孔 1#点距离，Y=0m 为 1D-3 钻孔所在位置，蓝、绿色为吸收衰减较高区域，白色为吸收衰减较低区域，吸收衰减较高区域推断为裂隙较为发育范围。

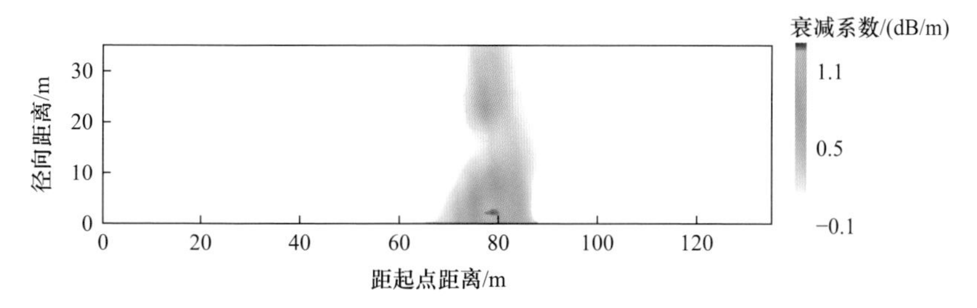

图 3-78　注浆前透视吸收衰减系数平面分布图

(2) 注浆后探查：孔中透视施工完成后，对底板进行注浆加固，钻孔注浆过程耗时两个工作班(约 16h)，注浆后凝固时间 8h，而后对初凝钻孔进行扫孔。相同的位置进行信号发射与接收，得到发射点与接收点分别偏离 3m、6m 时接收曲线如图 3-79。

与注浆前的结果相似，注浆后发射点与接收点偏离 3m 的接收曲线与 6m 接收曲线依然保持高度一致性。注浆前、注浆后发射点与接收点相同偏离距离的接收曲线对比如图 3-80。

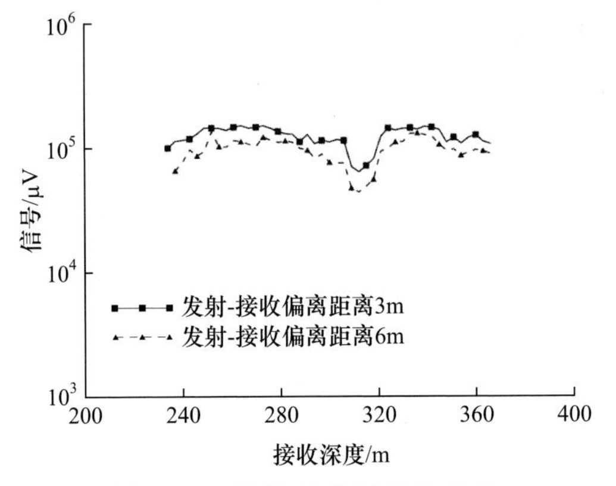

图 3-79　注浆后信号接收曲线

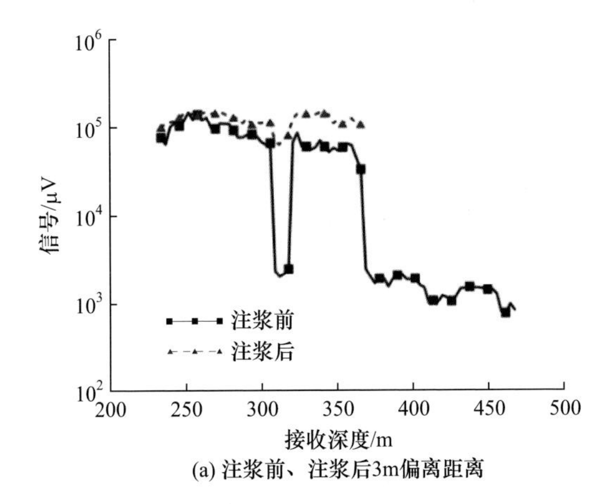

(a) 注浆前、注浆后3m偏离距离

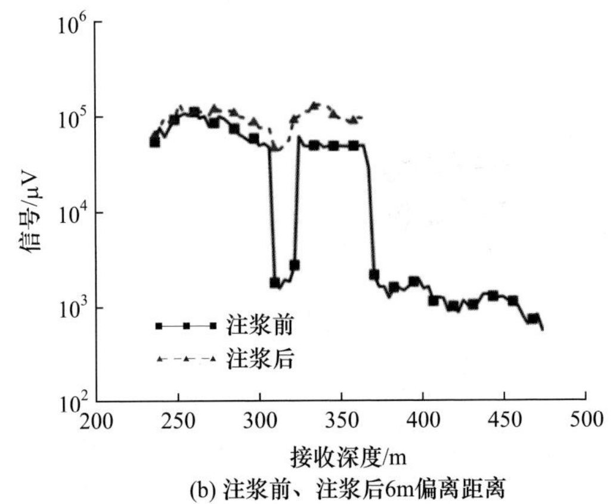

(b) 注浆前、注浆后6m偏离距离

图 3-80　注浆前、注浆后信号接收数据曲线对比

从注浆前、注浆后相同偏离距离的接收曲线可以看出，注浆后接收数据差别明显减小，注浆前接收深度 300～312m 的异常幅度明显减小，反映出注浆

过程对潜在裂隙封堵作用。注浆后接收数据处理，注浆后电磁波吸收衰减系数分布如图 3-81 所示。图中蓝、绿色为电磁波吸收衰减的高值区，黄、白色为电磁波吸收衰减的低值区，电磁波吸收衰减的高值区可认为是充水裂隙带。

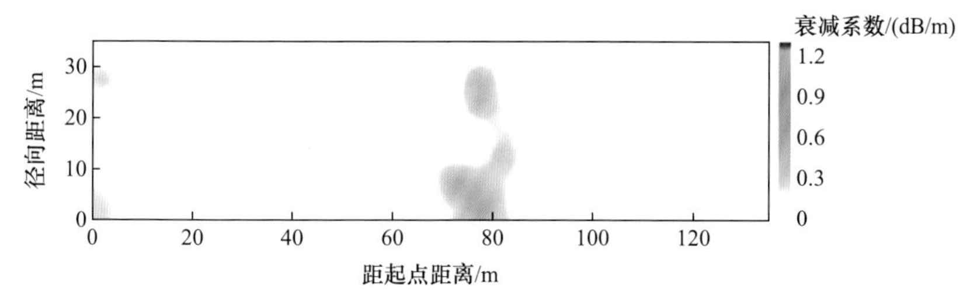

图 3-81　注浆后电磁波吸收衰减系数分布图

(3) 注浆前后差异及注浆效果评价。单独分析注浆前或注浆后的电磁波吸收衰减系数分布情况无法准确获得注浆前、注浆后介质的电性变化，将注浆后的吸收衰减系数分布结果减去注浆前的背景结果即为注浆过程的电性变化。注浆前、注浆后电磁波吸收衰减系数分布差异如图 3-82 所示。

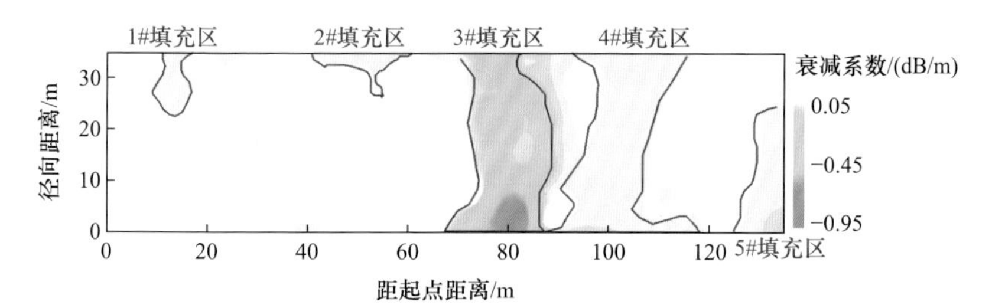

图 3-82　注浆前后电磁波吸收衰减系数分布差异

从注浆前、注浆后电磁波吸收衰减系数的改变可以看出，吸收衰减系数变化的主要位置位于距接收起点 80m 位置，即发射钻孔 320m 深度，接收钻孔 310m 深度位置，数值变化越大，代表注浆过程对岩石介质的改变程度越大，可间接认为裂隙填充更充分。自左向右，推断的填充区共分为 5 部分，编号依次为 1#～5#填充区，图中红色实线圈定区域为推断的浆液填充区域。

1#、2#填充区面积较小，推断为局部裂隙；3#填充区为主要的注浆填充区域，横向位置 70～85m，贯穿两孔之间；4#填充区横向位置 90～105m，贯穿两孔之间，但吸收衰减系数变化较小，为浆液少量填充区域；5#填充区横向位置 127～135m，呈条带状分布于 1D-3 孔一侧。

根据地面注浆站记录，各个钻孔注浆情况如下：1D-1 孔水量 0.36m^3/h，水压 0.6MPa，水温 19℃，注浆量 23.5t；1D-2 孔水量 4.9m^3/h，水压 0.49MPa，水温 20℃，注浆量 14t；1D-3 孔水量 1.5m^3/h，水压 0.55MPa，水温 20℃，注

浆量 23t；30D-1 孔水量 4.3m³/h，水压 0.58MPa，水温 20℃，注浆量 25t；30D-2 孔水量 0.5m³/h，水压 0.2MPa，水温 19℃，注浆量 18t。

通过注浆前后探测结果对比，可对注浆后浆液分布范围进行定性评价。本次试验定向钻孔间距 40m，施工时发射探头与接收探头距离大于 40m，通过数值模拟和实际试验测定结果，孔中电磁波探头有效透视距离大于预期指标。

3.5.4 注浆效果综合检验技术

超前区域治理工程进行过程中，采用课题研发形成的孔间电磁波透视仪对前一注浆序次进行效果检验并补充分支孔进行及时补充注浆；治理工程完成之后，综合单个钻孔漏失量、注浆量、水温、平均透水率等指标，通过关联分析、综合评分定性评价整个治理区注浆效果；在孔间物探确定的浆液充填较差区、定性评价的注浆效果较差区施工井下注浆效果检查钻孔，评价注浆效果，并对效果较差区域进行补充注浆，由此形成了注浆效果检验综合评价装备技术体系(图 3-83)。

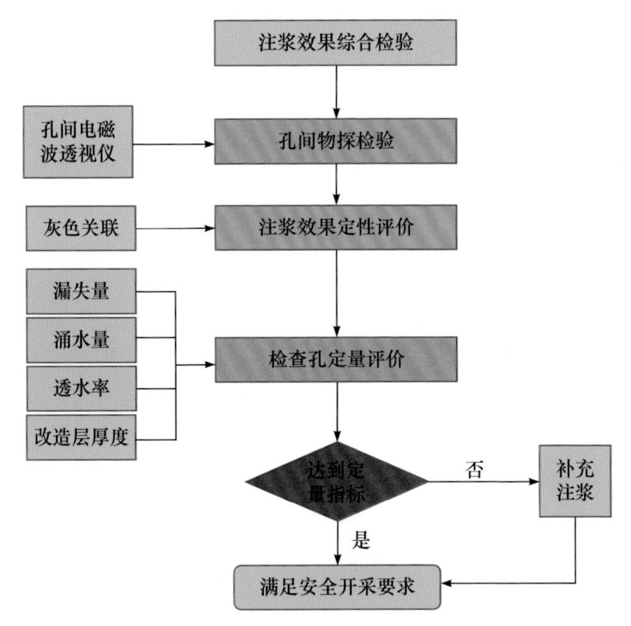

图 3-83　注浆效果检验综合评价装备技术体系

根据孔间电磁波透视原理，研发出井下定向钻孔间浆液充填情况检验的孔间电磁波透视仪，有效探查距离 40m 以上。形成“电磁波透视仪物探检验—注浆参数灰色关联定性评价—检查孔定量评价”的注浆效果定性、定量综合检验技术体系。区域治理过程中，针对单孔单点注浆效果，利用电磁波透视仪分别测试注浆前后电磁波衰减差异，物探探查分析单(双)孔注浆效果；设计工程完毕后，综合各孔的注浆量、钻井液漏失量、伽马值、水温、平均透水率、注浆段长度等参数进行灰色关联分析，定性评价治理区注浆效果；对定性评价的注浆效果较差区、构造分布区等布设检查钻孔，以钻井液漏失量、钻孔涌水量、透水率三个定量指标评价治理层是否达到隔水层标准，分析改造层厚度，最终评价注浆效果。该技术体系实现了超前区域治理多尺度、全时段的综合检验，解决了区域治理过程中无法高效检验孔间注浆效果的难题，提高了区域治理注浆效果检验的可靠性。

第 4 章　过水大通道快速封堵截流技术

4.1　过水大通道快速封堵截流机制

4.1.1　过水大通道内保浆袋囊受力状态及力学模型

煤层底板突水灾害发生后，初期突水量较大，在进行的抢险救援通常都在突水灾害发生后的一段时间内，原因是抢险救援设备装运需要时间，透巷钻孔施工也需要时间。开始实施过水巷道阻水段注浆建造时，通常是在矿井淹没水位被控制在某一水平且突水量基本稳定的条件下。因此，对过水巷道阻水模型的建立，主要研究矿井淹没水位和突水量稳定之后，随着巷道中阻水段的逐渐形成，截流巷道中静水压强、水流速度和动水流量的变化情况(杨志斌，2021)。

过水巷道动水截流过程中，巷道中地下水流态由管道流逐渐变为渗透流，引入折算渗透系数 $K_{折}$ 代表过水巷道的水力传导能力，将突水水源和控制水位作为边界条件，则巷道过水量计算式为

$$Q_{过} = K_{折} A_{过} J^{\frac{1}{n}} \tag{4-1}$$

式中，J 为水力梯度；$A_{过}$ 为过水断面面积。

图 4-1 中，决定巷道过水能力的主要为阻水区的阻水段，在阻水段过水能力不小于突水水量时，巷道中动水流量不变。随着阻水段过水断面逐渐缩小，阻水区地下水流速逐渐提高，水头损失 h_w 逐渐增大，静水压强 P_4 逐渐减小。由于突水区和排水区过水断面不变，矿井淹没水位也控制不变，因此其地下水流速不变，突水水源水位和静水压强 P_3 缓慢上升，而静水压强 P_5 保持不变(杨志斌，2021)。

随着阻水段过水断面的不断缩小，当阻水段过水能力小于突水量时，巷道中动水流量减小。由于突水区和排水区过水断面不变，两者地下水流速变小，但是突水区由于突水含水层的弹性储水性能，突水水源水位和静水压强 P_3 增大，且增幅较大；由于排水区矿井淹没水位控制不变，其静水压强 P_5 减小，但降幅较小；阻水区静水压强 P_3 增幅大于静水压强 P_5 降幅，同时受矿

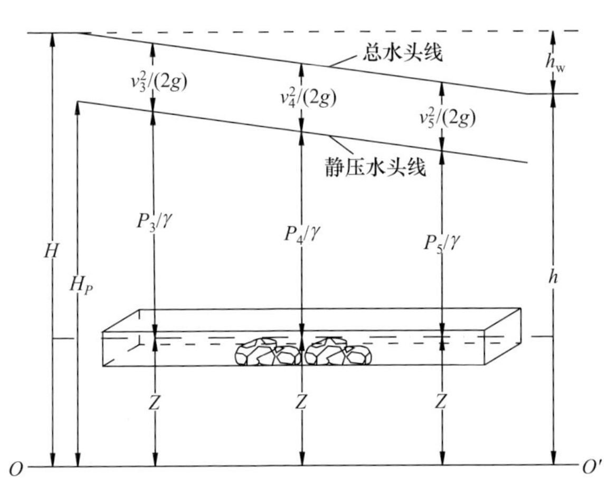

图 4-1　截流巷道不同区域静水压强和水流速度示意图(伯努利方程图)

v_3、v_4、v_5 为各点水流速度；h 为总水头；γ 为容重

井淹没水位控制不变影响，静水压强 P_4 和地下水流速都先增大后减小。

在过水巷道动水截流末端，阻水段残余过水断面经高速水流的冲刷，其残余过水断面形状、方向、弯曲程度不一。考虑基本情况，假设残余过水断面为层流单一水平管状有压恒定流，则阻水段过水能力计算可概化为定常不可压缩完全扩展段的水平圆管层流进行计算(杨志斌，2021)。

假设残余过水断面只有轴向运动，取图 4-2 所示的坐标系，使 y 轴与管轴线重合，因此 $\mu_y \neq 0, \ \mu_x = \mu_z = 0$，依托概化的残余过水断面管状层流 Navier-Stokes 方程可简化为

$$\left.\begin{aligned}
&X - \frac{1}{\rho}\frac{\partial P}{\partial x} = 0 \\
&Y - \frac{1}{\rho}\frac{\partial P}{\partial y} + \upsilon\left(\frac{\partial^2 u_y}{\partial x^2} + \frac{\partial^2 u_y}{\partial y^2} + \frac{\partial^2 u_y}{\partial z^2}\right) = \frac{\partial u_y}{\partial y} u_y + \frac{\partial u_y}{\partial t} \\
&Z - \frac{1}{\rho}\frac{\partial P}{\partial z} = 0
\end{aligned}\right\} \tag{4-2}$$

式中，X、Y、Z 分别为水流 x、y、z 方向的质量力；υ 为水流运动黏度；t 为时间；ρ为流体密度。

由于假设残余过水断面水流运动定常不可压缩，则 $\dfrac{\partial u_y}{\partial t} = 0$；同时，由不可压缩流体的连续性原理可知 $\dfrac{\partial u_y}{\partial y} = 0$，则 $\dfrac{\partial^2 u_y}{\partial y^2} = 0$。

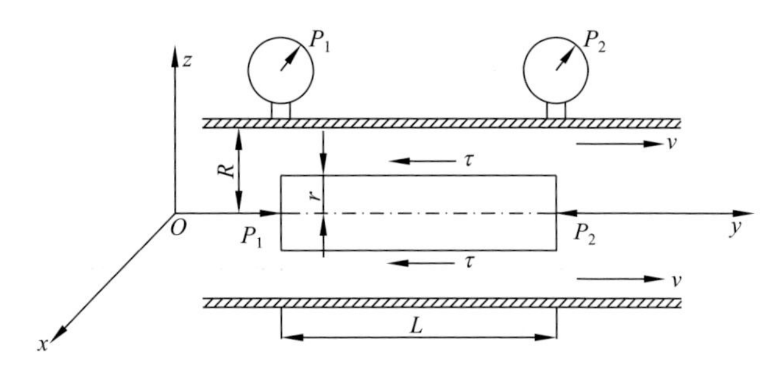

图 4-2　阻水段残余过水断面圆管层流概化模型示意图

在概化的管状层流过水断面上，虽然各点流速不同，但圆管流动是轴对称的，因此速度 u_y 沿 x 方向、z 方向及任意半径方向的变化规律是一致的，且只随圆管半径 r 的变化而变化，即有 $\dfrac{\partial^2 u_y}{\partial x^2}=\dfrac{\partial^2 u_y}{\partial z^2}=\dfrac{\partial^2 u_y}{\partial r^2}=\dfrac{\mathrm{d}^2 u_y}{\mathrm{d}r^2}$。

因为 $\dfrac{\partial P}{\partial y}=\dfrac{\mathrm{d}P}{\mathrm{d}y}=-\dfrac{P_1-P_2}{L}=-\dfrac{\Delta P}{L}$，$X=Y=0$，$Z=-g$，结合上述圆管层流特点，式(4-2)可以简化为

$$\frac{\Delta P}{\rho L}+2\upsilon\frac{\mathrm{d}^2 u_y}{\mathrm{d}r^2}=0 \tag{4-3}$$

积分得

$$\frac{\mathrm{d}u_y}{\mathrm{d}r}=-\frac{\Delta P}{2\mu L}r+C \tag{4-4}$$

当 $r=0$ 时，管轴线上流体速度最大，有 $\dfrac{\mathrm{d}u_y}{\mathrm{d}r}=0$，求得积分常数 C=0，故：

$$\frac{\mathrm{d}u_y}{\mathrm{d}r}=-\frac{\Delta P}{2\mu L}r \tag{4-5}$$

对式(4-5)积分可得

$$u_y=-\frac{\Delta P}{4\mu L}r^2+C \tag{4-6}$$

根据边界条件，当 $r=R$ 时，$u_y=0$，则 $C=\dfrac{\Delta P}{4\mu L}R^2$。因此，概化的残余过水断面流速分布为

$$u_y=\frac{\Delta P}{4\mu L}(R^2-r^2) \tag{4-7}$$

根据牛顿内摩擦定律，概化的残余过水断面切应力分布为

$$\tau = -\mu \frac{\mathrm{d}u_y}{\mathrm{d}r} = \gamma \cdot \frac{r}{2} \cdot J \tag{4-8}$$

如图 4-3 所示，在概化的管状残余过水断面半径 r 处取厚度为 $\mathrm{d}r$ 的微小圆环，其断面面积 $\mathrm{d}A = 2\pi r \mathrm{d}r$，则残余过水断面过水量为

$$Q_{过} = \int_0^R \frac{\Delta P}{4\mu L}(R^2 - r^2) 2\pi r \mathrm{d}r = \frac{\pi \Delta P R^4}{8\mu L} = \frac{\pi \Delta P d^4}{128\mu L} \tag{4-9}$$

根据水流连续性原理，计算得到概化的残余过水断面的平均流速为

$$v = \frac{Q_{过}}{A_{过}} = \frac{\pi \Delta P R^4}{8\mu L \cdot \pi R^2} = \frac{\Delta P}{8\mu L} R^2 = \frac{\gamma R^2}{8\mu} \cdot J \tag{4-10}$$

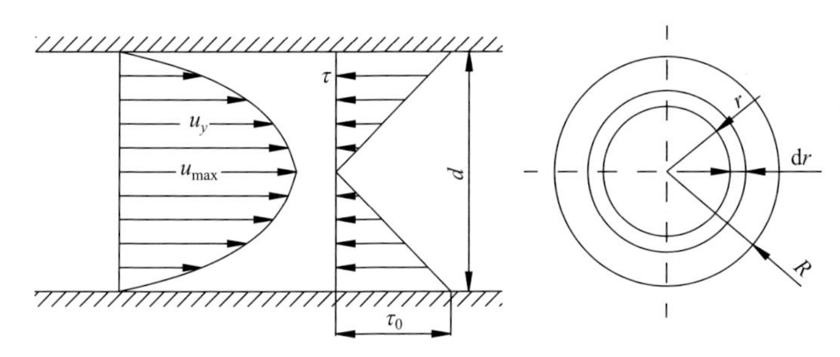

图 4-3　阻水段残余过水断面圆管层流速度分布及切应力分布

如果残余过水断面为紊流单一水平管状有压恒定流，紊流中运动要素 u、P 等将随时间发生剧烈变化，而且紊流中还将形成不同于层流中的另一种摩擦阻力，即附加切应力，使得目前紊流中有关速度、切应力分布及阻力计算等问题还不能从理论上进行推导，情况较为复杂。

过水巷道动水快速截流注浆建造阶段包括保浆袋囊定点投放、骨料及水泥浆液灌注，其中投放保浆袋囊是为了后期快速有效灌注骨料及水泥浆液。为了形成足够强度的阻水段，需在保浆袋囊投放后期历经多次骨料及水泥浆液灌注。因此，对过水巷道动水快速截流注浆建造水力模型的分析，主要以保浆袋囊和阻水段为研究对象进行水力建模。

保浆袋囊投入巷道中后，除了受到浮力和重力以外，由于巷道中地下水的高速流动，其还将受到水流的拖曳力和上举力；当保浆袋囊落入巷道底板时，其还将受到巷道底板的摩擦力。保浆袋囊浮于巷道之中和落入巷道底板受力分析分别见图 4-4 和图 4-5，其中保浆袋囊受到的浮力和重力以有效重力 F_g 表示。

由于保浆袋囊表面粗糙不平，当巷道中地下水流过保浆袋囊表面时，水流与保浆袋囊表面接触后将产生摩擦力 F_1。因为保浆袋囊只有一部分表面积与水流接触，所以摩擦力 F_1 并不通过保浆袋囊重心，但方向与水流方向相同。

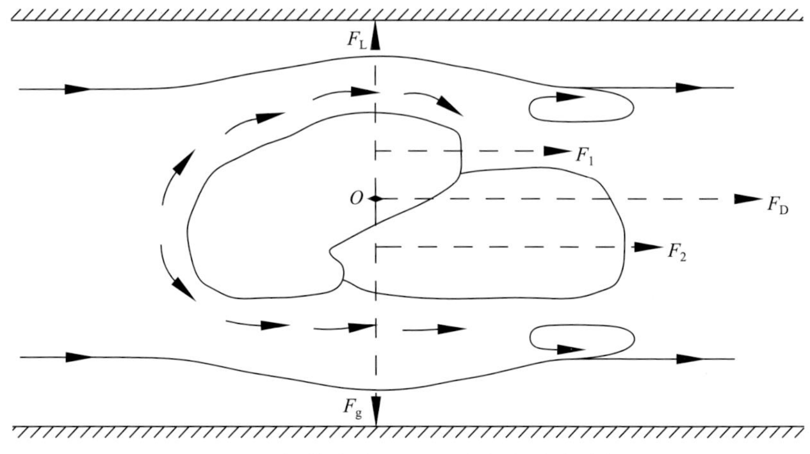

图 4-4 保浆袋囊浮于巷道之中受力分析

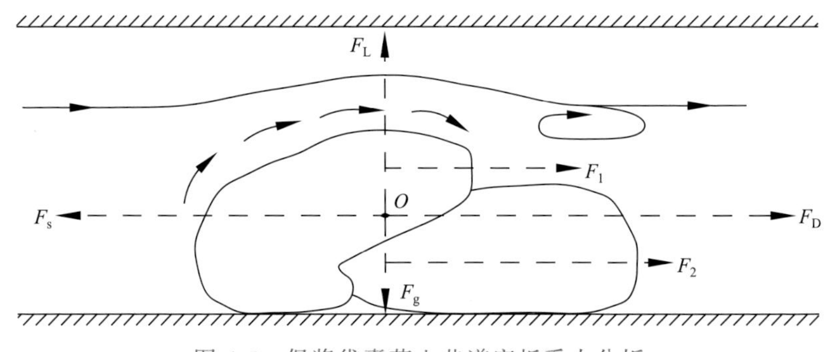

图 4-5 保浆袋囊落入巷道底板受力分析

在保浆袋囊雷诺数 Re 较小时，摩擦力 F_1 是主要的作用力；当保浆袋囊雷诺数 Re 较大时，水流经过保浆袋囊顶部时流线将会发生分离，并在保浆袋囊背水面产生涡辊，因而在保浆袋囊前后产生水压差，造成形状阻力 F_2，且保浆袋囊并非球形，故形状阻力 F_2 也不通过保浆袋囊重心。F_1 和 F_2 的合力以 F_D 表示，称为保浆袋囊所受的拖曳力(杨志斌，2021)。

保浆袋囊雷诺数 Re 计算式为

$$Re = \frac{U_* D}{\upsilon} \tag{4-11}$$

其中，

$$U_* = \sqrt{\frac{\tau_0}{\rho}} \tag{4-12}$$

式中，U_* 为水流摩阻流速；D 为保浆袋囊平均直径；τ_0 为水流在保浆袋囊表面的切应力；ρ 为水的密度。

保浆袋囊拖曳力 F_D 计算式为

$$F_D = C_D A \frac{\rho u_0^2}{2} \tag{4-13}$$

式中，C_D 为拖曳力系数；A 为保浆袋囊迎流面积；u_0 为水流作用在保浆袋囊上的流速。

过水巷道中地下水流动时，由于保浆袋囊顶底部的流速不同，顶部流速快、压强小，底部流速慢、压强大，因而在保浆袋囊上下产生水压差，这种压差阻力称为保浆袋囊所受的上举力 F_L，方向朝上。

保浆袋囊上举力 F_L 计算式为

$$F_L = C_L A \frac{\rho u_0^2}{2} \tag{4-14}$$

式中，C_L 为上举力系数。拖曳力系数和上举力系数都与保浆袋囊雷诺数、来流紊流强度、保浆袋囊形状及其表面粗糙度等因素有关。

假设巷道底板的滑动摩擦系数为 μ，则保浆袋囊在过水巷道底板移动的滑动摩擦阻力 F_s 为

$$F_s = \mu\left(F_g - F_L\right) \tag{4-15}$$

只有当 $F_L \leqslant F_g$ 且 $F_D \leqslant F_s$ 时，落入巷道中的保浆袋囊才能处于静止状态，袋囊才能对后期骨料和浆液的有效灌注发挥效果，达到过水巷道动水快速截流目的，否则其将随着水流一起漂移。

过水巷道动水截流后期，阻水段的最终形成需要靠补充注浆，补充注浆阶段浆液类型分为黏度时变型浆液和黏度缓变型浆液。对于过水巷道动水注浆而言，浆液可分为速凝类浆液和非速凝类浆液，补充注浆阶段以速凝类浆液为主，以非速凝类浆液为辅。

过水巷道动水截流注浆建造形成的阻水段能否抵抗住突水压力，主要取决于三个方面，其一是封堵体本身经过补充注浆后，其结石体强度能否大于突水水压；其二是封堵体与巷道围岩黏结强度能否抵抗住突水水压；其三是巷道围岩本身强度能否抵抗住突水水压。

用于抗衡水压的封堵结石体强度主要取决于浆液的配方、浓度及注浆压力所赋予的密实度，由于在阻水段形成之前，往往需要经历多次补充注浆，每一次有效注浆之后，其结石体强度都会相应增加，故其一般具有足够的强度抵抗水压。但是，用于抗衡阻水段断面突水水压的封堵体与巷道围岩的黏结强度，除了取决于浆液的配方、浓度、注浆压力及巷道围岩自身强度外，还取决于封堵体和巷道围岩的结合面积(杨志斌，2021)。

1) 残余过水断面水力模型

过水巷道动水截流过程中，在动水注浆转变为静水注浆的瞬间，速凝类浆液主要依靠浆液结石体与残余过水通道之间的最大静摩擦力来抵抗水压，非速凝类浆液则主要依靠浆液静切力抵抗水压力。

假设残余过水通道轮廓线为平行无起伏的理想形态，当残余过水断面为任意形状时，阻水段建造过程及封堵计算示意见图 4-6。

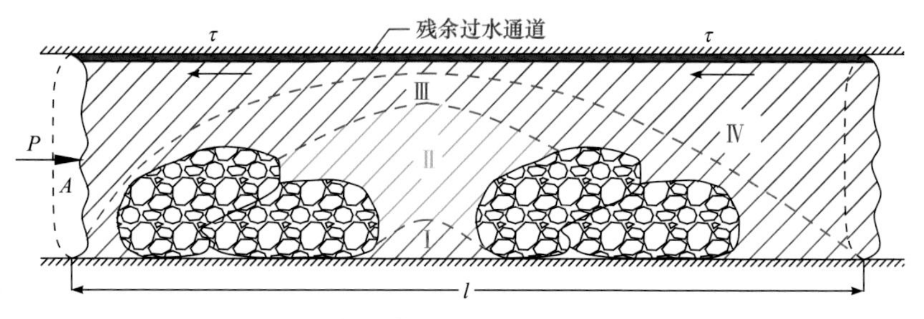

图 4-6 阻水段建造过程及封堵计算示意图

当浆液为速凝类浆液时，浆液注入巷道残余过水通道后快速固结，固结后结石体与巷道围岩壁黏结，根据静力平衡可知：

$$P \cdot A_{残} \leqslant c \cdot \chi \cdot l \tag{4-16}$$

此时，浆液快速固结后结石体所能抵抗的最大静水水头为

$$h \leqslant \frac{c \cdot \chi \cdot l}{\gamma \cdot A_{残}} \tag{4-17}$$

当浆液为非速凝类浆液时，残余过水通道中抵抗静水压力的为浆液静切力，根据静力平衡可知：

$$P \cdot A_{残} \leqslant \tau_{\mathrm{n}} \cdot \chi \cdot l \tag{4-18}$$

$$h \leqslant \frac{\tau_{\mathrm{n}} \cdot \chi \cdot l}{\gamma \cdot A_{残}} \tag{4-19}$$

当残余过水通道不水平，则还需考虑重力因素。假设残余过水通道动水流向与垂直方向夹角为α，则有

$$P \cdot A_{残} + \gamma_{\mathrm{s}} \cdot A_{残} \cdot l \cdot \cos\alpha \leqslant c \cdot \chi \cdot l \tag{4-20}$$

或

$$P \cdot A_{残} + \gamma_{\mathrm{s}} \cdot A_{残} \cdot l \cdot \cos\alpha \leqslant \tau_{\mathrm{n}} \cdot \chi \cdot l \tag{4-21}$$

式中，P 为阻水段承受的静水压强；h 为阻水段承受的静水水头；$A_{残}$ 为残余过水断面面积；c 为浆液结石体内聚力；τ_{n} 为浆液静切力；γ_{s} 为浆液容重；

χ 为残余过水断面湿周；l 为残余过水断面浆液充填长度。

速凝类浆液与非速凝类浆液相比，当残余过水通道轮廓线粗糙起伏时，还需考虑浆液快速固结后结石体的剪切力及剪切效应等，情况较为复杂。

2) 阻水全断面水力模型

过水巷道动水截流末端，在注浆停止的瞬间，巷道中有效阻水段能否最终抵抗住突水水压，主要依靠阻水段与巷道围岩之间的黏结强度，则有效阻水段长应满足以下条件：

$$P \cdot A \leqslant \tau \cdot C \cdot L \tag{4-22}$$

此时，有效阻水段长所能抵抗的最大静水水头为

$$h \leqslant \frac{\tau \cdot C \cdot L}{\gamma \cdot A} \tag{4-23}$$

式中，A 为阻水段全断面面积；τ为阻水段与巷道围岩黏结面的抗剪强度，若巷道围岩的抗剪强度低于该值，则取巷道围岩自身的抗剪强度；C 为阻水段全断面周长；L 为有效阻水段长。

假设有效阻水段过水断面为圆形，圆的面积与其直径的平方呈比例增减，而圆的周长与其直径呈比例增减。以某一过水断面面积为 $16m^2$ 的通道与另一过水断面面积为 $0.01m^2$ 的通道为例进行比较，前者面积为后者的 1600 倍，但前者周长仅为后者的 40 倍。因此，在过水断面周长不能与断面面积同倍增长的情况下，就必须靠增加阻水段的长度才能取得两者的水力平衡，这就是过水巷道动水注浆和岩体空隙动水注浆的最大区别，造成前者注浆工程量和工期都远大于后者(杨志斌，2021)。

4.1.2 保浆袋囊变形移动规律及流场变化特征

水泥浆液自身凝结固化反应用以抵抗动水冲刷能力的指标主要为浆液凝结时间、结石率和结石体强度，而影响上述三个指标的浆液配比参数主要为水灰比(水与水泥的质量之比，W：C)、水玻璃浓度(单位：波美度，°Bé)和纯水泥浆液与水玻璃的体积比(CS 体积比)。为了研究保浆袋囊投入巷道后的流场变化及其形态特征和运移规律，采用高压试验系统和低压试验系统分别进行了一组单孔单袋和单孔双袋动水投袋试验。保浆袋囊充填控制注浆材料选用水泥-水玻璃双浆液，其中水泥选用 P.O42.5R 普通硅酸盐水泥，水玻璃选用模数为 2.8 的钠基水玻璃。浆液配置参数 W：C 为 1，水玻璃浓度为 30°Bé，CS 体积比为 100：30。

矿井突水灾害发生后，目前常用的救援定向钻孔裸孔孔径主要为

ϕ216mm 和ϕ153mm 两种，其中ϕ216mm 救援孔适宜采用ϕ177.8mm 控制注浆钻具，ϕ153mm 救援孔适宜采用ϕ146mm 控制注浆钻具。目前，钻孔控制注浆经在榆卜界煤矿和左则沟煤矿的现场试验，表明ϕ177.8mm 控制注浆钻具可投放的单袋保浆袋囊形态为直径 3m、长 6m 的圆柱体保浆袋囊，可投放的双袋保浆袋囊形态为串珠式圆柱体保浆袋囊，其中单个圆柱体保浆袋囊为直径 2m、长 3m，因此动水投袋试验中模拟采用的保浆袋囊原型即为上述现场试验投放成功的保浆袋囊形态。由于模拟试验系统是按线性相似比 1∶10 研制的，根据模拟试验相似准则要求，模拟采用的保浆袋囊在原型的基础上按 1∶10 制作而成。单双袋保浆袋囊形态示意见图 4-7 和图 4-8，其中单袋保浆袋囊体积为 0.042m^3，双袋保浆袋囊体积为 0.019m^3(杨志斌，2021)。

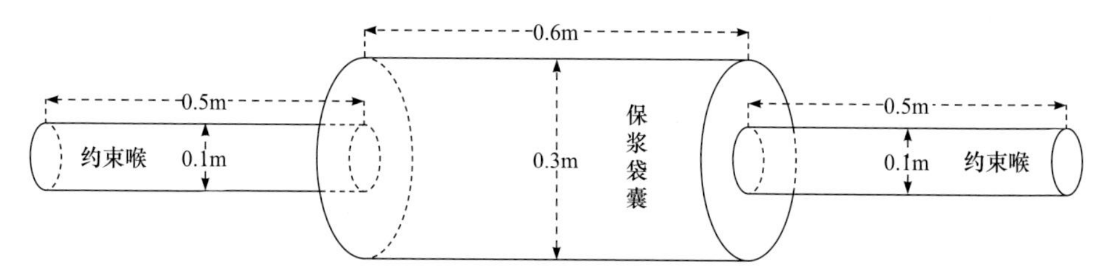

图 4-7 单袋保浆袋囊形态示意图

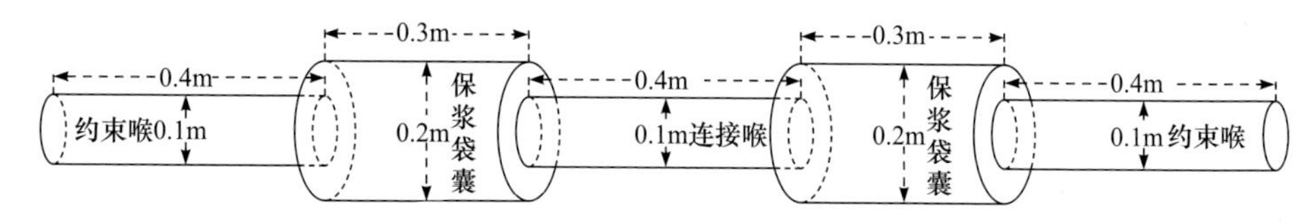

图 4-8 双袋保浆袋囊形态示意图

1) 高压试验系统单孔单袋动水投袋试验

投袋试验中，过水巷道的动水压力 P_1、P_2 和动水流量 Q 分别设置为 3.00MPa、1.50MPa 和 334L/min，袋囊充填注浆流量为 24L/min，投袋钻孔设置在试验舱的第 2 个钻孔上，见图 4-9，试验结果见图 4-10 和图 4-11。

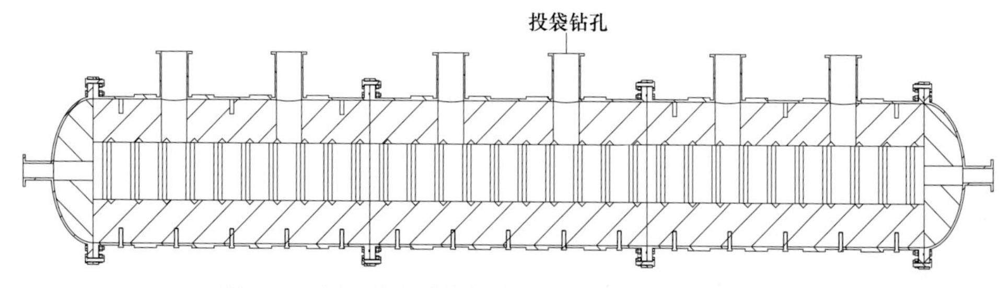

图 4-9 高压试验系统投袋试验投袋钻孔位置示意图

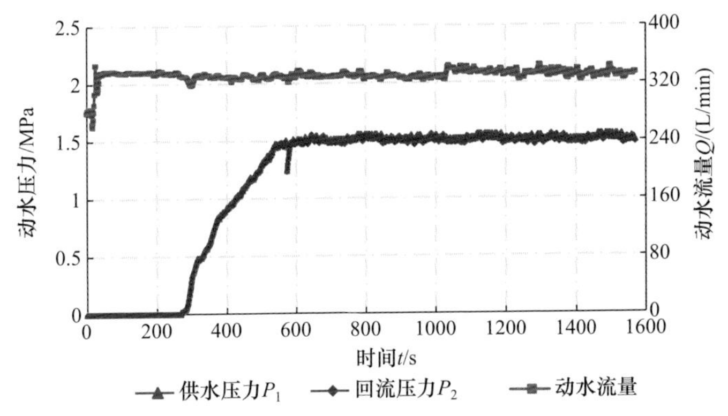

图 4-10　高压试验系统投袋试验动水压力和动水流量变化曲线

图 4-11　高压试验系统单孔单袋投袋后的封堵体形态

由图 4-10 可知，当 P_2 稳定在设定压力 1.50MPa 时，P_1 和 Q 分别稳定在 1.51MPa 和 334L/min。试验后期至投袋试验结束，P_1、P_2、Q 都保持稳定，其中 P_1、P_2 的动水压差始终保持在 1～2m 的水头差。另外，控制注浆过程中的注浆压力和应变片监测到的应变量也都保持不变，说明保浆袋囊控制注浆未能减小动水流量，必须通过后期袋外补充注浆进一步减小过水断面，才能成功实现动水快速截流。

试验结束，对试验舱拆卸后的封堵体进行观测测量，见图 4-11，发现保浆袋囊直立于其投放钻孔的正下方，未发生倾倒和移动，保浆袋囊形态基本维持为圆柱体，仅在局部发生了微小变形。保浆袋囊虽然大幅减小了过水断面面积，但在保浆袋囊两侧仍明显存在残余过水断面。保浆袋囊内水泥浆液凝胶体结石率和结石体强度较高，充满水泥浆液的保浆袋囊体积为 0.028m^3，迎流面积为 0.12m^2，说明水泥浆液仅充满保浆袋囊体积的 66%，即从控制注浆钻具中提前脱落至巷道，其减小的巷道过水断面积为 60%，此时残余过水断面的过水能力仍大于动水流量 334L/min，进一步说明必须通过后期补充注浆方能实现动水快速截流成功。

2) 低压试验系统单孔双袋动水投袋试验

投袋试验中，过水巷道的动水压力 P_1、P_2 和动水流量 Q 分别设置为 0.30MPa、0.05MPa、346L/min，袋囊充填注浆流量为 24L/min，投袋钻孔设置在第 2 节试验舱的第 4 个(中间)钻孔上，见图 4-12，试验结果见图 4-13 和图 4-14。

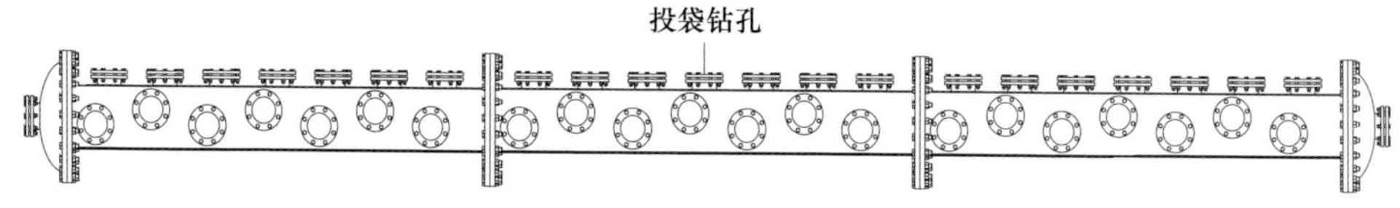

图 4-12 低压试验系统投袋试验投袋钻孔位置示意图

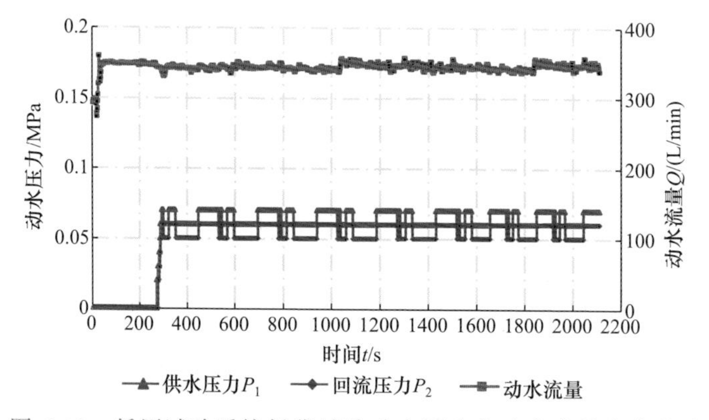

图 4-13 低压试验系统投袋试验动水压力和动水流量变化曲线

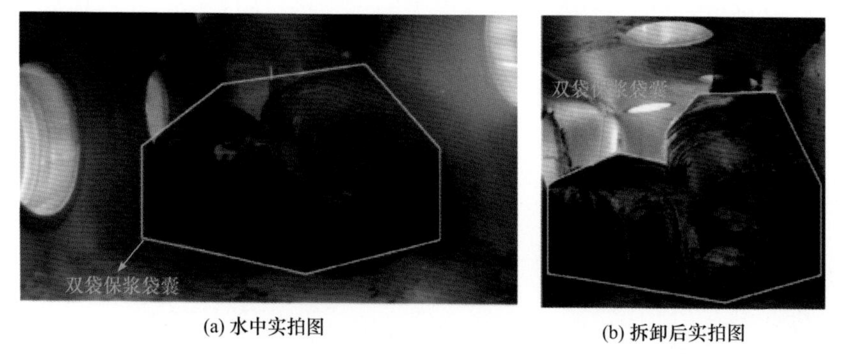

(a) 水中实拍图 (b) 拆卸后实拍图

图 4-14 低压试验系统单孔双袋投袋后的封堵体形态

由图 4-13 可知，P_2稳定在设定压力 0.05MPa 时，P_1和 Q 分别稳定在 0.06MPa 和 346L/min。试验后期至投袋试验结束，P_1、P_2、Q 虽然略有微小波动，但其值基本保持不变，其中 P_1、P_2 的动水压差始终保持 1m 的水头差。另外，控制注浆过程中的注浆压力和应变片监测到的应变量也都保持不变(董书宁等，2020b)，说明保浆袋囊控制注浆仍未能减小动水流量，也必须通过后期袋外补充注浆进一步减小过水断面，才能实现动水快速截流成功(杨志斌等，2021)。

通过试验过程中和结束后对串珠式双袋保浆袋囊封堵体的观测测量，见图 4-14，发现串珠式双袋保浆袋囊位于其投放钻孔正下方下游约 30cm 处，平面上呈“U”字型分布，剖面上一个保浆袋囊挤压叠置于另一个保浆袋囊侧上方，单个保浆袋囊轮廓形态仍整体呈圆柱体，但局部变形量较大。保浆袋囊虽然大幅减小了过水断面面积，但在保浆袋囊侧上方仍明显存在残余过水断面。保浆袋囊内水泥浆液凝胶体结石率和结石体强度较高，充满水泥浆液的保浆袋囊体积约为 0.023m^3，迎流面积约为 0.11m^2，说明水泥浆液充满保浆袋囊体积的 121%，即保浆袋囊被浆液充分充填并膨胀后才脱落至巷道，其减小的巷道过水断面面积为 55%，此时残余过水断面过水能力仍大于动水流量 346L/min，也进一步说明必须通过后期补充注浆方能成功实现动水快速截流(杨志斌，2021)。

根据高压试验系统的单孔单袋投袋试验和低压试验系统的单孔双袋投袋试验结果，表明保浆袋囊在高压和低压动水环境下都能顺利打开，袋内双浆液凝胶体结石率和结石体强度较高，其投入动水流量为 2000m^3/h 的等流速水平巷道中，不会随水流漂移，落入巷道的位置在投袋钻孔正下方及其下游，保浆袋囊轮廓形态整体呈圆柱体，但局部会发生一定变形，其中双袋保浆袋囊变形量大于单袋保浆袋囊变形量。保浆袋囊落入巷道后的样式形态与其投放工艺有关，存在一定的偶然性，主要包括直立柱型和倒“U”字型，其中直立柱型保浆袋囊减小巷道断面面积大小主要和其直径和长度有关，倒“U”字型保浆袋囊减小巷道断面面积大小主要和其直径有关(杨志斌等，2021)。保浆袋囊可以快速缩小巷道过水断面积，提高阻水段局部流速，但难以减小突水量；其中，在动水流量为 2000m^3/h 的水平巷道中，巷道淹没水位控制压力分别为 1.5MPa 和 0.05MPa 时，保浆袋囊减小巷道过水断面积分别为 60%和 55%，巷道中动水流量没有变小，阻水段两侧动水压差始终保持在 1～2m，说明必须通过后期袋外补充注浆进一步减小巷道过水断面，才能成功实现动水快速截流(杨志斌，2021)。

4.2　过水大通道封堵系统模拟试验平台搭建

煤矿发生突水时的起始动水流量一般大于 2000m^3/h，且通常开展抢险的时间一般都在突水发生的 24h 以后，从而造成矿井部分区域遭受淹没。矿方为了能够减少淹没区域及损失，提供人员逃生时间，采取加大排水能力的措施，尽量减缓井下水位上升速度，因此形成了过水巷道的动水条件。从地面打孔，进行定向封堵过水巷道需 4～10d 的施工周期。过水巷道封堵体建造时需承受突水点水位与控制水位的动水压差和动水流量 Q；过水巷道封堵体建造后需承受水源水位与突水点水位的静水压差，动水条件下封堵体建造示意见图 4-15。结合目前大部分煤矿煤层的开采深度计算，将巷道堵水封堵体建造后需承受水源水位与突水点水位的静水压差按 500m 水位差计算，设计为 5MPa，控制水位的平衡动水流量指标定为 2000m^3/h，按线性比 1∶10 设计试验舱。

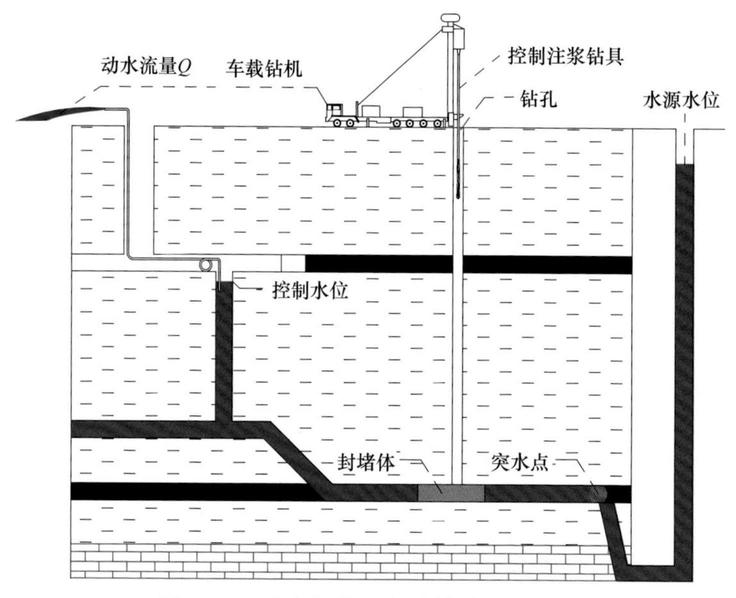

图 4-15　动水条件下封堵体建造示意图

为研究过水大通道受控注浆封堵体形成机制，研制了恒流恒压试验舱、投袋试验舱、试验舱稳压稳流系统、骨料灌注系统等试验设备。其中，恒流恒压试验舱用于模拟高压和动水大流速条件下控制注浆及保浆袋囊移动规律以及测试封堵体稳定性能；投袋试验舱主要用于再现动水快速截流过程，模拟保浆袋囊投放后，补充注浆阶段的浆液扩散凝结规律；试验舱稳压稳流系统主要为试验舱提供合适的试验条件及采集试验数据；骨料灌注系统主要研究投袋封堵后进行的骨料灌注对巷道封堵效果的影响(杨志斌，2021)。

4.2.1　恒流恒压试验舱

过水大通道封堵试验舱采用筒状(螺旋焊接)钢结构制作耐压装置，内径 988mm，钢板厚度 16mm，每节长 2m，共 4 节，等距加箍。采用厚度 16mm

钢板、宽度 160mm、箍间距(中心距)416mm 进行加箍作业。试验舱中充填 C30 混凝土，留空面位高 400mm，宽 500mm。恒流恒压试验舱装置剖面结构示意见图 4-16。封头采用标准椭圆球面制作，钢板厚度 16mm，法兰为 28 孔钢板法兰，厚 32mm，零部件的制作材质均为 Q235B 合金钢。试验舱设计水压最大为 5MPa。恒流恒压试验舱材质为无缝钢材，外侧采用筒状钢结构制作耐压装置，钢筒内径 1m，钢板厚度 16mm，共 3 节，单节长度 2m，总长度 6m。每节钢筒上方预留两个钻孔，孔径 20cm，共 6 个钻孔，钢筒之间采用法兰盘对接。为了提高抗变形能力，采用等距加箍加强强度。试验舱内部首先采用混凝土浇筑，形成断面宽 0.8m、高 0.7m 的矩形内腔，而后使用厚 0.15m、长 0.5m、宽 0.4m，具有 90°等间距凹槽预制水泥砌块进行拼接，形成截面为宽 0.4m、高 0.5m 的矩形模拟巷道，用于模拟宽 5m、高 4m 的截流巷道原型。

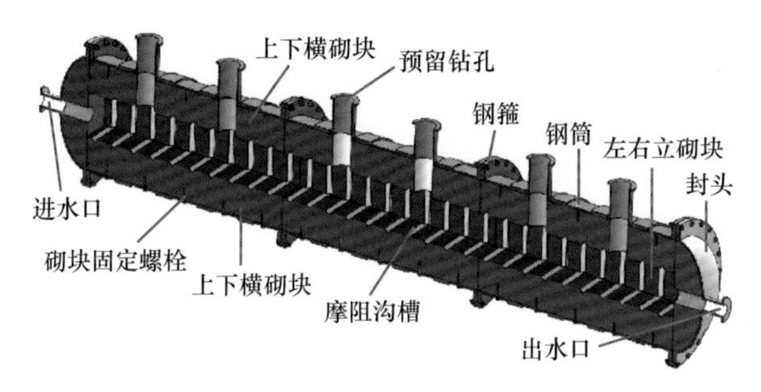

图 4-16　恒流恒压试验舱装置剖面结构示意图

目前，我国过水巷道动水截流条件一般为突水点静水压力 5MPa，动水流量 2000m^3/h，因此设计恒流恒压试验舱承受最大水压为 5MPa。为了使试验舱与巷道原型的物理边界相似，在每个混凝土模块垂直于水流方向等距设置摩阻沟槽，沟槽内预埋应变片，以监测封堵体建成后的稳定性能。试验舱两端均采用密封封头。动水从试验舱左侧密封封头流入，右侧密封封头流出，投袋和注浆从试验舱顶部预留的钻孔进行。

由于恒流恒压试验舱在试验后期要承受 5MPa 的静水压力，为了确保试验安全进行，对设计的试验舱体进行了强度验算，采用有限元计算方法，在密闭试验舱内壁施加 5MPa 的壁面压力，得到试验舱 1020 钢筒和封头的静应力分析结果，分别见图 4-17 和图 4-18(杨志斌，2021)。

图 4-17 和图 4-18 验算结果表明，5MPa 的静水压力在试验舱钢筒上可产生的最大静应力不足 300MPa，在试验舱封头上可产生的最大静应力约为 320MPa，但是试验舱材质 1020 钢材的屈服应力约为 620MPa，可以看出恒流恒压试验舱的耐压及抗变形能力满足试验模拟强度要求(杨志斌，2021)。

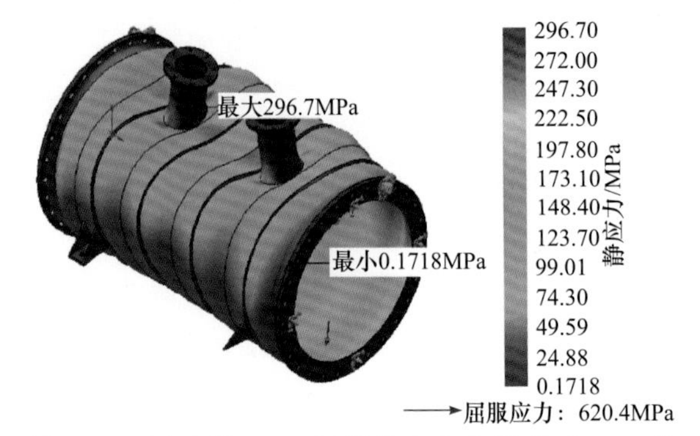

图 4-17　试验舱 1020 钢筒静应力分析(放大 304 倍)

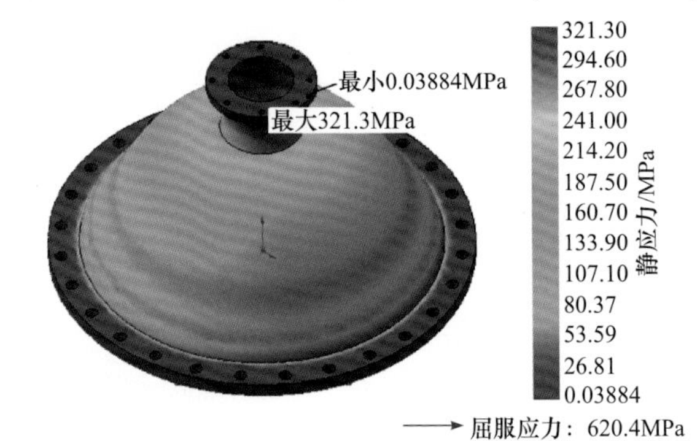

图 4-18　试验舱 1020 封头静应力分析(放大 104 倍)

4.2.2　投袋试验舱

投袋试验舱材质包括 W18Cr4V 不锈钢和钢化玻璃，外侧采用板状矩形钢结构制作，不锈钢板厚度 10mm，矩形断面宽 0.5m、高 0.4m，共 3 节，用于模拟宽 5m、高 4m 的截流巷道原型；单节长度 3m，总长 9m，每节试验舱的左侧、右侧和顶部都预留 7 个孔眼，孔径 15cm。投袋试验舱装置结构示意见图 4-19。其中，用作透视作用的孔眼采用钢化玻璃通过法兰盘与试验舱面板对接，试验舱之间也采用法兰盘对接。试验舱底部铺设 3cm 厚的水泥毯，以增加模拟巷道底板摩阻，试验舱两端均采用密封封头。

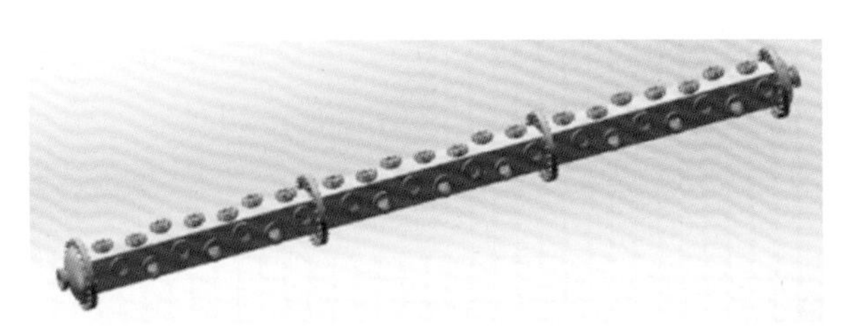

图 4-19　投袋试验舱装置结构示意图

4.2.3　试验舱稳压稳流系统

试验舱稳压稳流系统主要作用为对恒流恒压试验舱及投袋试验舱试验过程中的压力、流量进行控制及数据采集。系统采用机电一体化控制，通过压力传感器、电磁溢流阀、蓄能器等设备协调配合，完成试验舱的试验环境及条件准备，实施试验过程的压力及动作配合，系统按照既定要求，实现既定指标，配合试验舱封堵试验。试验舱稳压稳流系统由机械系统和控制系统两部分组成。

1. 机械系统

机械系统由蓄能罐、进水管路、排水管路、压力仪表、电磁阀、闸阀等蓄能器组设备组成。该系统共有两组蓄能器组，每组蓄能器组包括 5 个蓄能罐，每个蓄能罐的容量为 100L。当试验流量小于 $10m^3/h$ 时采用一组蓄能器组，当试验流量大于 $10m^3/h$ 时采用两组蓄能器组，这是模拟动水截流工艺突水环境控制环节，实现试验初期在试验舱中形成恒定的动水压力和动水流量初始条件。

煤层底板突水灾害过水巷道动水截流模拟过程中，当阻水段过水能力小于试验初期设定的恒定动水流量时，由于煤层底板承压含水层的弹性储水性能，巷道进水口动水流量应该减小，同时动水压力应该增大，而且两者之间满足以下关系：

$$\Delta Q = \int_0^t A_{过} \cdot \Delta v \mathrm{d}t \tag{4-24}$$

$$\Delta h = \int_0^t \frac{A_{过} \cdot \Delta v}{A_{含} \cdot \mu^*} \mathrm{d}t \tag{4-25}$$

式中，ΔQ 为截流巷道中减小的动水流量；Δh 为截流巷道进水口升高的动水压力；Δv 为截流巷道进水口减小的水流速度；$A_{含}$ 为截流巷道减小的动水流量贮存回煤层底板承压含水层中的贮存面积；μ^* 为煤层底板承压含水层贮水系数；t 为截流巷道中动水流量开始减小后的累积时间。

由式(4-24)和式(4-25)可知，一旦阻水段使巷道中动水流量开始减小，则模拟巷道进水口的动水流量和动水压力，应该呈现出随着时间的延长累积减小和累积升高的规律。但是，由于稳压稳流系统中的蓄能器组可贮存的水量有限，当巷道中进水口动水压力升高到一定值时，需要借助安全分流系统，将巷道中减小的动水流量释放出去，同时维持住巷道中进水口的动水压力继续升高的趋势。因此，稳压稳流系统除了利用蓄能器组的缓冲功能，可实现试验初期在试验舱中形成恒定的动水压力和动水流量初始条件外，还可结合安全分流系统，同时用于试验后期在试验舱中形成动态变化的动水压差和流量衰减边界条件(杨志斌，2021)。

2. 控制系统

过水大通道动水快速截流模拟试验系统设备由数据采集系统、大型巷道模拟试验舱、蓄能器组 1 和 2、安全分流系统、水仓等组成(图 4-20)。该系统的主要功能为根据既定参数准备试验条件，通过压力传感器及流量设定完成各个控制阀的自动化控制，通过声光报警提示试验过程。控制系统通过压力传感器的监控，自动按照预设调节驱动电磁控制阀工作状态，以匹配试验要求及过程。控制系统同时担任监控职责，实时显示当前水源及控制水源的压力状态，针对压力进行条件监控。

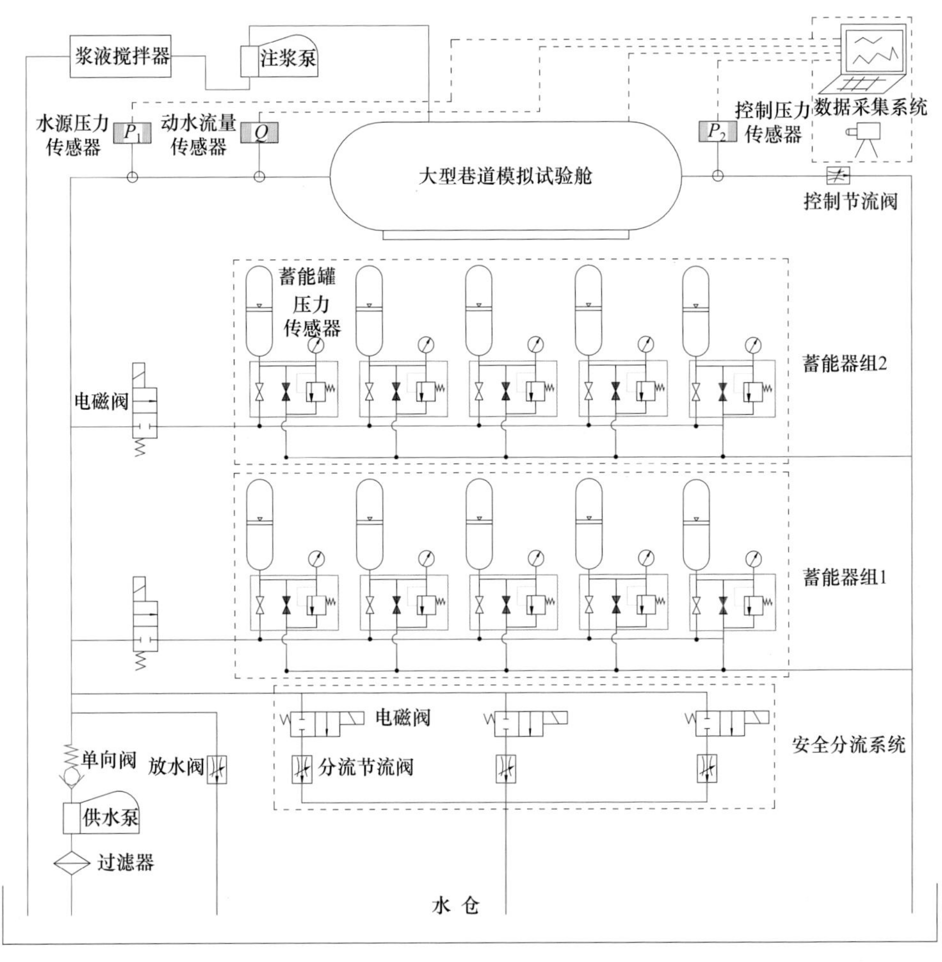

图 4-20 过水大通道动水快速截流模拟试验系统设备组成

4.2.4　骨料灌注系统

矿井突水水源快速判识与水灾防控关键技术研究项目需要在恒流恒压试验舱中进行骨料灌注试验。为了确保工艺适应性，该骨料灌注系统压力应不小于 10MPa，通过两个阀门实现骨料进入钻孔和骨料钻孔进入料舱。

骨料灌注系统由 7 个部分组成，分别是骨料进料口、4 个阀门、变径接头、钻柱模拟段。其中，骨料进料口设计为扇形结构，使用耐磨钢材焊接而成，骨料进入钻柱模拟段，相当于钻孔模拟骨料进入钻孔段位，该段通过变径接头与骨料进料口连接，可以接通注浆管和带压力的惰性气体管道连接，模拟工艺适应性及注浆过程中气体压力变化带来的影响，实现骨料进入钻孔和骨料钻孔进入料舱的两个过程。

4.2.5　试验系统流程

按试验条件，封堵体最终压力 P_1 为 5MPa，排水控制压力 P_2 为 2MPa，起始流量为 20m^3/h，试验步骤如下：

(1) 试验开始时，按设计需要设置水源封堵后最终压力 P_1、排水条件下的控制水位压力 P_2 及流量 Q。

(2) 根据试验设计流量进行供水泵档位选择并启动供水泵。

(3) 调节回流节流阀至供水压力和回流压力满足试验压力 P_2，发出第一次声光信号。

(4) 系统按设计自动开启蓄能器组通道稳压(系统按流量选择蓄能器数量)，供水压力传感器和回流压力传感器在压力回升至 P_2 时，发出信号，可进行封堵体建造试验。

(5) 随着封堵体建造进行，供水压力将会升高，回流压力将会降低。当供水压力达到 3MPa 时，系统自动开启分流阀 1 进行分流。

(6) 当供水压力达到 4MPa 时，系统自动开启分流阀 2 进行分流。

(7) 当供水压力达到 5MPa 时，系统自动开启分流阀 3 进行分流并发出声光信号，提示关闭供水泵。试验完成。

试验过程实时记录供水压力和回流压力，为后期进行数据分析提供资料。

4.3　钻孔控制注浆装置及系统研究

钻孔控制注浆机具的主要设备：汽车钻机、双重管动力头、水玻璃注浆泵、水泥浆注浆泵、水泥浆搅拌机、双重管钻具和袋模注浆钻具等(朱明诚，2015b)，见图 4-21。

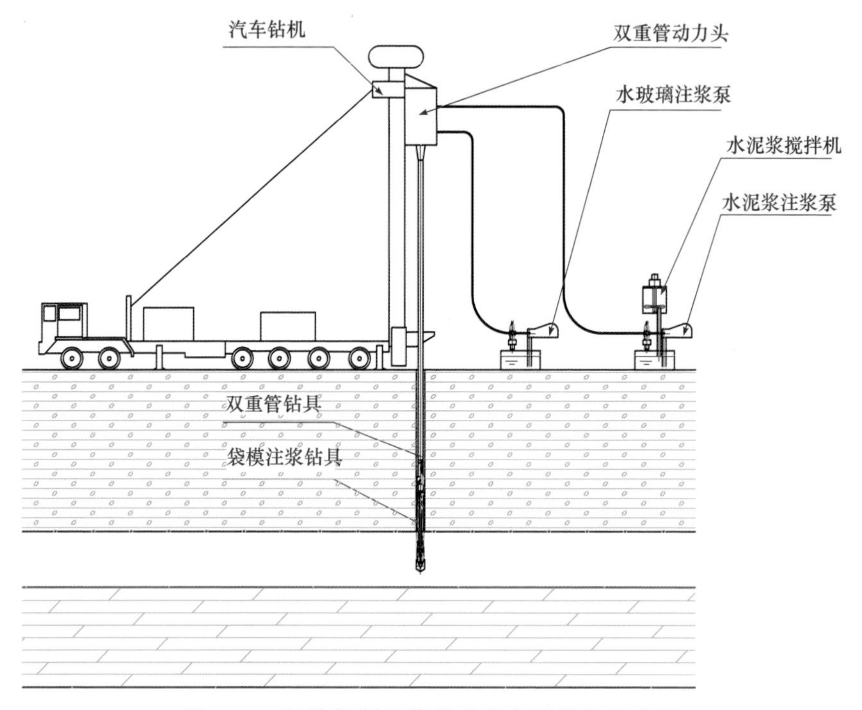

图 4-21　钻孔控制注浆机具的主要设备示意图

在矿井突水灾害发生后，使用控制注浆封堵体建造技术进行动水注浆封堵过水巷道，具体施工流程如下：①设定封堵体建造点及封堵体建造长度；②设计注浆封堵钻孔；③钻机钻进；④提钻下入控制注浆钻具，连接注浆管线；⑤进行保浆袋囊控制注浆；⑥投袋提钻；⑦封堵体注浆加固(骨料、双浆液等)；⑧突水点补充注浆(水泥浆液)。

该技术的核心为专用控制注浆组合式钻具，该钻具是一种内藏高强度保浆袋囊的组合钻具，可采用钻机在地面选点，快速钻进至欲封堵的水害突出通道，然后采用投球方式封堵钻头部位钻进液通道，推出钻头及保浆袋囊，通过钻具用注浆泵向保浆袋囊注入快速凝结的充填材料，形成可控制范围及固结质量的注浆结石体，达到封堵水害突出通道的目的(朱明诚，2015b)。

4.3.1　钻孔控制注浆钻具结构

一般，采用地面注浆工艺的注浆钻孔均安置有固孔套管，但因地质条件不稳定，孔内裸孔段可能会出现局部塌孔、缩径等现象，因此要求钻具具有以下特性：

(1) 钻具可保证正常钻进；

(2) 钻具可内藏尽量大尺寸保浆袋囊；

(3) 钻具可采用某种特殊方式投出保浆袋囊；

(4) 钻具可保证采用注射式注浆方式填充保浆袋囊，并排出保浆袋囊内残留水与空气；

(5) 钻具可保证投离保浆袋囊并保证袋内浆液不会泄漏。

针对以上特点，钻注一体袋模注浆钻具设计见图 4-22。

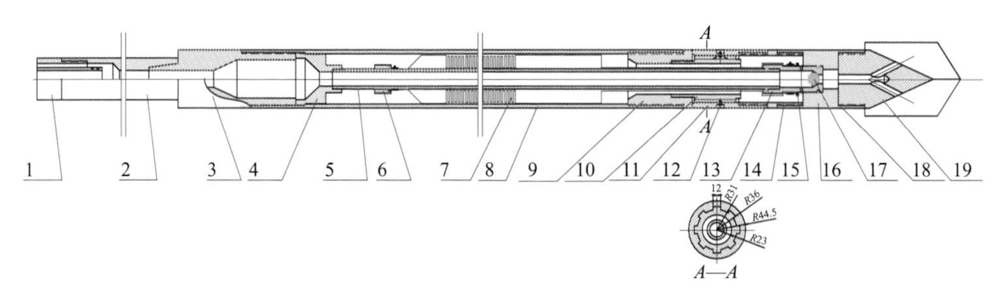

图 4-22　钻注一体袋模注浆钻具设计图

1-双重管钻具；2-混合段转接头；3-钻杆套管接头；4-隔离接头；5-浆液注射管；6-后袋口约束；7-高强度保浆袋囊；8-套管；9-转接头 a；10-花键芯轴；11-花键套；12-剪切螺钉；13-球座；14-转接头 b；15-前袋口约束；16-转接头 c；17-球；18-转接头 d；19-钻头

这种组合钻具可采用地面钻机或井下坑道钻机在地面或井下选点并快速钻进至欲封堵的水气害突出通道，在钻进揭露欲封堵通道后，退出钻进钻具，更换袋模注浆钻具。在塌孔段可实现扫孔钻进，其钻进状态见图 4-23(朱明诚等，2009)。

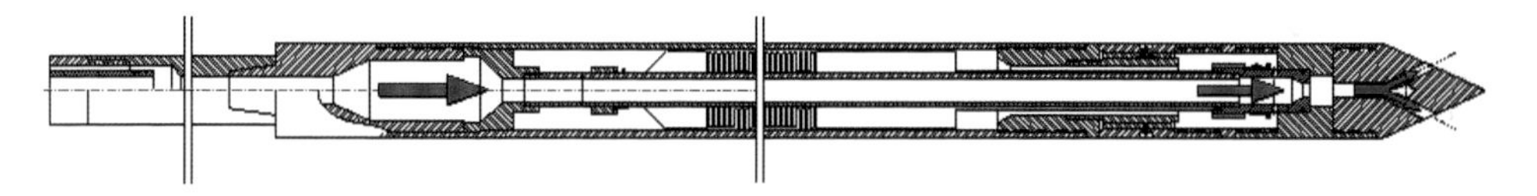

图 4-23　钻注一体袋模注浆钻具钻进状态

钻进至欲封堵区域，从钻具中投入钢球(下斜孔)或塑料球(上斜孔)封堵球座中心孔。向钻具内注入速凝类浆液，在钻具内形成较大的内压力，压力达到一定值后可破坏剪切螺钉，使前端部分钻具沿花键面脱离并拉出保浆袋囊，随后速凝类浆液充填入保浆袋囊并快速凝结，达到控制注浆的目的。最后，强力拉出其余钻具，使注浆体与保浆袋囊留于封堵位置，其注浆状态见图 4-24。

控制注浆钻具中原约束环采用钢结构制造，其前端约束环主要连接保浆袋囊与钻头结构，在钻头抛出后可拉出保浆袋袋体进行注浆，其后端约束环将保浆袋后约束喉嵌套在注浆注射管外壁，其主要作用如下：

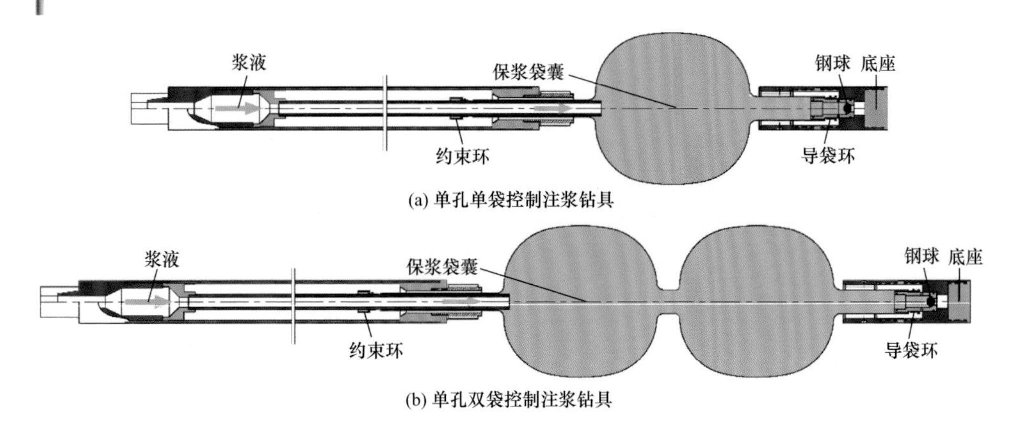

图 4-24　钻注一体袋模注浆钻具注浆状态

(1) 防止注浆浆液外泄；

(2) 沿注浆注射管外壁滑动，证注浆管注射注浆效果；

(3) 投袋后可对后约束喉起收敛作用，防止注浆浆液漏出。

根据钻具直径不同，注浆注射管通常采用无缝钢管制作，其规格分为外径 32mm、壁厚 3mm(适用于ϕ177.8mm 以上控制注浆钻具)和外径 25mm、壁厚 3mm(适用于ϕ146mm 以下注浆控制钻具)两种。

实际使用中，钢结构约束环发生过约束过紧，造成保浆袋囊无法脱袋或保浆袋囊撕裂破坏，约束过松则会产生保浆袋囊无效脱离等现象。为解决这一问题，研发了双环或三环组合式自紧约束环，经试验效果良好。两种注射管用导袋及约束环的构造剖面见图 4-25 和图 4-26。

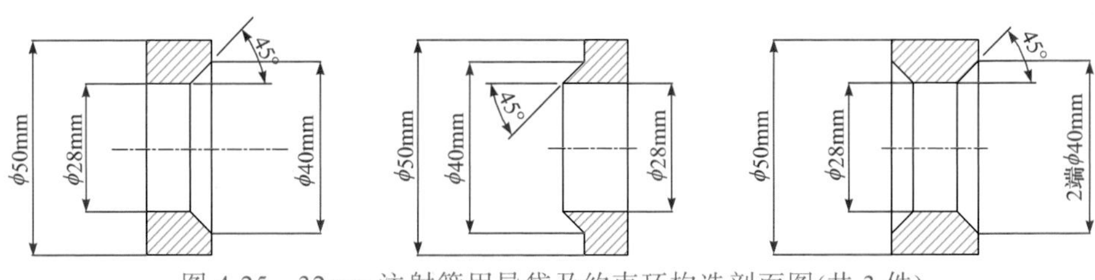

图 4-25　32mm 注射管用导袋及约束环构造剖面图(共 3 件)

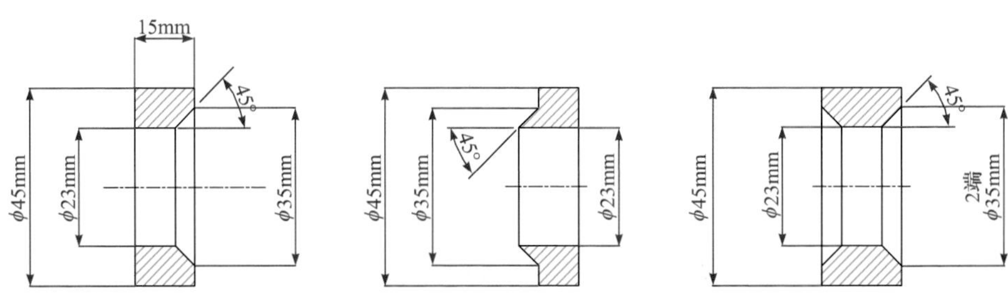

图 4-26　25mm 注射管用导袋及约束环构造剖面图(共 3 件)

控制注浆钻具安装时保浆袋囊约束喉从约束环与注射注浆管环装间隙中穿过，而后绕拉紧环反向折出，从拉紧环与上压环中间的锥形环状空间拉出至保浆袋袋体一端。充袋注浆过程中由于保浆袋袋体下拉作用，约束喉部分带动下拉环向下运动，锥形面夹紧袋体使浆液不至于流出，使约束喉不易脱落。由于约束环选用硫化橡胶制作，具有一定的弹性，这种结构不会影响袋体轴向滑移脱袋。

对于较大的袋舱，由于其袋体较大，在充袋注浆过程中容易造成上压环外翻，因此设计了一种适用于较大袋舱的三件组合约束环。安装时保浆袋囊约束喉从约束环与注射注浆管环状间隙中穿过，而后绕后拉紧环反向折出，经过后拉紧环与上压环中间的锥形环状空间，进入前拉进环内。双约束环安装见图 4-27。

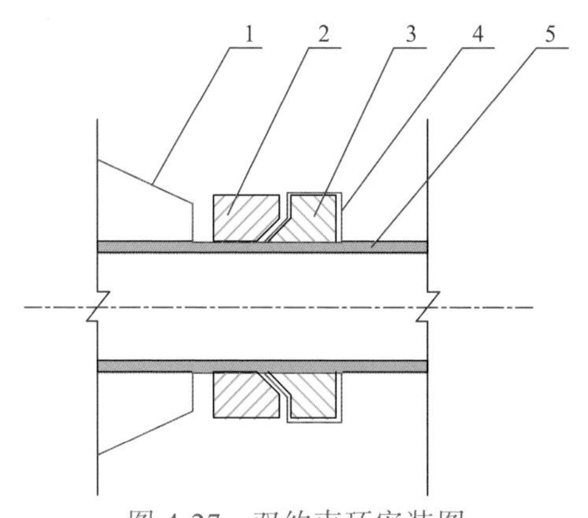

图 4-27　双约束环安装图

1-保浆袋袋体；2-上压环；3-拉紧环；4-约束喉；5-注射注浆管

使用中，保浆袋约束喉从约束环与注射注浆管环装间隙中穿过，折返后绕拉进环反向折出，而后从拉紧环与上压环中间的锥形环状空间拉出至保浆袋袋体一端。三约束环安装见图 4-28。

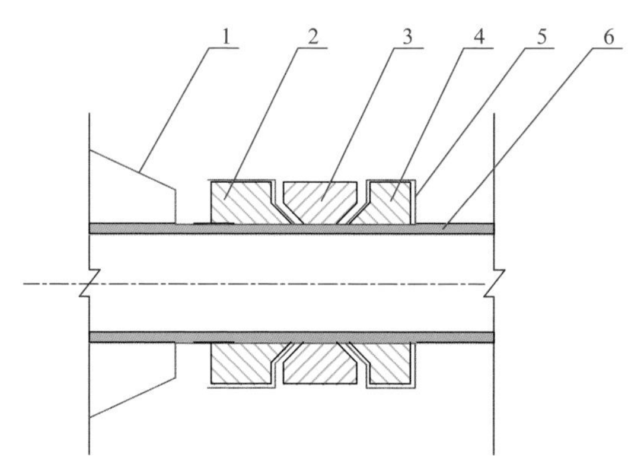

图 4-28　三约束环安装图

1-保浆袋袋体；2-前拉紧环；3-上压环；4-后拉紧环；5-约束喉；6-注射注浆管

4.3.2 钻孔控制注浆钻具类型

经大量调研分析，根据深度的不同，较为经济的堵水钻孔结构一般分为以下几种。

(1) 堵水钻孔孔深在 300m 以内，一般采用两开钻孔，一开ϕ400mm；钻透第四系后进入基岩 2m，下入ϕ339.7mm 的石油套管，固管后，二开ϕ270mm，钻至封堵点，见图 4-29(a)。

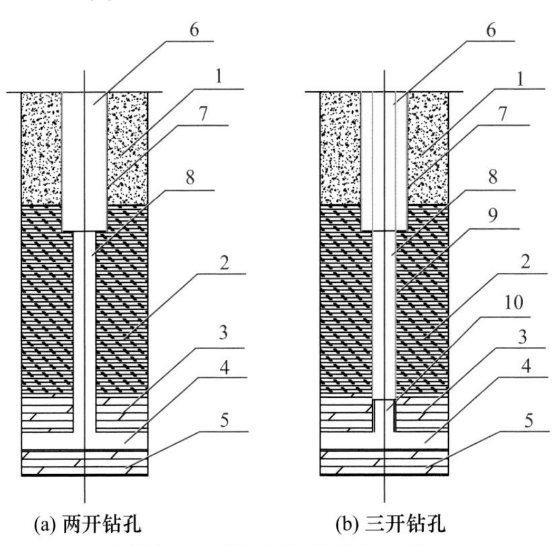

图 4-29　注浆钻孔结构工图

1-松散地层；2-基岩段；3-巷道顶板；4-巷道；5-巷道底板；6-一开钻孔；7-一开钻孔套管；8-二开钻孔；9-二开钻孔套管；10-三开钻孔

(2) 堵水钻孔孔深为 300～500m，一般采用三开钻孔，一开ϕ400mm；钻透第四系后进入基岩 2m，下入ϕ339.7mm 的石油套管表套，固管后，二开ϕ250mm；钻进至距巷道封堵点 10～20m 时下入ϕ219.1mm 石油套管，进行固孔，三开ϕ189mm 裸孔钻进至封堵点，见图 4-29(b)。

(3) 堵水钻孔孔深超过 500m，一般采用三开钻孔，一开ϕ250mm；钻透第四系后进入基岩 2m，下入ϕ219.1mm 的石油套管表套，固管后，二开ϕ210mm；钻进至距巷道封堵点 10～20m 时，下入ϕ177.8mm 石油套管，进行固孔，三开ϕ159mm 裸孔钻进至封堵点，如图 4-29(b)。

根据以上数据，研发 5 种不同的投袋钻具，控制注浆钻具系列见表 4-1：①244.5mm 直径钻具适用于裸孔段直径 270mm；②177.8mm 直径钻具适用于裸孔段直径 189mm；③146.0mm 直径钻具适用于裸孔段直径 159mm；④127.0mm 直径钻具适用于裸孔段直径 159mm；⑤89.0mm 直径钻具适用于井下小口径钻孔投袋封堵。

表 4-1　控制注浆钻具系列　(单位：mm)

序号	钻具直径	钻孔直径	注射管注浆管直径*壁厚	保浆袋长度	单袋保浆袋囊		多袋保浆袋囊	
					直径	长度	直径	长度
1	244.5	270	32*3	9	3.0	6	3.0	1.0～2.0
2	177.8	189	32*3	9	2.5	9	2.5	1.0～2.0
3	146.0	159	25*3	9	2.0	9	2.0	1.0～2.0
4	127.0	159	25*3	6	1.2	6	1.2	0.8～1.2
5	89.0	114	25*3	3	1.0	3	1.0	0.5～1.0

4.3.3　钻孔控制注浆配套机具

1. 双浆液孔底混合孔内并列管快速安放

由于水泥-水玻璃双浆液凝结速度快，先进行混合再进行注浆，会导致浆液在注浆管中凝结，造成堵管现象，因此需要设计一种能够在注浆点前进行浆液混合的注浆管路装置。该装置在注浆过程中，两种浆液前期通过不同的路径注入，然后在距离封堵点进行混合，最终以将凝状态达到封堵点后浆液快速凝结封堵。为达到这一注浆条件，设计并制造了并列管注浆管路系统，钻注一体并列管机具设计见图 4-30。

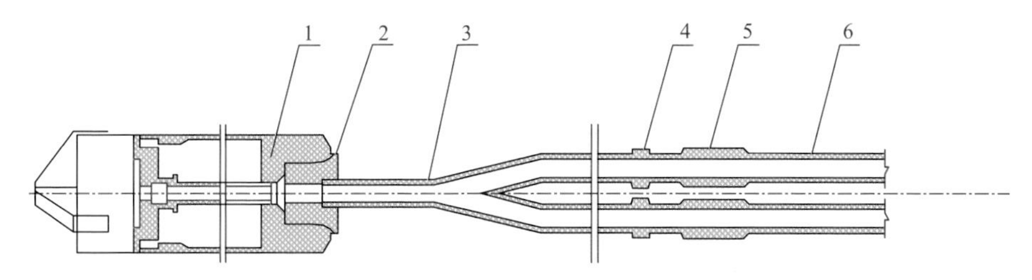

图 4-30　钻注一体并列管机具设计图

1-控制注浆钻具；2-混合段转接头；3-混合段；4-垫叉环；5-连接及起吊管；6-厚壁无缝钢管

注浆管路系统由多个厚壁无缝管双管路和一个混合段组成，实际注浆施工中，该管路系统跟注浆控制钻具搭配使用，通过吊装、连接下入注浆钻孔，而后进行注浆。此类注浆管路系统多用于打钻位置地层岩层完整无破碎、钻孔孔壁光滑的钻孔中。

2. 双浆液孔底混合同心双管钻具

现场注浆施工中，注浆钻孔位置地层复杂，注浆钻孔可能存在偏孔纠正等施工现象，导致钻孔平直度较差，同时钻孔较深可能会形成局部塌孔、缩径等现象。此类钻孔在进行控制注浆钻具下放时，若使用并列管会遇阻无法完成钻具下放，因此设计双壁同心钻杆的注浆钻注一体化管路系统。这种管路是基于双壁钻杆设计，因此在使用中可直接通过钻机下入注浆孔中，若遇到阻碍可直接进行钻进到达注浆位置后可进行双浆液孔底混合注浆。所采用的双壁同心钻杆外管外径 89mm，壁厚 9.35mm，连接扣型为 NC38 锥形螺纹扣；内管外径 40mm，壁厚 7mm，连接方式为密封圈封闭插接。

双壁同心钻杆是由内外管组成，具有两个流体通道的双层钻杆。双壁同心钻杆结构示意见图 4-31。

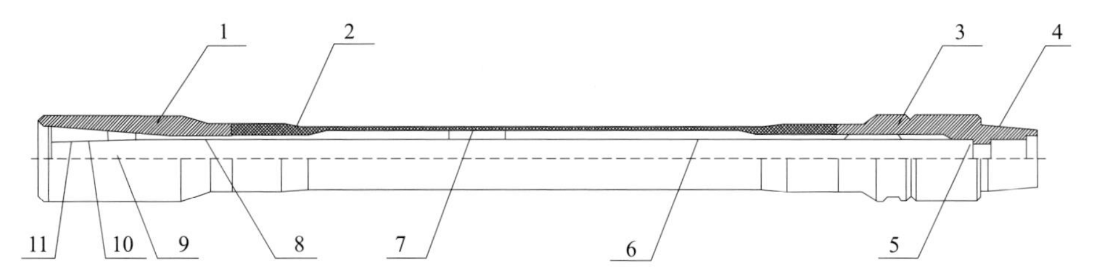

图 4-31　双壁同心钻杆结构示意图

1-母接头；2-外管；3-公接头；4-内管下接头；5-O 形密封圈；6-内管；7-内管支撑Ⅰ；8-内管支撑Ⅱ；9-弹性卡簧；10-内管上接头；11-O 形密封圈

3. 双浆液孔底混合注浆孔底封孔器

保浆袋控制注浆后，常常需要进行补充注浆，封堵保浆袋结石体与巷道之间的残余过水通道，在水压不大的条件下，采用双浆液变配比注浆是封堵残余通道的最有效方法之一。但常常由于双浆液注浆时凝结过快，浆液扩散距离有限，在钻孔下方形成一定体积的结石体后，注浆浆液会沿注浆钻孔向上流动(俗称爬孔)。如果爬孔高度过高，则会造成钻具抱死，钻孔报废的现象。为了防止此类事故的发生，设计一套深孔防逆注浆坐封装置。注浆钻孔按设计钻至巷道封堵位置，提出钻进钻具后下入双路并列管注浆钻具，注浆钻具在距钻孔孔底约 10m 完整孔壁段安设带有孔底封孔装置的钻孔孔底混合器(图 4-32)。在并列注浆管下放和提升期间，重力作用下胶囊坐封处于回收状态，以便注浆管上下移动；当注浆管下端插入孔底后，受上部注浆管重量下压(深孔)或在上部加压(浅孔)，坐封张开贴近孔壁封闭钻孔，达到在注浆时防止注浆段混合浆液沿钻孔上爬过高，形成注浆管固死、钻孔报废的事故发生。

4. 双浆液变配比水玻璃无级调速注浆泵

实际施工中，过水通道的封堵一般需要经过封堵体建造、弱强淤积物置换加固、裂隙通道挤密充填等阶段。按不同阶段的浆液扩散要求，水泥-水玻

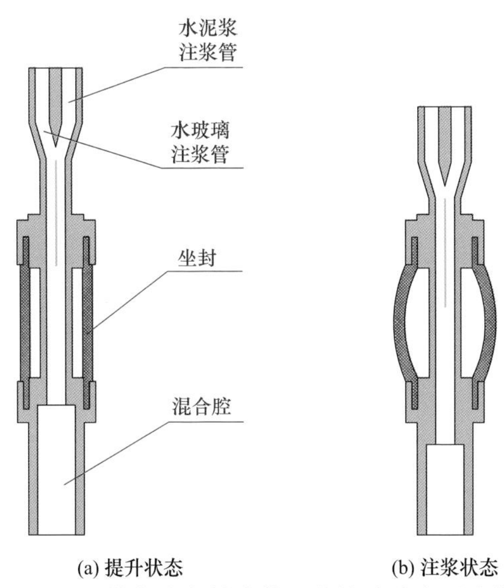

图 4-32　带有孔底封孔装置的钻孔孔底混合器

璃双浆液混合后初凝时间及早期强度要求相差较大。在封堵体初始建造阶段，不但要求浆液快速堆积，对堆积的体积也有一定的要求，否则封堵体有效段过短，容易造成后期“二次溃坝”的次生灾害。此阶段需要初凝时间控制在 30～60s，结石体 1h 内单轴无侧限抗压强度需达到约 1MPa。在弱强淤积物置换加固阶段，要求浆液快速凝结，对淤积物升压挤出，此阶段需要初凝时间控制在 10～30s，结石体 1h 内单轴无侧限抗压强度需达到约 1.5MPa。在裂隙通道挤密充填阶段，要求浆液根据注浆压力变化进行快速调整，压力减小则缩短初凝时间，压力增大则增加初凝时间，此阶段需要初凝时间控制在 10～120s。

水泥-水玻璃双浆液注浆，经试验验证，其配比最佳效果在水泥浆液比水玻璃为 1∶0.1～1∶0.5(体积比)。目前市面上所售的双浆液，其水泥浆液与水玻璃体积比均为 1∶1，为满足现场变配比双浆液注浆施工需要，现场常采用两台多档位注浆泵进行施工，通过调整档位差异进行配比调整。对于袋内注浆时要求流量较小，注浆泵在低档位下配比无法调整。基于此问题，研发了一种不停泵转换、不影响注浆速度、可进行无间断配比调整的双浆液变配比水玻璃无级调速注浆泵(图 4-33)。

双浆液变配比水玻璃无级调速注浆泵由两部分组成：调速电机及控制系统。电机转速可从 0 调节到 1440r/min。根据目前使用齿轮泵(型号 CB-FC25-FL)计算，最大注浆量为 2.16m^3/h。后期可根据工程需要，更换更高转速调速电机组或更大排量齿轮泵进行注浆。

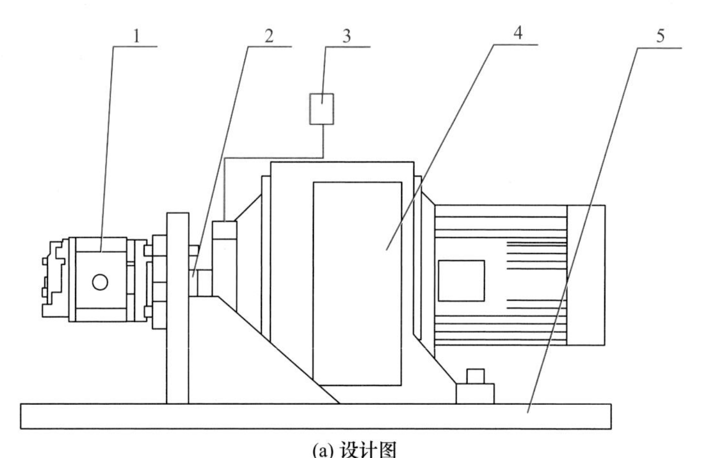

(a) 设计图

(b) 实物图

图 4-33　双浆液变配比水玻璃无级调速注浆泵
1-齿轮泵；2-联轴器；3-调速器；4-调速电机；5-底座

5. 双浆液水玻璃提温系统研究

现场注浆中，出现浆液异常现象，根据现场气温进行测量，现场气温 10℃以下，水泥浆液温度基本可达到 20℃以上(水化反应)，水玻璃温度只有 3～6℃，双浆液凝结时间大大延长。例如，采用 P.O32.5R 水泥制作的纯水泥浆液水灰比为 1∶1(质量比)，水玻璃采用市售 32°Bé、2.6 模数钠基水玻璃。水泥浆液与水玻璃的配比(体积比)为 1∶0.5，在水玻璃温度同为 25℃时其混合浆液初凝时间为 8s，结石体 1h 内单轴无侧限抗压强度最大可达 2MPa；同样的水泥-水玻璃双浆液配比，在水玻璃温度同为 5℃时其混合浆液初凝时间超过 120s，结石体 1h 内单轴无侧限抗压强度最大不足 0.2MPa，甚至无强度。

为解决注浆过程中水玻璃温度不够对注浆造成的不利影响，设计并发明了水玻璃加热装置。双浆液水玻璃提温系统装置见图 4-34，水泥浆液与水玻璃浆液热交换管在换热器内呈螺旋状安设，外接管线沿切线接入接出，以减少注浆管道阻力。

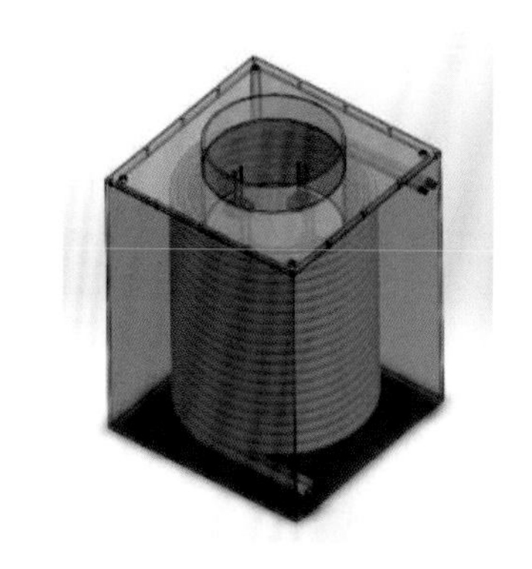

图 4-34　双浆液水玻璃提温系统装置

经过现场工业注浆试验，将以上装置组合，设计出满足不同阶段注浆水泥-水玻璃双浆液配比调整，且具有加热效果的水泥-水玻璃双浆液提温变配比注浆系统。双浆液注浆系统见图 4-35。

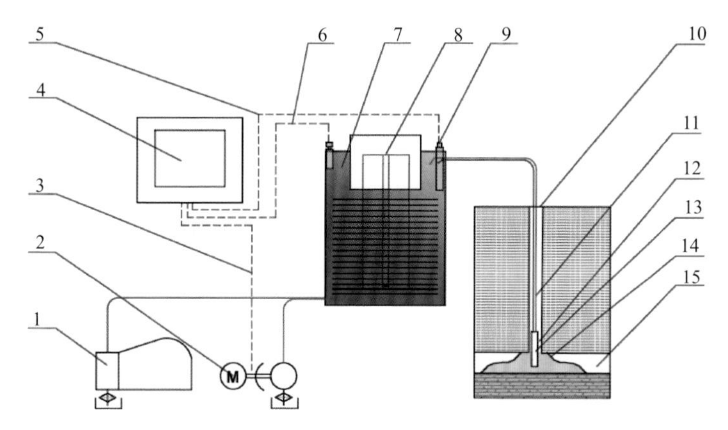

图 4-35　双浆液注浆系统

1-水泥浆液注浆泵(机械档位调整流量)；2-水玻璃浆液注浆泵(无级调速电机调整流量)；3-无级调速电机转速测量与调整连线；4-自动控制平台；5-热交换器水位测量与调整连线；6-热交换器水温测量与调整连线；7-浆液热交换管路；8-大功率电加热器组；9-可控水位调节接口；10-注浆钻孔；11-双浆液注浆并列管线；12-钻孔注浆孔底坐封器；13-双浆液钻孔注浆孔底混合器；14-过水通道封堵体；15-井下过水通道

在实际应用中，可通过以下步骤实现对水泥-水玻璃双浆液提温变配比注浆：

(1) 注浆开始前，在工控平台按现场试验结果进行热交互器温度设定、水位水温监测调整，通水试验。

(2) 设定水泥浆液注浆泵 1 档位，在工控平台设定水玻璃注浆泵 2 配比流量。

(3) 注浆开始时，水泥浆液注浆泵 1 按档位调整好后开始进行水泥浆液注浆，水玻璃浆液注浆泵 2 经工控平台按设定配比流量控制调速电机，进行水玻璃浆液注浆。

(4) 在注浆过程中，热交换器根据需要自动加水和进行水温加热控制。

(5) 在注浆过程中，水玻璃浆液注浆泵根据注浆阶段工况进行人工控制或逻辑自动控制。

采用本装置进行双浆液提温变配比注浆，使封堵体快速建造，具有以下明显的优点：

(1) 可在注浆过程中进行不停歇配比无级调整，满足工程需要。

(2) 可在冬季施工时提升浆液温度，保证混合浆液的正常凝结，大幅度提升浆液结石体凝结特性。

(3) 可防止快速凝结的双浆液沿钻孔爬升，造成废孔事故。

4.3.4 超薄高强度保浆袋囊制作

为解决煤层埋深较大、围岩条件较差的过水大通道封堵问题，基于钻孔直径变小，单次投袋体积不能太大，在研究中对控制注浆封堵水害动水大通道技术进一步改进，设计出不同形状的保浆袋囊，并对制作保浆袋囊材料、制作工艺(缝合、打孔)技术进行了改进。

1. 保浆袋形状设计

保浆袋前期只有单袋形状，根据不同尺寸的注浆钻具及投袋封堵效果，进一步设计出了双袋保浆袋囊和弓形、三角形多袋保浆袋囊。

1) 单袋保浆袋囊

单袋保浆袋囊由两端约束喉、中间袋体组成，袋体为圆柱体。配套注浆钻具使用，安装后位于注射管与钻具套管之间环状空间，受注浆钻具所限，经多次试验验证，ϕ244.5mm 注浆钻具最大可使用ϕ3m、长 6m 保浆袋囊；ϕ177.8mm 注浆钻具最大可使用ϕ2.5m、长 9m 保浆袋囊；ϕ146mm 注浆钻具最大可使用ϕ2m、长 9m 保浆袋囊；ϕ127mm 注浆钻具最大可使用ϕ1.2m、长 6m 保浆袋囊；ϕ89mm 注浆钻具最大可使用ϕ1m、长 3m 保浆袋囊。其中，虽然ϕ244.5mm 钻具保浆袋舱长度达到 9m，但在实际使用中由于单袋囊直径较大，使用 9m 长度袋囊会导致坐孔，造成废孔事故，因此使用 6m 长袋囊。单袋保浆袋囊形状见图 4-36。

2) 双袋保浆袋囊

双袋保浆袋囊由两端约束喉、中间连接喉和袋体组成，袋体为圆柱体。保浆袋囊配套注浆钻具使用，安装后位于注射管与钻具套管之间环状空间，受注浆钻具所限，经多次试验验证，ϕ244.5mm 注浆钻具最大可使用ϕ3m、长 2m 保浆袋囊；ϕ177.8mm 注浆钻具最大可使用ϕ2.5m、长 2m 保浆袋囊；ϕ146mm 注浆钻具最大可使用ϕ2m、长 2m 保浆袋囊；ϕ127mm 注浆钻具最大可使用ϕ1.2m、长 1.2m 保浆袋囊；ϕ89mm 注浆钻具最大可使用ϕ1m、长 1m 保浆袋囊。双袋保浆袋囊形状见图 4-37。

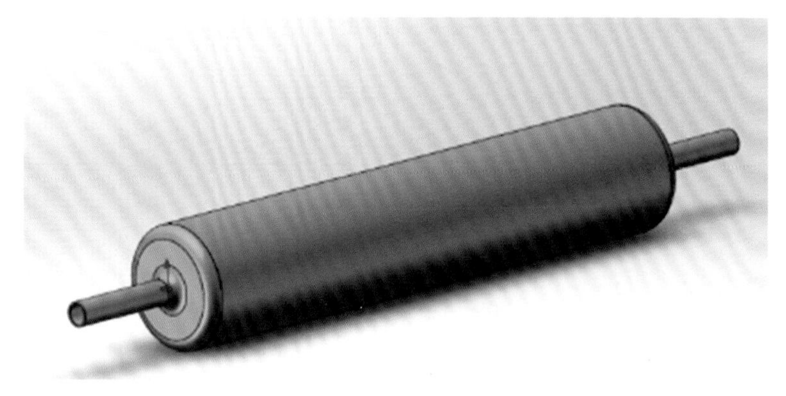

图 4-36　单袋保浆袋囊形状

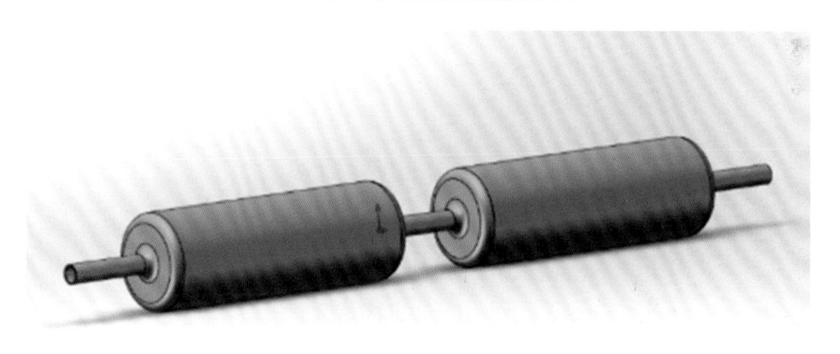

图 4-37　双袋保浆袋囊形状

3) 弓形、三角形多袋保浆袋囊

圆柱体单袋及双袋试验中出现坐孔现象，造成钻孔报废，且封堵效果不佳，后期项目组研发了弓形及三角形多袋保浆袋囊，其适用过程中具有自动分割及叠覆效果，较好地解决了圆柱体保浆袋囊坐孔、废孔，叠覆不佳的问题。弓形多袋保浆袋囊效果优于三角形多袋保浆袋囊。后期推荐使用弓形多袋保浆袋囊。弓形多袋保浆袋囊具体形状见图 4-38，试验效果见图 4-39。

2. 保浆袋材料选择及性能测试

动水大通道封堵控制注浆专用保浆袋装备使用环境一般潮湿且有水流冲击，在投放的时候与钻孔墙壁易摩擦，必须保证其具有高耐磨、高强力才能保证使用过程不会破损；另外，根据设计孔径大小，所选面料的厚度及质量不能过大，否则使用起来会很不方便；同时，通过对国内外袋体材料的分析研究，确定出保浆袋面料在使用过程及环境中需对质量、耐磨性、透气性、拉伸断裂强度、撕破强力等方面的性能进行严格把控，为此从市面上选购多

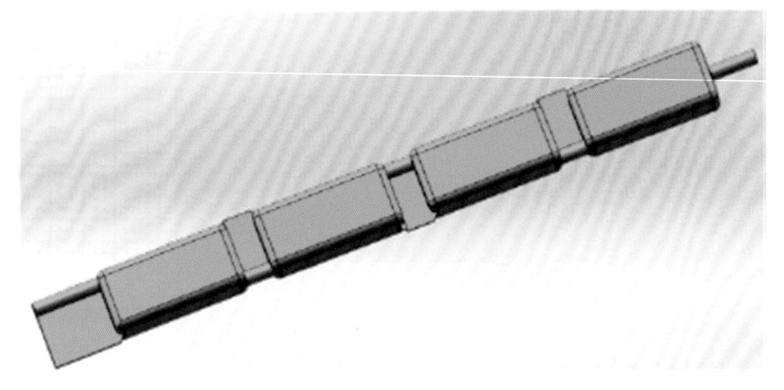

图 4-38　弓形多袋保浆袋囊示意图

图 4-39　弓形多袋保浆袋囊试验效果图

种不同结构与性能的面料并分析其特性，寻找合适的高强耐磨面料。

目前，市场上的高强面料主要有以下几种：①高强尼龙长丝面料，该面料机械强度高、韧性好，有较高的抗拉、抗压强度，耐冲击性好，耐热、耐腐、耐蛀、耐酸不耐碱，耐光性很好(仅次于腈纶)，质轻，防皱性优良，透气性好，耐久性良好，曝晒 1000h 后强力仍然保持 60%～70%。该面料主要应用于制造帘子线、工业用布、缆绳、传送带、帐篷、渔网等，在国防上主要用作降落伞及其他军用织物。②涤纶工业丝面料，该面料指高强、粗旦的涤纶工业用长丝，其纤度不小于 550dtex，断裂强度大、弹性模量高、延伸率低、耐冲击性好，它与橡胶、PVC 具有良好的亲合力，可简化后续加工工艺，并大大提高制品的质量(金亮等，2021)。③锦纶面料，该面料有良好的防水防风性能，耐磨性高，强度弹性都很好，但耐热性和耐光性均差，小外力下易变形，使用过程中易变皱折，不耐晒，易老化。④玻璃纤维面料，该面料绝缘性好、耐热性强、抗腐蚀性好、机械强度高，缺点是比较脆，耐磨性较差。玻璃纤维面料通常用作复合材料中的增强材料、电绝缘材料和绝热保温材料，广泛应用于火车、汽车运输用篷布，粮食仓储、码头、货栈用篷盖布电路基板等国民经济各个领域。⑤牛津布面料，牛津布面料强度大、耐压，具备更多的化学特性，沾染污渍后擦拭即可，可保持长久清洁；耐气候老化性，延长了使用寿命；具备优异的抗拉、抗撕裂、抗剥离特性；同时，具有抗化学腐蚀、抗紫外线、抗氧化、阻燃等特性，主要应用于制作各类箱包。其缺点是耐磨性差，容易扎破。⑥其他面料，如帆布面料、涤纶格子面料、警用防撕裂面料和化纤面料、涂层面料和碳纤维面料等。

为了对不同面料特性及使用环境分析研究，从市场上选取 41 种面料进行系统检测分析，对比各种面料的物理性能，筛选出 2 种最优面料用于保浆袋的缝制。

目前，保浆袋使用牛津布面料进行制作，这里将现有的保浆袋进行布料取样，定义为原样。对原样及选购的 40 种面料在厚度、质量、耐磨性、顶破强力、断裂强力、撕破强力等物理性能进行全面测试对比，总结分析各种面料的特性。

1) 断裂强力

将选取的 40 种样品按照《纺织品　织物拉伸性能 第 1 部分：断裂强力和断裂伸长率的测定(条样法)》(GB/T 3923.1—2013)进行测试，该方法主要适用于各种机织面料，也适用于一部分其他行业生产的织物。根据测试结果与原样的断裂强力对比，筛选出断裂强力经纬向均大于原样的试样。

2) 顶破强力

对所选 40 种样品按照《纺织品　顶破强力的测定　钢球法》(GB/T 19976—2005)进行测试，此方法适用于各种织物，测试原理是将试样夹持在固定基座的圆环试样夹内，圆球形顶杆以恒定的移动速度垂直地顶向试样，使试样变形直至破裂，测得顶破强力。根据测试结果与原样的顶破强力对比，筛选顶破强力均大于原样的试样。

3) 撕破强力

对所选 40 种样品按照《纺织品　织物撕破性能 第 1 部分：冲击摆锤法撕破强力的测定》(GB/T 3917.1—2009)进行测试，此方法主要适用于机织物，也适用于其他技术生产的织物，如非织造布。该方法的测试原理是将所选试样固定在夹具上，将试样切开一个切口，释放处于最大势能位置的摆锤，可动夹具离开固定夹具时，试样沿切口方向被撕裂，把撕破织物一定长度所做的功换算成撕破力，得出样品的撕破强力。根据测试结果与原样的撕破强力对比，筛选撕破强力均大于原样的试样。

4) 耐磨性

对所选 40 种样品按照《纺织品　马丁代尔法织物耐磨性的测定　第 2 部分：试样破损的测定》(GB/T 21196.2—2007)，以试样破损为试验终点测试耐磨性能。此方法适用于所有织物，包括非织造布和涂层织物，测试原理为将所制得的样品安装在仪器夹具内，在规定的负荷下，以轨迹为李莎茹(Lissajous)图形的平面运动与磨料(即标准织物)进行摩擦，试样夹具可绕其与水平面垂直的轴自由转动。根据测试结果与原样的耐磨性能对比，筛选出摩擦次数均大于原样的试样。

5) 厚度

对所选 40 种样品按照《纺织品和纺织制品厚度的测定》(GB/T 3820—1997)进行测试，此标准方法适用于各类纺织品和纺织制品。该方法的测试原理为将试样放置在参考板上，平行于该板的压脚，将规定压力施加于试样规定面积上，规定时间后测定并记录两板间的垂直距离，即为试样厚度测定值。根据测试结果与原样的厚度对比，筛选出厚度均小于原样的试样。

6) 单位面积质量

对所选 40 种样品按照《纺织品　机织物　单位长度质量和单位面积质量的测定》(GB/T 4669—2008)进行测试，此方法适用于整段或一块机织物(包括弹性织物)的测定。测试方法原理：先将试样按标准规定尺寸剪取试样，再放入干燥箱内干燥至恒量后称量，计算单位面积干燥质量结合公定回潮率计算单位面积公定质量。根据测试结果与原样的质量比，筛选出质量均接近原样的试样。

7) 结果汇总及分析

通过对所选取的 40 种样品的耐磨性、断裂强力、撕破强力、顶破强力、质量、厚度检测结果对照原样品进行分析，其中 24 号、40 号 2 种样品的各项指标都优于原样，具有高强力、质量轻、厚度较薄且耐磨性能良好，确定为试制保浆袋的优选面料。试样测试结果见表 4-2。

表 4-2　试样测试结果

试样	厚度/mm	质量/g	耐磨性/N	顶破强力/N	断裂强力/N		撕破强力/N	
					经向	纬向	经向	纬向
原样	0.21	120	500	1100	1100	800	20.00	15.00
24 号	0.17	144	800	1875	2200	1900	56.29	46.89
40 号	0.18	129	600	2352	1232	1257	65.17	53.60

24 号为纯尼龙高强丝面料，耐磨性能、吸湿性、弹力非常好，一般应用于制造帘子线、工业用布、缆绳、传送带、帐篷、渔网等，在国防上主要用作降落伞及其他军用织物，其机械强度高、韧性好，有较高的抗拉、抗压强度，耐冲击性好，满足保浆袋的实际使用环境。

40 号为纯涤纶工业丝面料，断裂强度大、弹性模量高、延伸率低、耐冲击性好，一般应用于轮胎帘子线、矿用输送带、传动三角带、安全带、吊装带、PVC 涂层织物，消防水带、胶管等耐湿性好，其受潮后能保持强力不变，适合潮湿矿井下使用。

3. 保浆袋制作工艺

1) 打孔工艺

为了使保浆袋在使用过程中快速填充浆料，不至于因袋子内部存在空气而填充不满，需对面料打一定直径的透气孔，保证样布在制作成保浆袋后满足使用要求。为了防止打孔后孔边撕裂，选用绣花打孔和铆钉打孔两种打孔方式，见图 4-40。

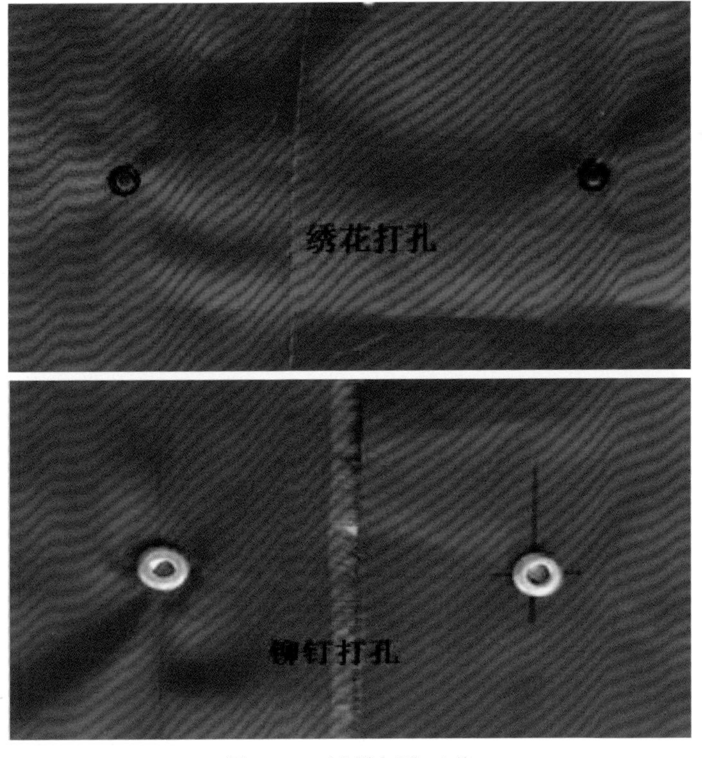

图 4-40　试样打孔工艺

针对两种打孔方式，分别对试样进行断裂强力测试，结果见表 4-3。

表 4-3 两种打孔方式下试样断裂强力测试结果 (单位：N)

打孔方式	断裂强力					平均值
	1	2	3	4	5	
未打孔	1163	1162	1162	1164	1163	1163
绣花打孔(3mm)	638	637	637	636	636	637
绣花打孔(4mm)	655	654	653	655	656	655
绣花打孔(5mm)	643	643	642	642	644	643
铆钉打孔(4mm)	676	677	678	678	677	677

通过结果对比，得出铆钉打孔与绣花打孔(4mm)测试结果比较接近，两种打孔方式均可以选用。

2) 缝制工艺

选用不同缝制工艺、缝纫线、缝制针距分别进行组合搭配缝制，测试其接缝强力，最终筛选出最优缝制工艺及缝纫线、缝制针距。

接缝强力测定标准是《纺织品 织物及其制品接缝拉伸性能 第 1 部分：条样法接缝强力的测定》(GB/T 13773.1—2008)。此方法适用于机织物及其制品，测试原理是将规定尺寸的试样(中间有一接缝)沿垂直于缝迹方向以恒定伸长速率进行拉伸，直至接缝破坏。记录达到接缝破坏的最大力值，测得接缝强力。测试使用的主要仪器设备为等速伸长试验仪。测试时，首先需将样品在《纺织品 调湿和试验用标准大气》(GB/T 6529—2008)规定的温度为(20±2)℃、相对湿度为(65±4)%的条件下进行平衡后，从每个含有接缝的实验室样品中剪取 5 块宽度为 100mm 的试样，在距缝迹 10mm 处剪切掉试样的 4 个角，宽度为 25mm，得到有效的试样宽度为 50mm。在距缝迹 10mm 的区域内，整个宽度为 100mm，用于接缝试验。设定拉伸试验仪的隔距长度为(200±l)mm，设定试验机的速度为 100mm/min，启动仪器，直至试样被顶破，记录其最大值作为该试样的接缝强力，连续测试 5 块试样，求得平均值，结果以 N 为单位。通过各项指标的综合分析，采用双明线锁边、牛仔线、14 针/3cm 针距的缝制工艺，其接缝强力效果最好。

通过试验，对 40 种高强力耐磨面料进行深入分析研究，探究了组织结构、厚度、耐磨性、断裂强力、撕破强力等对面料性能的影响，通过综合分析，最终确定了 2 种具有高强力、耐磨性能优、质量轻、厚度薄适合保浆袋加工的面料。分别对 4 种缝制工艺、3 种缝纫线、3 种针距所缝制的面料的接缝强力进行试验分析，以及对绣花打孔和铆钉打孔方式对面料断裂强力进行试验分析，确定出了一种性能最好的缝制工艺和打孔工艺。

由于保浆袋应用过程中所涉及的环境因素太多，没有到现场进行实际考察，对可能遇到的问题没有进行细致研究，试验结果可能和实际应用存在着一定差异，有待后续根据试制的保浆袋在试用过程中的结果进行深入研究。

4.4　保浆袋囊充填注浆封堵过水大通道技术

对过水巷道动水快速截流过程进行室内物理模拟，可以为理论模型的简化和运动规律的建立提供依据，同时在一定程度上可以用来对理论分析和数值模拟计算结果进行检验。在研制的过水通道动水快速截流模拟试验系统的基础上，基于对过水通道保浆袋注浆材料研究的结果，开展过水通道动水投袋试验、氮气灌注试验、补充注浆试验和不同阻水体阻水能力差异试验，研究保浆袋囊投入巷道后的流场变化特征和运移规律、保浆袋囊对骨料快速灌注及双浆液动水快速封堵作用机制、保浆袋囊对骨料接顶阻水堆积体阻水能力差异(杨志斌，2021)。

4.4.1　过水通道保浆袋注浆材料

浆液凝结时间的控制是保浆袋注浆材料中一个关键问题。在矿山抢险过程中，为了达到快速封堵突水点的目的，同时为防止浆液在动水条件下不过分稀释，要求浆液在注入过程中速凝。另一个关键问题是对结石体强度的控制。结石体强度不够高时，高压力的涌水会冲垮结石体，达不到堵水的目的；如果需要结石体强度高时，往往需要浆液凝结时间慢一些。因此，为了选择满足浆液凝结时间及结石体强度要求的保浆袋注浆材料，开展了水泥-水玻璃双浆液注浆配比试验以及化学浆液注浆配比试验。

1. 水泥-水玻璃双浆液

保浆袋内注浆材料需要凝结时间可控，即当浆液通过钻孔注入保浆袋内后，需要浆液在短时间内凝固，以便形成有效的阻水体，而水泥浆液可通过添加一定比例的水玻璃来改善浆液的凝结性能，达到浆液凝结时间可调可控，因此可将水泥-水玻璃双浆液作为保浆袋注浆材料的优选。基于过水巷道动水快速截流工程对浆液凝结时间快、结石率高、结石体强度高的要求，本小节就水泥-水玻璃双浆液的 3 个配比参数对浆液结石体特性的三大指标影响，开展非交互作用的特性配比试验，获得最优的过水巷道动水快速截流浆液参数配比(杨志斌，2021)。

试验中水泥采用 P.O42.5R 普通硅酸盐水泥，水玻璃采用模数为 2.8 的钠基水玻璃。注浆工程对纯水泥浆液浓度有一定要求，水灰比宜在 0.5～1.5。水灰比小于 0.5 时，浆液黏度太大，造成搅拌池中的搅拌和输浆管路中的输送困难，影响注浆施工；水灰比大于 1.5 时，浆液结石体结石率太低，结石体强度太低。水泥-水玻璃双浆液中，水玻璃作为主材使用，掺量较多，不同的水泥和水玻璃体积比(后简写为 CS 体积比)，双浆液凝结时间和固结强度差异较大。另外，注浆工程对水玻璃浓度仍有一定要求，水玻璃浓度宜在 30～45°Bé。

1) 浆液初凝时间与结石率配比试验

试验首先固定水玻璃浓度为 36°Bé，固定水泥-水玻璃双浆液 CS 体积比为 100：50，测试不同水灰比对双浆液初凝时间和结石率影响，双浆液初凝时间和结石率与水灰比的相关关系，试验结果详见表 4-4 和图 4-41。

表 4-4　不同水灰比对双浆液初凝时间和结石率影响试验结果

水灰比	初凝时间/s	结石率/%
0.50	9	95
0.75	16	94
1.00	20	88
1.25	23	84
1.50	32	75

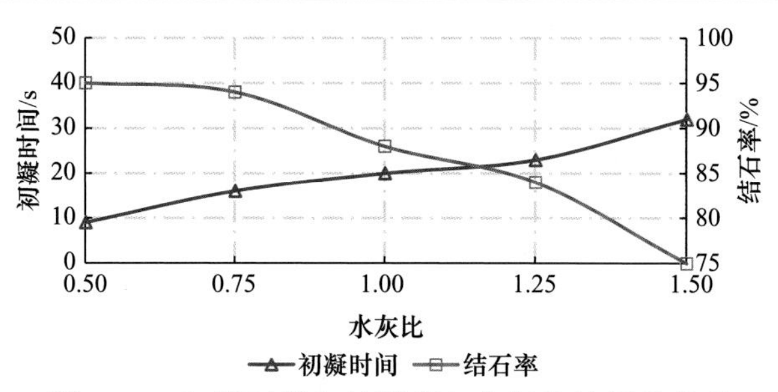

图 4-41　初凝时间和结石率与水灰比的相关关系

由图 4-41 可知，在水玻璃浓度和 CS 体积比固定不变的条件下，随着水灰比的增大，水泥浆液与水玻璃的反应变慢，浆液凝结时间变长，结石率变低。根据过水巷道动水快速截流工程要求，一般要求浆液初凝时间在 20s 左右，结石率不低于 85%。因此，为了满足过水巷道动水快速截流工程对浆液凝胶时间和结石率的要求，同时考虑注浆工程现场制浆方便，纯水泥浆液水灰比应在 1.00 左右。

其次，固定纯水泥浆液水灰比为 1.00，固定水泥-水玻璃双浆液 CS 体积比为 100∶50，测试不同水玻璃浓度对双浆液初凝时间和结石率影响，以及与水玻璃浓度的相关关系，试验结果详见表 4-5 和图 4-42。

表 4-5　不同水玻璃浓度对双浆液初凝时间和结石率影响试验结果

水玻璃浓度/°Bé	初凝时间/s	结石率/%
15	68	76
20	57	79
25	43	85
30	27	90
36	20	88
40	21	89

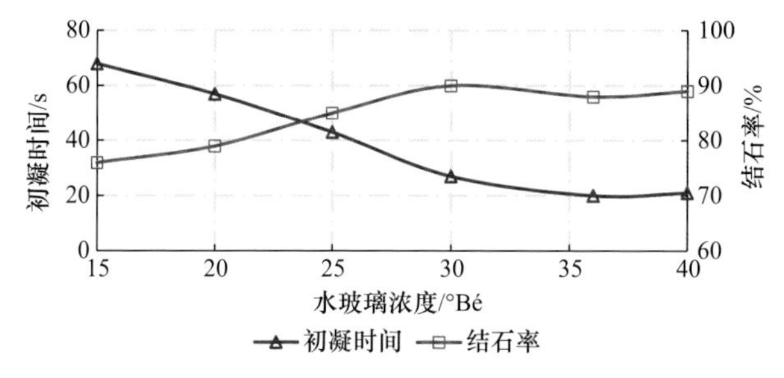

图 4-42　初凝时间和结石率与水玻璃浓度的相关关系

由图 4-42 可知，在水灰比和 CS 体积比固定不变的条件下，随着水玻璃浓度的增大，水泥浆液与水玻璃的反应变快，浆液初凝时间变短，结石率变高，与水灰比对浆液凝结时间和结石率的影响规律相反。但是，在水玻璃浓度大于 30°Bé 之后，浆液初凝时间和结石率变幅都明显变缓且趋于稳定。因此，基于过水巷道动水快速截流工程对浆液初凝时间(20s 左右)和结石率(不低于 85%)的要求，水玻璃浓度应为 30～40°Bé。

最后，固定纯水泥浆液水灰比为 1.00，固定水玻璃浓度为 36°Bé，测试不同 CS 体积比双浆液初凝时间和结石率影响，以及与 CS 体积比的相关关系，试验结果详见表 4-6 和图 4-43。

表 4-6　不同 CS 体积比对双浆液初凝时间和结石率影响试验结果

CS 体积比	初凝时间/s	结石率/%
100∶10	34	96
100∶20	25	94
100∶30	16	92

续表

CS 体积比	初凝时间/s	结石率/%
100：40	8	89
100：50	6	87
100：65	13	88
100：100	20	88

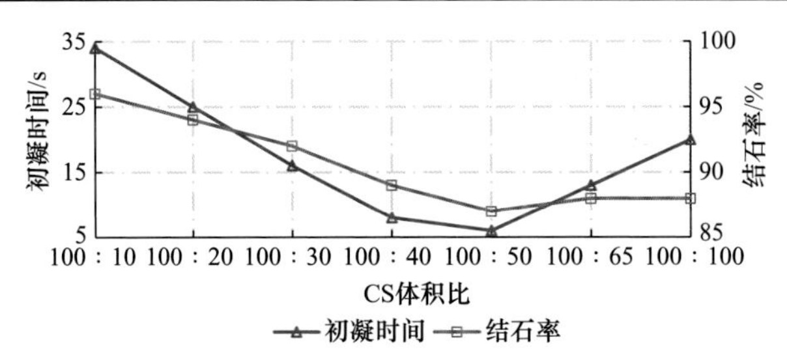

图 4-43 初凝时间和结石率与 CS 体积比相关关系

由图 4-43 可知，在水玻璃浓度和水灰比固定不变的条件下，浆液初凝时间与 CS 体积比关系曲线呈抛物线形，其中当 CS 体积比为 100：50 时，水泥浆液与水玻璃反应最快，浆液初凝时间最短。CS 体积比在 100：50 之前，结石率随着 CS 体积比的增大而变小；CS 体积比在 100：50 之后，结石率随着 CS 体积比的增大变幅很小，基本保持稳定。因此，基于过水巷道动水快速截流工程对浆液初凝时间(20s 左右)和结石率(不低于 85%)的要求，CS 体积比应在 100：30～100：50，其中 CS 体积比在接近 100：50 时主要应用于袋外充填控制注浆，CS 体积比在 100：30 附近时主要用于袋内充填控制注浆。

2) 浆液结石体强度配比试验

前述就水灰比、水玻璃浓度和 CS 体积比三个因素对双浆液初凝时间和结石率两个指标的特性影响进行了配比试验。在过水巷道动水快速截流工程中，由于注浆堵水后期阻水体往往要承受较高的水压，因此对浆液结石体强度再次进行非交互作用的特性配比试验。为了与前面两个指标的特性配比试验结果进行对比，采用与其一致的非交互作用特性配比试验设计。

由于浆液初凝时间长短不同，其结石体抗压强度差异较大，因此为了获得不同初凝时间条件下的结石体抗压强度，对浆液凝结 3d、7d、14d、28d 后的结石体抗压强度分别进行测试，其中把凝结 3d、7d 后的抗压强度称为早期抗压强度，把凝结 14d、28d 后的抗压强度称为后期抗压强度。

首先，固定水玻璃浓度为 36°Bé，固定水泥-水玻璃双浆液 CS 体积比为

100：50，测试不同水灰比对双浆液结石体抗压强度影响，以及结石体抗压强度与水灰比的相关关系，试验结果详见表 4-7 和图 4-44。

表 4-7　不同水灰比对双浆液结石体抗压强度影响试验结果

水灰比	抗压强度/MPa			
	3d	7d	14d	28d
0.50	9.3	11.0	23.1	24.6
0.75	8.8	10.4	17.9	18.2
1.00	5.7	7.1	11.8	12.1
1.25	2.9	3.1	4.7	8.2
1.50	1.2	2.8	1.1	2.4

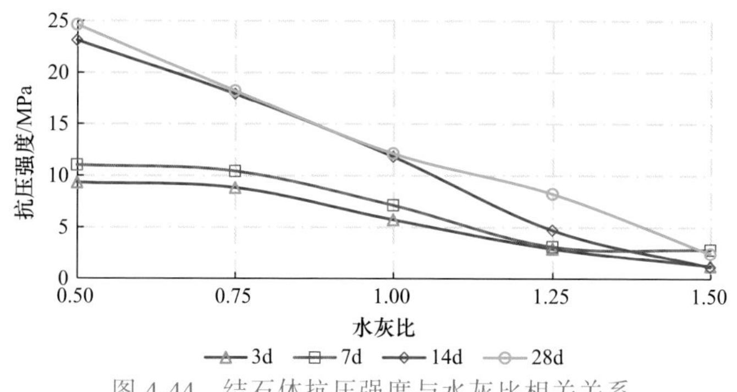

图 4-44　结石体抗压强度与水灰比相关关系

由图 4-44 可知，在水玻璃浓度和 CS 体积比固定不变的条件下，结石体早期抗压强度和后期抗压强度都随着水灰比的增大而减小，其中水灰比为 1.00 之前，结石体早期抗压强度和后期抗压强度都在 5MPa 以上；当水灰比为 1.00 之后，结石体早期抗压强度都在 5MPa 以下，部分结石体后期抗压强度也存在 5MPa 以下情况。因此，为了满足过水巷道动水快速截流工程一般要抵抗 5MPa 的突水点静水压力的要求，同时考虑注浆工程现场制浆方便，水泥浆液水灰比应在 1.00 左右。另外，从浆液凝结 3d、7d、14d、28d 后的结石体抗压强度测试结果看，相同水灰比的浆液结石体抗压强度，整体表现出随着在水中养护时间的增长，结石体抗压强度逐渐增大的趋势。

固定水泥浆液水灰比为 1.00，固定水泥-水玻璃双浆液 CS 体积比为 100：50，测试不同水玻璃浓度对双浆液结石体抗压强度影响，以及结石体抗压强度与水玻璃浓度的相关关系，试验结果详见表 4-8 和图 4-45。

表 4-8　不同水玻璃浓度对双浆液结石体抗压强度影响试验结果

水玻璃浓度/°Bé	抗压强度/MPa			
	3d	7d	14d	28d
15	4.2	7.6	9.8	8.6
20	5.3	8.7	9.8	10.5
25	8.1	11.1	11.7	10.8
30	6.8	7.5	12.3	11.9
36	5.7	7.1	11.8	12.1
40	5.8	7.0	12.0	12.2

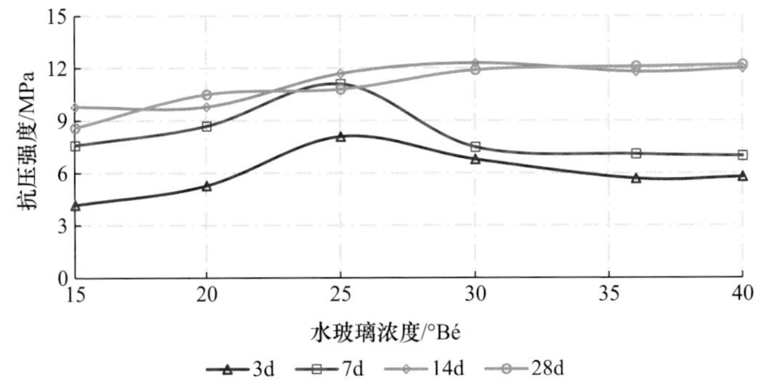

图 4-45　结石体抗压强度与水玻璃浓度相关关系

由图 4-45 可知，在水灰比和 CS 体积比固定不变的条件下，水玻璃浓度为 25°Bé 之前，结石体抗压强度整体呈现出单调递增的态势；水玻璃浓度为 35°Bé 之后，结石体抗压强度基本保持不变。另外，从浆液凝结 3d、7d、14d、28d 后的结石体抗压强度测试结果看，浆液结石体抗压强度基本在 5MPa 以上，而且相同水玻璃浓度的结石体抗压强度，整体表现出随着在水中养护时间的增长，结石体抗压强度逐渐增大的趋势。

最后，固定水泥浆液水灰比为 1.00，固定水玻璃浓度为 36°Bé，测试不同 CS 体积比对双浆液结石体抗压强度影响，以及结石体抗压强度与 CS 体积比的相关关系，试验结果如表 4-9 和图 4-46 所示。

表 4-9　不同 CS 体积比对双浆液结石体抗压强度影响试验结果

CS 体积比	抗压强度/MPa			
	3d	7d	14d	28d
100：10	6.5	7.0	12.0	12.2
100：20	6.6	6.9	11.9	12.1
100：30	6.5	6.9	11.8	12.3

续表

CS 体积比	抗压强度/MPa			
	3d	7d	14d	28d
100：40	6.6	7.4	12.4	12.1
100：50	6.8	7.6	12.5	12.2
100：65	6.4	8.1	13.1	12.7
100：100	5.7	7.1	11.8	12.1

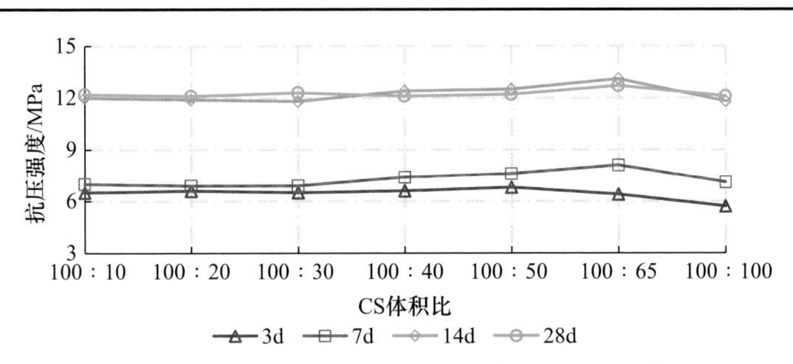

图 4-46　结石体抗压强度与 CS 体积比相关关系

由图 4-46 可知，在水玻璃浓度和水灰比固定不变的条件下，随着 CS 体积比从 100：10 变化到 100：100，结石体抗压强度基本保持不变。而且，从浆液凝结 3d、7d、14d、28d 后的结石体抗压强度测试结果看，浆液结石体抗压强度基本在 6MPa 以上，相同 CS 体积比的结石体抗压强度，表现出随着在水中养护时间的增长，结石体抗压强度逐渐增大的趋势。

根据浆液结石体特性配比试验结果，为了使得水泥-水玻璃双浆液凝结体足以抵抗动水冲刷，能够在动水条件下快速堆积，满足过水巷道动水快速截流对浆液初凝时间、结石率和结石体强度的工程要求，接下来的室内物理模拟试验中，水泥-水玻璃双浆液参数配置时水灰比取 1.00，水玻璃浓度取 30°Bé，CS 体积比取 100：30 和 100：50，其中 CS 体积比为 100：30 时，用于袋内充填控制注浆，CS 体积比为 100：50 时，用于袋外充填控制注浆。

2. 化学浆液

目前，矿井堵水注浆液所用化学浆液主要为发泡化学浆，即水性聚氨酯双组分浆液。这种化学浆液由 A、B 两种组分组成，使用时将两个组合按照一定比例进行混合，然后注入需要封堵处，浆液迅速发生固化膨胀反应，体积可膨胀 20～50 倍。但试验中发现，此类化学浆液需与空气接触才能发生固化膨胀反应，不接触空气不反应。在恒流恒压试验舱中，静水压力 3MPa 情况下，注入浆液沉入试验舱底部，不发生固化膨胀反应；静水压力 3MPa，流量 5m^3/h 情况下，注入浆液随动水排出试验舱，排出后接触空气迅速固化膨胀；投袋试验舱中进行投袋注浆试验，将这种浆液注入保浆袋中，仅在注浆前期，浆液与保浆袋内残余空气接触处发生固化膨胀反应，待保浆袋中余留空气完全参与反应后，所注入的浆液不再固化膨胀，以液体形态填充在保浆袋中，无任何强度。因此，这种双组分化学浆液不适用于过水大通道密闭情况下堵水,可用于未完全淹没过水巷道的突水封堵,如龙滩煤矿主平硐 4600m 顶板溶洞，用此种化学浆液进行动水封堵。

丙烯酰胺类单组分化学浆液是一种新型材料，这种材料必须与水接触后才能固化,浆液最大可与 10 倍体积水发生反应固化,固化后体积约等于浆液与水的体积总和，固化不发生膨胀。使用此类化学浆液在投袋试验舱中分别进行了直接注浆、投袋注浆试验。直接注浆试验中发现，此化学浆液随水的流动注入浆液不断稀释，注浆速度无法达到浆液与水的临界反应条件，仅在试验舱底部形成一定的固化；投袋注浆试验中，此类浆液注入保浆袋后，迅速与保浆袋内壁渗入水发生固化反应，反应完成后在保浆袋内壁形成了一个不透水的固化膜，后期注入的化学浆液无法与水接触，从而不发生固化，保浆袋内部呈液体状态，无法对断面进行封堵。由此可知，此类浆液不适用于投袋注浆。

4.4.2 保浆袋囊对骨料快速灌注作用机制

传统灌注骨料及辅料+注浆的过水巷道动水截流治理模式，造成其工程量大、工期长的主要原因之一为骨料灌注期间，经常发生钻孔堵孔现象，而堵孔之后的频繁扫孔不仅致使先前灌入巷道内的骨料堆积体被动水带走,影响工程进度，还可能在扫孔过程中造成塌孔、埋钻等孔内事故(杨志斌，2021)。

在调研传统灌注骨料及辅料+注浆的动水治理模式的堵孔现象时，发现该现象主要发生在治理初期，在治理后期(即骨料在巷道中已堆积至一定高度)堵孔现象很少。例如，潘二煤矿过水巷道动水截流过程中，治理初期发生堵孔次数累计 27 次，治理后期发生堵孔次数仅为 3 次，而且治理后期将骨料直接卸倒在灌注漏斗上方时，骨料从灌注漏斗下口能被直接吸进水力射流管道，见图 4-47。

目前，我国煤矿突水灾害发生后，采取过水巷道截流注浆治理，骨料灌注工艺见图 4-48。采用水力射流携带法进行骨料灌注，即在地面安设一套水力射流装置，砂石骨料加入连接于水力射流管道(动水流量 100m^3/h)上的漏斗内，由水动力和水力射流期间形成的管内负压双重动力携带进入钻孔，钻孔内骨料在其自重力和孔内负压双重动力下注入与钻孔相通的巷道内。

(a) 治理初期骨料灌注堵孔及喷孔现象

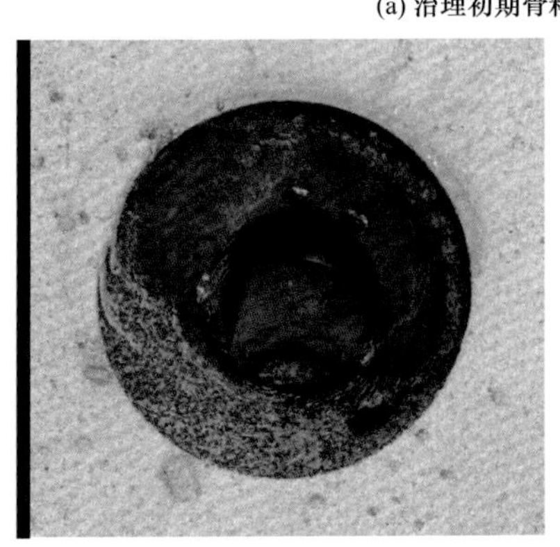
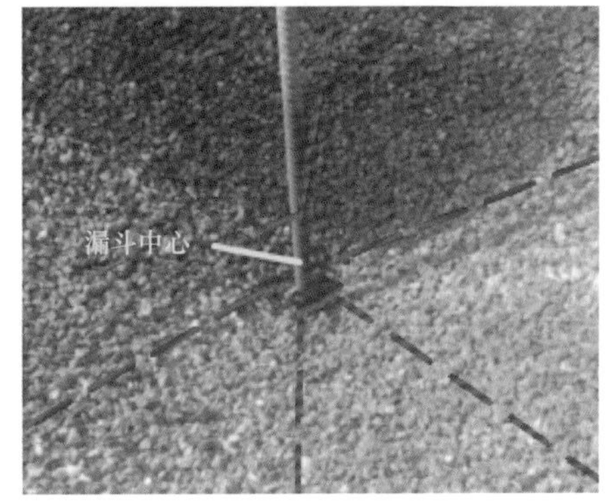

(b) 治理后期骨料吸进水力射流管道

图 4-47　潘二煤矿过水巷道动水截流骨料灌注现象

为了便于分析堵孔发生的具体原因，将骨料灌注流程分为五个区，Ⅰ区为骨料由灌注漏斗进入水力射流管道区，Ⅱ区为骨料由钻孔进入巷道区，Ⅲ区为骨料在巷道中灌注钻孔下方堆积区，Ⅳ区为巷道中保浆袋囊落置区，Ⅴ区为保浆袋囊落置区下游。

在Ⅰ区中，骨料由漏斗进入水力射流管道，同时空气随着动水和骨料一并进入钻孔，而且因漏斗下口管道中的动水快速流动，带动漏斗内空气高速运动，根据气流速度越大、空气压强越小原理，漏斗内空气处于负压状态。因此，在骨料灌注过程中，漏斗外的空气会源源不断地随着动水和骨料一并进入钻孔。

在Ⅱ区中，骨料由钻孔进入巷道，由于骨料在钻孔中做自由落体运动，钻孔内下部骨料比上部骨料运动速度快，使得钻孔内下部空气也即比上部空气的运移速度快。同理可知，钻孔内下部空气压强比上部空气压强小，致使钻孔内始终也处于负压状态。因此，在骨料灌注过程中，进入钻孔内的空气

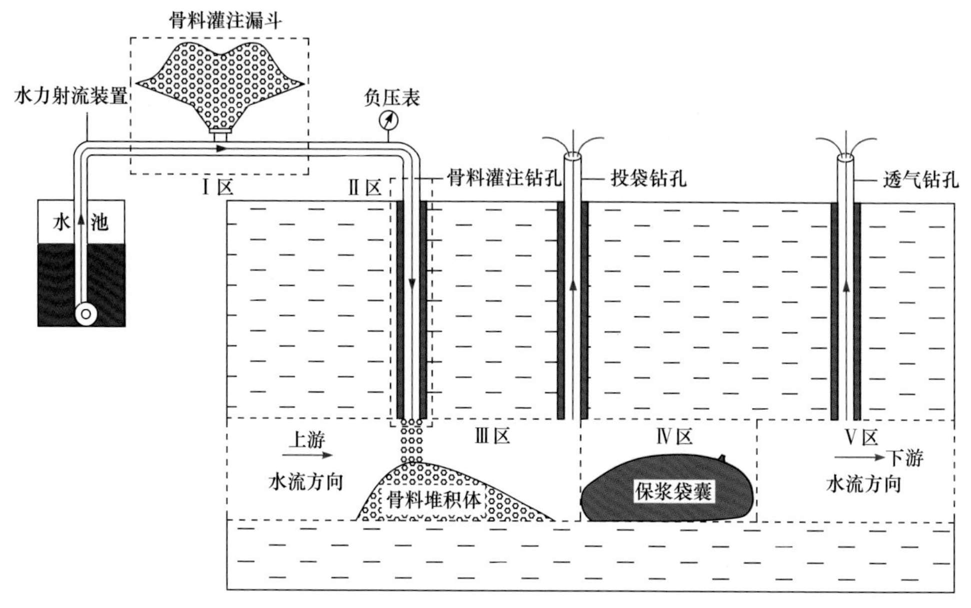

图 4-48　过水巷道截流骨料灌注工艺示意图

在不堵孔的情况下，能够随着动水和骨料一并进入巷道Ⅲ区。

在Ⅲ区中，如果未投放保浆袋囊或骨料刚开始灌注，还未堆积至一定高度，即巷道中阻水段局部水流速度还较小时，治理初期通过骨料灌注进入巷道内的空气则在Ⅲ区大量聚积，不能快速随水流从Ⅴ区中的透气钻孔中排出，有可能导致Ⅱ区钻孔中下部空气压强比上部空气压强大。当Ⅱ区钻孔中下部空气正压和骨料与孔壁间摩擦力之和达到足以抵抗、甚至大于上部骨料自重和空气负压之和时，容易发生骨料在钻孔中的搭桥堵孔，甚至喷孔等现象。如果此时骨料灌注钻孔下游Ⅴ区的透气钻孔还未施工，则这种堵孔和喷孔现象会更加频繁。

如果保浆袋囊投入巷道后或骨料已在巷道中堆积一定高度，后续的骨料灌注流程唯一不同的即是Ⅳ区中的阻水段大幅提高了过水巷道中局部水流速度，此时骨料灌注过程中堵孔现象明显减少。分析原因为Ⅳ区中的局部水流速度提高，使得在Ⅲ区聚积的空气能够随着高速水流快速通过Ⅳ区阻水段顶部残余过水通道运移至Ⅴ区，最终从Ⅴ区中的透气钻孔排出。

通过对骨料灌注过程中堵孔与否的分析可以看出，保浆袋囊投入巷道后或骨料在巷道中堆积一定高度后，后续骨料灌注堵孔现象少的主要原因，是阻水段顶部残余过水通道的高速水流，能将进入巷道中的空气快速排出巷外，使骨料灌注系统平稳持续运行。例如，左则沟煤矿巷道动水截流现场试验过程中，在完成单孔双袋囊动水投袋试验结束后，上游骨料灌注钻孔孔口监测到负压达 0.06MPa，后续骨料灌注过程中，将骨料直接卸倒在灌注漏斗上方时，骨料从灌注漏斗下口也能被直接吸进水力射流管道内，见图 4-49。单孔灌注粒径 10～30mm 骨料的速度达 41m^3/h，同时从下游投袋钻孔和预留透气钻孔孔口能明显观察到气体快速冒出，说明上述关于堵孔现象少的理论分析能够与现场工程实践相吻合。

图 4-49　左则沟煤矿骨料吸进水力射流管道照片图

为了进一步证实通过过水巷道中阻水段顶部残余过水通道水流流速提高，能够将空气快速携带运移，在低压试验系统单孔双袋投袋试验基础上，重新加载动水压力 P_1、P_2 和动水流量 Q 分别为 0.3MPa、0.05MPa、346L/min，然后在投袋钻孔上游相邻钻孔灌注氮气，低压试验系统氮气灌注试验灌注钻孔位置见图 4-50。灌注氮气时将氮气引流管深入试验舱底部，出气口水平朝向下游，利用水下高清摄像机拍摄氮气在试验舱中的运移现象。试验用氮气储存在容积为 40L 的标准氮气钢瓶中，灌注试验前压力为 15MPa，灌注试验后压力为 5MPa，试验结果见图 4-51 和图 4-52。

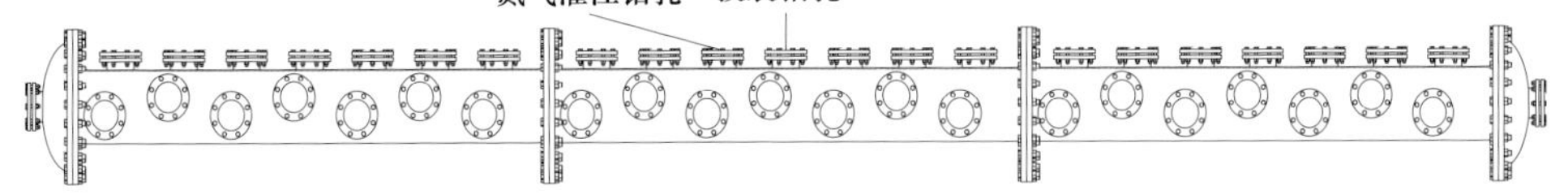

图 4-50　低压试验系统氮气灌注试验灌注钻孔位置示意图

由图 4-51 可知，氮气通过双袋囊侧上方残余过水通道时，气水两相流流型呈雾状流，即氮气流量相对于液体流量较大，水流被氮气打成小水滴，吹拂在试验舱中形成雾状流，表明在袋囊上游灌注的氮气，能够随着高速水流快速通过其侧上方残余过水通道进入阻水段下游。另外，由图 4-51 还可以看出，由于氮气密度远小于水的密度，小水滴垂向上整体都是呈往上漂移状。

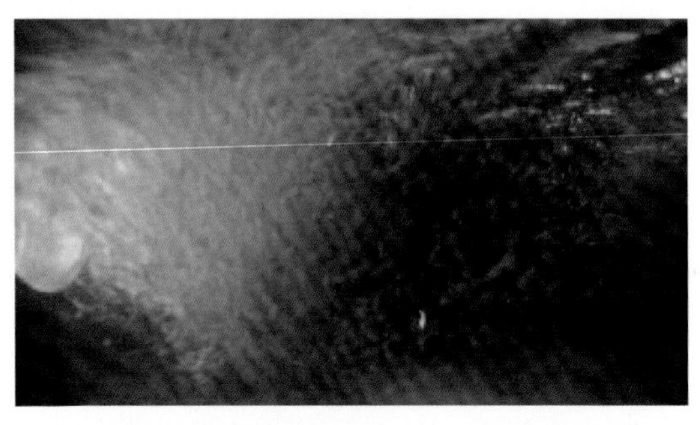

图 4-51　氮气通过双袋囊侧上方残余过水通道流型图

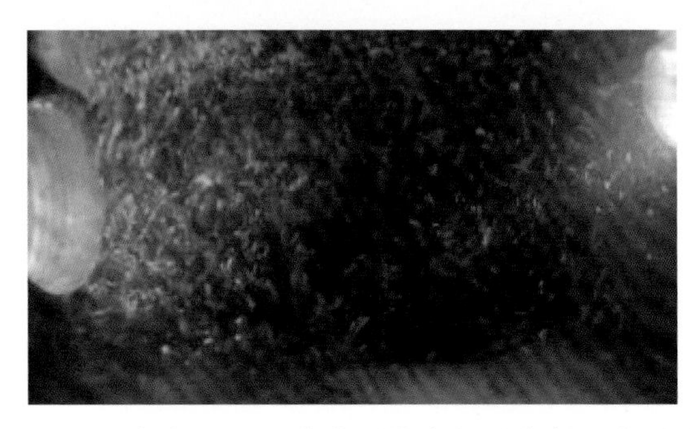

图 4-52　氮气通过双袋囊下游完整过水断面流型图

由图 4-52 可知，氮气通过双袋囊阻水段运移至其下游时，气水两相流流型呈气泡流，即氮气流量相对于液体流量较小，由于水流流速较大，气泡难以聚积，氮气呈细小泡状分散分布在下游巷道中，形成气泡流。同理，由于氮气密度远小于水流密度，细小气泡垂向上也整体都是呈往上漂移状。

根据氮气灌注试验结果可以看出，过水巷道动水截流过程中，通过阻水段顶部残余过水断面局部水流流速提高，能够将上游骨料灌注期间带入巷道内的空气快速携带运移至阻水段下游，最终通过下游透气钻孔和矿井排水排出巷外，减少因巷内空气在上游的大量聚积无法及时排出，造成的骨料灌注钻孔堵孔频次。

4.4.3　保浆袋囊对水泥-水玻璃双浆液快速封堵作用机制

榆卜界煤矿过水巷道动水快速截流案例中，在先前长时间采用传统骨料灌注+注浆的过水巷道动水截流治理模式未见效的情况下，改为采用保浆袋囊钻孔控制注浆动水治理模式后，历时 18d，水泥用量仅 2635t，即取得了抢险救灾的成功，创造了过水巷道动水截流用时最短的世界纪录。动水投袋试验结果表明，保浆袋囊投入巷道后，虽然能够快速缩小巷道过水断面，但由于阻水段顶部残余过水断面过水能力仍然较大，难以迅速减少巷道突水量，必须通过后期袋外补充注浆进一步减小巷道过水断面面积，才能实现动水快速截流成功(杨志斌，2021)。

榆卜界煤矿注浆堵水案例表明，袋外充填控制注浆可以最终封堵住阻水段顶部残余过水断面，但是由于注浆堵水工程隐蔽性极强，注浆施工现场难以掌握浆液扩散凝结规律。为了进一步了解截流巷道在有无保浆袋囊的条件下，浆液在动水中的扩散凝结规律，采用低压试验系统进行两组动水条件下的浆液扩散凝结规律试验，其中一组为保浆袋囊投放后的补充注浆试验，另一组为未投保浆袋囊的控制注浆试验，注浆浆材与动水投袋试验选用的浆材一致。浆液配制参数：水灰比为 1.00，水玻璃浓度为 30°Bé，CS 体积比为 100 : 50(杨志斌，2021)。

两组注浆试验中，过水巷道的动水压力 P_1、P_2 和动水流量 Q 分别设置为 0.3MPa、0.04MPa、100L/min(6m^3/h)，控制注浆流量为 24L/min。双浆液灌注钻孔设置在第 2 节试验舱的第 4 个(中间)钻孔上，投袋钻孔分别设置在第 2 节试验舱的第 1 个和第 7 个钻孔上，低压试验系统控制注浆试验钻孔布置见图 4-53。双浆液控制注浆采用双管并单管的孔底混合、连续灌注工艺，试验结果见图 4-54～图 4-57(杨志斌，2021)。

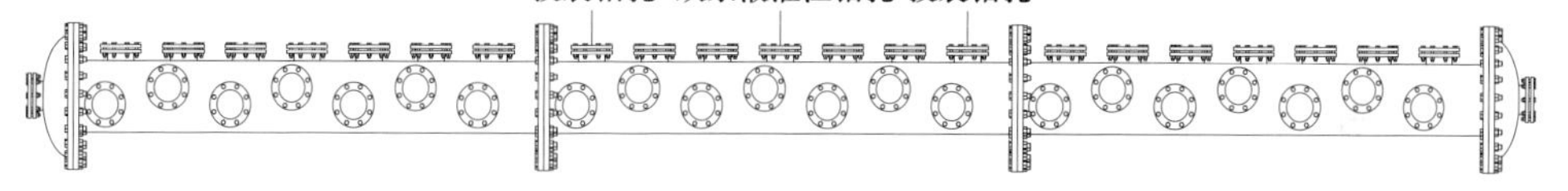

图 4-53　低压试验系统控制注浆试验钻孔布置示意图

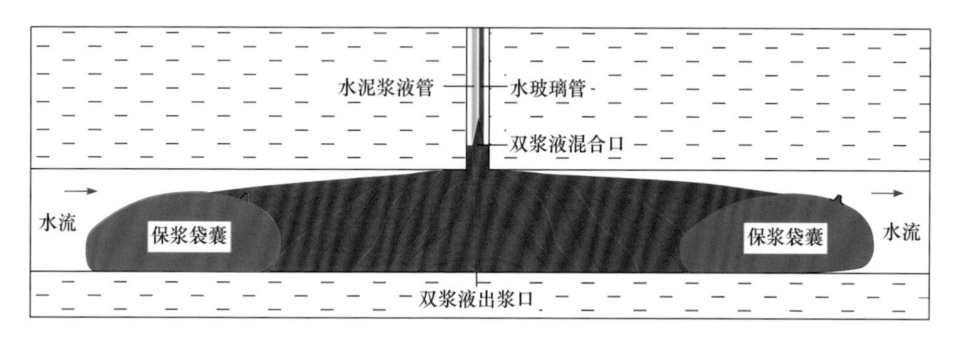

图 4-54　投袋后补充注浆浆液扩散凝结规律示意图

由图 4-54 可知，在投袋后的补充注浆过程中，初期浆液扩散方式呈现出从混合段出浆口出浆后，沿着混合段两侧均匀扩散，并能快速凝结；随着浆液凝胶体的堆积高度逐渐增加，浆液从混合段出浆口出浆后，首先沿着混合段爬杆向上运移，当运移至凝胶体堆积高度顶端时，向混合段两侧扩散，并

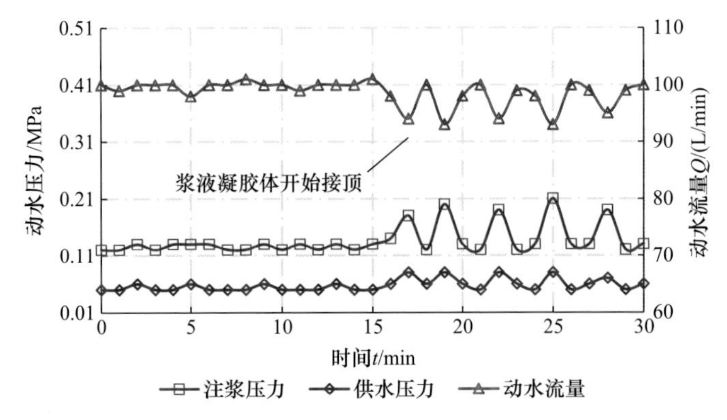

图 4-55 投袋后补充注浆动水压力和动水流量变化曲线

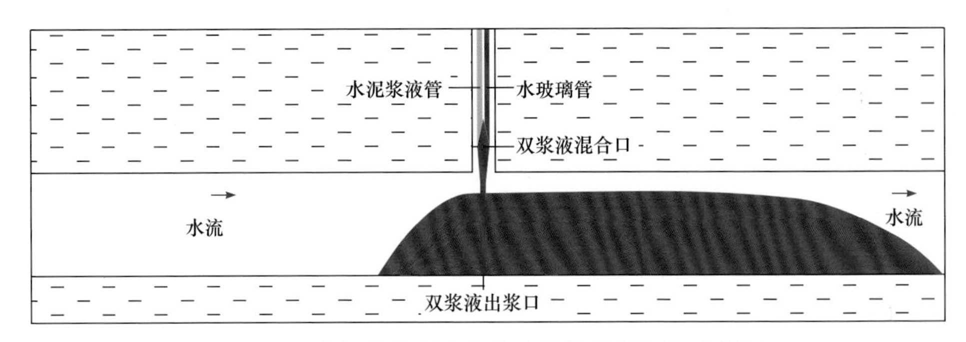

图 4-56 未投袋控制注浆浆液扩散凝结规律示意图

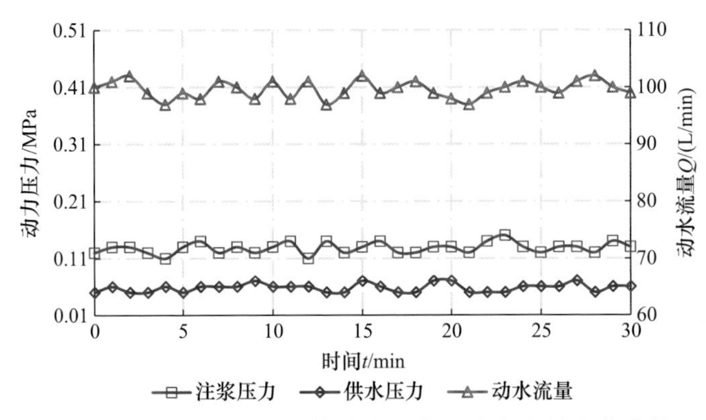

图 4-57 未投袋控制注浆动水压力和动水流量变化曲线

能快速凝结；后期当浆液凝胶体堆积高度局部和巷道顶板接顶后，浆液仍然先由出浆口沿着混合段爬杆向上运移，当运移至巷道顶板时，浆液挤压突破顶端凝胶体后，向两侧扩散并快速凝结。整体上看，浆液凝胶体在混合段注浆管两侧呈基本对称的锥形分布，随着注浆时间的延长，凝胶体充填袋囊之间的空间越大，即接顶阻水段越长。试验结束后从试验舱中拆卸出的凝胶体样品表明，浆液结石率和结石体强度都较高(杨志斌，2021)。

由图 4-55 可知，在投袋后的补充注浆过程中，浆液凝胶堆积体未与巷道顶板接顶前，注浆压力、供水压力和动水流量基本保持不变。但是，当凝胶体与巷道顶板接顶后，注浆压力、供水压力和动水流量都呈现出一定幅度的波动，而且这种波动基本同步，其中当凝胶体与巷道顶板接顶时，后续注浆压力和供水压力升高，动水流量减小；但当浆液挤压突破顶端凝胶体后，后续注浆压力和供水压力又开始降低，动水流量也增长恢复至初始水平。动水流量在补充注浆过程中，虽然随着顶端凝胶体的反复突破呈现一定幅度的波动，但是整体上并未减小，分析认为是因为在锥状接顶堆积体与巷道顶板间仍存在环状过水空间，而且其过水能力仍然大于初期突水量阶段(杨志斌，2021a)。

由图 4-56 可知，在未投保浆袋囊的控制注浆过程中，前期浆液扩散方式与有保浆袋囊条件下的补充注浆基本一样，即浆液从混合段出浆口出浆后，沿着混合段爬杆向上运移，当运移至凝胶体堆积高度顶端后向混合段两侧扩散。但是，随着凝胶堆积体高度的增加，由于堆积体顶部残余过水断面水流速度快速提高，导致凝胶堆积体高度难以进一步增加。后期浆液在沿着混合段爬杆运移至堆积体顶端后，主要向堆积体下游扩散。整体上看，浆液凝胶体初期在混合段注浆管两侧呈基本对称的锥形分布，但是随着注浆时间的延长，凝胶堆积体高度难以继续向上生长，而是往下游方向延展。试验结束后从试验舱中拆卸出的凝胶体样品也表明，浆液结石率和结石体强度都较高(杨志斌，2021)。

由图 4-57 可知，在未投保浆袋囊的控制注浆过程中，注浆压力、供水压力和动水流量基本保持不变，也佐证了浆液凝胶堆积体未与巷道顶板接顶的试验结果。

根据前面两组在有无保浆袋囊条件下的动水浆液扩散凝结规律试验结果可知，保浆袋囊能够使得双浆液凝胶体在袋囊之间控制运移扩散，并快速与巷道顶板堆积接顶，接顶阻水段随着时间的延长而延长，直至凝胶堆积体充填完袋囊之间的大部分过水空间。但是，在未投保浆袋囊控制注浆试验条件下，浆液凝胶体堆积至一定高度便不再向上生长，而后沿着水流方向向下游延展。导致上述两种浆液扩散凝结规律差异的主要原因，分析认为是保浆袋囊使得袋囊之间的水流流速较小，致使浆液在扩散凝结过程中不易被动水袭夺。

4.4.4　不同阻水体阻水能力差异试验

为了研究保浆袋囊对骨料接顶阻水堆积体的阻水性能差异，本小节采用在低压试验系统中进行两组不同形式骨料接顶阻水堆积体的抵抗动水冲垮能力试验。两组试验均为在低压试验系统中预先充填 3m 长的骨料，低压试验系统预充填阻水区工况示意见图 4-58。骨料由颗粒级配分别为 6～8mm、4～6mm、2～4mm 三种石子按体积比 1：0.8：0.6 混合而成，见图 4-59，其中一组阻水体由纯骨料堆积而成，另一组阻水体由两组双保浆袋囊和骨料组合堆积而成。两组试验在预充填骨料的时候，都要求将骨料充填堆积至试验舱顶板，并且阻水体之间不存在骨料架桥或架空现象(杨志斌，2021b)。

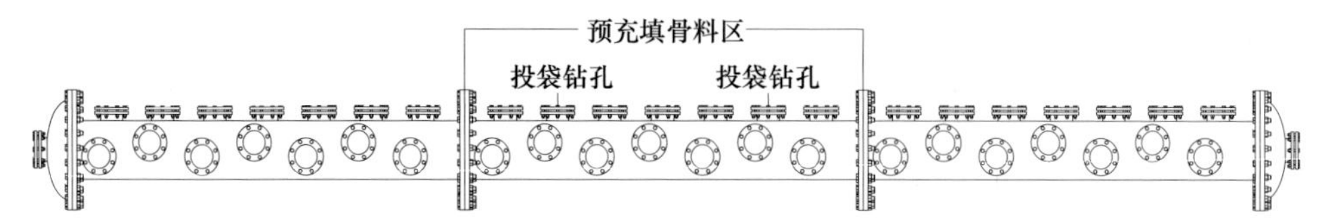

图 4-58　低压试验系统预充填阻水区工况示意图

(a) 粒径6~8mm的石子

(b) 粒径4~6mm的石子

(c) 粒径2~4mm的石子

图 4-59　阻水段预充填骨料颗粒级配

在低压试验系统中预充填完阻水堆积体后，两组试验过水巷道供水压力 P_2 和动水流量 Q 分别设置为 0MPa 和 346L/min，然后启动试验系统，测试两组不同形式的骨料接顶阻水堆积体的阻水性能差异，试验结果见图 4-60 和图 4-61。

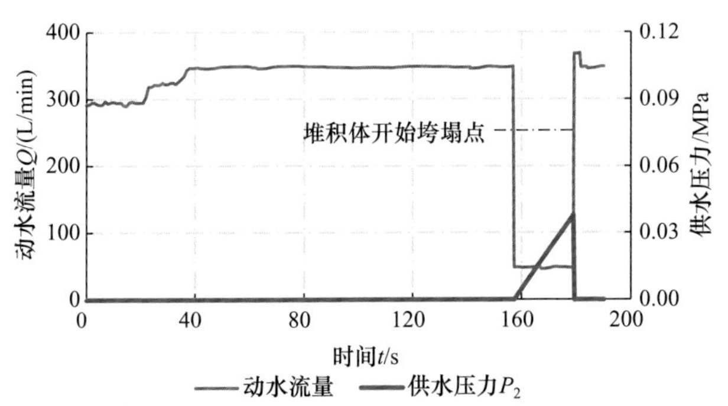

图 4-60　无袋囊条件下骨料堆积体垮塌过程巷道供水压力和动水流量随时间变化关系

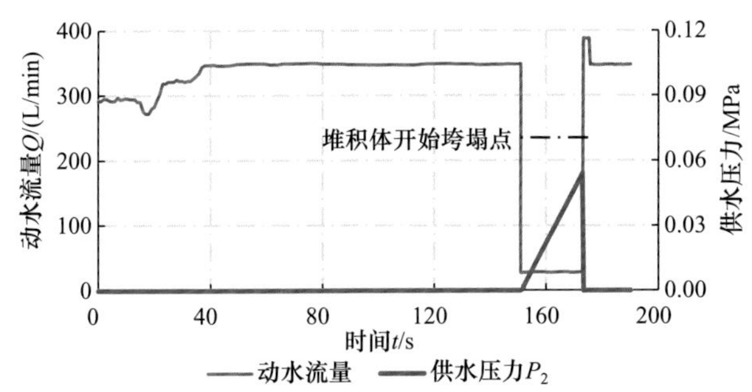

图 4-61　双袋囊条件下骨料堆积体垮塌过程巷道供水压力和动水流量随时间变化关系

由图 4-60 和图 4-61 可知，两组试验过程中巷道进水口初始动水流量和供水压力都较稳定，但随着供水压力的逐渐升高，动水流量骤降并基本保持稳定。随着供水压力的骤降，动水流量又出现突升而后快速略微下降并保持稳定在初始动水流量大小的现象，此时试验舱中预置的骨料堆积体都发生了从顶部垮塌的现象，但双袋囊条件下的骨料堆积体垮塌过程中保浆袋囊并未发生移动。无袋囊条件与双袋囊条件下的骨料堆积体相比，其阻水能力差异主要体现在：①前者在进水口静压水头升至 3.8m 时堆积体发生垮塌，后者在进水口静压水头升至 5.4m 时堆积体发生垮塌，说明双袋囊条件下的骨料堆积体能够抵抗更高的动水压力。②进水口静压水头升压速率前者要低于后者，而且在静压水头开始升高时，动水流量前者要大于后者，说明双袋囊条件下的骨料堆积体颗粒密实度更高、空隙率更小，具有更强的阻水渗透性能。③在堆积体被冲垮的瞬间，突水流量前者要小于后者，进一步佐证了双袋囊条件下的骨料堆积体具有高阻弱渗的渗透性能(杨志斌，2021)。

4.4.5　动水巷道快速截流数值模拟分析

理论分析、模型试验和数值模拟是科学研究中三种不可缺少、相互验证的手段，理论分析可以用于指导模型试验和数值模拟建模，模型试验可以用于验证理论分析和数值模拟结果，数值模拟不但可以反用于检验理论分析和模型试验结果，还能全过程、全空间、动态显示模拟过程，能够更加细微和形象地刻画事物局部和整体的发展过程。保浆袋囊钻孔控制注浆快速建造封堵体是一项极其复杂的过程，采用数值模拟研究保浆袋囊对封堵体快速建造的主要影响和作用机制，与模型试验结果进行对比，是一项十分有效的方法。在已建立的过水巷道动水快速截流概念模型基础上，利用计算流体力学数值模拟软件 OpenFOAM 和离散元方法数值模拟软件 LIGGGHTS-PUBLIC 进行 CFD-DEM 耦合计算，对动水投袋试验、有无保浆袋囊条件下的骨料灌注试验和不同阻水体稳定性能试验进行数值模拟，研究保浆袋囊投入巷道后的运移规律及流场变化特征、保浆袋囊对阻水体快速建造机制和保浆袋囊对骨料接顶阻水堆积体阻水能力差异(杨志斌，2021)。

1. 动水投袋试验模拟

为了进一步研究保浆袋囊投入巷道后的运移规律和流场变化特征，本小节采用与现场截流巷道形态及尺寸一样的巷道模型，通过数值模拟刻画与现场投放保浆袋囊形态及尺寸一样的袋囊模型，研究在不同堵水环境下保浆袋囊投入巷道后的运移规律及流场变化特征。

1) 模型结构与参数

(1) CFD 参数。

巷道采用与堵水工况原型巷道一样的断面尺寸，即宽 5m、高 4m，网格划分采用六面体结构化网格，为减少网格尺寸，经反复探索满足反映流场关键信息变化的情况下，取巷道长度为 50m，网格单元为边长 20cm 的正方体，共将模拟巷道划分为(25×20×250)个网格单元，CFD 模拟时间步长Δt为 10^{-4}s。巷道中流体物理性质为 20℃下水的性质，即密度取 1×10^{3}kg/m^{3}，黏度系数取 9×10^{-2}Pa · s。巷道模型尺寸及网格划分见图 4-62。

根据突水通道涌水模型和过水巷道阻水模型，巷道出水口边界设置为定水头边界，出水口静压水头设置为 0m；巷道进水口边界设置为给定水头边界，随着阻水体的建造，进水口静压水头随着巷道中动水流量的变化表达式为

$$H_t=\begin{cases} h_{\mathrm{w}}, & t=0 \\ H_{t-1}+(v_0-v_t)\cdot\Delta t\cdot\dfrac{A_{\text{过}}}{A_{\text{含}}\cdot\mu^*}, & t>0 \end{cases} \tag{4-26}$$

式中，H_t为t时刻进水口静压水头，m；H_{t-1}为t时刻上一时间步长时刻进水口静压水头，m；h_{w}为初始时刻巷道中稳定突水水量流经模型巷道的阻力水头损失，m；v_0为巷道进水口初始时刻断面平均水流速度，m/s；v_t为巷道进

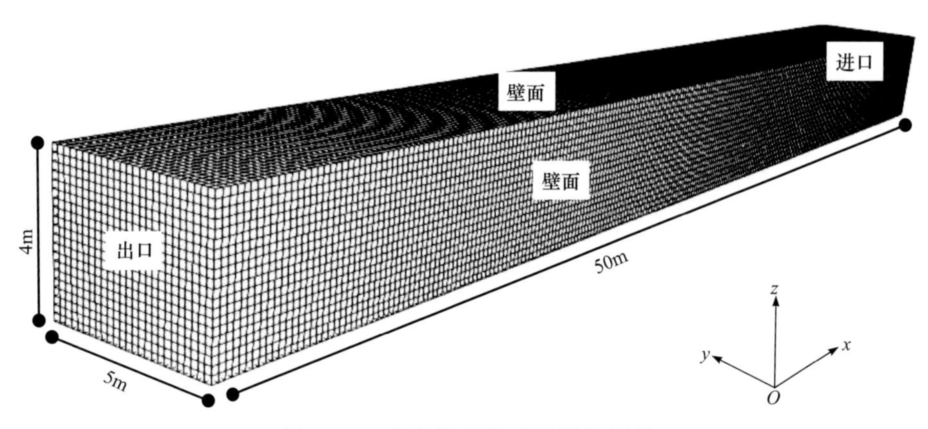

图 4-62　巷道模型尺寸及网格划分

水口 t 时刻断面平均水流速度，m/s；t 为模拟计算时长，s；Δt 为模拟时间步长，s；由于模拟的突水工况不针对特定的煤层底板承压含水层，设定 $A_{含} \cdot \mu^* = 10A_{过}$，$m^2$。

动水投袋试验数值模拟时，巷道中初始流场为不同堵水工况条件下，根据巷道进水口设置的固定平均流速边界、出水口设置的固定静压水头边界以及选用的粗糙壁面函数 nutURoughWallFunction(Roughness Height 设为 20mm，Roughness Constant 设为 0.5)，对巷道中流场进行初始化模拟，并将模拟计算稳定后的流场作为每组投袋试验的初始流场。

过水巷道动水投袋试验数值模拟 CFD 主要边界条件设置见表 4-10。

表 4-10　CFD 主要边界条件设置

边界面(patch)	速度(U)		压力(P)	
	边界类型	设定值	边界类型	设定值
进水口(inlet)	pressureInletVelocity	$\{u_0\}$	groovyBC	variables ("Ux=average(U.x);" "p_old=average(p);" "deltaU={u_0}-Ux;" "deltaP=deltaU*deltaT()/10;"); valueExpression " time()==0?{$p_{t=0}$}:{p_old +deltaP}"
出水口(outlet)	zeroGradient	—	fixedValue	Uniform 0
壁面(walls)	noSlip	—	zeroGradient	—

注：{}中为变量或表达式，需视不同工况设为具体的值；u_0 为巷道进水口初始平均流速，由工况确定；$p_{t=0}$ 即式(4-26)中 t=0 时的巷道进水口静水压力，其值由流场初始化模拟结果得到。

(2) DEM 参数。

保浆袋囊采用基于 LIGGGHTS 的 multisphere 模型的球体组合模型。单袋囊模型球径为 3m，共 7 个球体，球体中心线性排列，球心距为 0.5m，单袋囊模型总长 6m。双袋囊模型球径为 2m，10 个球分两排排列，排内球心距 0.25m，双袋囊模型总长 3m，排间球心距 1.95m，即双袋之间重叠 0.05m。

由于注浆堵水工程现场投袋工艺极其复杂，目前 DEM 方法还不能模拟出与现场一致或相似的投袋过程。因为投袋试验的目的是刻画保浆袋囊投入巷道后的运移规律和流场变化特征，重点是想获得保浆袋囊投入巷道后是否会发生漂移及其漂移程度，所以采取一种较现场投袋更易发生漂移的投袋方式，观察在给定的不同注浆堵水环境下，保浆袋囊在巷道中的运移规律及其流场变化特征。具体到 DEM 数值模拟投袋试验时，在 DEM 模型一侧不设巷道顶板，并在袋囊生成区生成袋囊，然后袋囊以自由落体方式向下投入巷道，袋囊进入巷道区域后开始受巷道中水流影响。

保浆袋囊杨氏模量设为 1×10^7Pa，泊松比设为 0.45，密度设为 2.5×10^3kg/m^3。保浆袋囊与巷道壁面间的阻尼系数和摩擦系数分别设为 0.3 和 0.5。DEM 模拟时间步长为 10^{-5}s。

(3) CFD-DEM 耦合参数。

CFD-DEM 固液耦合作用力选择 Di Felice 曳力模型和压力梯度力，空隙率模型选择 bigParticle，耦合频率为 10。

2) 工况条件

目前，过水巷道动水截流时的稳定突水水量都在 20000m^3/h 以下，结合室内物理模拟，考虑一般过水巷道动水截流时的稳定突水水量为 2000m^3/h，因此投袋试验数值模拟选择两种工况条件：①巷道中动水流量为 2000m^3/h，即巷道进水口初始平均流速为 0.028m/s；②巷道中动水流量为 20000m^3/h，即巷道进水口初始平均流速为 0.28m/s。

3) 保浆袋囊运移规律及巷道流场变化特征

为了分析保浆袋囊投入巷道后的运移规律及流场变化特征，两种工况模型都模拟至保浆袋囊在巷道中静止且流场稳定结束，采集的保浆袋囊在巷道中的运移轨迹和中心位移情况(图 4-63 和图 4-64)。

由图 4-63 可知，在巷道进水口初始流速为 0.28m/s 的条件下，单袋囊和双袋囊均在 2s 以内完成沉降触底(z 向)，并有微小的反弹再沉底现象，由于单袋囊自身体积和重力较双袋囊大，其触底比双袋囊略快。在沿水流方向(x 向)，单袋囊位移比双袋囊要大，主要原因为单袋囊受入水倾角影响导致在沉降过程中发生了倾斜，致使袋囊迎水面积增大，巷道局部过水面积更小，水

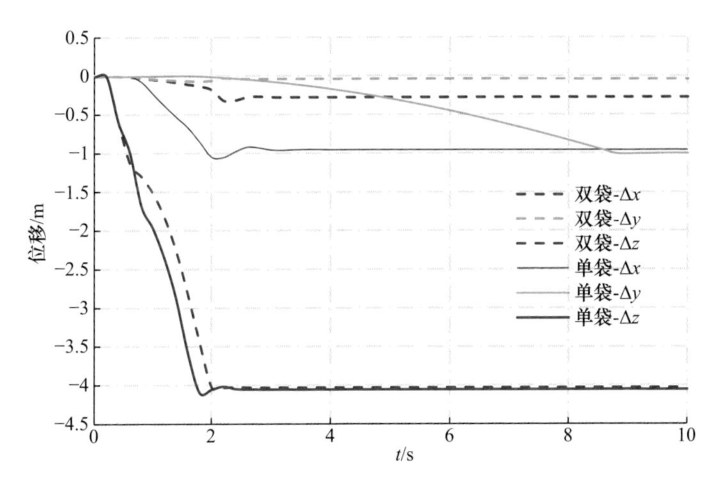

图 4-63　初始流速 0.28m/s 时投袋过程中袋囊中心位移情况

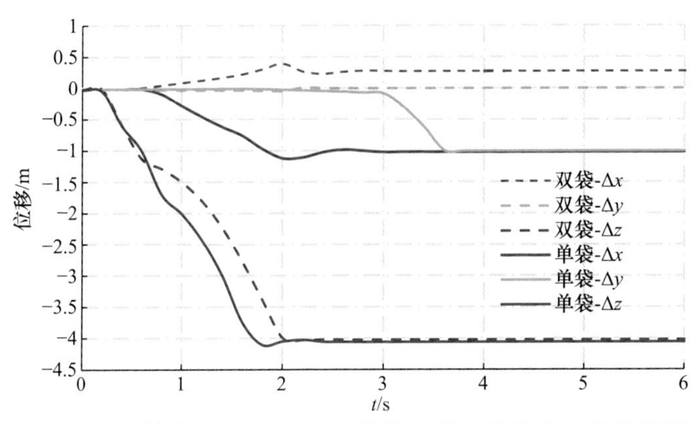

图 4-64　初始流速 0.028m/s 时投袋过程中袋囊中心位移情况

流局部流速更大，造成水流对袋囊的作用力更大，加剧了单袋囊沿水流方向的位移，但总体上单袋囊和双袋囊沿水流方向的位移都不超过 1m。在巷道径向方向(y 向)，双袋囊基本不发生移动，但单袋囊在触底后却发生了侧向滚动，直到依靠巷道壁面，滚动持续时间约 7s。

由图 4-64 可知，在巷道进水口初始流速为 0.028m/s 的条件下，单袋囊和双袋囊在 z 向和 y 向的运移规律和 0.28m/s 的情况基本一致，其主要差异体现在沿水流方向的位移(x 向)。在 0.028m/s 低流速条件下，水流对袋囊的作用力小，袋囊入水时的角度和惯性则对其沿水流方向的位移起到了关键作用，致使双袋囊产生逆水流方向位移 0.28m，单袋囊却产生顺水流方向位移约 1m。

为了定量分析保浆袋囊投入巷道后对进水口平均流速和静压水头的影响，绘制两种工况模型投袋过程中，巷道进水口平均流速和静压水头随时间变化，见图 4-65～图 4-68。

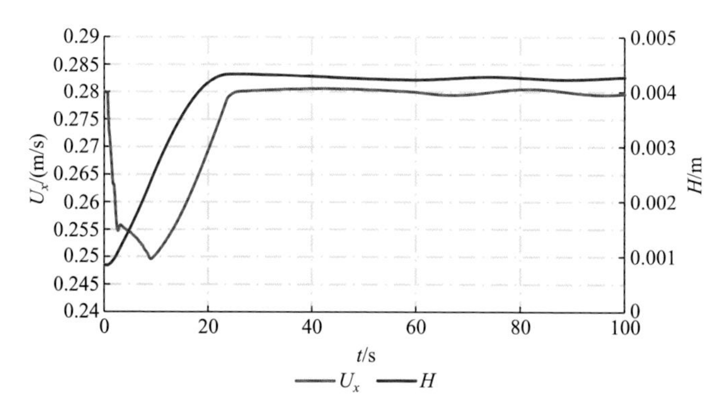

图 4-65 初始流速 0.28m/s 时单袋囊投袋过程中进水口平均流速和静压水头变化

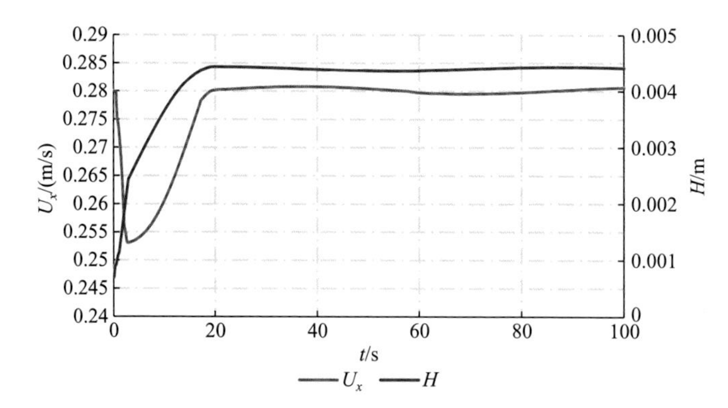

图 4-66 初始流速 0.28m/s 时双袋囊投袋过程中进水口平均流速和静压水头变化

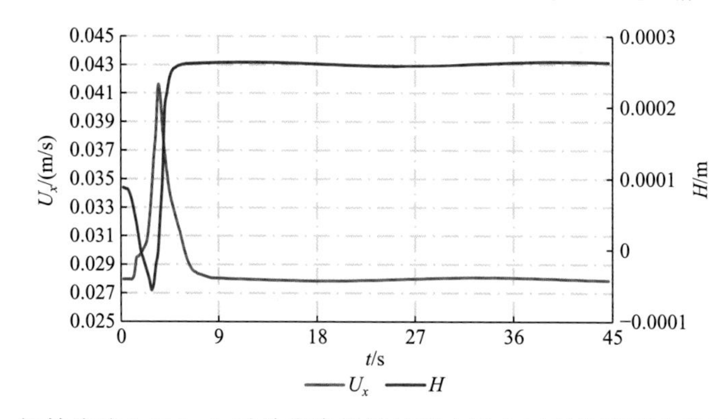

图 4-67 初始流速 0.028m/s 时单袋囊投袋过程中进水口平均流速和静压水头变化

由图 4-65 和图 4-66 可知，在巷道进水口初始流速为 0.28m/s 的条件下，当单袋囊和双袋囊在 2s 内沉降至巷道底板后，巷道局部过水断面面积急剧减小，巷道过水能力骤降，使巷道进水口平均流速迅速降低，其中单袋囊在触底后还向巷道侧向壁面滚动，造成巷道进水口平均流速进一步降低。然后，巷道过水能力降低导致进水口静压水头升高，使进水口平均流速又逐渐恢复

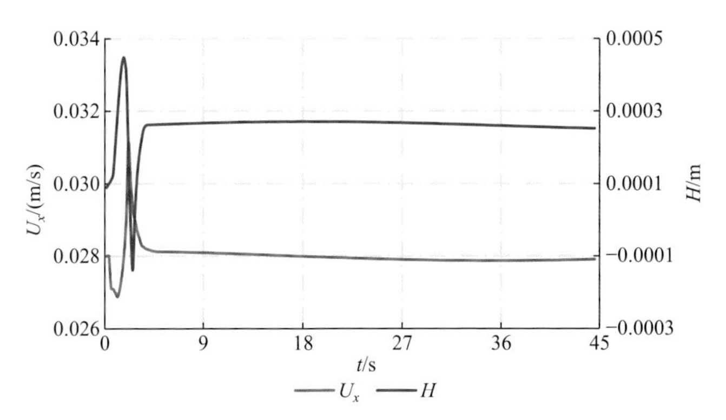

图 4-68　初始流速 0.028m/s 时双袋囊投袋过程中进水口平均流速和静压水头变化

至初始流速状态并基本保持稳定，表明巷道过水能力已恢复至初始状态。整个投袋过程中，巷道进水口平均流速和静压水头的变化规律反映出在 20000m³/h 的稳定突水水量条件下，保浆袋囊投入巷道后，虽然能够短暂减小巷道动水流量大小，但在突水含水层的动态补给升压条件下，巷道中动水流量很快又能恢复至初始突水水量大小，表明必须通过后期进一步补充注浆封堵才能获得截流成功。

由图 4-67 和图 4-68 可知，在巷道进水口初始流速为 0.028m/s 的条件下，单袋囊入水时即发生了倾斜，使其产生类似摆锤似的运动，在惯性力作用下，水流流速较小，导致袋囊运动速度大于水流运动速度，使袋囊下游水流在袋囊冲击下加速运动，上游产生负压，巷道进水口流速瞬间增大，进水口压力也变成负压。但该现象持续时间很短，很快进水口压力和流速即恢复至初始状态，仅静压水头略有升高。双袋囊进入巷道时(0～1s)，袋囊体积占据了巷道部分空间，局部水流向袋囊周边运动，导致巷道进水口压力迅速增大而流速迅速变小；当袋囊沉底时(1～2s)，袋囊上方出现短时负压状态，袭夺周边水流补给，导致进水口压力短时也出现负压状态，进水口流速短时达到 0.031m/s，但很快便恢复至初始状态。整个投袋过程中，巷道进水口平均流速和静压水头的变化规律反映出在 2000m³/h 的稳定突水水量条件下，保浆袋囊投入巷道后，巷道中动水流量不能减小，必须通过后期进一步补充注浆封堵才能获得截流成功。

2. 保浆袋囊投放的阻水体快速建造机制

为了研究保浆袋囊对骨料堆积阻水体的快速建造机制，以双保浆袋囊为例，通过在有无保浆袋囊条件下的骨料灌注试验数值模拟，研究不同堵水环境下保浆袋囊对阻水体的快速建造机制。

1) 模型结构与参数

骨料灌注试验数值模拟过程中，由于 DEM 模拟计算量和灌注颗粒数量 n 的关系可近似为 $n^2/2$，因此颗粒数量的增加将引起模拟计算量以几何级数的增加。为了使得模拟计算量控制在一定计算能力范围内，将模拟巷道断面按 1∶20 线性比例缩小，巷道尺寸设计为 10m×0.25m×0.2m(长×宽×高)。模拟参数和边界条件设置如下。

(1) CFD 参数。

缩小后的巷道模型网格划分仍采用六面体结构化网格，网格单元为 25.00mm×20.83mm×20.00mm(x×y×z) 的长方体，共将模拟巷道划分为 (400×12×10)个网格单元，CFD 模拟时间步长Δt 为 10^{-3}s。巷道壁面仍选用粗糙壁面函数 nutURoughWallFunction，但 Roughness Height 设为 10mm，Roughness Constant 仍设为 0.5，巷道其他壁面条件、进出水口边界条件和水流物性参数与本小节中动水投袋试验模拟相同，不再赘述。巷道模型尺寸及网格划分见图 4-69。

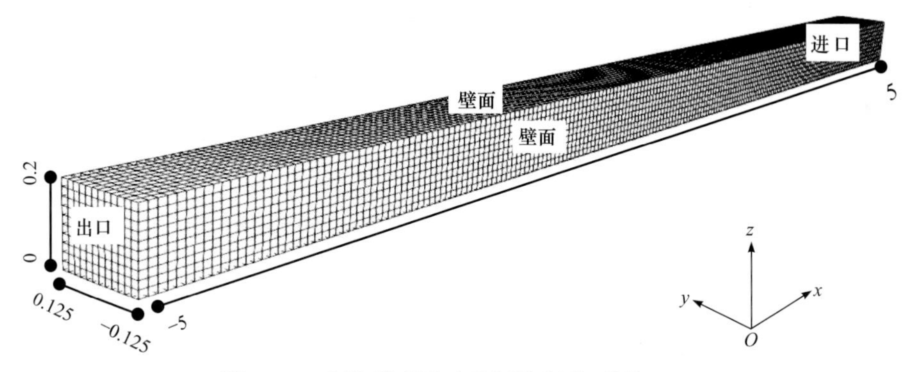

图 4-69　巷道模型尺寸及网格划分(单位：m)

(2) DEM 参数。

保浆袋囊形态概化模型和本小节中动水投袋试验模拟相同，但是由于模拟巷道断面按 1∶20 线性比例缩小，双袋保浆袋囊尺寸也按 1∶20 线性比例缩小，即双袋保浆袋囊中的单个保浆袋囊尺寸为直径 0.1m、长 0.15m。保浆袋囊的杨氏模量、泊松比、密度及其与巷道壁面间的阻尼系数和摩擦系数都与本小节动水投袋试验模拟相同，不再赘述。

骨料灌注试验数值模拟时，巷道中初始流场为不同堵水工况条件下，根据设置的壁面条件和进出水口边界条件对巷道中流场进行初始化模拟，并将模拟计算稳定后的流场作为每组骨料灌注试验的初始流场。其中，有保浆袋囊条件下的骨料灌注试验，首先在 DEM 中将保浆袋囊直接投放到巷道中部，投放方式与本小节中动水投袋试验模拟相同，投放过程中暂不进行 CFD-DEM 耦合模拟，待袋囊落入巷道底板后，再以进水口固定流速值进行 CFD-DEM 耦合模拟，获得稳定的初始化流场，最后在稳定流场中开始骨料灌注试验。

DEM 模拟中的单个骨料颗粒模型对骨料堆积阻水体的建造机制有重要影响。最简单的骨料颗粒模型为球形，但是在探索巷道进水口初始流速 0.28m/s 条件下，不同粒径球形颗粒骨料在巷道中的运移规律发现，大颗粒(ϕ22mm)的球形骨料与小颗粒(ϕ6mm)的球形骨料相比，其在落入巷道底板后更易发生移动(图 4-70)，这与堵水现场采用的多面体形态颗粒骨料在水中的移动规律是不相符的。因此，直接采用球形颗粒作为骨料概化模型是不合适的，需要构建和现场灌注骨料形态更为接近的颗粒模型。

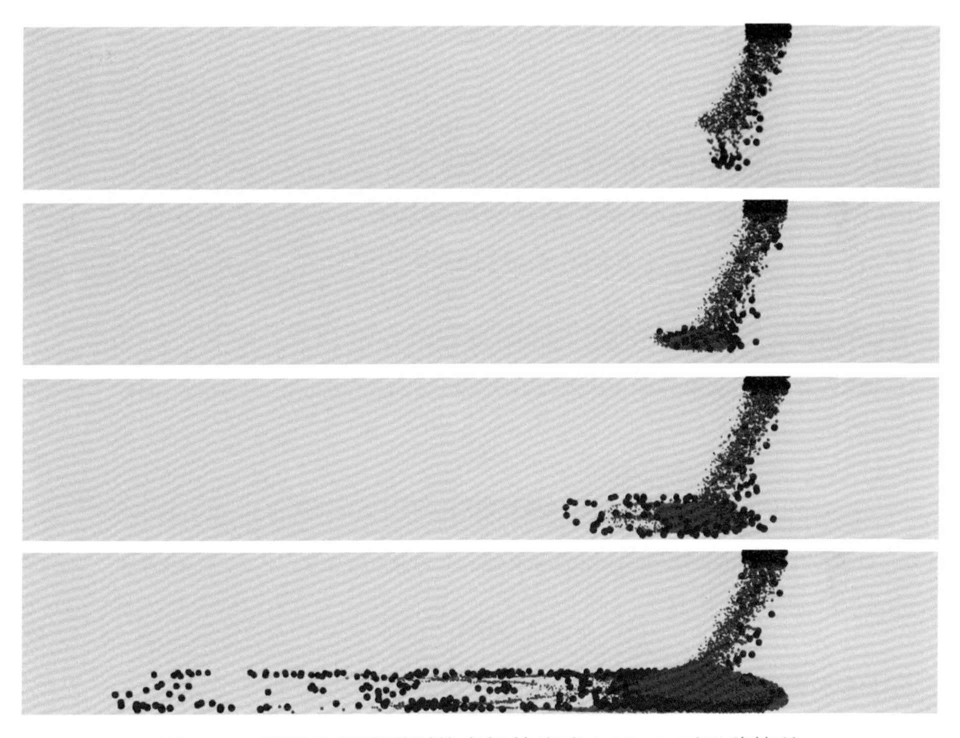

图 4-70　不同粒径球形颗粒在初始流速 0.28m/s 下运移情况

对于非球形颗粒，DEM 通常采用球体组合模型来描述颗粒形态。堵水现场骨料颗粒形态多为非均质的四至六面体，为了使骨料颗粒概化模型接近堵水工况原型，同时减小骨料灌注试验数值模拟过程中的计算量，本小节仍采用基于 LIGGGHTS 的 multisphere(多弧)模型的球体组合模型，将骨料颗粒概化为均质正四面体，具体为利用 4 个球体模拟正四面体骨料。例如，对于粒径 22mm 的骨料颗粒，球体半径为 6mm，4 个球体的球心距均为 10mm，则球心距和球体直径之和则为 22mm。骨料颗粒概化模型见图 4-71。对于其他粒径的骨料颗粒，则只需将粒径 22mm 骨料颗粒模型按比例缩放即可。

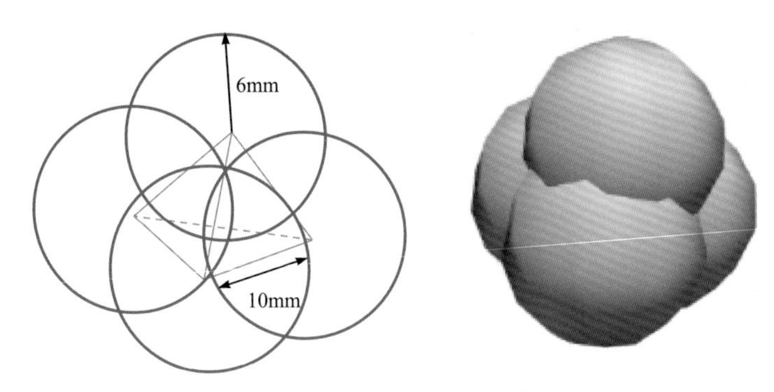

图 4-71 骨料颗粒概化模型

骨料灌注试验数值模拟过程中，在有保浆袋囊条件下，为了减少因颗粒数量增加而造成的模拟计算量大，同时希望得到保浆袋囊对骨料快速堆积的作用机制，骨料灌注点位置选在巷道中保浆袋囊局部流速明显提高处的上游。为了与在无保浆袋囊条件下的骨料灌注试验形成对比，其骨料灌注位置也选在相同位置。

骨料颗粒的杨氏模量设为 1×10^7Pa，泊松比设为 0.45，密度设为 1.7×10^3kg/m^3。骨料颗粒与巷道壁面间的阻尼系数和摩擦系数分别设为 0.3 和 0.5。DEM 模拟时间步长为 10^{-4}s。

(3) CFD-DEM 耦合参数。

CFD-DEM 固液耦合作用力选择 Di Felice 曳力模型和压力梯度力，有袋囊条件下空隙率模型选择 bigParticle，无袋囊条件工况空隙率模型选择 divided，耦合频率为 10。

2) 工况条件

过水巷道动水截流过程中，堵水所用骨料颗粒分类见表 4-11。为了减少骨料灌注试验过程中的模拟计算量，选择小石子和中石子作为模拟骨料颗粒。其中，小石子骨料概化为粒径 9mm 的正四面体颗粒模型，中石子骨料概化为粒径 22mm 的正四面体颗粒模型。巷道进水口初始流速条件仍按照巷道截流时一般稳定突水水量 2000m^3/h 和最大稳定突水水量 20000m^3/h 的等流速原理，设置进水口初始平均流速分别为 0.028m/s 和 0.28m/s，模拟小石子和中石子在不同动水流量下的骨料灌注试验。

表 4-11　堵水所用骨料颗粒分类

名称		粒径/mm	备注
粉煤灰		0.010～0.045	粒径比水泥小
砂	粉砂	0～0.350	占全重的 80%
	细砂	0.350～0.500	占全重的 50%
	粗砂	0.500 以上	占全重的 50%
碎石	米石	3.000～5.000	占全重的 95%以上
	小石子	5.000～10.000	占全重的 95%以上
	中石子	10.000～30.000	占全重的 95%以上
	大石子	30.000～50.000	占全重的 95%以上

根据现场巷道截流骨料灌注经验，在巷道断面面积相同的条件下，影响骨料灌注速度的主要因素是水流速度和颗粒粒径，其中水流速度越快，骨料灌注速度越快，颗粒粒径越小，骨料灌注速度越快；在骨料灌注钻孔不堵孔的前提下，小石子骨料灌注速度一般在 $40m^3/h$ 左右，中石子骨料灌注速度一般在 20～$30m^3/h$，大石子骨料灌注速度一般在 10～$20m^3/h$。CFD-DEM 数值耦合模型中，由于假定了水流速度和骨料颗粒粒径与堵水工况原型一致，在模拟巷道断面面积按 1∶20 线性比例缩小的条件下，其相应粒径的骨料灌注速度也应该同比例缩小，但是考虑到骨料灌注速度过低带来模拟计算时长过长问题，在此基础上适当提高相应粒径的骨料灌注速度。骨料灌注试验数值模拟工况详见表 4-12。

表 4-12　骨料灌注试验数值模拟工况

工况序号	巷道进水口初始平均流速/(m/s)	是否投放保浆袋囊	骨料粒径/mm	骨料灌注速度/(kg/s)	备注
1	0.028	否	22	0.06(0.127m^3/h)	以骨料局部接顶为模拟结束标准，否则调整相关参数
2	0.028	是	22		
3	0.28	否	22		
4	0.28	是	22		
5	0.28	否	9	0.12(0.254m^3/h)	
6	0.28	是	9		

3)保浆袋囊对阻水体快速建造机制分析

初始流速 0.028m/s，在有无保浆袋囊条件下，对粒径 22mm 骨料灌注试验进行模拟。可以得出，初始流速 0.028m/s 有无保浆袋囊条件下的 22mm 粒径骨料灌注试验，骨料在沉降过程中发生的横向漂移都很小，骨料基本在灌注口正下方堆积，迎水面和背水面骨料堆积体休止角无显著差异，两者唯一的显著差异为，有保浆袋囊条件骨料局部接顶时长为 300s，而无保浆袋囊条件骨料局部接顶时长为 360s。分析原因主要为保浆袋囊自身充填了部分接顶阻水体空间，相当于提前完成了部分骨料铺底和充填阶段，有助于骨料堆积阻水体的快速建造。

由图 4-72 可知，两种工况条件下，在截流初期(前 100s，骨料堆积体高度为巷高的 1/2 左右)，进水口平均流速在一定范围内波动，但未发生显著变化，进水口静压水头也未发生显著变化。在截流后期，随着骨料堆积体高度的逐渐增加，进水口平均流速逐渐减小，进水口静压水头也逐渐升高。两者主要差异为，有袋囊工况进水口静压水头在 150s 开始升高，而无袋囊工况进水口静压水头在 220s 才开始升高，而且静压水头升高速率低于有袋囊条件工况，说明有袋囊条件的骨料堆积阻水体能够抵抗更高的动水冲击，有利于减少骨料堆积阻水体建造过程中因动水压力造成的频繁突破再造次数。

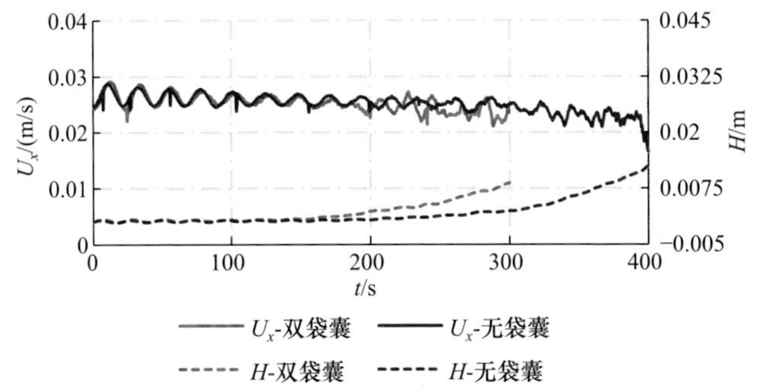

图 4-72 初始流速 0.028m/s 骨料灌注过程中进水口平均流速和静压水头变化

初始流速 0.28m/s，在有无保浆袋囊条件下，对粒径 22mm 骨料灌注试验进行模拟。在初始流速 0.28m/s 有无保浆袋囊条件下，粒径 22mm 骨料灌注过程中，骨料在沉降过程中发生的横向漂移在 10cm 左右，骨料堆积体迎水面一侧休止角大于背水面一侧休止角，而且堆积体都在堆积至巷高 3/4 后不再向上生长，转而持续向下生长。两者唯一的显著差异为，有保浆袋囊条件骨料堆积至巷道 3/4 的时长为 100s，而无保浆袋囊条件骨料堆积至巷道 3/4 的时长为 150s。分析原因主要是保浆袋囊自身充填了部分阻水体空间，相当于提前完成了部分骨料铺底和充填阶段，有助于骨料堆积阻水体的快速建造。

由图 4-73 可知，两种工况条件下，截流初期进水口平均流速和静压水头显现出显著差异，其中有袋囊工况与无袋囊工况相比，前者进水口平均流速很快从 0.28m/s 降至 0.25m/s 且后期基本保持稳定。分析原因为初期灌注的骨料首先将袋囊与巷道壁面间的空隙充填，导致巷道局部过水能力骤降，然后在该堆积基础上进一步充填其他空间，后者进水口平均流速则始终维持在 0.28m/s。静压水头前者和后者在截流后期一直在增长，而且前者静压水头始终比后者静压水头大。分析原因为两者增加的静压水头都全部用以消耗在骨料灌注过程中的水头损失上，对动水流速没有影响；有袋囊工况下其堆积体密实度较无袋囊条件工况高，因此造成其静压水头更高。整体而言，有袋囊工况与无袋囊工况相比，前者建造的骨料堆积阻水体较后者具有高阻弱渗的特点。

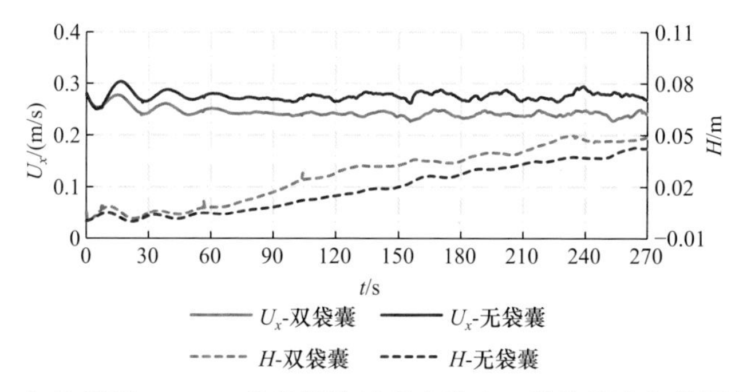

图 4-73　初始流速 0.28m/s 骨料灌注过程中进水口平均流速和静压水头变化

初始流速 0.28m/s，在有无保浆袋囊条件下，对粒径 9mm 骨料灌注试验进行模拟。在初始流速 0.28m/s 的有无保浆袋囊条件下的骨料灌注试验过程中，9mm 骨料堆积规律与 22mm 骨料堆积规律基本相似，其规律包括：①两者都是在堆积至巷高 3/4 后便不再向上生长；②两者骨料堆积体中心距离都是距灌注口平距 10cm 左右；③两者骨料堆积体迎水面一侧休止角都大于背水面一侧休止角；④两者有袋囊工况的骨料堆积阻水体都具有高阻弱渗的特点。但是，两者也存在差异，最明显的差异为 9mm 骨料在无保浆袋囊工况下，在截流初期，其进水口平均流速降至 0.25m/s 并在后期基本保持稳定不变。分析原因为 9mm 骨料灌注速度为 22mm 骨料灌注速度的 2 倍，而且 9mm 骨料堆积体与 22mm 骨料堆积体相比，具有更高的颗粒密实度，造成其在截流后不久便使巷道局部过水能力变小。

初始流速 0.28m/s，在有无保浆袋囊条件下的骨料灌注试验都无法使得堆积体局部接顶，因此在前面有保浆袋囊条件下 22mm 骨料灌注试验基础上，分别通过增大灌注骨料粒径至 44mm 和增大骨料灌注速度至 1.2kg/s 的方法，探索骨料堆积体是否能够局部接顶。结果表明，单纯增大灌注骨料粒径，骨料堆积体仍然无法局部接顶，后期灌注的大颗粒骨料随着动水漂向在下游堆积，而且由于进水口的静压水头不断增大，进水口的平均流速也在不断增大。单纯增大骨料灌注速度，在其后的 11s、18s 和 25.5s 都出现了堆积体局部接顶的现象，然而在动水冲击作用下很快即被冲垮，在骨料堆积体局部反复接顶冲垮和进水口静压水头不断升高的作用条件下，进水口平均流速显现出前期减小后期增大的现象。

3. 不同阻水体阻水能力差异研究

为了研究保浆袋囊对骨料接顶阻水堆积体的阻水性能差异，采用在截流巷道中内置阻水体方式，模拟有无保浆袋囊条件下的骨料接顶阻水堆积体，在堵水段静压水头逐渐升高的情况下，不同形式骨料接顶阻水堆积体抵抗水压冲垮的能力。

1) 模型结构与参数

(1) CFD 参数。

巷道模型结构、网格划分、CFD 模拟时间步长、壁面边界条件及壁面函数、出水口边界条件、巷道中水流物性参数及流场初始化设置都与本小节保浆袋囊投放的阻水体快速建造机制相同，进水口边界条件仍设置为给定水头边界，但是为了缩短模拟计算时长，同时模拟出阻水体被冲垮的现象，进水口静压水头设置为随时间呈线性增长的单调递增函数，其表达式为

$$H_t = \upsilon_H t \tag{4-27}$$

式中，H_t 为 t 时刻进水口静压水头，m；υ_H 为进水口静压水头随时间的增长速率，取 0.02m/s；t 为模拟计算时长，s。

(2) DEM 参数。

骨料颗粒模型及物性参数、保浆袋囊模型及物性参数、保浆袋囊投放方式及 DEM 模拟时间步长都与本小节保浆袋囊投放的阻水体快速建造机制相同。阻水模型需要预先在模拟巷道中充填骨料，目前主要有两种预充填骨料方式，第一种为利用 LIGGGHTS-PUBLIC 软件自带的颗粒工厂技术，直接在模拟巷道中生成骨料堆积体，见图 4-74(a)；第二种为在模拟巷道需要预置的阻水体位置巷道顶板，以颗粒流的形式预充填骨料，见图 4-74(b)。可以看出，采用第一种预充填方式，堆积体的骨料颗粒间有架桥等现象，堆积体空隙率较大且在巷道顶板会残留一道细小管状过水空间，而采用第二种预充填方式则能很好地消除上述现象。为了使预充填阻水体更接近堵水工程原型工况条件，模拟时选择采用第二种骨料预充填方式。

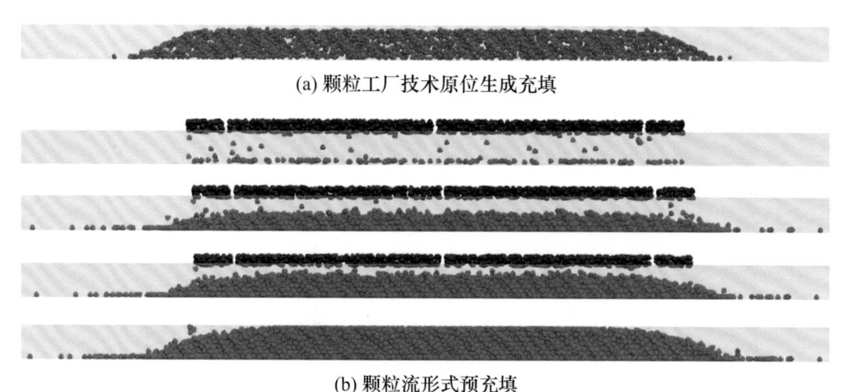

图 4-74　两种骨料预充填方式效果

(3) CFD-DEM 耦合参数。

CFD-DEM 固液耦合作用力仍选择 Di Felice 曳力模型和压力梯度力，有袋囊工况空隙率模型选择 bigParticle，无袋囊工况空隙率模型选择 divided，耦合频率为 10。

2) 工况条件

根据数值模拟试验目的，选择两种工况条件，工况一为在模拟巷道中心内置 3m 长的纯骨料接顶阻水堆积体；工况二为在模拟巷道中心内置 3m 长的包含两组双袋保浆袋囊在内的骨料接顶阻水堆积体，模拟巷道堵水段静压水头不断升高的条件下，不同形式骨料接顶阻水堆积体抵抗动水冲垮的能力(图 4-75)。其中，骨料颗粒粒径为 22mm，两种工况模型均模拟至骨料堆积体被水流冲垮结束。

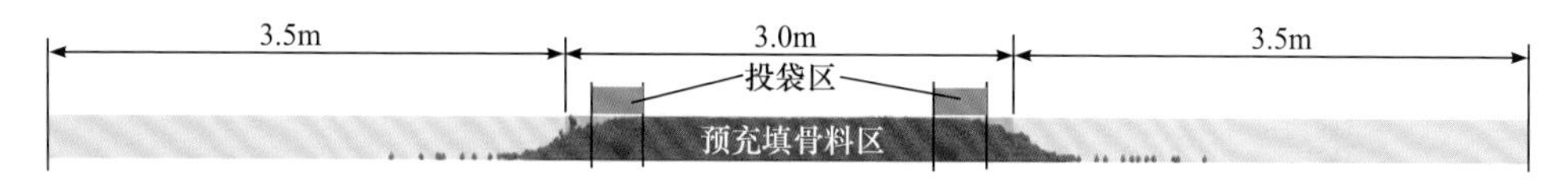

图 4-75　不同阻水体阻水能力差异试验工况条件

3) 保浆袋囊对骨料堆积体阻水能力差异分析

为了分析保浆袋囊对骨料堆积体的阻水能力差异，骨料堆积体垮塌前后采集的骨料运移速度与巷道中心静压水头分布变化分别如图 4-76 和图 4-77 所示，采集的巷道中心静压水头随时间变化分别如图 4-78 和图 4-79 所示。

由图 4-76 和图 4-78 可知，在无袋囊条件下的骨料堆积体阻水模型中，随着进水口静压水头的不断增大，堆积体上游静压水头也不断增大，堆积体下游初期维持较低的静压水头，其值略高于出水口静压水头，巷道中静压水头的突变都发生在堆积体段，其产生的静水压差用于克服水流流经堆积体所

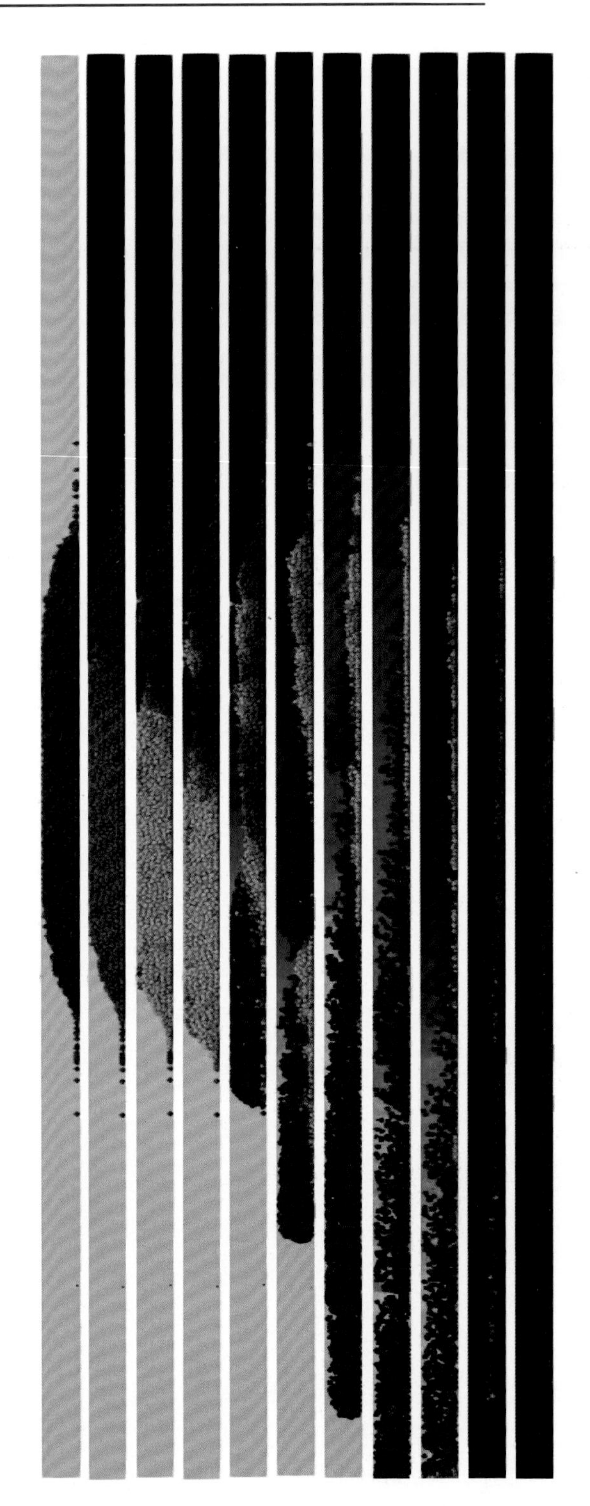

图4-76 无袋囊条件下骨料堆积体垮塌过程骨料运移速度与巷道中心静压水头分布变化

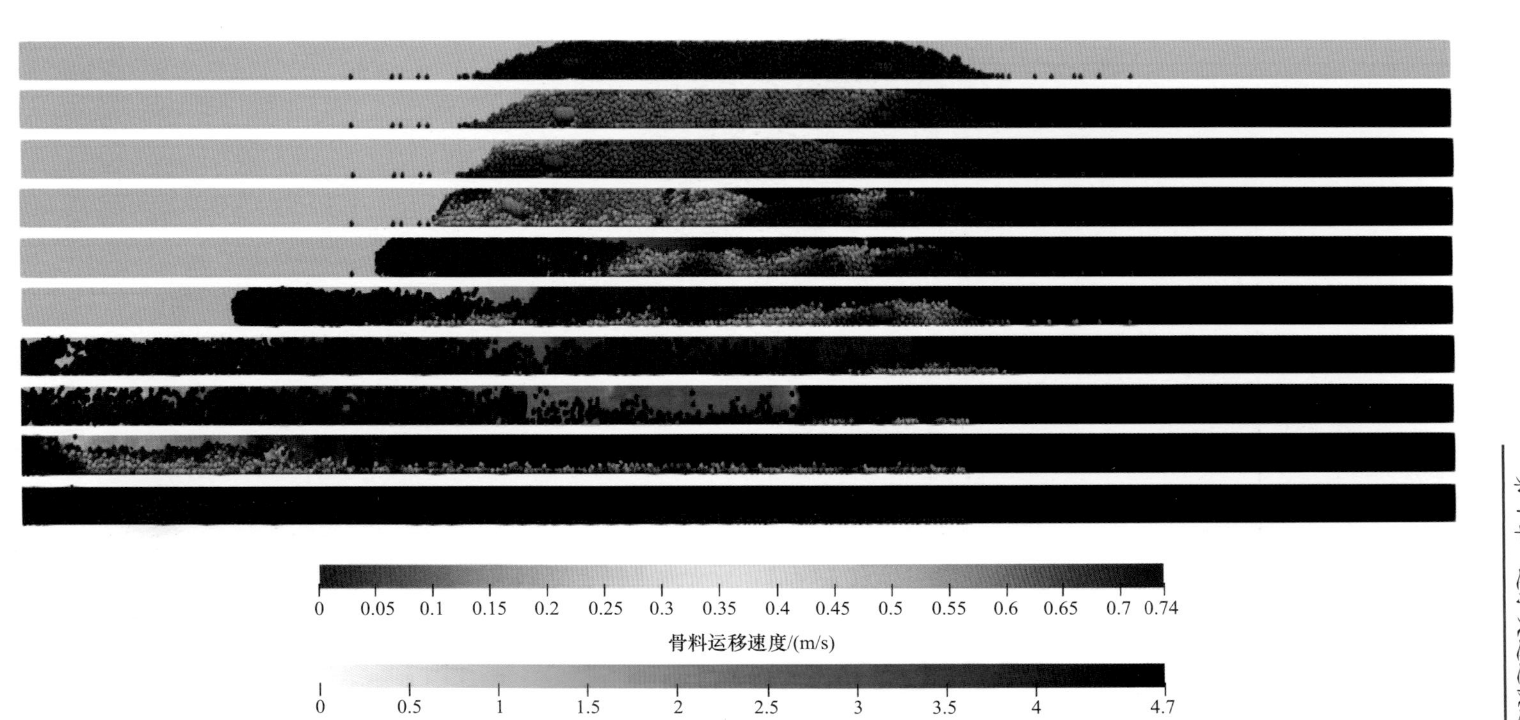

图4-77　双袋囊条件下骨料堆积体垮塌过程骨料运移速度与巷道中心静压水头分布变化

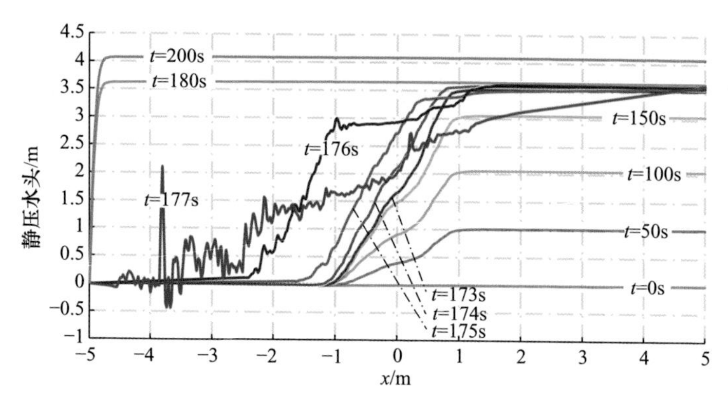

图 4-78 无袋囊条件下骨料堆积体垮塌过程巷道中心静压水头随时间变化

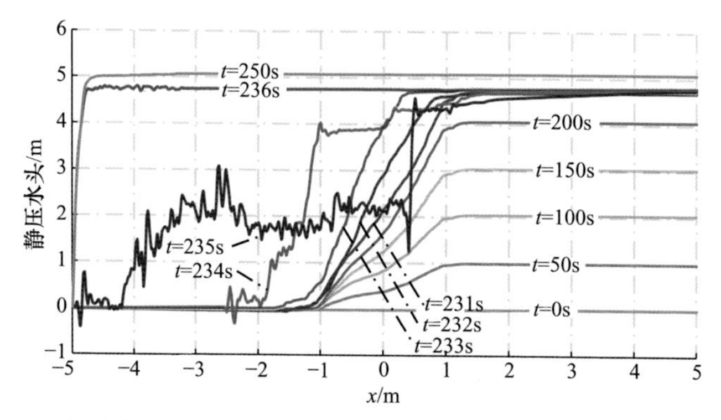

图 4-79 双袋囊条件下骨料堆积体垮塌过程巷道中心静压水头随时间变化

遇阻力做功，此阶段堆积体中的骨料颗粒基本维持不动。随着进水口静压水头的继续增大，在模型运行至 176s 时，堆积体开始发生垮塌，堆积体上游高静压水头区以一定的水力坡度向下游延伸，巷道中下游静水压力呈震荡式下降现象，此后骨料颗粒在动水冲刷作用下不断向下游运移，骨料颗粒分布区域逐渐被拉大，且沿巷道走向在各断面处呈不均匀的展布；当堆积体完全垮塌后，骨料颗粒大部分运移至模型区域以外，仅有少部分骨料颗粒残存在巷道底板，巷道中静压水头分布整体恢复至规则状态，仅在出水口处受模型区域限制和出水口处边界条件设置影响，导致巷道静压水头在出水口处陡降。

由图 4-77 和图 4-79 可知，双袋囊条件下的骨料堆积体阻水模型中，其堆积体垮塌前后骨料运移速度与巷道中心静压水头分布规律、巷道中心静压水头随时间变化关系与无袋囊条件下的模型一致，不同的主要有以下两点：其一为堆积体开始发生垮塌的时间不同，堆积体开始发生垮塌的时间为模型运行至 234s，说明其堆积体开始发生垮塌需要更高的静水压力条件；其二为堆积体开始发生垮塌后，内置于堆积体中的上下游两组双袋囊也相继发生翻滚和漂移，其中下游位置的双袋保浆袋囊先于上游位置的双袋保浆袋囊发生翻滚和漂移，说明保浆袋囊在静止状态下对过水巷道动水快速截流作用更为重要。

为了定量分析保浆袋囊对骨料堆积体阻水能力差异，采集两种工况模型下巷道进水口中心静压水头与平均流速变化，见图 4-80。

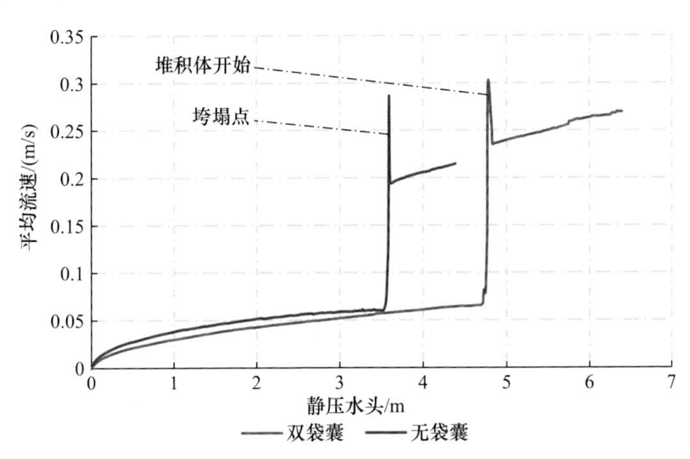

图 4-80　巷道进水口中心静压水头与平均流速变化

由图 4-80 可知，在阻水体总体大小和形态一致的条件下，双袋囊条件下的骨料堆积体阻水模型与无袋囊条件下的骨料堆积体阻水模型相比，阻水能力主要存在如下两点差异：其一为前者发生垮塌时的巷道进水口中心静压水头和平均流速分别为 4.7m 和 0.3m/s，而后者发生垮塌时的巷道进水口中心静压水头和平均流速分别为 3.5m 和 0.29m/s，说明双袋囊条件下的骨料堆积体具有更高的抵抗动水冲垮的能力；其二为相同的巷道进水口中心静压水头条件下，在阻水体发生垮塌前，巷道进水口平均流速前者始终低于后者，说明双袋囊条件下的骨料堆积体颗粒间密实度更高、空隙率更小，具有更强的阻水渗透性能。

为了定量分析保浆袋囊对骨料堆积体阻水能力影响原因，采集两种工况模型下巷道中水流水平流速分布变化，分别如图 4-81 和图 4-82 所示。

由图 4-81 和图 4-82 可知，在堆积体垮塌前，堆积体顶部水流水平流速大于堆积体底部水流水平流速，说明堆积体顶部颗粒间的密实度较底部低，渗透性更好，但总体差异不大。随着巷道进水口静水压力的不断增大，堆积体中水流水平流速也逐渐增大，造成堆积体中骨料颗粒受水流拖曳力也不断增大。当堆积体中水流拖曳力超过骨料颗粒的临界启动条件时，堆积体开始发生垮塌。由于堆积体中上游顶部水流水平流速首先快速升高，堆积体中下

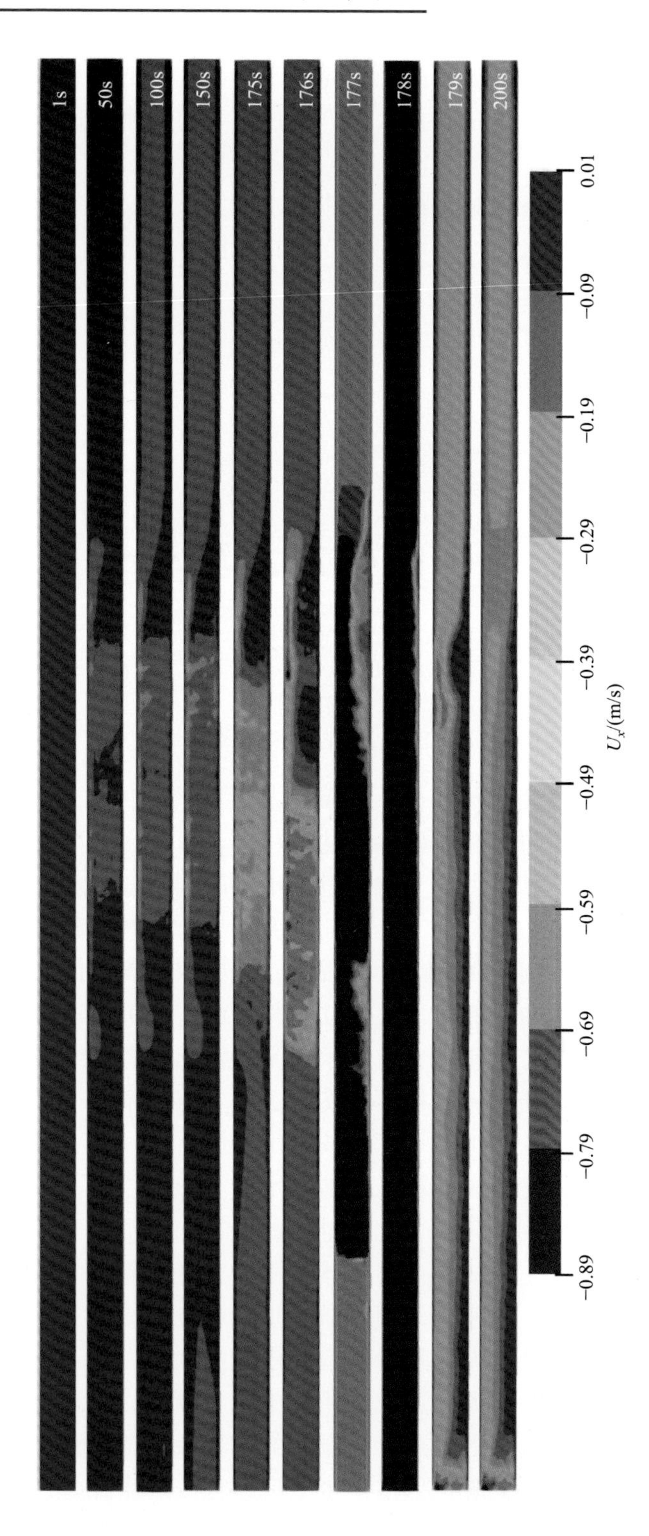

图4-81 无袋囊条件下骨料堆积体垮塌过程巷道中水流水平流速分布变化

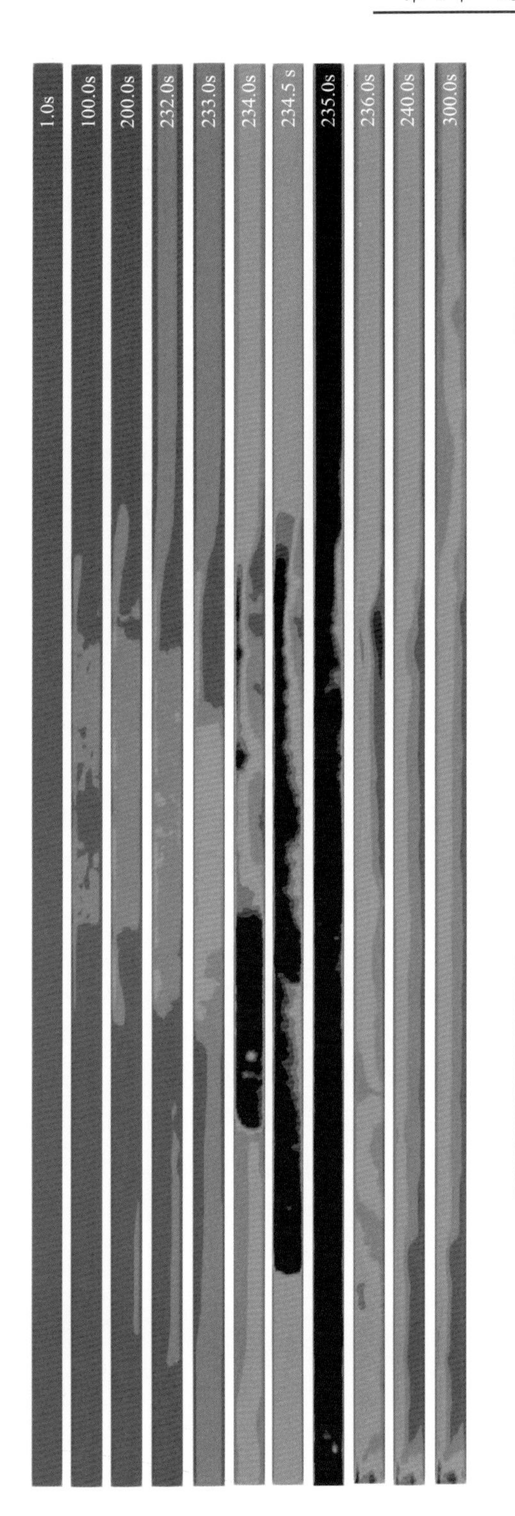

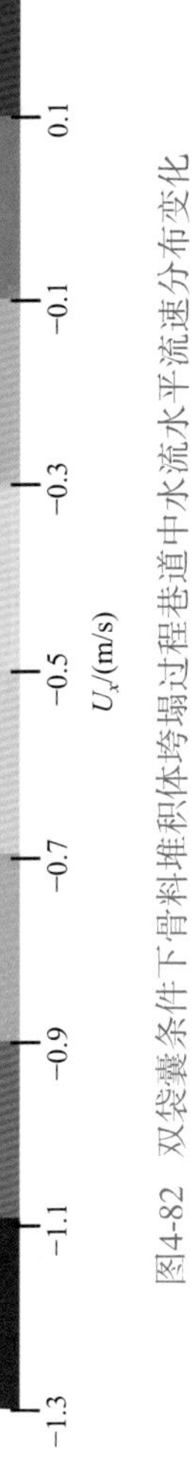

图4-82　双袋囊条件下骨料堆积体垮塌过程巷道中水流水平流速分布变化

游全断面水流水平流速快速升高，堆积体垮塌时首先从其中上游顶部开始，然后迅速传递到其中下游全断面。当堆积体中上游骨料颗粒失去中下游骨料颗粒的阻挡时，在巷道中水流拖曳力的作用下，也迅速发生垮塌并向下游整体快速后移。

在图 4-81 和图 4-82 的基础上，采集巷道中间断面在骨料堆积体发生垮塌前后的水流平均流速，绘制巷道中间断面水流平均流速与巷道进水口中心静压水头变化曲线，如图 4-83 所示。

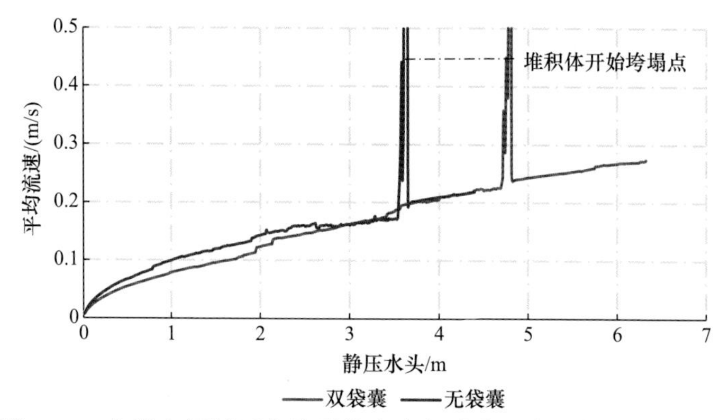

图 4-83　巷道中间断面水流平均流速与进水口中心静压水头变化

相同的巷道进水口中心静压水头条件下，在阻水体发生垮塌前，双袋囊条件下的骨料堆积体与无袋囊条件下的骨料堆积体相比，巷道中间断面水流平均流速前者始终低于后者，进一步说明双袋囊条件下的骨料堆积体颗粒间密实度更高、空隙率更小，具有更强的阻水渗透性能。

综合以上分析可知，保浆袋囊对骨料堆积体阻水能力差异影响明显，有保浆袋囊的骨料堆积体与无保浆袋囊的骨料堆积体相比，其阻水性能具有高阻弱渗的特点。其中，高阻特点可使骨料堆积体抵抗更高的水压力，减少骨料灌注期间因堵孔阻水段快速升压，导致发生阻水体频繁突破再造的次数；低渗特点可为阻水段补充注浆浆液快速凝结创造有利条件。因此，在相同的阻水工况条件下，与传统第一类灌注骨料及辅料+注浆的过水巷道截流治理模式相比，第三类投放保浆袋囊+灌注骨料及辅料+注浆的过水巷道截流治理模式能够加快阻水体的建造。

4.5　现 场 试 验

4.5.1　突水过程

山西介休鑫峪沟左则沟煤业有限公司为 2009 年兼并重组整合矿井，其主体企业为山西介休鑫峪沟煤业有限公司,由原介休市左则沟煤业有限公司、原介休市洪山煤矿有限公司重组而成。山西省国土资源厅于 2012 年 8 月 20 日为该矿颁发了采矿许可证，生产规模为 90 万 t/a，批准开采 2～11 号煤层，目前正在开采 2 号、5 号煤层。

矿井采用斜井开拓方式，共有主斜井、副斜井、回风立井三个井筒。近年来，矿井正常涌水量为 25m^3/h，最大涌水量为 50m^3/h，矿区范围奥灰水位标高+905～+908m。中央水泵房位于+858m 水平，布设 3 台型号 DF85-45×5 的水泵；一采区水泵房位于+576m 水平，布设 3 台型号 MD150-100×7 的水泵，1 台 BQS200-680/8-710/N 的强排泵；二采区水泵房位于+308m 水平，布设 3 台 MD280-100×9 的水泵。

2209 工作面位于二采区东翼,设计走向长度为 1743m,倾向长度为 149m,开采 2 号煤层，煤层平均厚度为 1.7m。2209 运输顺槽北侧 90m 存在 F_1 断层，其走向为北东 60°，落差为 250m，已正常掘进 600m，掘进过程中配备 2 台排水能力为 50m^3/h 的排水电泵，铺设 1 趟ϕ89mm 的排水管路。

2018 年 10 月 15 日，丙班矿属探放水队在 2209 运输顺槽施工 2 号探放水过程中，钻进至 40m 时孔内出现涌水，出水点高程约+200m，涌水量约 1m^3/h；继续钻进至 45.3m 时涌水量增大至 20m^3/h，立即停钻，当日 22：10 上报调度室。现场积极组织排水、观测涌水量等工作。10 月 16 日 6：50，涌水量增大至 45m^3/h，9：00 涌水量为 60m^3/h，9：50 涌水量为 90m^3/h，10：47 涌水量增大至约 260m^3/h。10 月 16 日 16：26，二采区水仓启动的 2 台离心泵，由于电路发生故障，泵房和配电硐室进水而被迫放弃，强排泵处于安装收尾阶段，无法排水，造成水位上涨。之后，及时布设水泵和管路进行强排，控制、降低淹没水位。

4.5.2　矿区地质概况

该井田位于沁水煤田的西北部边缘，介(休)～平(遥)普查勘探区中部，井田内赋存的地层由老至新有：奥陶系中统峰峰组；石炭系中统本溪组、上统太原组；二叠系下统山西组、下石盒子组；二叠系上统上石盒子组、石千峰组；第四系地层。现根据井田内施工的钻孔揭露情况，结合介～平普查勘探区资料和煤矿生产揭露情况。

1. 井田内各地层层序、厚度、岩性及其变化情况

1) 奥陶系中统峰峰组(O_2f)

该组地层岩性上部为灰黄色角砾状石灰岩夹白云石灰岩及泥质白云岩；

中部以角砾状泥灰岩为主；下部以深灰色石灰岩为主，夹泥灰岩。石灰岩性脆、质纯，方解石细脉发育，其厚度大于100m。

2) 石炭系中统本溪组(C_2b)

该组地层平行不整合于奥陶系中统石灰岩之上。其下部为窝状分布的山西式铁矿、铁铝岩，为褐色、赤色、灰白色铝土泥岩及山西式铁矿，铁矿不规则，呈扁豆状、窝子状，以褐、赤铁矿为主；上部由深灰色～灰黑色砂质泥岩、泥岩、灰白色中～细砂岩，夹1～3层不稳定的石灰岩组成。该组地层厚度为21.0～34.0m，平均厚度为29.0m。

3) 石炭系上统太原组(C_3t)

该组地层为该井田主要含煤地层之一，为一套海陆交互相含煤沉积地层，由河漫滩相之砂岩、沼泽相之泥岩、煤层，海相之石灰岩组成，泥岩为灰～灰黑色，砂岩为灰色粗、中、细粒石英砂岩，其间夹有4层灰色石灰岩(L1～L4)及7层煤层(6～11号、$11^{下}$号煤层)，其中9～11号煤层为稳定大部可采煤层，其余均为不可采煤层。该组地层底部以K1砂岩为界，与下组本溪组地层呈整合接触。地层厚度一般为86.6～117.4m，平均厚度为96.5m。

4) 二叠系下统山西组(P_1s)

该组地层整合接触于太原组地层之上，为一套陆相含煤地层，为井田内主要含煤地层之一，岩性为灰～灰黑色砂岩、粉砂岩、细砂岩、砂质泥岩、泥岩、煤层，底部为灰色细砂岩(K7)。该组地层厚度一般为51.0～78.0m，平均厚度为57.5m。该组地层含有01号、02号、03号、1号、$1^{下}$号、2号、3号、4号、5号等9层煤，其中2号、4号、5号煤层为大部可采煤层。该组地层含有丰富的植物化石。

5) 二叠系下统下石盒子组(P_1x)

该组地层为一套陆相沉积地层，底部以灰白色K8砂岩为界与山西组地层呈整合接触，岩性顶部为灰绿色、灰色夹紫红色斑的铝质泥岩，俗称“桃花泥岩”；上部以灰绿色、浅黄色的砂质泥岩、泥岩及浅灰绿色中、细粒砂岩为主；下部以灰黄、黄绿色的中、细粒砂岩夹砂质泥岩和泥岩为主。该组地层厚度一般为91.00～140.40m，平均厚度为97.70m。

6) 二叠系上统上石盒子组(P_2s)

以灰白色K10砂岩为界与下石盒子组地层呈整合接触，岩性上部以浅灰、浅灰白色厚层状粗砂岩夹紫红色砂质泥岩为主；中部以浅灰绿色、黄绿色中砂岩夹紫色、灰绿色砂质泥岩为主；下部以灰绿色、黄绿色砂岩、砂质泥岩为主，夹紫红色泥岩。该组地层厚度一般为322.0～483.0m，平均厚度为450.0m。

7) 二叠系上统石千峰组(P_2sh)

该组地层以 K10 砂岩为界与上石盒子组地层呈整合接触，岩性上部以紫红、红色泥岩为主，夹深紫、紫色中砂岩；下部以深紫、紫红、灰绿色泥岩为主，夹不稳定的黄绿、灰紫色细～中砂岩。该组地层厚度一般为 110.0～140.0m，平均厚度为 125.0m。

8) 第四系中、上更新统(Q_{2+3})

该组地层分布于山顶及山坡上，与下伏各地层呈角度不整合接触，岩性一般为棕红色、灰黄色亚砂土、亚黏土，垂直节理发育，底部含有砾石层。该地层厚度为 0～93.0m，平均厚度为 71.0m。

9) 第四系全新统(Q_4)

该组地层为近代河流冲积物或坡积物，多为土砂层及砂砾层组成，厚度为 0～20.00m，平均厚度为 10.00m，与下伏各地层呈角度不整合接触。

2. 井田构造

井田总体上为一地层走向北东，向北西倾斜的单斜构造地层倾角受断层影响变化较大，一般在 3°～25°，多为 10°～18°。井田内断层较发育，分述如下。

(1) F_1 正断层：位于井田北部，走向北东—南西，倾向南东，断距 250m，倾角 70°，井田内延伸约 4310m。根据 ZK7-3 钻孔取岩芯分析，为二叠系上统上石盒子组，底部紫红色泥岩与奥陶系中统峰峰组石灰岩直接接触，缺失二叠系下统下石盒子组地层、下统山西组，石炭系上统太原组、中统本溪组地层，推测 F_1 正断层断距在 250m 左右；ZK6-3 钻孔为石炭系上统太原组第二层石灰岩下部与奥陶系中统上马家沟组地层直接接触，缺失石炭系上统太原组下部地层、中统本溪组地层，奥陶系中统峰峰组地层，奥陶系中统上马家沟组上部地层，推测该处断层断距也在 250m 左右；ZK1-4 钻孔为二叠系上统山西组下部 5 号煤层下 5m 与奥陶系中统峰峰组石灰岩直接接触，主要缺失石炭系上统太原组、中统本溪组地层，部分奥陶系中统峰峰组地层，推测该处断层断距也在 250m 左右；ZK3-4 钻孔为石炭系上统太原组第二层石灰岩下部与奥陶系中统上马家沟组地层直接接触，缺失石炭系上统太原组下部地层、中统本溪组地层，奥陶系中统峰峰组地层、上马家沟组地层，推测该处断层断距也在 250m 左右；根据 ZK5-3 钻孔所取岩芯分析，为二叠系上统上石盒子组紫红色泥岩与石炭系上统太原组直接接触，缺失二叠系上统上石盒子组、下统下石盒子组地层、下统山西组地层，推测 F_1 正断层断距在 250m 左右。以上 5 个钻孔均打到了 F_1 正断层，根据资料的分析研究，推测 F_1 正断层断距在 250m 左右。

(2) F_2 正断层：位于井田中部，走向北东—南西，倾向北西，断距 70m，倾角 65°，井田内延伸约 3880m。ZK7-0 钻孔打到该断层，该钻孔为石炭系上统太原组第三层石灰岩下部与奥陶系中统上马家沟组地层直接接触，缺失石炭系上统太原组下部地层、中统本溪组地层，奥陶系中统峰峰组地层。原介休市洪山煤矿有限公司开采 2 号、4 号、5 号煤层也遇到该条断层，断层断距在 70m，据此推测该处断层断距在 70m 左右。

(3) F_3 正断层：位于井田东南部，走向北西—南东，倾向北东，断距 16m，倾角 70°，井田内延伸约 1000m。

(4) F_4 正断层：位于井田南部，走向北东—南西，倾向北西，断距 15～75m，倾角 70°，贯穿全井田。原介休市洪山煤矿有限公司开采 2 号、4 号、5 号煤层遇到该条断层，断层断距在 20m；原介休市左则沟煤业有限公司开采 2 号、4 号、5 号煤层遇到该条断层，在东部和西部断层断距在 15～30m。在中部断层断距在 70m 左右。据此判断该处断层断距在 15～70m。

(5) F_5 正断层：位于井田东南部，走向近东西向，倾向北，断距 8m，倾角 70°，井田内延伸约 500m。原介休市左则沟煤业有限公司开采 2 号、4 号、5 号煤层遇到该条断层，断距在 8m 左右。

(6) F_6 正断层：位于井田东南部，走向东西，倾向北，断距 12m，倾角 70°，井田内延伸约 1700m。原介休市左则沟煤业有限公司开采 2 号、4 号、5 号煤层遇到该条断层，断层断距在 12m 左右。

(7) F_7 正断层：位于井田北部，走向南西—北东，倾向北西，断距 120m，倾角 70°，井田内延伸约 600m。ZK4-4 钻孔打到该断层，该钻孔为石炭系上统太原组第四层石灰岩下部与奥陶系中统峰峰组地层直接接触，缺失石炭系上统太原组下部地层、中统本溪组地层，部分奥陶系中统峰峰组地层，据此推测该处断层断距在 120m 左右；ZK6-4 钻孔打到该断层，该钻孔为石炭系上统太原组第一层石灰岩下部与奥陶系中统峰峰组地层直接接触，缺失石炭系上统太原组下部地层、中统本溪组地层，部分奥陶系中统峰峰组地层。据此推测该处断层断距也在 120m 以上。

此外在井田 4 号、5 号煤层采在 F_2 断层以南、F_4 断层以北揭露了 5 条小的断层，分别为 F_{4-1}、F_{4-2}、F_{4-3}、F_{4-4} 和 F_{4-5}。在 9 号煤层采掘工程中，F_4 断层以南揭露了 FX_1、F_{6-1}。

井田内尚未发现陷落柱，周边旺源煤矿通过物探手段探测出 12 个疑似陷落柱，实际揭露陷落柱一例，因此本井田内不排除有陷落柱的可能。井田内断裂构造较发育，未发现岩浆岩活动。

4.5.3 注浆堵水方案设计

1. 堵水条件分析

出水的 2209 运输顺槽巷道为梯形断面，底宽 4.2m，一帮高 3.9～4.0m，另一帮高 2.9m，断面面积约为 $14m^2$。坡角为−5°～−11°，X10 导线点到掘进段坡角为 11°，该顺槽已施工约 600m，为锚网索支护，未做水泥地坪，巷道掘进工作面底板高程约为 228m，前端有压风管线。出水点约在巷道掘进工作面后方 2m。巷道掘进工作面后方 5m 有一掘进机，巷道掘进工作面后方 60m 有一临时水仓。

经水化学分析，出水水源可基本判断为太灰水、奥灰水及上伏砂岩混合水，过水通道基本可断定为断层破碎带。矿井水位控制高程在+630m 条件下，涌水量约 $260m^3/h$。

本次水害治理工程技术难点如下：

(1) 出水水源原始水位高程约为+905m，需要在高程+630m 设置控制水位，因此必须在动水压力 2.65MPa 的条件下进行巷道封堵，后期承压需达到 7.07MPa。

(2) 欲封堵的巷道为 2 煤煤层巷道，2 煤为软煤，煤岩强度较低，巷道封堵后可能会出现煤岩溃坝。涌水量稳定在 $260m^3/h$ 左右，说明水量受构造控制，不宜在水源方向直接封堵，以免扰动后控水构造破坏造成水量加大，难以控制。出水点巷道邻近有几条未关闭的管道，巷道封堵体建造完成后，后期的出水可能通过管道流出，对巷道堵水造成一定的困难。

2. 治理方案设计及现场试验内容

基于出水点条件分析，本次治理方案采用封堵过水通道，即在 2209 运输顺槽巷道出水点的附近对巷道实施堵水的方案。

为了快速实施堵水工程，本次堵水工程的总体方案分三个阶段。

1) 通过地面钻孔筑建巷道封堵体

通过地面钻孔对 2209 运输顺槽距离(平距)迎头 150～250m 位置实施投掷保浆袋囊，初步封堵该巷道较大范围空间，提高巷道水流速度。

通过地面钻孔对 2209 运输顺槽距离从迎头开始进行数个钻孔施工，进行钻孔骨料充填及双浆液、单浆液注浆固结，初步形成巷道封堵体，将出水点水源通过巷道进入矿井的途径进行封堵。

2) 对出水点及导水通道进行封堵

通过地面钻孔对 2209 运输顺槽距离出水点方向施工数个钻孔，进行单浆液高压注浆施工，封堵断层导水通道。

3）对封堵体进行加固及质量检验

通过地面钻孔对 2209 运输顺槽距离从迎头开始进行数个钻孔单浆液高压注浆施工，进行封堵体加固及堵水能力检验，完成封堵体建造及检验。

堵水期间，为掌握堵水工程的各阶段信息，需进行封堵体两侧水位监测对比。矿井在 630m 高程控制排水，因此矿井端水位以排水点水位为准，出水点水位需在出水点端施工钻孔监测水位。

3. 现场试验主要内容

1）动水大通道条件下单次双袋囊控制注浆试验 4 次

(1) 146mm 控制注浆钻具单次双袋囊控制注浆试验 2 次；

(2) 177.8mm 控制注浆钻具单次双袋囊控制注浆试验 2 次。

2）动水大通道条件下控制保浆袋囊充填水泥-水玻璃双浆液试验 4 次

3）动水大通道条件下控制注浆配套机具试验

(1) 无级调速变流量水玻璃泵试验；

(2) 单组分遇水膨胀化学浆孔底注浆钻具试验。

4）控制注浆后补充注浆试验

(1) 水泥-水玻璃双浆液补充注浆试验；

(2) 化学浆液补充注浆试验；

(3) 骨料投注补充注浆试验。

5）钻孔设计

(1) 钻孔布置剖面见图 4-84。在 2209 运输顺槽出水点后方先期布设了透巷钻孔 4 个。靶点及开孔位置见煤矿 2209 运输顺槽截流钻探封堵工程平面布置图中的 Z1、Z2、Z3、Z4 钻孔。其中，Z1、Z2、Z3 钻孔为封堵体建造钻

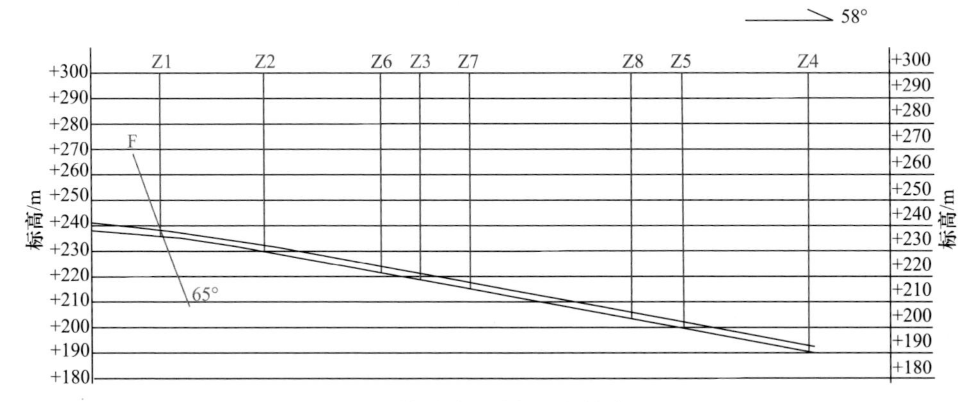

图 4-84 钻孔布置剖面图(单位：m)

孔，后根据需要，施工了 Z5、Z6、Z7、Z8 钻孔及 Z3-1 钻孔；Z4 钻孔为出水点水位监测钻孔及导水通道注浆钻孔，后根据需要，施工了 Z4-1、Z4-2、Z4-3 分支钻孔。各孔开孔位置坐标根据现场施工条件进行了调整。钻孔透巷、见煤位置见图 4-85。

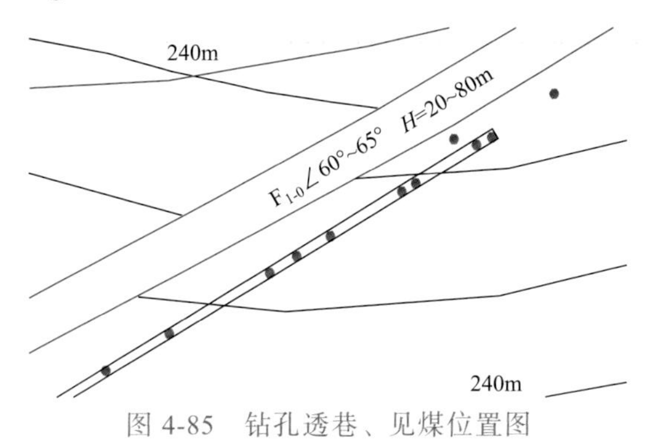

图 4-85　钻孔透巷、见煤位置图

(2) 钻孔结构见图 4-86。巷道注浆封堵孔的钻孔结构如下，下止水套管的具体孔深因各开孔标高及终孔标高不同：①钻孔 0～133m(进入新鲜基岩 2m)，孔径ϕ311mm，下入ϕ273×6mm 孔口管(用水泥进行固井)；②钻孔 133m 至距离巷道顶板 15m，孔径ϕ216mm 下入ϕ177.8mm×8.05mm 套管(用水泥进

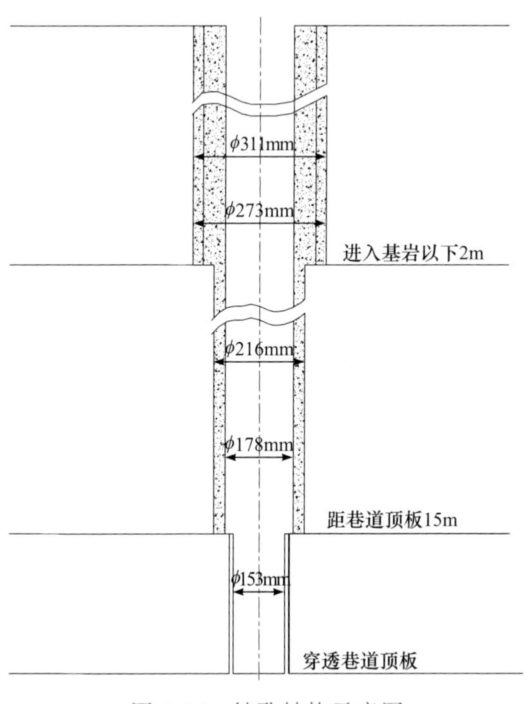

图 4-86　钻孔结构示意图

行固井)；③钻孔距离巷道顶板 15m 至透巷：孔径ϕ153mm，为裸孔段。

工程总钻探进尺为 8373.85m，钻孔详见表 4-13。

表 4-13　钻孔一览表

孔号	终孔位置	坐标		孔深/m	长度/m		
		X	*Y*		一级套管	二级套管	三级裸孔
Z1	透巷顶	4102415.772	19594835.565	774.62	112.00	774.62 (裸孔)	—
Z2	透巷顶	4102436.654	19594869.584	780.13	128.00	766.68	13.45
Z3	透巷顶	4102478.587	19594937.897	792.01	133.00	766.80	25.21
Z3-1	透巷顶	—	—	124.38			124.38
Z4	灰岩	4102543.134	19595043.024	815.83	154.00	733.00	82.83
Z4-1	灰岩	4102494.479	19594972.676	81.11			81.11
Z4-2	灰岩	4102576.235	19595076.170	904.00			—
Z4-3	灰岩	4102542.565	19595022.640	891.00			—
Z5	透巷顶	4102472.325	19594935.748	815.10	143.80	800.26	14.84
Z6	透巷顶	4102424.225	19594901.161	797.77	147.26	784.80	12.97
Z7	透巷顶	4102382.233	19594804.162	791.50	148.21	778.32	13.18
Z8	透巷顶	4102461.606	19594918.860	806.40	147.40	796.00	10.40
合计		—	—	8373.85	—	—	—

(3) 注浆设计。①先进行钻孔保浆袋囊投注，水灰比为 1∶1(质量比)，加 3%～5%水玻璃，水泥使用 P.O42.5 普通硅酸盐水泥，注浆用水玻璃对其模数和浓度有一定的要求，模数宜为 2.4～3.2，浓度宜为 30～45°Be。②钻孔孔口下并列双管注双浆液，水灰比为 1∶1，加 20%～50%水玻璃，为双泵间歇性注浆，每次注浆量为 300m^3，间隔时间为 24h。③钻孔孔口进行骨料投注。④钻孔孔口进行纯水泥浆液注浆，水灰比为 1∶1，加 3%～5%水玻璃。⑤Z4 钻孔进行检验注浆效果，检测水位值，必要时进行纯水泥浆液补充补强注浆，水灰比为 1∶1，终止注浆标准为孔口注浆压力稳定在 3～4MPa。

4.5.4　治理方案实施

1) 各钻孔实际施工情况

(1) Z1 钻孔钻探、注浆和治理分析。

①钻探过程：2018 年 10 月 21 日 Z1 钻孔开孔，2018 年 11 月 9 日终孔，

累计钻探工程量 774.62m。②注浆过程：11 月 10 日 Z1 钻孔开始注浆，累计注浆量为 $49m^3$，其中单浆液 $12m^3$，双浆液 $37m^3$。单浆液质量配比为水泥：水=1：1。双浆液质量配比为水泥浆液：水玻璃=1：0.2～1：0.5。③治理过程分析：Z1 钻孔于 2018 年 10 月 21 日开孔，至 11 月 9 日按设计靶点透巷，落空 2.6m。本孔透巷后共注入单浆液约 $12m^3$，共注入双浆液约 $37m^3$。

(2) Z2 钻孔钻探、注浆和治理分析。

①钻探过程：2018 年 10 月 28 日 Z2 钻孔开孔，2018 年 11 月 16 日终孔，累计钻探工程量 780.13m。②注浆过程：11 月 16 日 Z2 钻孔开始注浆，累计注入双浆液 $1362.7m^3$。单浆液质量配比为水泥：水=1：1。双浆液质量配比为水泥浆液：水玻璃=1：0.2～1：0.5。③治理过程分析：Z2 钻孔于 2018 年 10 月 28 日开孔，至 11 月 16 日按设计靶点透巷，落空 3.03m。本孔透巷后共注入双浆液约 $1362.7m^3$。

(3) Z3 钻孔钻探、注浆和治理分析。

①钻探过程：2018 年 10 月 29 日 Z3 钻孔开孔，2018 年 11 月 21 日终孔，累计钻探工程量 792.01m。②注浆过程：11 月 21 日 Z3 钻孔开始注浆，累计注浆量为 $499.49m^3$，其中单浆液 $24.00m^3$，双浆液 $475.49m^3$。③治理过程分析：Z3 钻孔于 2018 年 10 月 29 日开孔，至 11 月 21 日按设计靶点透巷，落空 3.5m。本孔透巷后共注入单浆液约 $24m^3$，共注入双浆液约 $475.49m^3$。

(4) Z3-1 钻孔钻探、注浆和治理分析。

①钻探过程：2018 年 12 月 27 日 Z3-1 钻孔开孔，2019 年 1 月 2 日终孔，累计钻探工程量 124.38m。②注浆过程：1 月 5 日 Z3-1 钻孔开始投注骨料、注浆，累计注浆量为 $493m^3$，其中单浆液 $392m^3$，双浆液 $101m^3$，累计投入骨料 $10200m^3$。单浆液质量配比为水泥：水=1：1。双浆液质量配比为水泥浆液：水玻璃=1：0.2～1：0.5。骨料为碎石，级配为 05-12-13。③治理过程分析：Z3-1 钻孔于 2018 年 12 月 27 日开孔，至 2019 年 1 月 2 日按设计靶点透巷。本孔透巷后共投入骨料 $10200m^3$，共注入单浆液约 $392m^3$，共注入双浆液约 $101m^3$。

(5) Z4 钻孔钻探、注浆和治理分析。

①钻探过程：2018 年 11 月 17 日 Z4 钻孔开孔，2018 年 12 月 11 日终孔，累计钻探工程量 81.11m。②注浆过程：12 月 12 日 Z4 钻孔开始注浆，累计注浆量为 $137.85m^3$，其中单浆液 $4m^3$，双浆液 $133.85m^3$。单浆液质量配比为水泥：水=1：1。双浆液质量配比为水泥浆液：水玻璃=1：0.2～1：0.5。③治理过程分析：Z4 钻孔于 2018 年 11 月 17 日开孔，至 12 月 11 日按设计靶点透

巷。本孔透巷后共注入单浆液约 4m^3，共注入双浆液约 133.85m^3。

(6) Z4-1 钻孔钻探、注浆和治理分析。

①钻探过程：2019 年 2 月 17 日 Z4-1 钻孔开孔，2019 年 2 月 20 日终孔，累计钻探工程量 815.11m。②注浆过程：2019 年 2 月 23 日 Z4-1 钻孔开始骨料投注，累计投入骨料 471m^3。3 月 8 日开始注浆，累计注浆量为 1696m^3(单浆液)。单浆液质量配比为水泥∶水=1∶1。双浆液质量配比为水泥浆液∶水玻璃=1∶0.2～1∶0.5。骨料为碎石，级配沙-05。③治理过程分析：Z4-1 钻孔于 2019 年 2 月 17 日开孔，至 2 月 20 日按设计靶点透巷。本孔透巷后共投入骨料 471m^3，共注入单浆液约 1696m^3。2 月 25 日和 26 日共投注化学浆液 36 桶。

(7) Z4-2 钻孔注浆和加固治理分析。

①注浆过程：Z4-2 钻孔(孔深 876.41m)于 3 月 6 日 20：50 开始注浆，3 月 7 日 17：40 注浆结束，终压 4.5MPa，共注浆 294m^3(单浆液)，单浆液质量配比为水泥∶水=1∶1。Z4-2 钻孔 3 月 8 日继续延伸至孔深 904m，3 月 19 日 19：50 开始注浆，3 月 21 日 1：20 注浆结束，终压 8MPa，共注浆 394.8m^3(单浆液)，单浆液质量配比为水泥∶水=1∶1。②治理过程分析：Z4-2 钻孔累计注入单浆液 688.8m^3。

(8) Z4-3 钻孔注浆和加固治理分析。

①注浆过程：Z4-3 钻孔(孔深 865.89m)于 3 月 6 日 14：55 开始注浆，3 月 7 日 12：20 注浆结束，终压 5.8MPa，共注浆 384m^3(单浆液)，单浆液质量配比为水泥∶水=1∶1。Z4-3 钻孔(孔深 891m)于 3 月 14 日 00：00 开始注浆，3 月 15 日 6：00 注浆结束，终压 6MPa，共注浆 672m^3(单浆液)，单浆液质量配比为水泥∶水=1∶1。②治理过程分析：Z4-3 钻孔累计注入单浆液 1056m^3。

(9) Z5 钻孔钻探、注浆和治理分析。

①钻探过程：2018 年 12 月 5 日 Z5 钻孔开孔，2018 年 12 月 14 日终孔，累计钻探工程量 815.1m。②注浆过程：12 月 18 日 Z5 钻孔开始注浆，累计注浆量为 2377.47m^3，其中单浆液 184m^3，双浆液 2193.47m^3。12 月 23 日开始骨料投注，累计投入骨料 19m^3。单浆液质量配比为水泥∶水=1∶1。双浆液质量配比为水泥浆液∶水玻璃=1∶0.2～1∶0.5。2019 年 1 月 16～19 日，双管注浆共 743.69m^3，后经井下窥视发现通过注浆巷道断面大为缩小，涌水为一集中过水通道。③治理过程分析：Z5 钻孔于 2018 年 12 月 5 日开孔，至 12 月 14 日按设计靶点透巷。本孔透巷后共投入骨料 19m^3，共注入单浆液约 184m^3。共注入双浆液约 2937.16m^3。2019 年 1 月 5 日和 18 日投注化学浆液 16 桶。

(10) Z6 钻孔钻探、注浆和治理分析。

①钻探过程：2018 年 12 月 16 日 Z6 钻孔开孔，2018 年 12 月 24 日终孔，累计钻探工程量 797.77m。②注浆过程：12 月 17 日 Z6 钻孔开始注浆，累计注浆量为 543.8m^3，其中单浆液 4m^3，双浆液 539.8m^3。12 月 24 日开始骨料投注，累计投入骨料 1m^3。单浆液质量配比为水泥：水=1：1。双浆液质量配比为水泥浆液：水玻璃=1：0.2～1：0.5。12 月 26 日投注保浆袋囊共注双浆液 40m^3，2019 年 1 月 10 日并管双浆注浆共注入 12.1m^3。③治理过程分析：Z6 钻孔于 2018 年 12 月 16 日开孔，至 12 月 24 日按设计靶点透巷，本孔透巷后共投入骨料 1m^3，共注入单浆液约 4m^3，共注入双浆液 551.9m^3。

(11) Z7 钻孔钻探、注浆和治理分析。

①钻探过程：2018 年 12 月 17 日 Z7 钻孔开孔，2018 年 12 月 31 日终孔，累计钻探工程量 791.5m。②注浆过程：12 月 29 日 Z7 钻孔开始注浆，累计注浆量为 1473.95m^3，其中单浆液 15m^3，双浆液 1458.95m^3。2019 年 1 月 1 日开始骨料投注，累计投入骨料 95m^3。单浆液质量配比为水泥：水=1：1。双浆液质量配比为水泥浆液：水玻璃=1：0.2～1：0.5。骨料为碎石。③治理过程分析：Z7 钻孔于 2018 年 12 月 17 日开孔，至 12 月 31 日按设计靶点透巷。本孔透巷后共投入骨料 95m^3，共注入单浆液约 15m^3，共注入双浆液约 1458.95m^3。

(12) Z8 钻孔钻探、注浆和治理分析。

①钻探过程：2019 年 1 月 14 日 Z8 钻孔开孔，2019 年 1 月 26 日终孔，累计钻探工程量 806.4m。②注浆过程：Z8 钻孔 1 月 29 日开始注浆，累计注浆量为 2362.6m^3，其中单浆液 720m^3，双浆液 1642.6m^3。1 月 27 日开始骨料投注，累计投入骨料 1750m^3。单浆液质量配比为水泥：水=1：1。双浆液质量配比为水泥浆液：水玻璃=1：0.2～1：0.5。骨料为碎石。③治理过程分析：Z8 钻孔于 2019 年 1 月 14 日开孔，至 1 月 26 日按设计靶点透巷。本孔透巷后共投入骨料 1750m^3，共注入单浆液约 720m^3，共注入双浆液约 1642.6m^3。

2018 年 10 月 21 日～2019 年 3 月 17 日，共向各钻孔内灌注砂石骨料 12536m^3，注浆用水泥 12673.15t，圆满完成了巷道截流、突水通道注浆封堵及充填加固等目标。

2) 注浆阶段特征及规律

整个封堵工程基本上按照封堵体建造、水源封堵、加固检验三个阶段逐次完成。堵水历时水位曲线见图 4-87。

(1) 封堵体建造阶段：通过投袋注浆将过水巷道由“大断面”先变为“小断面”，造成除边角处过水外再无大断面过水，以出水端水位与排水水位脱离为标志，表明过水断面已转变为“残余断面”。

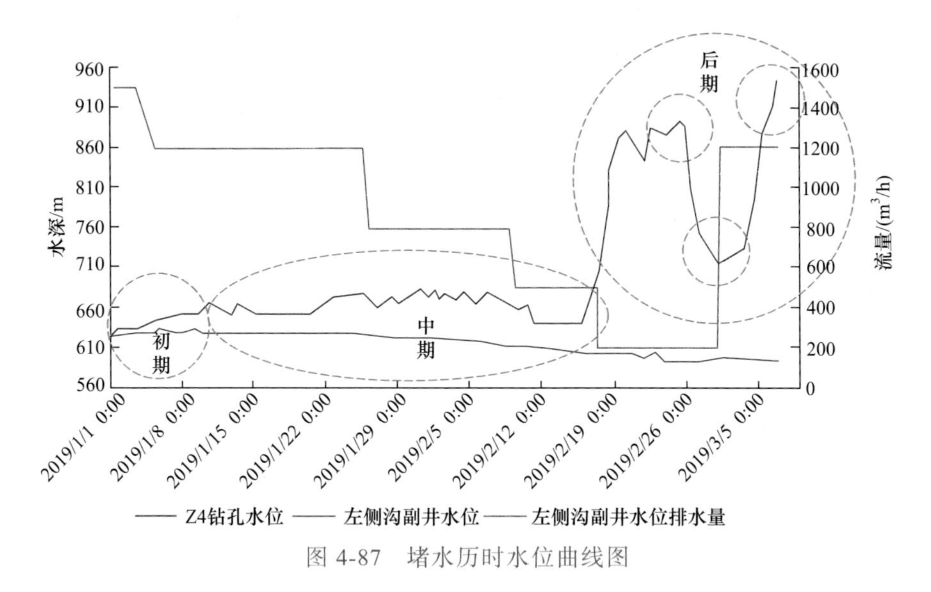

图 4-87　堵水历时水位曲线图

进行骨料投放、双浆液注浆及单浆液注浆，封堵“残余断面”，以出水端水位快速升高为标志，表明封堵体已基本建成。

(2) 水源封堵阶段：通过出水点端钻孔进行高压单浆液注浆，地面注浆泵压力达到设计值后钻孔继续向断层破碎带延伸，继续进行高压单浆液注浆，3～4 次循环后以水源端水压恢复至原始水位、矿井排水量恢复至出水前水量为标志，表明出水点导水通道已完全封堵。

(3) 加固检验阶段：在各钻孔重新进行单浆液升压注浆，升压注浆期间发现 Z4 钻孔注浆与 Z8 钻孔、Z5 钻孔之间有串浆现象；Z5 钻孔注浆与 Z3 钻孔、Z4 钻孔有串浆现象，每次注浆发现串浆后，串浆孔采取孔口封闭措施，保证注浆孔压力达到设计压力标准。升压注浆的孔口压力在 260L/min 的流量条件下升至 3MPa 或略高于 3MPa 为合格，但均不要求一次升压至上述标准。升压过快过急，很可能突破前期注浆所形成的早期强度，造成不必要的反复。

在加固检验升压阶段后期，随着注浆工程的进行，巷道周围地层裂隙不断地被充填，裂隙规模由大变小，数量由多变少，注浆量逐渐降低，孔内浆柱高度不断上升。当孔内完全充满浆液，注浆时孔口开始有压力显示时，标志着该孔已进入加固注浆阶段。在加固注浆阶段，Z3、Z4、Z5、Z8 四个注浆钻孔均达到了设计的单孔注浆结束标准，即维持泵量 90L/min 持续注浆，孔口压力维持在 5MPa，时间在 30min 以上。

2019 年 3 月 6 日，观测孔水位开始全面快速回升，说明阻水墙体已经接顶。按照设计注浆阶段的划分，开始同时对 Z8 钻孔进行注浆稳固，浆液为高浓度的水泥单浆液加 5%的水玻璃，力求最快封堵住骨料灌注后的渗流导水空间和堵水段内其他空间，形成坚固的阻水墙。

2019 年 3 月 6～18 日，各孔注浆分别达到设计的单孔注浆结束标准。其中，3 月 18 日对 Z4 钻孔注浆结果表明，钻孔注浆量有限，仅注入 140m³ 的稀水泥单浆液即达到了设计的单孔注浆结束标准，说明该堵水段内前期注浆效果良好，该堵水段内阻水墙已经形成并达到了预期的强度。

截流钻孔注浆参数见表 4-14。

表 4-14　截流钻孔注浆参数一览表

孔号	骨料灌注量/m³	注浆水泥用量/t	水玻璃用量/m³	结束压力/MPa	泵量/(L/min)
Z1	—	—	—	—	—
Z2	—	1270.00	294.0	—	—
Z3	—	499.49	190.0	—	—
Z3-1	10200	493.00	—	5	90
Z4	—	137.85	5.0	—	—
Z4-1	471	1696.00	—	5	90
Z4-2	—	688.80	—	8	—
Z4-3	—	1056.00	—	6	—
Z5	19	3121.16	97.0	5	90
Z6	1	555.90	73.3	—	—
Z7	95	1473.95	126.0	—	—
Z8	1750	1681.00	249.0	5	90
合计	12536	12673.15	1034.3	—	—

4.5.5 封堵效果分析

1. 巷道封堵阶段效果

通过前期的投袋注浆、骨料灌注、双浆液注浆及单浆液注浆，2019 年 2 月 16 日开始，出水端水位开始快速回升，说明巷道封堵体已经接顶。至 2 月 18 日，矿井控制排水区域来水量已基本为零。2 月 27 日，在水源封堵阶段出现了一次“巷道溃坝”现象，现场立即开始继续进行多孔骨料灌注及注浆加固。至 3 月 6 日，出水端水位再次快速回升，直至达到出水前水位 905m 并稳定。矿井控制排水区域来水量已完全为零，可知已形成了具有一定强度的阻水墙封堵体。巷道封堵过程堵水率达 100%。

2. 水源封堵阶段效果

Z4 钻孔为本次出水点封堵钻孔，前期作为出水端水位观测孔，后期进行分支钻进，形成 Z4-1 钻孔、Z4-2 钻孔、Z4-3 钻孔向断层带方向延伸进行水源封堵。其中，Z4-2 钻孔、Z4-3 钻孔最终穿过断层破碎带入断层对盘。测井解释 Z4-2、Z4-3 钻孔岩性见表 4-15。

表 4-15 测井解释 Z4-2、Z4-3 钻孔岩性

Z4-2 钻孔			Z4-3 钻孔		
层底深度/m	层厚/m	岩石名称	层底深度/m	层厚/m	岩石名称
823.25	—	砂质泥岩	818.95	—	砂质泥岩
824.83	1.58	煤	820.18	1.23	煤
836.40	11.57	破碎*	822.80	2.62	破碎*
847.70	11.30	石灰岩	884.70	61.90	石灰岩
848.90	1.20	含泥灰岩	—	—	—
895.30	46.40	石灰岩	—	—	—
895.85	0.55	含泥灰岩	—	—	—
897.05	1.20	石灰岩	—	—	—

注：*表示岩石呈破碎状。

3 月 9 日开始，Z4-1 钻孔、Z4-2 钻孔、Z4-3 钻孔开始进行水源封堵注浆施工，共注入水泥 3440.8t，各孔注浆终压达到 6～8MPa。3 月 18 日，Z4-3 钻孔仅注入 140m^3 的单浆液即达到了设计的单孔注浆结束标准，钻孔注浆量有限，说明水源封堵注浆效果良好。

3. 加固检验阶段效果

在加固检验阶段，注浆时孔口无压或者压力时有时无。升压注浆期间发现 Z8 钻孔与 Z5 钻孔之间有串浆现象；Z5 钻孔与 Z3 钻孔有串浆现象，每次注浆发现串浆后，串浆孔采取孔口封闭措施，保证注浆孔压力达到设计压力标准。升压注浆的孔口压力在 260L/min 的流量条件下升至 3MPa 或略高于 3MPa 为合格，但均不要求一次升压至上述标准。升压过快过急，很可能突破前期注浆所形成的早期强度，而造成不必要的反复。

左则沟煤矿与榆卜界煤矿堵水情况不同的原因：左则沟煤矿 2 号煤的平均单轴抗压强度约为 1.9MPa；榆卜界煤矿 3 号煤抗拉强度 1.1MPa，顶板粉砂岩抗拉强度 1.5MPa，单轴抗压强度约为 26.34MPa，以此推算 3 号煤单轴抗压强度约为 19.3MPa。

随着注浆工程的进行，巷道周围地层裂隙不断地被充填，裂隙规模由大变小，数量由多变少，注浆量逐渐降低，孔内浆柱高度不断上升。当孔内完全充满浆液，注浆时孔口开始有压力显示时，标志着该孔已进入加固注浆阶段。在加固注浆阶段，Z3、Z4、Z5、Z8 四个注浆钻孔均达到了设计的单孔注浆结束标准，即维持泵量 90L/min 持续注浆，孔口压力维持在 5MPa，时间在 30min 以上。至 2019 年 3 月 21 日，全部注浆工程结束，Z3、Z4、Z5、Z8 各钻孔最终单浆液注浆压力达到 6～8MPa。

第5章 煤层底板水害防控关键装备

随着我国煤矿水害防治新技术的发展，需要配套高性能的定向钻进装备和智能化高效注浆设备，以满足煤矿水害防治的新需求。目前，地面定向钻进工艺在石油、矿山、水利等多领域应用广泛，其钻机性能、钻进工艺等多方面的发展都较为全面，可以满足煤矿水害防治对钻孔施工的需求。但是，煤矿井下定向钻进技术多应用于煤系地层中的瓦斯抽采，在抗压强度普遍大于60MPa的硬石灰岩地层中钻进效率明显不足，加之含水层水压会影响施工安全，常规井下定向钻进技术无法直接应用于水害防治。同时，地面常规注浆站建设周期长、智能化程度低，一定程度上制约了突水抢险的效率。由此，煤矿井下定向钻进设备、智能化注浆装备是煤矿水害防治新技术发展的主要瓶颈，需开展原始创新与研发。

5.1 井下硬岩层高水压顶水定向钻进装备

煤层底板超前区域治理设备中，现有煤矿井下定向钻机采用单纯回转切削碎岩方式，以单弯螺杆马达为核心，利用孔底动力实现碎岩、定向钻进(王四一，2016；方俊等，2015；李泉新等，2013；石智军等，2013)。该模式在硬灰岩含水层中存在碎岩动力不足、高压水造成孔口喷孔，威胁施工安全。突破硬岩层和高水压工况下顶水定向、高效钻进难题必须解决动力源、碎岩方式、水压控制等技术装备方面难题(金鑫，2017；魏宏超，2016；朱利民，2015)。本书创新性采用孔底动力钻具组合形式，融合多种碎岩方式，发展复合轨迹控制技术，实现硬岩层高效钻进；研制高水压顶水钻进控制装置，确保井下钻孔实现安全、高效定向钻进。

5.1.1 煤矿井下硬岩层高水压顶水定向钻进装备系统

为解决硬岩层、高水压工况下定向钻进难题，形成了煤矿井下硬岩层高水压顶水定向钻进装备系统(图5-1)。该系统包括孔外设备和孔内设备两部分，其中孔外设备包括定向钻机、高压泥浆泵车和孔口旋转防喷器等，孔内设备包括硬岩定向钻头、冲击螺杆马达、液动冲击器和高压逆止阀等。

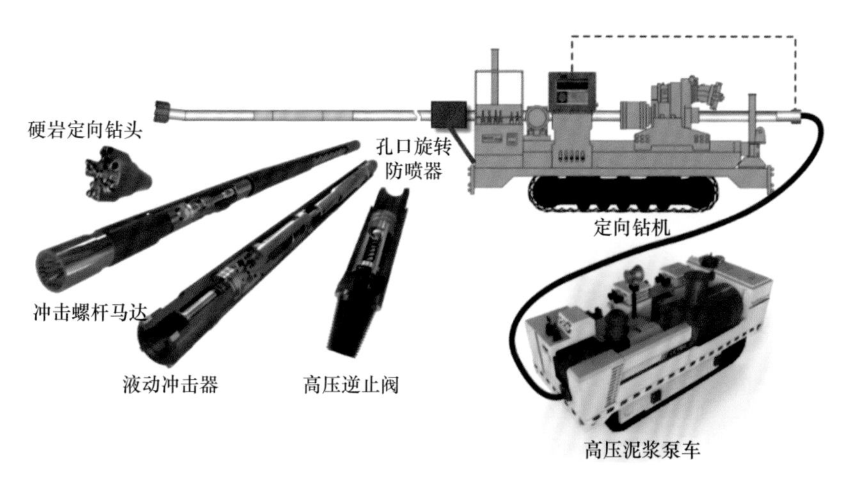

图 5-1　硬岩层高水压顶水定向钻进装备系统组成

该系统的核心在于开发出带冲击短节的单弯冲击螺杆马达，实现由单一回转切削碎岩到冲击-回转复合碎岩的技术转变,配套大排量高压泥浆泵车提供碎岩动力，柱-片混合式钻头满足新型碎岩技术的需求。同时，孔口旋转防喷器、钻杆内高压逆止阀分别从孔口、钻杆内消除高压水影响，最终实现煤矿井下硬岩层、高水压地层中高效定向钻进。

5.1.2　电液控制智能化定向钻机

根据煤矿井下防治水定向钻孔智能化钻进需要，研制了国内首台煤矿井下大功率 ZDY25000LDK 型电液控制智能化定向钻机，如图 5-2 所示。该钻机具备大直径定向钻杆自动装卸、钻进参数与钻机状态参数智能感知、钻机典型故障自动识别、自动化钻进等功能，适用于回转钻进、滑动定向钻进、复合定向钻进和旋转导向钻进等多种施工工艺，提高了操作机械化、自动化程度，降低了工人劳动强度(方鹏等，2022；李泉新等，2021；石智军等，2019)。

图 5-2　ZDY25000LDK 型电液控制智能化定向钻机

1. 总体方案与主要技术参数

电液控制智能化定向钻机采用电液驱动、履带自行、动力头式结构，履带车体平台上集成设计有主机、操纵台、泵站、防爆计算机、钻杆上卸机械手、搓杆机构、液压吊装机构等关键部件；通过设计长行程给进装置，采用中间加钻杆方式，实现钻杆的机械化自动装卸需要；钻机采用两列布局形式，分别将主机和操纵台布置与履带车体上方的两侧，符合煤矿井下现场钻进施工需要；液控操纵台布置在钻机前方，便于观察孔口情况，同时设计遥控操纵台，解决钻机关键执行部件的无线遥控操作需要，操作者视线不受现场环境的影响。电液控制智能化定向钻机的基本性能参数如表 5-1 所示。

表 5-1　电液控制智能化定向钻机基本性能参数

钻机部件	基本性能	参数	单位
回转器	额定转矩	25000～4000	N · m
	额定转速	40～180	r/min
	主轴制动转矩	4000	N · m
	主轴通孔直径	135	mm
给进装置	主轴倾角	0～20	(°)
	最大给进/起拔力	300/350	kN
	给进/起拔行程	2200	mm
整机	质量	15000	kg
	外形尺寸(长 × 宽 × 高)	5300 × 1600 × 2150	mm × mm × mm

2. 钻机结构

ZDY25000LDK 型电液控制智能化定向钻机采用整体式结构，如图 5-3 所示，由主机、操纵台、油箱、电机泵组、履带车体、稳固装置、计算机组件、防爆控制器、侧踏板、座椅、吊装机构和压力传感器组等构成。

1) 主机

主机由回转器、给进装置、夹持卸扣器和调角装置四部分组成，是完成钻进功能的主要载体，如图 5-4 所示。回转器安装在给进装置上，完成对钻具的抱紧和回转；给进装置通过前后两组立柱加横梁的结构固定连接在履带车体上，通过给进油缸实现起/下钻功能；调角装置采用液压油缸直推式结构，液压油缸安装在给进装置的中间，便于仰俯角的大角度调整，操作方便；夹持卸扣器配合主动钻杆，实现拧卸钻杆和防掉钻功能。

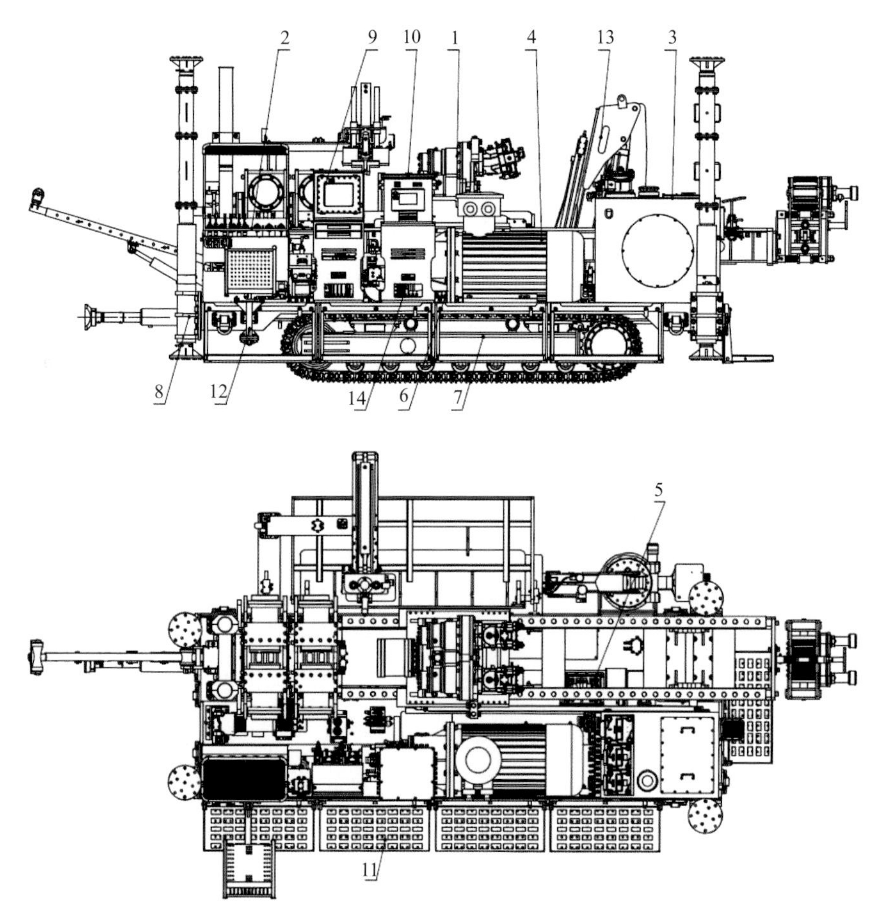

图 5-3　ZDY25000LDK 型电液控制智能化定向钻机结构示意图

1-主机；2-操纵台；3-油箱；4-电机泵组；5-并联冷却器；6-并联冷却器；7-履带车体；8-稳固装置；9-计算机组件；10-防爆控制器；11-侧踏板；12-座椅；13-吊装机构；14-压力传感器组

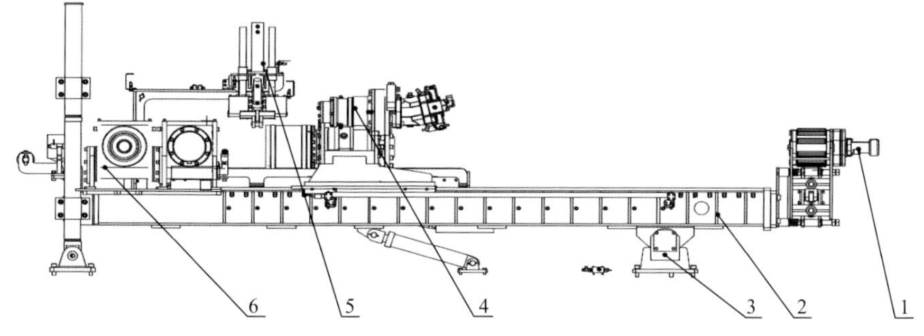

图 5-4　钻机主机结构图

1-搓杆装置；2-给进装置；3-调角装置；4-回转器；5-换杆装置；6-夹持卸扣器

(1) 回转器：回转器由液压马达、变速箱、制动装置、液压卡盘和主动钻杆等组成，如图 5-5 所示。回转器主要用于夹紧并将液压马达输出的运动传递给钻杆，带动其回转实现钻孔施工，其次用于配合夹持器拧卸钻杆。选用液压回转器结构，采用性能先进、可靠性高的斜轴式变量马达作为其能量转换的输入元件，与大降速比的传动箱结构组合，实现低速大扭矩输出；采用主轴通孔式结构，通孔直径设计为 135mm，可以通过ϕ73mm、ϕ89mm 中心通缆钻杆和ϕ102mm、ϕ127mm 的打捞钻具，更换不同规格的卡瓦可实现两种工况下夹紧钻具的需求；采用湿式摩擦盘式定向制动装置，为油压抱紧、弹簧松开的常开式夹紧结构，通过主动摩擦片与被动摩擦片的相互挤压实现主轴的制动功能，具有体积小、制动力矩大、性能更加可靠等优点(张锐，2020)。

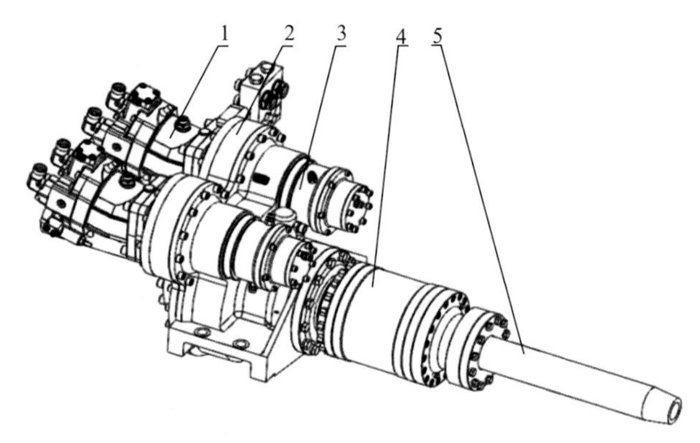

图 5-5　回转器结构图

1-液压马达；2-变速箱；3-制动装置；4-液压卡盘；5-主动钻杆

(2) 给进装置：给进装置采用油缸直接给进型式，由给进机身、给进油缸、托板、衬板、竖板等零部件组成。为了在保证大给进行程的同时减小给进装置的结构尺寸，并使其具备 300kN/350kN 的给进/起拔能力，给进油缸采用四联缸设计，四联缸中分两组分别与机身前端和拖板连接，采用一端固定、一端铰接的连接方式，以补偿拖板与给进装置之间的加工误差或使用过程中因衬板等部件磨损产生的高度差。四联缸整体与机身内侧导轨配合，增加了给进整体的导向性，延长了给进油缸的使用寿命。

给进机身整体采用拼焊工艺完成，整体刚性好、可靠性高，通过焊后热处理、时效处理等消除焊接应力保证整体结构参数；采用平面导轨结构，以适应高载荷交变应力的使用工况。拖板与给进导轨之间采用耐磨衬板，给进机身上的耐磨导轨形成给进摩擦平面副，相对于传统的铜-钢摩擦副，在重载条件下具有更小的摩擦阻力，同时整体的可靠性和使用寿命大大增加。通过拆卸拖板可实现衬板的便捷更换。

(3) 夹持卸扣器：自动上卸扣操作需要两个夹持器配合实现作，由此设计了夹持卸扣器。夹持卸扣器组件由前扶正器、卸扣器、夹持器、后扶正器四部分组成，如图 5-6 所示。前扶正器采用铜套结构，用于扶正孔底钻杆实现对中保直；后扶正器用于扶正自机械手抓取至回转中心的钻杆，以解决钻杆抓取过程中因机械手位移偏差等问题导致的钻具不能正确对中问题。夹持器和卸扣器均采用碟簧夹紧油压松开的常闭式结构，以防止突然断电或误操作导致的掉钻等事故发生。

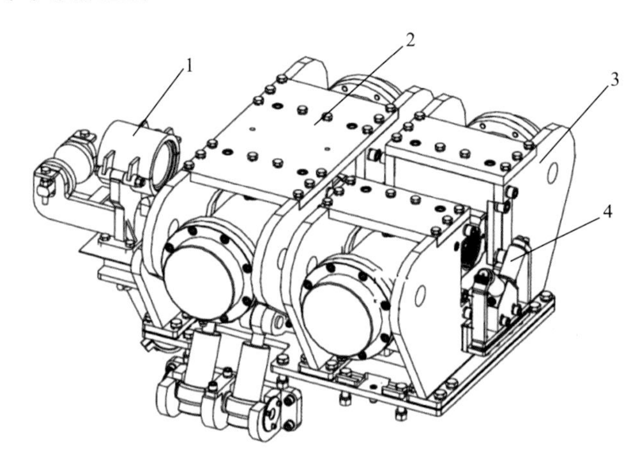

图 5-6　夹持卸扣器结构图

1-前扶正器；2-卸扣器；3-夹持器；4-后扶正器

夹持器采用上开口形式，以适应从夹持器上方装卸钻杆的需求。夹持器与卸扣器之间通过一组滑环配合实现前后两根钻杆在同一个回转中心上完成装卸工序。卸扣器连接在夹持器与前端立板之间的滑环组上，通过卸扣油缸推动旋转实现卸扣。为保证整体强度，卸扣器上端设计了可拆卸式拉板，拆掉拉板，夹持卸扣器可以满足 200mm 大直径钻具的下放，同时拆卸式拉板可以实现卡瓦的便捷更换。

(4) 调角装置：调角装置主要用于现场施工时调整钻机主轴的开孔倾角，开孔倾角往往需要根据不同的地层赋存条件进行调整，因此快速可靠的调角度装置尤为必要。

为了使钻机具有较高的工艺适应性，拓宽钻机在煤矿井下钻探施工范围，钻机的调装置设计为双支点双油缸的调节方式。钻机前端的直推油缸与中间的斜撑油缸共同作用下，机身沿后端铰轴旋转实现倾角调节。

调角装置前端通过铰接连接在前立柱上，后立柱连接在固定于车体平台上的支座上。前端多级油缸通过铰接的方式固定在给进机身前横梁上，向上推动可实现调仰角操作。调整完机身倾角后，辅助稳固油缸可对机身进行辅助支撑，使调角更加可靠。多级调角油缸采用大行程结构，能实现给进机身较大的调角范围。该调角装置的特点是正负调角范围大，简单可靠，同时该调角装置还能实现双油缸的同时动作，完成对钻机水平开孔高度的快速稳定调节。

调角装置主要由前端横梁、一组多级缸、一组斜撑单级缸及后端铰支座构成。立柱通过螺栓竖直固定在车体上，没有自由度。松开横梁夹头体上的螺栓，机身前端的横梁通过夹头体可沿立柱竖直上下方向调整，撑杆铰接在车体上，可以围绕销轴旋转，机身后端的横梁通过夹头体可沿立柱轴向方向调整，实现机身调角过程快捷、可靠、省力，可以缩短钻探辅助时间，降低劳动强度。

当需要进行开孔角度调整时，首先拧松斜撑上的螺钉和中撑杆上的螺钉，然后通过操纵台上操作手把来控制给进装置前部的多级调角油缸的伸缩，从而调整机仰身的调整。

2) 操纵台

操纵台是钻机的控制中心，由多种液压控制阀、压力表及液压管件组成。钻机行走、转向、动力头回转、给进起拔、机身调角稳固等动作的控制和执行机构之间的各种配合动作均可以通过操纵台上的控制阀实现。

为使钻机布局合理、结构紧凑，按不同的工作状态，操纵台分为主操纵台、行走操纵台和副操纵台三部分。

主操纵台上设有水泵控制、快速回转、快速进给、慢速回转、慢速进给、卸钻操作、夹持器控制、卡盘控制、主轴制动、快速回转转矩控制、慢速回转转矩控制、Ⅲ泵功能转换、马达排量调节控制共 13 个操作手把；溢流阀调压(给进、起拔、Ⅲ泵压力控制)、减压阀调压、起拔节流阀调压、马达排量调节 6 个调节手轮；水泵压力、给进压力、起拔压力、Ⅰ泵系统压力、Ⅱ泵系统压力、Ⅲ泵系统压力、Ⅰ泵回油、Ⅱ泵回油 8 块压力表；以及操作警示牌。

行走操纵台由主操纵台分油供给高压油工作，设有两个履带行走操作手把，分别控制左右履带片的前进与后退，并可配合实现履带左右拐弯。

副操纵台有 2 个七联多路阀，其中一联控制钻机前顶油缸，两联控制机身前后的调角油缸，其余四联控制稳固装置 4 只油缸的伸缩，实现钻机的稳固和钻进倾角的辅助调整。钻机正常钻进时，上述油缸均不工作；进行定向钻孔施工时，回转钻进相关动作也均不工作，具有有效保护主要执行结构的作用。

3) 泵站

泵站是钻机的动力源，为整机提供压力油，由电机泵组、油箱、过滤系统等组成，两者之间通过液压胶管进行连接，电动机通过泵座和弹性联轴器带动液压油泵工作，液压油泵从油箱吸油并排出高压油，操纵台各操作阀的控制和调节使钻机的各执行机构工作。

电机泵组主要由电机、联轴器、液压泵等部分组成。根据液压系统设计需要，钻机配备 3 个液压泵，并采用同轴串连接方式，即 3 个泵采用 1 个输入轴，通过泵座与电机固联，具有传动可靠、结构紧凑的特点。

油箱的有效容积设计为 750L。为了保证在煤矿井下恶劣条件中油液的清洁，设置空气滤清器，在保证油箱与大气连通的同时防止粉尘进入油箱。在液压泵的进油口设置有吸油滤油器，防止杂质混入液压回路。同时，在主要回油口设置高压油过滤器。为了更好地过滤磨损的铁屑等杂质，设置磁性滤油器，并在油箱中固定安放永久性磁铁。以上设置保证油液的清洁度，不仅提高了油液的使用寿命，也降低了钻机的故障率。

4) 履带车体

车体平台选用液压式履带底盘，采用液压传动，具有机构布置灵活、操作方便的优点。履带车体主要由驱动轮、导向轮、支重轮、履带总成、履带张紧装置、行走减速机及纵梁组成。两片履带的纵梁通过两横梁刚性焊接在一起，构成车架。车体平台用来固定安装主机、泵站和操纵台等部件，通过多组螺栓连接到履带总成的两组横梁上。

5) 稳固装置

稳固装置是钻机正常工作的重要保证，主要由下接地装置和稳固调角油缸组成，其强度和刚度对保证整车正常钻孔施工具有重要意义。稳固油缸设在车体四角位置，共四组，单独动作，车体稳固方便可靠，适应性强。在车体前端设有一根前顶稳固油缸，用于强力起拔时的辅助支撑。

6) 换杆装置

换杆装置通过换杆机械手将钻杆从钻杆平台自动输送至夹持器，保证钻机能够自动连续施工。换杆装置除了钻进施工保证钻杆接续外，还要在起钻时将钻杆从夹持器取出，运送至钻杆平台上。

换杆装置主要由钻杆平台和换杆机械手两部分组成，如图 5-7 所示。该装置独立安装于钻机给进机身一侧，钻杆箱一次可存放 7 根 2m 钻杆，并通过其他设备完成钻杆的续装。

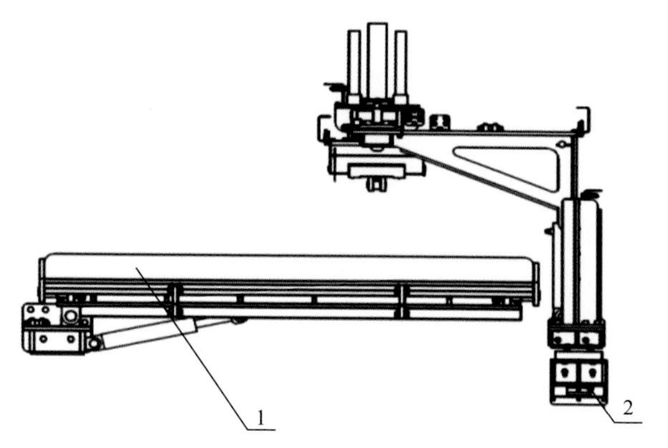

图 5-7 换杆装置结构图
1-钻杆平台；2-换杆机械手

钻杆平台主要由固定座、调角油缸、调角平台及钻杆箱等零部件组成。固定座安装于给进机身一侧，通过调角座和销子与调角平台铰接，通过安装耳座与调角油缸铰接，在调角油缸作用下，可绕调角座转动，通过角度传感器保证调角平台与机身处于相同俯仰角，便于加卸钻杆。钻杆箱铰接于调角平台，通过底面支撑杆长度调节其角度，在重力影响下，排布钻杆，便于换杆机械手抓放钻杆。

换杆机械手主要由机械手、支撑座、固定座、竖直轨组、举升组件及水平轨组构成。机械手组件可在水平轨组限制下，上下运动，便于接近钻杆。机械手由两部分抓手构成，在油缸的作用下闭合，完成钻杆握紧。支撑座安装于给进机身底面，用于支撑上方固定座，限制固定座位移。固定座连接于给进机身侧面，用于安装上部组件。举升组件在竖直轨组内部受举升油缸作用，实现整体举升。水平轨组在油缸推动下，带动机械手组件水平运动，将钻杆送入夹持器指定位置。整体通过两组升降油缸行程控制，实现钻杆竖直方向上 3 个位置的定位。

3. 钻机液压系统

1) 整体结构

液压系统采用串联三泵结构，其中 I 泵和 II 泵均采用了负载敏感泵。I 泵主要为用于履带行走回路、快速钻进回路与快速回转回路提供压力油；II 泵主要为慢速钻进回路与慢速回转回路提供压力油；III泵采用恒压变量控制方式，主要为钻机关键执行机构及稳固调角机构供油。

液压系统采用三泵开式循环系统，并采用负载传感变量、恒压变量、恒功率控制和比例先导控制方式，实现改善回转工况、给进工况和节能的目的。

回转和给进分别供油，同时设立快速钻进和慢速钻进两种工况，回转参数和给进参数可以独立调节而不相互干扰。由变量泵和变量马达构成的调速系统可进行无级调速，转速和转矩可应不同工况要求在大范围内调整，钻机对不同钻进工艺的适应性较强。

2) 伺服电液控制系统

伺服电液控制系统由液控单元、执行机构、动力油三大部分组成。液控单元由不同类型的隔爆型电磁阀、油路块及底座等组成；执行机构为钻机履带马达、回转马达、给进油缸、夹持器油缸等各主要受控零部件构成；动力油则由油箱、泵组向液压系统提供工作介质，带动执行机构执行液控单元的相应动作。

伺服电液控制系统工作原理如图 5-8 所示。该系统由遥控器发出指令，通过接收器将电信号发送至电控箱，再经由电控箱发出电流信号。隔爆型电磁阀接收电控箱发出的电流信号，再按一定的比例将电流信号通过比例电磁铁转变成电磁阀阀芯开度，通过控制液压油量推动执行机构进行运动。各状态监测传感器发出的反馈信号不断改变，直至与指令信号相等时，执行机构停止运动，完成执行机构的闭环精准控制。

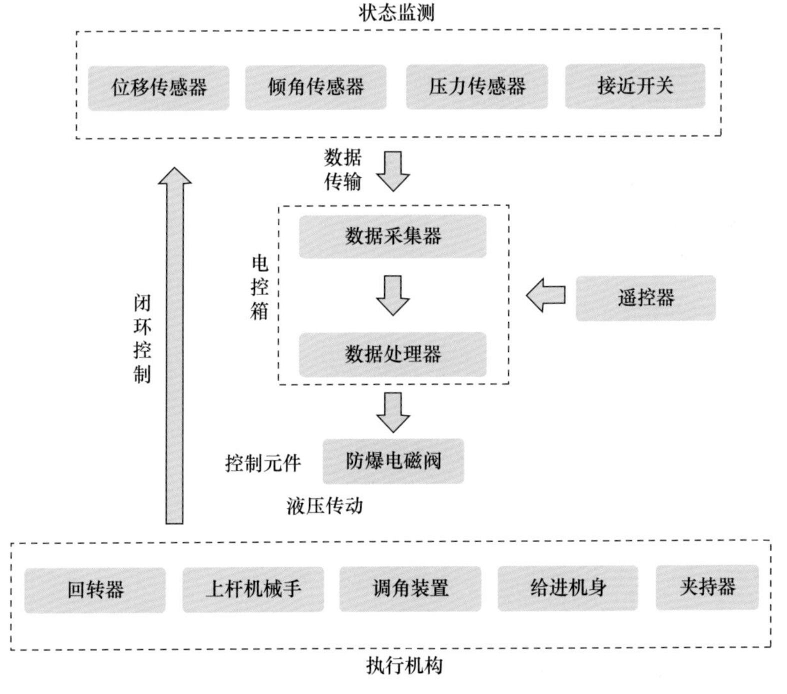

图 5-8　伺服电液控制系统工作原理

4. 钻机电控系统

钻机电控系统是由传感检测和运动控制两部分组成的闭环控制系统。传感检测部分可以实现钻机位置、位移、压力等状态参数的实时检测，为司钻人员实时提供可靠数据；运动控制部分可以通过遥控器实现钻机稳固、调角、行走及打钻等执行动作的控制，同时还可以实现手动打钻、自动上卸杆、点动打钻及自动打钻等功能，以满足钻机在井下多种工况条件。

1) 系统组成

根据钻机主要执行机构控制策略需要，为了提高钻机控制的可维护性和运行可靠性，选用通用型 PLC 控制器作为控制核心，采用系统扩展设计、功能设计、防爆设计等实现井下防爆安全控制要求，设计钻机防爆电控系统，系统组成如图 5-9 所示。该系统由本安型遥控器、防爆控制器、参数监测单元、执行控制单元、电磁起动器与核心控制程序等组成。

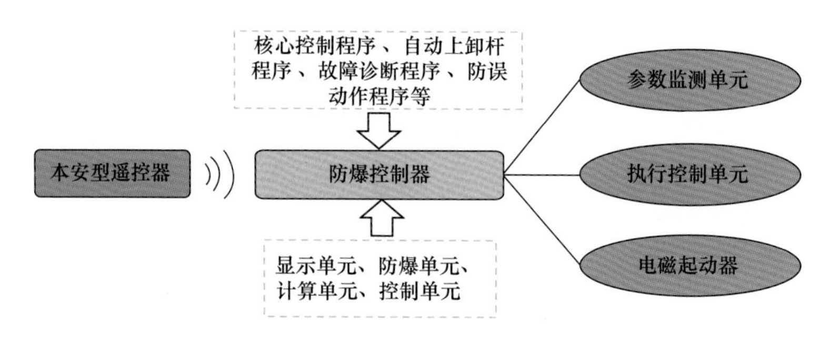

图 5-9　钻机防爆电控系统组成

2) 硬件系统

防爆控制器采用隔爆兼本安的防爆型式，负责接收处理参数监测单元的采集数据与遥控器的发送数据，判断操作命令与故障状态，根据控制程序集执行相应的运算，显示必要的参数与状态，最终控制执行单元的动作，如图 5-10 所示。防爆控制器集控制与显示功能于一体，可以实现模拟信号和数字信号的实时采集与处理，并通过显示器实时显示相关参数；此外，其还具有电压、电流、脉冲宽度调制(PWM)信号等多种信号输出端口以及控制器局域网(CAN)总线、485 总线通信功能；同时，可实现多路采集、多路输出，具有实时性好、抗干扰能力强、能够满足煤矿井下含有爆炸性气体(甲烷)和煤尘的工作环境等优点。

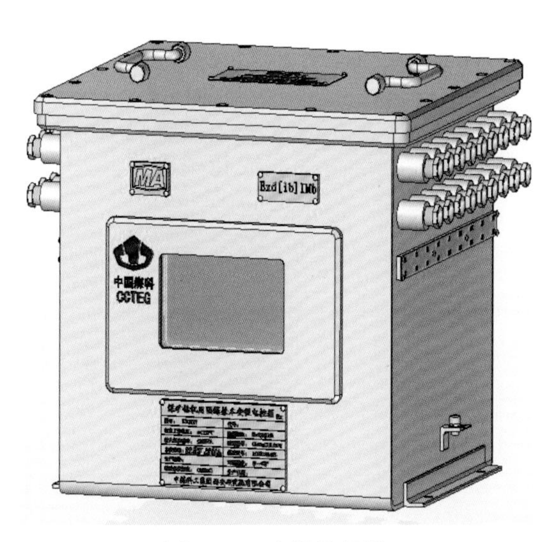

图 5-10　防爆控制器

钻机操作采用无线遥控为主，根据钻机安全控制和辅助动作操作要求，设计了本安型无线遥控器。矿用本安型遥控器结构及操作面板示意如图 5-11 所示。该遥控器重量适中，可供司钻人员便携使用；操纵手柄采用分区设计，手柄布局合理，易于上手操作，且在程序上设有防误触功能，符合人机工程学要求；在满足煤矿防爆要求的同时，电池容量尽量做大，能够保证一个班的自动钻机正常施工；同时，电池采用可拆卸结构，便于进行更换(何玢洁，2020；翁寅生等，2019)。

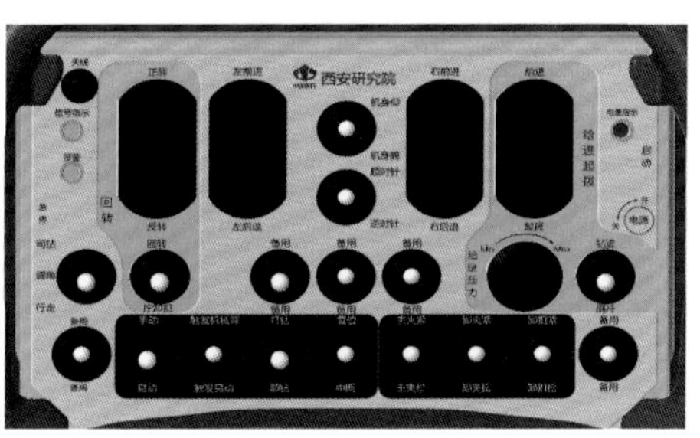

图 5-11　矿用本安型遥控器结构及操作面板示意图

3) 软件系统

(1) 控制软件：软件系统根据功能需求采用模块化设计，主要包括数据采集模块、控制器与遥控器通信模块、控制器与显示器通信模块、控制器与压力检测系统通信模块、控制器与倾角检测系统通信模块、钻机手动操作控制模块、钻机自动提/卸钻控制模块、抓手自动控制模块、比例-积分-微分控制器(PID)算法等组成。电控系统程序架构流程如图 5-12 所示，硬件系统得电以后，系统开始初始化，然后根据实际需求进入三种工作模式中的某种工作模式下工作运行，然后根据所得指令完成相关动作。

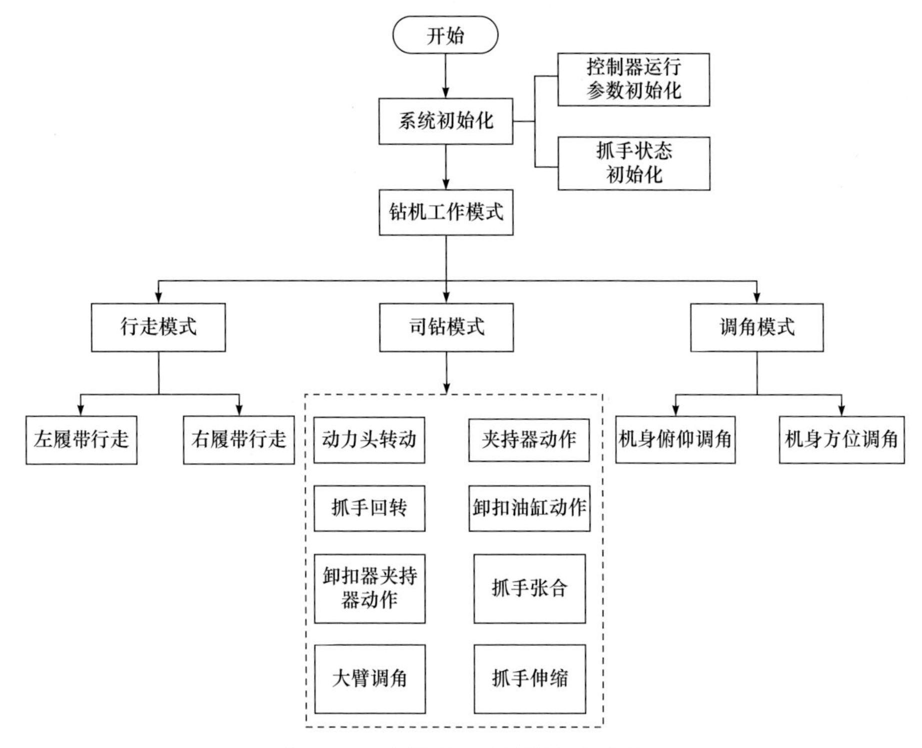

图 5-12 电控系统程序架构流程图

钻机可采用手动程序进行操作，遥控器面板按钮与钻机执行动作有一一对应关系，电控系统上电之后，系统程序先进行自检，遥控器在程序自检过后可以对钻机进行操控，钮子开关选择要实现的功能(调角/司钻/行走)，程序设计之初考虑在操控某一功能下的动作，其余功能下的动作失效，这样可以保证各部分功能下动作操控的独立性和安全性。

钻机设置了机械手自动上卸杆程序，根据施工过程中的实际需求，通过遥控器选择上杆、卸杆模式，系统可根据接收到的遥控器指令，控制机械臂的自动上杆、卸杆动作。钻机还设置了自动起/下钻程序，操作人员只需触发自动功能，钻机即可完成自动钻进、自动上/卸杆。在执行自动钻进程序之前，系统首先开始检测钻机状态是否满足自动打钻的条件，只有在满足自动打钻的条件下才可进入自动打钻模式；同时，在自动程序运行过程中，因误操作扳动了手动/自动切换按钮、打钻/卸钻按钮或触动了给进起拔或回转按钮，都会使钻机系统退出自动打钻模式。

(2) 显示软件：电控系统显示屏安装于控制箱内部，通过防爆玻璃透视窗可直观读取参数及状态。选用 Eaton 的 7 寸彩色显示屏。显示界面设计将虚拟化仪表直观显示和数值精确化显示相结合，对于超出阈值采用动画闪烁报警，状态转换信息采用颜色变化标记。显示界面分为开机画面、主参数界面、副参数界面和调试标定界面。

显示屏开机画面如图 5-13 所示，可直观反映钻机型号、钻机模型以及单位名称，钻机的模型渲染图展示了该型号钻机的特点和组成，不仅让司钻人员对钻机具有概念化理解，也可迅速了解到钻机的作业性能。

图 5-13　显示屏开机画面

显示屏主参数界面为钻机重要参数显示的工作界面，实时显示钻进参数，如图 5-14 所示。主参数界面以各参数的功能进行分组，并用不同的控件进行区分增强对比度、人机辨识度及简约度。主界面中的重要参数统一采用仪表盘显示；左侧为钻机Ⅰ、Ⅱ、Ⅲ泵压力数字显示，右侧为液压油温及液位动态标尺及数字共同显示，当油温或油位数据有变化时，红色和蓝色的模拟位置控件将会同样跟随升降；界面最中间为动力头位移显示，动力头在钻进过程中，会根据工况前进或后退，同时下方绿色行程进度条会显示相应的距离，方便操作人员查看。同时点击状态和机械手复位作为自动钻进的重要指标，也单独给予指示灯提示。钻机在钻进过程中，通常会遇到特殊状况需要紧急停止，在按下紧急停止时，主参数界面会被醒目的急停页面覆盖，此时遥控器的任何动作将不被执行(解除急停除外)，禁止司钻人员任何操纵，以免钻机钻进发生误操作，损坏钻机或危及人员安全；当危险解除后，方可恢复原本的主参数界面。

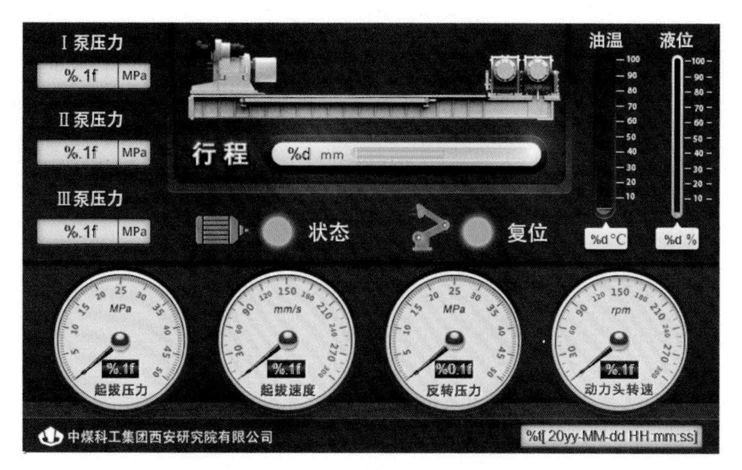

图 5-14　显示屏主参数界面

显示屏副参数界面由钻机辅助参数组成，钻机的状态监测主要由众多压力传感器及位置传感器实现，如图 5-15 所示。

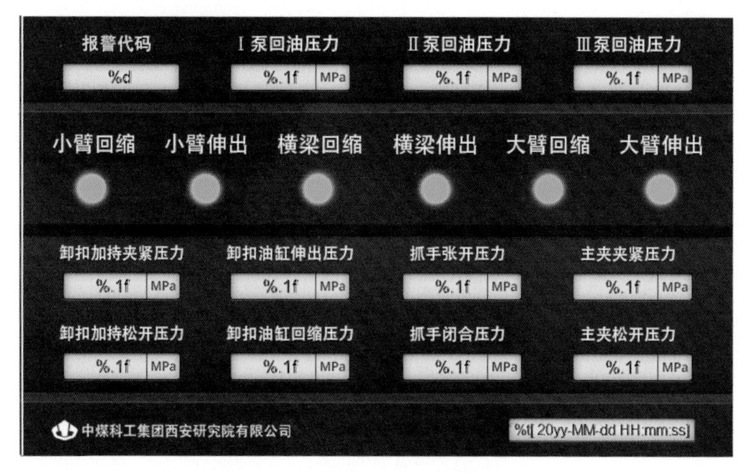

图 5-15　显示屏副参数界面

4) 故障诊断

结合防爆电控系统采集的参数，可对钻机常见故障类型进行诊断，如表 5-2 所示。故障形式主要包括电机匝间短路故障、电机缺相故障、传感器故障、液压阀短路和断路故障、齿轮箱故障、回油堵塞、油液缺少、油温异常、通信故障等。

表 5-2　钻机常见故障类型诊断表

故障类型	故障形式	诊断方式
机械故障	液压柱塞泵	间接测量
	齿轮箱故障	间接测量
液压故障	油温异常	直接测量
	油液缺少	直接测量
	回油堵塞	直接测量
电气故障	电机匝间短路故障	间接测量
	电机缺相故障	间接测量
	传感器故障	间接测量
	液压阀短路和断路故障	间接测量
	通信故障	直接测量

5.1.3　冲击螺杆马达研制

1. 总体方案设计

将螺杆马达与液动冲击器组合，实现煤矿井下冲击回转定向钻进，取得了良好的效果，硬岩钻进效率相较普通螺杆马达提高200%以上。但是，此钻具组合中液动冲击器(长度超过1m)安装在钻头与螺杆马达之间，使得钻具在孔底的造斜能力比普通单弯螺杆马达降低50%左右，在硬岩层中造斜困难。因此，考虑将更短的冲击短节集成到螺杆马达内部，研制新型冲击螺杆马达，解决煤矿井下硬岩定向钻进的难题。冲击螺杆马达结构如图5-16所示。马达冲击机构位于单弯外壳以下，冲击机构产生的冲击力作用于钻头接头(王四一等，2019)。

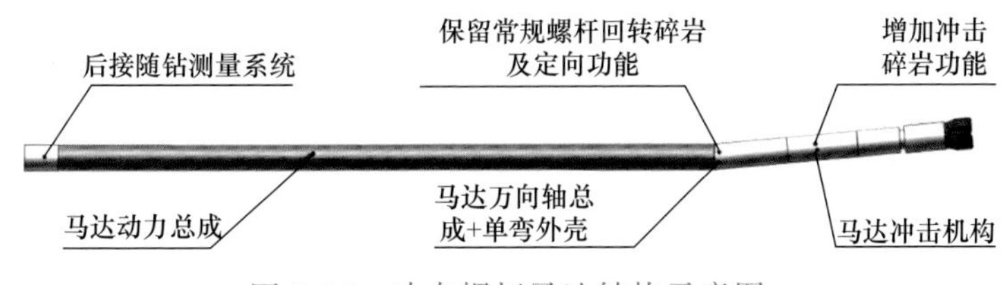

图 5-16　冲击螺杆马达结构示意图

2. 冲击机构设计

冲击机构如图5-17所示，将冲击机构集成到螺杆马达内部，将一部分扭矩转化成冲击力，采用一组啮合的凸轮配合压缩弹簧来实现。冲击力的改变可以通过调整压缩弹簧的参数实现，冲击频率由螺杆马达转数和凸轮机构的齿数决定。

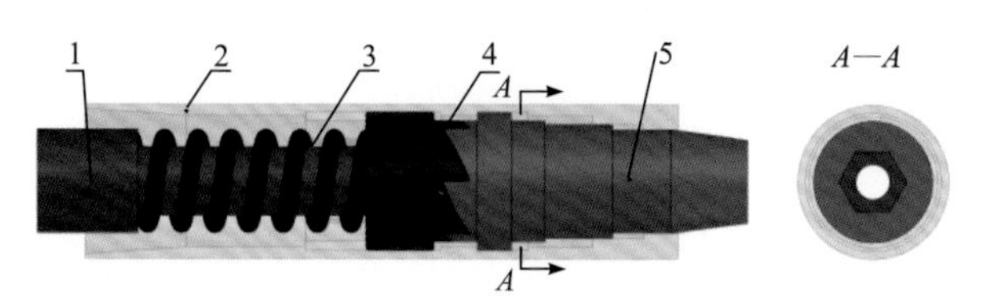

图 5-17 冲击机构示意图
1-主轴；2-外壳；3-弹簧；4-冲锤；5-接头

3. 冲击机构与螺杆马达的整合

常规螺杆马达传动轴总成结构如图 5-18 所示，其功能主要体现在使用上硬质合金(TC)轴承组、主轴承组和下 TC 轴承组，保证传动轴高效地将螺杆马达的扭矩传递到钻头，同时将钻压传递到钻头。

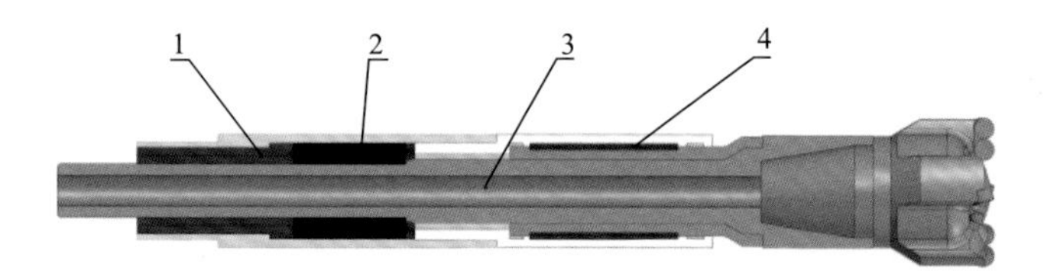

图 5-18 常规螺杆马达传动轴总成结构示意图
1-上 TC 轴承组；2-主轴承组；3-传动轴；4-下 TC 轴承组

整合冲击机构后的传动轴总成结构如图 5-19 所示。冲击机构保留了原结构中的上 TC 轴承组、主轴承组和下 TC 轴承组，为方便冲击机构安装，将原传动轴分成 3 个零件，即上传动轴、中间轴和下传动轴，同时增加 1 个双公接头和 1 个冲击机构外壳。上传动轴与螺杆马达万向轴连接，中间轴串联冲击机构主要零件，即蓄能弹簧、冲锤和砧体，下传动轴连接钻头。双公接头和冲击机构外壳从外部将冲击机构主体整合，并与螺杆马达外壳连接，最终组成一个整体。

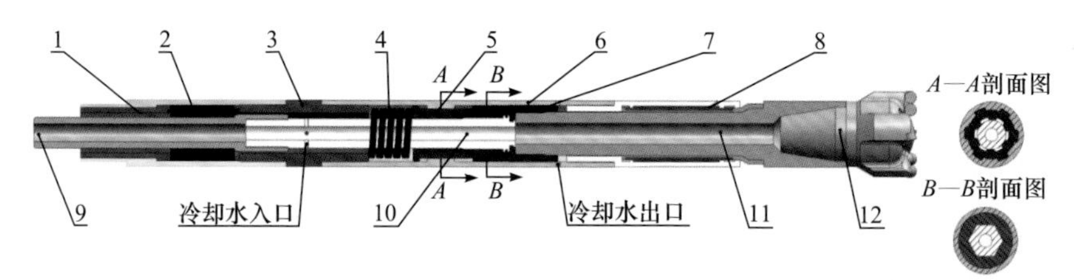

图 5-19 整合冲击机构后的传动轴总成结构示意图
1-上 TC 轴承组；2-主轴承组；3-双公接头；4-弹簧；5-冲锤；6-冲击机构外壳；7-砧体；8-下 TC 轴承组；9-上传动轴；10-中间轴；11-下传动轴；12-钻头

冲击机构外壳内部设置有花键套，与冲锤的花键配合，在轴向实现限位(图 5-19 中 *A*—*A* 剖面图)，轴向则可运动一定距离。中间轴内部有六方杆，与砧体内部的六方套配合，实现扭矩传递(图 5-19 中 *B*—*B* 剖面图)。

冲击力的产生与传递：冲击螺杆马达万向轴在螺杆转子的带动下回转，万向轴驱动上传动轴、中间轴转动，中间轴通过六方结构带动砧体转动，砧体通过下传动轴与钻头连接，在钻压作用下，轴向运动被限制，于是推动冲锤(冲锤与外壳通过花键配合，实现周向限位)上行压缩蓄能弹簧，当转动 $1/n$ 周后(n 为冲锤与砧体的齿数)，弹簧推动冲锤撞击砧体，砧体通过下传动轴将冲击力传递给钻头。

冲锤和砧体在回转和冲击运动过程中会产生大量的热，不利于机构长时间运行，为此在中间轴上设置了冷却水入口，在冲击机构外壳设置有冷却水出口，部分冲洗液从入口进入，冷却冲锤和砧体后，从出口排出。

4. 冲击螺杆马达关键零件设计

1) 冲锤和砧体设计

(1) 螺旋升角设计。

冲锤和砧体啮合齿螺旋升角越大，齿高越高，冲击末速度越大，冲击功也越大，然而螺旋升角理论上不能大于摩擦角。这是因为当螺旋升角大于摩擦角时，无论扭矩多大，都无法使冲锤和砧体相对转动，为此，螺旋升角最大值为材料的摩擦角。如果材料选择为硬质合金 YG15，动摩擦系数取 0.16，则摩擦角为 12°，螺旋升角不能大于 12°。另外，螺旋升角越大，消耗的扭矩也越大，螺杆马达总成传递到钻头的扭矩就减小了，进而回转切削碎岩能力降低。因此，螺旋升角应当在小于材料摩擦角的范围内选择一个恰当的值。

(2) 冲锤与砧体齿数选择。

冲锤与砧体齿数可选 2～n 齿，在螺旋升角不大于摩擦角的限制条件下，齿数越多，冲击频率越高，冲击行程(齿高)越小，单次冲击功越小，反之则齿数越少，冲击频率越低，单次冲击功越大。

冲击回转钻进在其他技术参数相同的条件下，一定范围内，冲击频率增大，钻进效率将呈正比增加，但当冲击频率增大到一定值后不再遵循这种比例关系，反而有所下降。这是因为一方面，当单次冲击功在保证岩体破碎时，增大冲击频率，单位时间里破碎岩石次数增多；另一方面，为允许采用较高的钻具转速提供了条件，加快了破碎岩石的过程。特别是在中硬以下的岩石中钻进，提高冲击频率，钻具转速也可相应增加，可使冲击与回转两方面的碎岩作用均能充分发挥，机械钻速会随之提高很多。在坚硬岩石中，提高冲击频率虽然存在有利的一面，但是对于坚硬岩石提高冲击频率首先要考虑其冲击功是否足够。

基于上述分析，目标岩层越硬时，需要的单次冲击功越大，选择齿数少的冲锤和砧体；反之，目标岩层越软，需要的单次冲击功相对较小(需保证能使目标岩层呈体积破碎)。为加快碎岩速度，频率和回转速度可相应提高，选择齿数多的冲击锤和砧体，具体选择还需要结合现场实际进行优化。

(3) 冲锤和砧体材料选择。

组合式结构的冲锤和砧体结构如图 5-20 所示。冲锤和砧体是一对相互摩擦、冲击的零件副，要求其材料同时具有耐磨(硬度大)和抗冲击(韧性好)的特性。对于一般材料而言，硬度和韧性是一对矛盾的性能指标，硬度高，则抗冲击韧性差；韧性好，则硬度差，耐磨性差。现有材料很难同时具有这两种特性，因此考虑将不同性能的材料进行组合，即一种是韧性好的轴承钢，另一种是耐磨的硬质合金，用轴承钢缓冲冲击力，用硬质合金对抗摩擦损耗。零件结构如图 5-20 所示，轴承钢牌号为 9Cr18，硬质合金牌号为 YG15，两部分通过铜焊固定在一起后，再进行内部结构(啮合齿、花键、六方等)的加工。

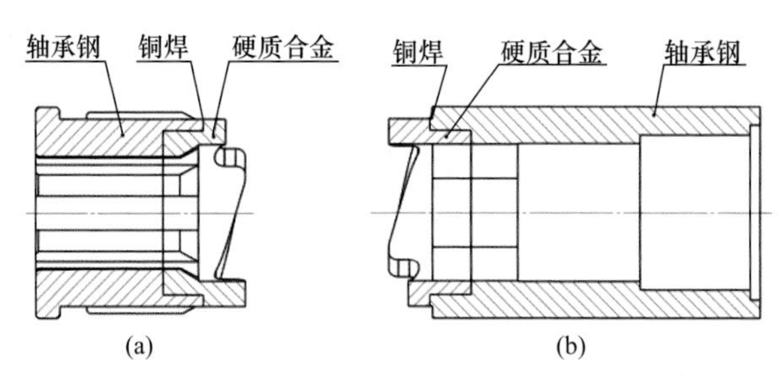

图 5-20　组合式结构的冲锤(a)和砧体(b)结构示意图

2) 弹簧设计

以ϕ89mm 冲击螺杆马达为例进行弹簧设计。冲击机构长度为 300mm 左右。弹簧安装空间相对有限，外壳内径为 75mm，中间轴外径为 40mm，长度不超过 80mm。

弹簧按工作特点分为三类。

Ⅰ类：受变载荷作用次数大于 10^6 次，或很重要的弹簧。

Ⅱ类：受变载荷作用次数 10^3～10^5 次，或受冲击载荷的弹簧，或受静载荷的重要弹簧。

Ⅲ类：受变载荷作用次数在 10^3 次以下，或受静载荷的弹簧。

弹簧疲劳寿命计算式为

$$T = nNt \tag{5-1}$$

式中，T 为弹簧疲劳寿命，次；n 为马达回转 1 周弹簧压缩次数，与啮合齿齿数相同，一般为 2～6 次；N 为螺杆马达额定转速，取 150r/min；t 为马达设计使用寿命，150h。

经计算得出弹簧疲劳寿命需要达到 2.7×10^6～8.1×10^6 次，受变载荷作用次数大于 10^6 次，属于Ⅰ类弹簧，宜选择有高疲劳极限的 50CrVA，推荐硬度范围 45～50HRC。

通过以上分析，有以下几个已知条件：弹簧安装受空间限制，弹簧安装空间外径小于 75mm，内径大于 40mm，安装长度小于 80mm；根据安装空间限制，弹簧线径选择范围 6mm、7mm、8mm、9mm、10mm、11mm、12mm；弹簧指数是弹簧中径 D_2 与弹簧线径 d 的比，又称“旋绕比”，用 C 来代表，可按表 5-3 选取弹簧指数 C；一般压缩弹簧的螺旋角 $\alpha = 6°$～$9°$，即 $\mathrm{tg}\alpha =$ 0.105～0.158；弹簧的刚度 P 的计算式：

$$P = \frac{Gd^4}{8D_2^3 z} \tag{5-2}$$

式中，G 为弹簧材料切变模量，$G = 8 \times 10^4\text{MPa} = 8 \times 10^{10}\text{Pa}$；$z$ 为弹簧有效圈数。

表 5-3　弹簧指数 C 的选择

弹簧线径 d/mm	C
0.20～0.40	7～14
0.45～1.00	5～12
1.10～2.20	5～10
2.50～6.00	4～10
7.00～16.00	4～8
18.00～24.00	4～6

根据表 5-3 弹簧指数 C 的选择，结合已知条件，对弹簧进行设计。

根据地层特点，从表 5-4 中选择合适的弹簧，地层较硬时，选择刚度大的弹簧；反之则选择刚度较小的弹簧。

表 5-4 弹簧设计表

线径 d/mm	中径范围 D_2/mm	外径 D/mm	中径可取最大值 D_2/mm	tgα	节距 t	有效圈数 n		切变模量 $G/(10^{10}\text{Pa})$	刚度 P/(N/mm)	
						最大	最小		最小	最大
6	24～60		60		20～29	4	3		15.0	20.0
7	28～56		56		19～27	4	3		34.2	45.6
8	32～64		64		22～31	4	3		39.1	52.1
9	36～72	<75	63	0.105～0.158	21～31	4	3	8	65.6	87.5
10	40～80		62		21～30	4	3		104.9	139.9
11	44～88		61		21～30	4	3		161.3	215.0
12	48～96		60		20～29	4	3		240.0	320.0

注：$D_2 = Cd$；$D = d + D_2$；$t = \pi D_2 \text{tg}\alpha$。

5. 室内冲击机构试验

在厂区内对冲击机构进行 4 次室内试验，累计试验时间 15h。设计的冲击机构试验装置由冲击机构和冲击力传感器组成(图 5-21)。冲击机构的外壳与微钻试验台动力头连接，砧体与冲击力传感器通过法兰连接。微钻试验台由试验台、控制柜和远程控制台组成，可以调节泵量和转速。

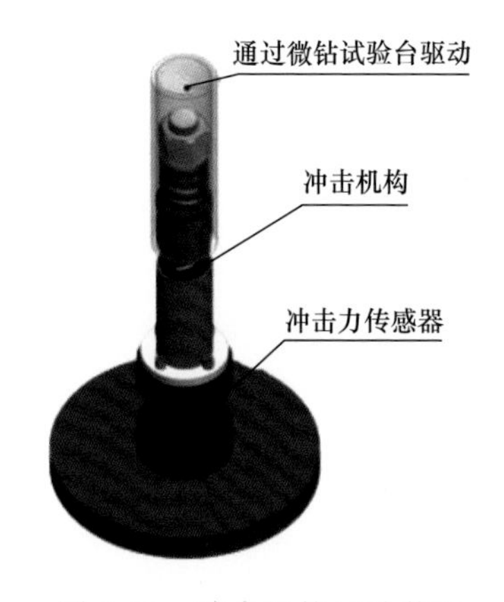

图 5-21 冲击机构试验装置示意图

根据设计确定相关试验参数，如下所示。

弹簧参数：弹簧长度 80mm，外径 66mm，内径 58mm，线径 8mm，刚度 40N/mm。

冲锤参数：基体材料为 9Cr18，啮合齿材料为 YG15；质量 1.2kg，齿数 3 齿，齿高 11mm，螺旋升角 10.5°。

安装情况：弹簧预压 18mm。

冲击力传感器、高速数据采集仪及力值分析管理软件组成的高速冲击力测量系统，型号为 NOS-FVA200。

在钻进过程中，冲击机构在冲洗液的冷却环境下工作，因此试验过程中多数时间均在有冷却水条件下试验。

试验步骤：安装冲击机构试验装置，花键套管与微钻试验台动力头相连接，并固定传感器底板；用数据线将高速数据采集仪与电脑、冲击力传感器连接；

开启力值分析管理软件，校准传感器；开启微钻试验台电器总开关，启动远程控制台；通过控制台的泥浆泵控制按钮开启泥浆泵，泵量控制在 20L/min 左右；通过控制台操作旋钮使动力头回转，回转速度控制在 90～105r/min；定时保存监测数据。

试验数据采集：冲击力传感器数据采集频率为 10kHz，可以精确记录最大冲击力作用时间(精确到 0.1ms)。冲击力随时间变化如图 5-22 所示，累计采集数据 16 组，时长 75min。试验过程中冲击力峰值在 5～9kN 波动，冲击频率为 4.5Hz。

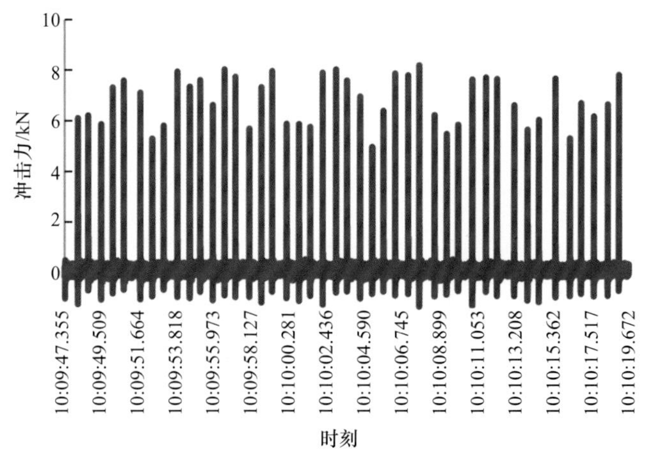

图 5-22　冲击力随时间变化

根据以往的实践经验，由于材料不同、支撑结构刚度不同、冲击速度不同等，其冲击接触时间在 0.3～5ms。弹簧预压 18mm，初始推力为 720N，齿高 11mm，最终压缩 29mm，推力 1160N。采用平均法对作用力进行近似处理，则推力 F 为 940N。

弹簧驱动冲锤运动：

$$a = F / m = \frac{940}{1.2}\text{m/s}^2 = 783.3\text{m/s}^2 \tag{5-3}$$

$$s = \frac{1}{2}at^2 \tag{5-4}$$

其中，冲锤运动距离 s 即齿高为 11mm，计算得冲锤运动时间(加速时间)t 为 0.0053s，可计算得冲击末速度为

$$v = at \tag{5-5}$$

根据动量守恒：

$$mv = fT \tag{5-6}$$

式中，m 为冲锤质量，1.2kg；v 为冲锤冲击末速度，4.15m/s；f 为冲击力；T 为冲击作用时间，通过试验获取。

室内试验总共取得峰值数据约 20200 个，由于转速的波动、微钻试验台连接件同轴度等因素影响，测量峰值最大值为 8510N，最小值为 5332N，平均值为 6345N。考察了 100 组冲击作用时间，冲击时间在 0.6～1ms 波动，平均作用时间 0.8ms。结合动量守恒，计算得到的冲击峰值最大值为 8300N，最小值为 4980N，平均值为 6225N，与试验统计的数据一致，误差约为 1.9%。

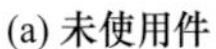
(a) 未使用件

(b) 试验件

图 5-23 冲击机构零件磨损对比照片

零件磨损分析：经过 15h 的测试，冲击机构零件磨损对比照片如图 5-23 所示，冲锤和砧体仅出现轻微磨损，齿高无明显变化，耐磨及抗冲击性达到现场应用需求。

通过室内试验可知，冲击机构具有以下特点：冲击机构通过纯机械方式将回转扭矩转化为对钻头产生冲击力，冲击力传递较为直接，能量利用率高；冲击力与压力弹簧的弹性系数等参数有关系，可通过调整啮合齿的齿数来调节冲击频率；使用轴承钢与硬质合金的冲锤和砧体较单独使用轴承钢，其耐磨性能得较高。

6. 现场工业性试验

冲击螺杆马达设备样机于 2018 年 11 月～2022 年 8 月相继在寺河煤矿、陈四楼煤矿、沙曲一号煤矿开展了现场工业性试验。采用冲击螺杆马达，结合随钻测量定向钻进技术施工完成 12 个 ϕ120mm 定向钻孔，累计进尺 5095m，钻进效率较以往的螺杆马达提高了 30%以上。试验过程中，通过冲击声音及泥浆泵泵压对冲击螺杆的冲击进行了监测，冲击功能、随钻测量系统均工作正常，验证了冲击螺杆马达可有效实现硬岩层中有效定向钻进的功能。

通过现场试验，冲击型螺杆马达具有以下特点。

(1) 冲击回转碎岩：钻头回转切削目标岩层的同时，冲击机构对钻头进行冲击，改变了常规螺杆纯回转切削的碎岩方式，提高机械钻速。

(2) 具备定向功能：在常规单弯螺杆马达基础之上，增加了冲击机构，结构上保留了弯外壳，与随钻测量系统配合，可实现常规单弯螺杆马达的定向功能，选配固定弯外壳和可调弯外壳。

(3) 防止悬空冲击：冲击螺杆马达在提离孔底时，冲锤与砧体在轴向没有重叠，不再产生冲击，有效减少了关键零部件的空转磨损，延长了冲击机构使用寿命。

(4) 有利于钻压传递：冲击使孔底钻具产生良性振动，有利于克服钻具与孔壁之间的摩阻，使钻压有效传递，近水平钻进时可替代水力振荡器和导向马达组合。

(5) 减少钻头黏滑：冲击有利于减少钻头黏滑，改善钻头工况，延长钻头使用寿命。

(6) 泥浆泵驱动压力较常规单弯螺杆马达有一定提高，消耗的扭矩计算式为

$$M=nF\mu_{k}s\cdot\cos\alpha \tag{5-7}$$

式中，F 为接触面最大正压力；μ_k 为啮合面摩擦系数；s 为回转半径；α 为啮合齿螺旋升角；n 为啮合齿齿数。

以ϕ89mm 冲击螺杆马达样机为例，消耗扭矩为 105.9N · m，约为相同型号常规单弯螺杆马达的 10%，因此泥浆泵的驱动泵压较相同型号常规单弯螺杆马达提高约 10%。

7. 柱-片混合型钻头研制

根据冲击-回转定向钻进工艺特点，针对性初步设计出柱-片混合型钻头(图 5-24)。其工作原理是，利用柱齿降低聚晶金刚石复合(PDC)片所承受的冲击载荷，即冲击回转钻进时，柱齿先承担前期较大冲击力，并刺入岩层一定深度后，PDC 片才会切削岩层钻进。初步设计的钻头结构有两种结构，共同特点是柱齿布置在不同圈径上实现全孔底覆盖，且柱齿采用锥形结构；PDC 片布置在不同圈径上实现全孔底覆盖；柱齿高于 PDC 片 1～2mm，根据试验情况可进行调整。

柱-片混合型钻头结构如图 5-25 所示。钻头切削齿由锥形柱齿和 PDC 片组成，锥形柱齿齿顶高出 PDC 片 2mm。图 5-25(a)为锥形柱齿与 PDC 片并排布置，图 5-25(b)为锥形柱齿和 PDC 片间隔布置。冲击时由锥形柱齿碎岩，回转时靠 PDC 片切削岩层，该钻头理论上在中硬岩层中钻进效果会比较好。

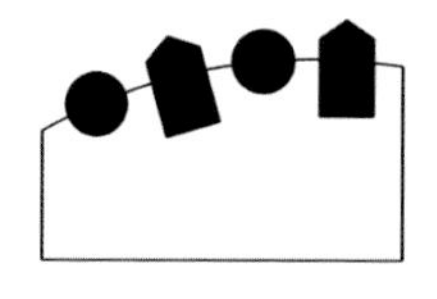

(a) 柱-片相间

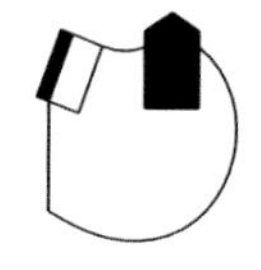

(b) 柱-片平行

图 5-24　柱-片混合型钻头初步设计方案

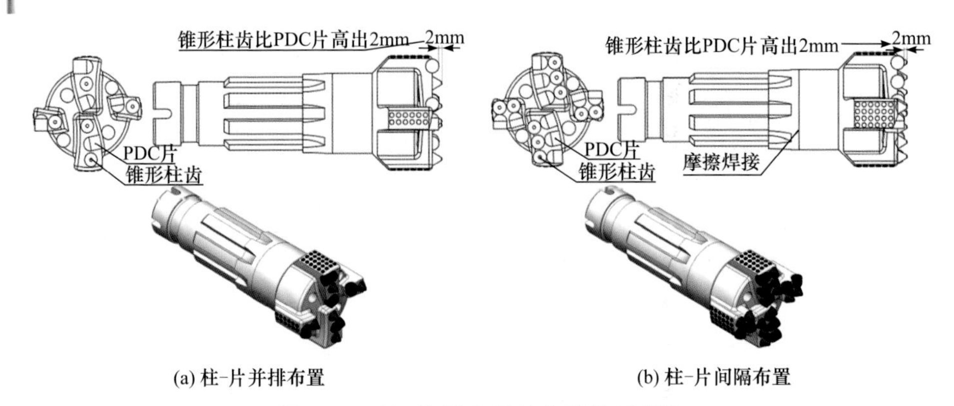

图 5-25　柱-片混合型钻头结构示意图

柱-片混合型钻头同时具有球齿钻头与 PDC 钻头的优点，利用柱齿降低 PDC 片所承受的冲击力，即冲击回转钻进时，柱齿承担绝大部分冲击载荷；岩层在经过体积碎岩后，PDC 片才会切削岩层钻进(高晓亮等，2014)。

5.1.4　钻杆内孔高压逆止阀研制

为了实现高水压顶水定向钻进，要求单向阀耐压须达到 6MPa 以上。此外，目前的单弯螺杆马达定向钻进系统，在单弯螺杆马达与随钻测量系统之间安装有一个无磁短节，以防止螺杆马达金属外壳和转子对随钻测量系统的磁干扰，而高压逆止阀安装在单弯螺杆马达与随钻测量系统之间，采用无磁材质，可以替代无磁短节，且不会增加钻头与随钻测量系统之间的距离。

针对以上问题，研制了框架式球型逆止阀(图 5-26)，其工作原理与普通单向阀相同，其特殊之处在于阀架密封面设计成球面，直径与密封球一致，与密封钢球结合紧密，且主体零件采用无磁钢制造。

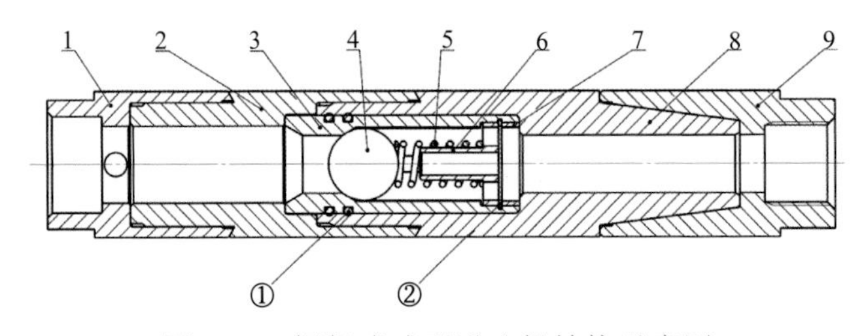

图 5-26　框架式球型逆止阀结构示意图

1-连接接头；2-上外管；3-阀架；4-密封球；5-密封弹簧；6-端盖；7-衬套；8-无磁外管；9-测压转换接头；①-密封圈；②-标准件

框架式球型逆止阀实物如图 5-27 所示。在室内对逆止阀进行了抗高压试验，当压力达到 6 MPa 时，逆止阀密封良好、无泄漏。

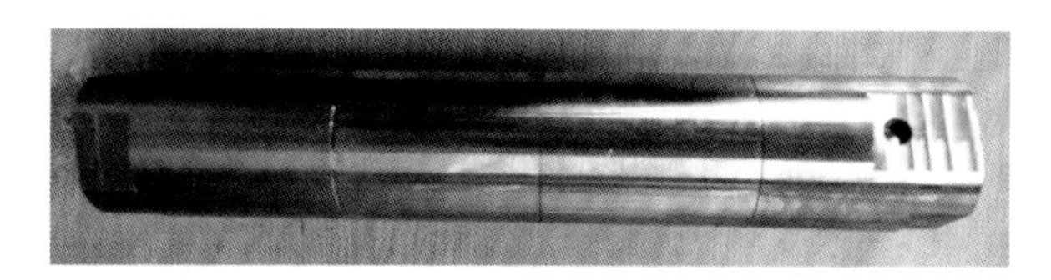

图 5-27　框架式球型逆止阀实物图

5.1.5　孔口旋转防喷器研制

1. 井下顶水定向钻进配套旋转密封装置特征分析

旋转防喷器(RBOP)是高水压顶水钻进的必要设备，旋转防喷器在钻进或起下钻的过程中，通过收缩胶心或胶囊，封住钻柱与孔口套管的环形空间，使钻井液不能从孔口环隙喷出，可提供安全有效的压力控制，在限定压力下允许钻杆旋转，实施带压钻进，将钻孔返出的流体导离孔口。

煤矿井下顶水定向钻进须配设防喷装置，对孔口环形空间的返水进行有效控制，确保钻进安全(金新等，2018)。目前，煤矿井下常规定向钻进配套的孔口装置基本不具备承压能力，主要起密封作用，不能满足高压顶水钻进的需要。此外，硬岩层复合定向钻进工艺要求孔口防喷装置须具备旋转密封、承压能力。结合煤矿井下定向钻进施工环境特点，分析井下钻进用旋转防喷器的使用要求：①煤矿井下防治水孔高压顶水定向钻进设计承压能力为 6.0 MPa；②频繁过钻杆接头以及杆体轴向滑动摩擦将导致密封件不断磨损，因此必须使密封件具备补偿功能，确保密封可靠；③煤矿井下防治水孔的开孔段多呈下斜或近水平状态使防喷器安装形式特殊，需解决钻杆在重力作用下偏心旋转导致的偏磨问题；④实施高水压顶水定向钻进时，孔口旋转防喷器可与孔口装置、控制阀等协调配合关闭孔口，因此不需要旋转防喷器自身带“零封”功能。

2.防喷器密封结构选型

按照对钻柱的密封方式，可将防喷器密封结构分为锥形胶芯被动密封结构、膨胀胶囊型密封结构和挤压胶芯主动密封结构三种(王复东，2002)。

锥形胶芯被动密封结构有一个安装在轴承总成内滚道组件上的自动启动的锥形胶芯，其内径小于钻杆外径，在锥形胶芯与钻柱间形成了弹性配合[图 5-28(a)]。随着作用在弹性胶芯外锥形面上的井内压力增大，胶芯与钻柱接触面上的压力也增大。其显著优点是不需外部的液压源而依靠井内压力形成密封，但一定规格尺寸的锥形胶芯只能密封相应尺寸的钻具，且当井内压力升高或钻柱尺寸增大时胶芯的磨损会加剧，从而降低胶芯的使用寿命。

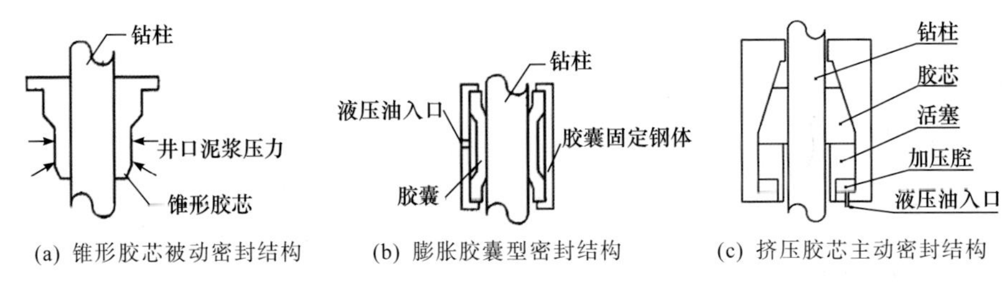

(a) 锥形胶芯被动密封结构　(b) 膨胀胶囊型密封结构　(c) 挤压胶芯主动密封结构

图 5-28　旋转防喷器常用密封结构

膨胀胶囊型密封结构有一个膨胀式胶囊，由远离井口的单独液压加压装置充胀胶囊，胶囊向内膨胀后可对钻柱形成密封[图 5-28(b)]。挤压胶芯主动密封结构也是依靠液压加压装置将液压油注入加压腔，然后由液压油推动活塞挤压胶芯，使胶芯抱紧钻杆[图 5-28(c)]。这两种结构都是主动式密封结构，两者的优点是可密封某范围内不同尺寸的管柱，另外其密封压力可以通过控制液压油的工作压力来改变。不同的是，挤压胶芯主动密封结构径向尺寸可设计得更为紧凑。

由于煤矿井下采用水平定向钻进工艺，防喷器横置安装，锥形胶芯被动密封工作方式，依靠泥浆压力实现自密封，则容易引起泄漏；又因煤矿井下空间狭小，因此决定采用挤压胶芯主动密封结构形式。

3.结构和工作原理

矿用旋转防喷器结构如图 5-29 所示，由端盖、上轴承、外套、上垫环、密封胶芯、旋转套、下垫环、滚珠、下轴承、活塞、限位环和连接法兰组成。

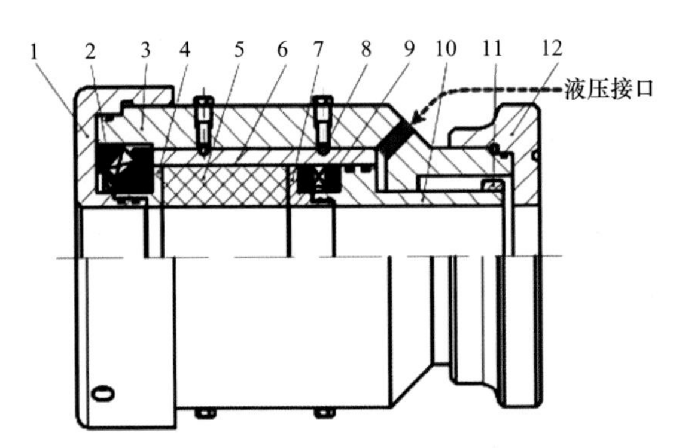

图 5-29　矿用旋转防喷器结构示意图

1-端盖；2-上轴承；3-外套；4-上垫环；5-密封胶芯；6-旋转套；7-下垫环；8-滚珠；9-下轴承；10-活塞；11-限位环；12-连接法兰

其中，端盖、壳体和活塞组成固定组件，旋转筒、胶筒和后压环等组成回转组件，两部分通过两组钢球、一组推力调心滚子轴承和一组推力圆柱滚子轴承连接，实现相对转动，并且能承受一定的拉压力。旋转筒、活塞和壳体之间的密封空间为加压腔，高压油从液压油入口注入，推动活塞轴向运动，挤压胶芯，使胶芯变形挤压钻杆柱形成密封。

矿用旋转防喷器具体原理如下：液压油通过外套上的液压接口进入环形油腔，推动活塞压缩密封胶芯，使之在旋转套约束下向内孔膨胀变形，进而“抱紧”钻杆，实现承压密封。钻进过程中，钻杆柱与密封胶芯之间相对滑动，钻杆柱旋转时，密封胶芯同上下垫环、旋转套一起旋转，通过上下轴承与壳体分动。在密封胶芯磨损、密封压力降低的情况下，通过补充液压油、增大密封胶芯变形量提升密封压力。需要解封时，打开液压油卸压阀，随着液压油泄出，密封胶芯轴向伸长、变形消失，中心通孔恢复原状，密封胶芯与钻杆柱脱离接触。矿用旋转防喷器的主要结构技术参数见表 5-5。

表 5-5 矿用旋转防喷器主要结构技术参数

项目	单位	参数
型号	—	YFH95-3/7
中心通径	mm	95
配套钻杆外径	mm	73/89
动密封压力	MPa	3.0
静密封压力	MPa	7.0
活塞最大行程	mm	80
外形尺寸	mm × mm	ϕ315 × 490
质量	kg	170
连接法兰	—	280-R41

与现有技术相比，矿用旋转防喷器主要优势体现在：

(1) 矿用旋转防喷器的旋转密封单元用于密封孔口钻杆与套管环空间隙，通过液压作用挤压胶筒变形，进而密封钻杆；同时，在钻杆复合钻进过程中，被压缩变形的胶筒与钻杆以相同的转速回转，实现了钻杆与压缩变形的胶筒只存在轴向相对运动，无径向相对运动，有效减少了胶筒的磨损速度。

(2) 矿用旋转防喷器的密封装置中还设置了浮动单元，将旋转密封单元放置在浮动单元上，使得旋转密封单元可横向和纵向移动。在复合定向钻进过程中，若钻杆出现一定幅度内的摆动时，孔口承压密封装置可随钻杆同时摆动，有效减少了胶筒偏磨现象。

(3) 矿用旋转防喷器的密封装置中还设置了缓冲单元，通过缓冲单元控制旋转密封单元中第一活塞的移动程度，进而控制胶筒的变形程度。复合定向钻进过程中，钻杆从旋转密封单元中通过时，缓冲单元的设置可有效解决钻杆柱不同外径通过时的密封问题，保证密封效果的同时也延长了胶筒的使用寿命。

4. 旋转防喷器与钻机及孔口连接设计

高水压顶水定向钻进施工过程中，根据具体施工条件需要调整钻孔倾角，在钻机前端设计了旋转防喷器托架(图 5-30)。利用钻机前横梁及夹持器上螺栓孔进行连接，托架连接板上设置有限位槽，用来限制防喷器托架沿钻机前横梁转动。倾角调节过程中，钻机机身连同防喷器及托架共同运动，减少了调节过程中相对运动部件数量，确保调节过程安全。旋转防喷器与孔口通过法兰软管连接，同时设计加工了由壬连接管件，以满足快速安装连接需要(图 5-31)。

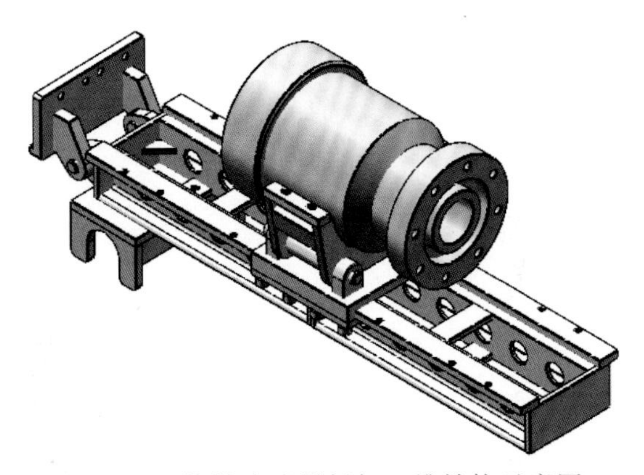

图 5-30　旋转防喷器托架三维结构示意图

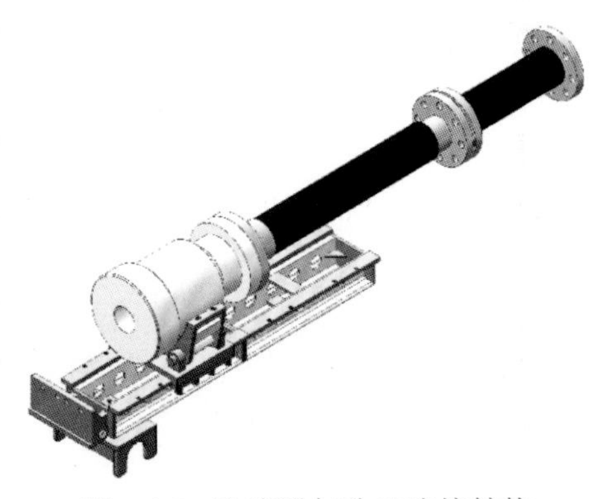

图 5-31　防喷器与孔口连接结构

5.1.6 钻进轨迹控制技术

井下硬岩层定向钻进过程中，导向钻具的主要性能为造斜率，造斜率是轨迹控制过程中衡量底部导向钻具组合造斜能力的重要指标，也是实施导向钻进工艺的重要依据，同时又是施钻人员进行底部钻具结构优化及钻进参数选取的重要依据。因此，准确预测钻具组合的造斜率以及合理设计钻具组合，是实现导向钻进的技术关键。在地面油气勘探开发定向钻井领域，经过多年的研究和生产实践，总结出影响弯外壳螺杆钻具组合造斜能力的因素：钻具组合结构、井/孔几何参数、钻进工艺参数及地层特性。多种预测钻具组合造斜率的方法包括三点定圆法、平衡曲率法、极限曲率法和平衡趋势法(图 5-32)等(姚宁平等，2013)。

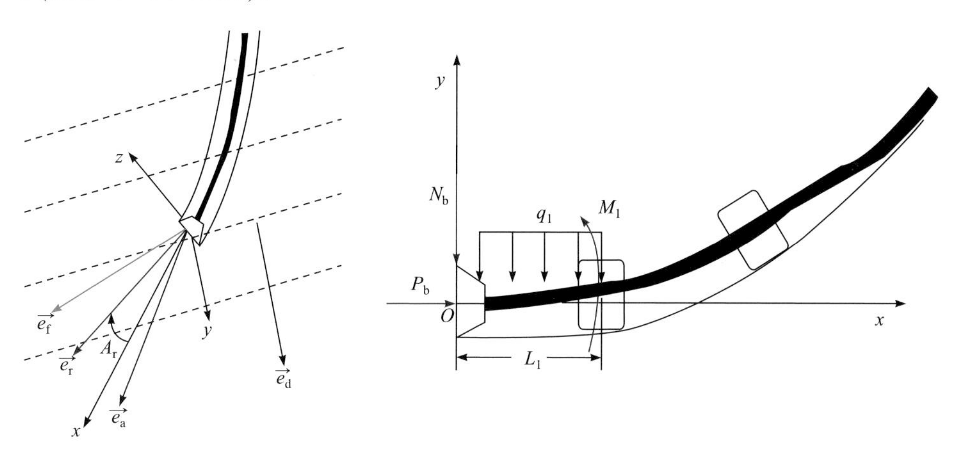

图 5-32 平衡趋势法原理示意图

x-钻孔轴线方向；$\vec{e}_f$-钻头合力方向的单位向量；$\vec{e}_a$-钻头指向的单位向量；$\vec{e}_d$-地层法向的单位向量；$\vec{e}_r$-钻头趋势方向的单位向量；A_r-钻进趋势方向与钻孔轴线方向的夹角；P_b-钻压，N；q_1-孔底钻具的浮重，N/m；M_1-近钻头支点处内弯矩，N · m；L_1-钻头与近钻头支点距离，m；N_b-钻头侧向作用力，N

井下定向钻进普遍采用单弯螺杆马达，其配套的导向钻具的长度较短、刚性较大，变形较小。钻进过程中弯壳体导向钻具基本保持原有的刚性形状，理论上可以采用几何法来计算煤矿井下导向钻具的造斜率。

井下硬岩定向钻进轨迹控制宜采用复合定向钻进工艺，其特点为在钻进过程中钻杆柱“有滑有转”，以回转稳斜钻进为主、滑动造斜钻进为辅。复合定向钻进轨迹控制原理如图 5-33。当实钻轨迹与设计轨迹之间偏差达到一定值后，调整孔底螺杆马达造斜工具的指向(即工具面)，滑动给进，连续造斜改变钻孔前进方向，获得理想钻孔姿态参数后回转稳斜钻进，在水平面和垂直剖面内控制实钻轨迹围绕设计轨迹延伸。

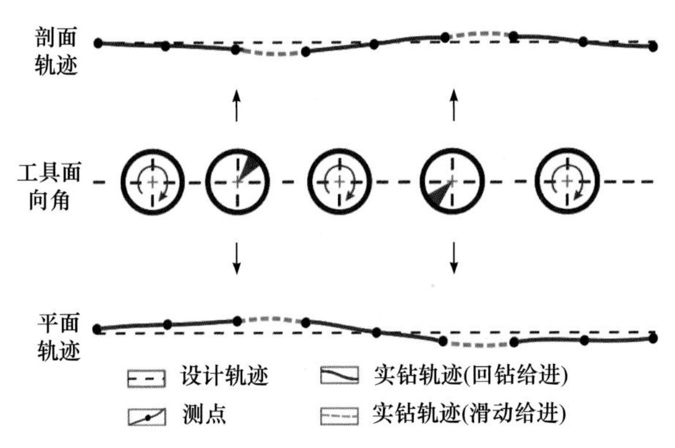

图 5-33　复合定向钻进轨迹控制原理示意图

复合定向钻进形成的实钻轨迹理论上由大量直线段与少量的空间曲线段交错组成，与连续滑动钻进实钻轨迹相比，其最显著的特点是钻孔前进方向变化小，轨迹整体平滑。

5.2　智能化快速注浆系统及装备

5.2.1　系统总体设计

研发的煤矿过水大通道快速封堵截流技术装备，可广泛应用于煤矿水害堵水注浆工程和煤层开采底板岩溶水害超前区域治理注浆工程。智能化快速注浆系统采用机电液一体化控制技术、程控配料制浆技术、智能调节密度技术，按照设定压力、流量-时间曲线、保浆袋控制注浆工艺，实现智能化注浆作业。注浆速度大于 $35m^3/h$、注浆压力大于 12MPa，作业准备时间小于 1h，能够为矿山水灾提供快速应急抢险技术和装备支撑。

1. 总体方案设计

智能化快速注浆系统由连续制浆系统、高能注浆系统、液压动力系统、电气控制系统四大部分组成，搭配小型自动储供料装置、自动配料旋流搅拌连续制浆系统、射流混浆旋流制浆系统、注浆泵双组分变配比液动自控装置、液驱自动注浆泵系统、机电液一体化控制系统、液压动力系统、管汇系统、供水系统、电力控制系统，共同集成后形成车载快速注浆平台。系统总体结构见图 5-34。

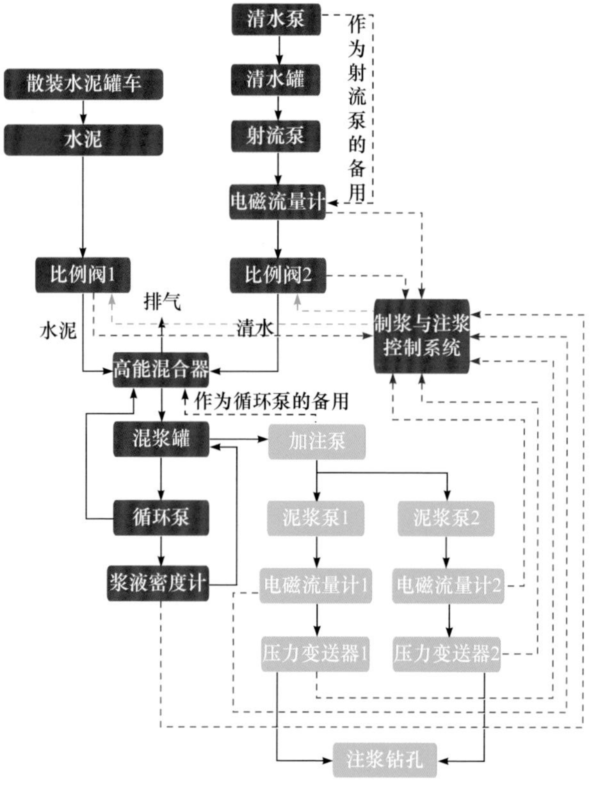

图 5-34　系统总体结构

2. 主要技术参数确定

由清水、水泥浆液和水泥-水玻璃浆液组成注浆材料。按照设定浆液密度，系统能够精确计量、自动调节清水与水泥供给量，制浆能力为 0～45m^3/h，由射流混浆旋流搅拌后形成浆液。系统能够自动调节液压系统的压力和流量，按照注浆工程设计注浆标准，实现精确控制注浆排量，实时监测浆液密度和注浆压力。

系统采用煤矿水害应急救援现场最常用的水泥单浆液和水泥-水玻璃双浆液。根据受注地层的压水试验情况，通常采用地层水压 2～3 倍设计注浆压力；在浆液不易固结情况下(如大流量动水条件、急需封堵大型通道等)，采用水泥-水玻璃双浆液注浆。根据液压系统设计原理，液压泵、多路换向阀、先导控制阀等元件按 31.5 MPa 进行选型。依据液压胶管的耐压能力，选用工作压力 28 MPa。系统设备主要性能参数详见表 5-6。

表 5-6 系统设备主要性能参数

序号	性能	参数值
1	型式	双电机双泵+水玻璃齿轮泵
2	外形尺寸	9775mm × 2500mm × 3700mm
3	总质量	25000kg
4	主电机功率	75kW × 2 台
5	副电机功率	90kW
6	底盘/底撬	8 × 4 套/或撬体
7	注浆最高压力	12MPa
8	注浆额定排量	600L/min(36m³/h)
9	浆液密度范围	1.1～1.8g/cm³
10	制浆能力	0～750L/min(0～45m³/h)
11	制浆/注浆系统	自动/手动切换
12	液压动力系统	泵控闭式系统

3. 智能化注浆平台布局

撬体作为智能化注浆平台的载体，集成制浆单元、注浆单元和液压动力单元等模块，将两个单元分别布置在平台的两头，有利于平台的质量均衡，同时有利于设备的快速吊装。对易损件单独设计了副撬，将两台注浆泵整体安装于副撬，同时安装有减震器，该减振支座通过连接阀组合到系统中，从而提高整个撬体的稳定性和使用寿命。

以模块化和集成化理念进行设计，结合《汽车、挂车及汽车列车外廓尺寸、轴荷及质量限值》(GB 1589—2016)，形成系统总体设计结构，工作撬体实物见图 5-35。主要技术指标如下：①总体尺寸为 9500mm×2500mm×2780mm；②撬体由注浆区、制浆区和动力区三部分组成；③动力区房顶板厚 4.0mm，内墙皮板厚 1.5mm，采用双开式门结构，固定镶入式百叶窗，加装封门器；底部花纹钢板厚 5mm，内表面喷涂白色磁漆，外表面喷涂橙色船壳漆；④注浆区上部遮雨棚采用瓦楞板，瓦楞板厚 2.0mm，可拆卸；⑤撬顶部设计有避雷针，底部有接地地线桩；⑥动力区后端底部设计安装外电输入端口及内部电路连接端口。

图 5-35　工作撬体实物图

5.2.2　连续制浆系统

按照设定的浆液密度，系统能够精确计量、自动调节清水与水泥供给量，控制射流混浆旋流搅拌，实现连续制浆，制浆能力为 0.1～1.0m^3/min。

1. 工艺流程

按照设定的浆液密度，自动调节清水与水泥供给量，搅拌连续制浆，然后混合器将水泥干灰和清水进行混合，向注浆泵主动不间断供浆。之后，通过调节清水流量、设定浆液密度值和水泥干灰输入量，控制密度在设定范围内，系统实时采集混合罐内液体密度，清水离心泵吸入流体后泵送到混合器中，提供清水，循环离心泵吸入浆液后泵送到混合器，增压离心泵保证大泵在高密度时的正常吸入。通过开启或关闭循环离心泵和增压离心泵之间的切换阀，实现循环泵和增压泵在特定条件下的相互替换，管汇中所有蝶阀采用气控开关。连续制浆系统工艺流程见图 5-36。

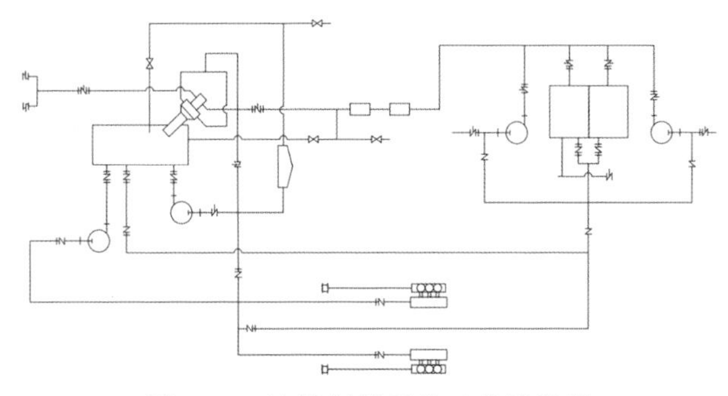

图 5-36　连续制浆系统工艺流程图

2. 系统组成及功能参数

连续制浆系统由水罐、制浆灌、高能混合器(射流、旋流)、清水泵、砂浆泵、自动拌和系统组成。高能混合器上设置开口及灰罩，通过并联设置的第一清水泵、第二清水泵连通循环系统中的两个清水泵及两个砂浆泵；混浆罐、柱塞泵之间通过并联设置的第一砂泵、第二砂泵连通，第一砂泵出口与混浆罐入口之间依次设置有阀门 1、密度计、阀门 2，密度计与阀门 2 之间连接有出口管和控制器，并分别与清水调节阀、干灰调节阀、密度计电性连接，能够提高浆液调配效率、提高作业管汇的清洗效率、延长设备使用寿命。系统主要组成部件及功能见表 5-7。

表 5-7　系统主要组成部件及功能

序号	部件名称	功能
1	射流混浆槽	清水射流形成负压带动干水泥运动
2	旋流制浆器	固液旋流制浆
3	制浆罐	混浆，中转储浆
4	搅拌马达	制浆罐内机械搅拌/浆液匀化，不沉淀
5	清水泵/射流泵	清水供给，水灰混合
6	旋流循环泵	浆液二次匀化
7	灌浆泵/主动供浆泵	向注浆泵主动不间断供浆、排除混浆槽内浆液，可以作为旋流循环泵的备份
8	质量密度计	浆液密度检测
9	电磁流量泵	清水供给计量
10	电子计量秤	水泥供给计量

1) 水罐

水罐为全钢结构，有效容积为 3m^3，分为两室。水罐排放端由蝶阀与管线连接，保证流向增压泵和柱塞浆液泵的水流速度满足系统要求。

2) 高能混合器

高能混合器具有混浆能力大、适应车载工况、适用范围广等特点，可有效改善现场作业的粉尘环境，提高混合浆液效率和控制精度。

3) 清水泵

清水泵选用美国塞瓦 SJS 4X3，这是一种用于油田作业的离心泵，分为花键轴型、延伸轴型和油润滑延伸轴型三种。清水泵广泛应用于油田开发所使用的固压设备上，具有扬程高、排量大、使用寿命长的特点。

4) 砂浆泵

砂浆泵选用美国塞瓦 SJS 4X5 离心泵，此泵针对油田作业的使用特点而设计生产，特别适用于固井压裂设备的配套部件使用，也可作为一般用途的离心泵使用。它具有结构紧凑、排量大、扬程高、效率高、寿命长等特点。

5) 自动拌和系统

水泥浆液自动拌和系统(cement slurry automatic mixing system，CSAMS)主要由密度自动控制系统、浆液液位控制系统组成，见图 5-37。

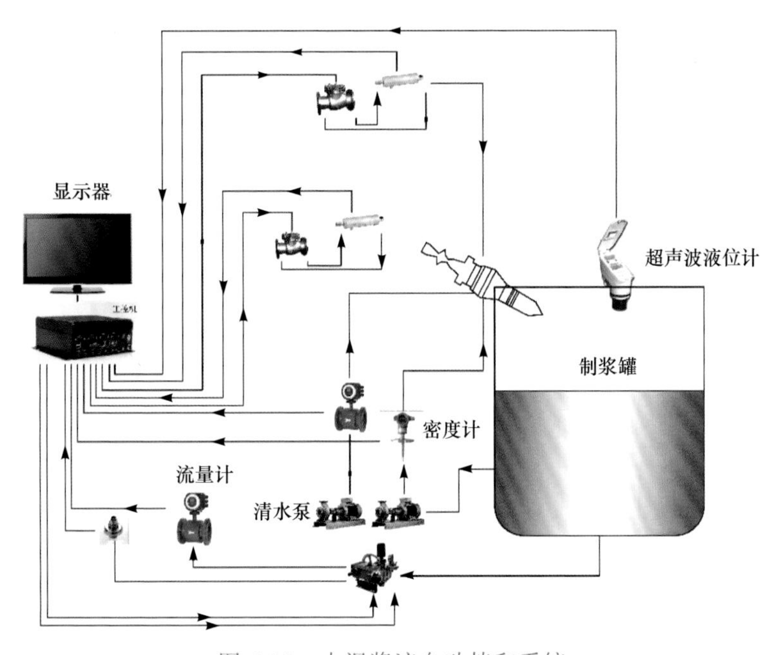

图 5-37　水泥浆液自动拌和系统

(1) 密度自动控制系统：控制算法对制浆作业过程中三个变量响应，即清水流量、设定浆液密度值和水泥干灰输入量。系统通过控制给灰量来控制水泥浆液密度，工控机采集清水流量 Q、水泥浆液密度 d 和水泥干灰计量阀阀位；控制软件根据清水实际流量，浆液密度和工艺设计参数计算配制设定浆液密度需要的给灰量及水泥干灰计量阀阀位；PID 控制器进行精确调整，控制器输出控制信号到电控液压阀，该液压阀驱动干灰计量阀上的旋转装置来调节干灰计量阀的开启度从而控制干灰流量。

(2) 浆液液位控制系统：该系统由工控计算机控制和调节清水比例阀来

调节清水流量从而调节制浆罐内的液位，安装制浆罐上的液位计检测泥浆的液位信号并将该信号传送给工控计算机；工控计算机根据实际液位和设定液位的偏差(最高、最低液位)来调节输出控制电压，调节清水比例阀从而调节清水量，以维持制浆罐内浆液液位的平稳。

5.2.3 高能注浆系统及装备

将水泥单浆液或水泥-水玻璃双浆液通过注浆泵(或水玻璃齿轮泵、或双组分注浆泵)加压输送至注浆目的层中，起到封堵过水通道的作用。注浆系统的额定注浆流量为 $36m^3/h$，最大注浆压力为 15MPa。

1. 工艺流程

连续制浆系统中制备的浆液通过注浆泵、液压马达、联轴器和水玻璃灌注齿轮泵输送到目标层内，通过对制浆单元制备的浆液加压后输送至注浆点，系统能够在压力设定下自动调节注浆泵的排量。通过制浆与注浆控制系统实现实时采集浆液密度、混合罐液位、排量等数据，同步实现控制浆液密度在设定范围内、调节混合罐内液位高度等功能。注浆系统工艺流程见图 5-38。

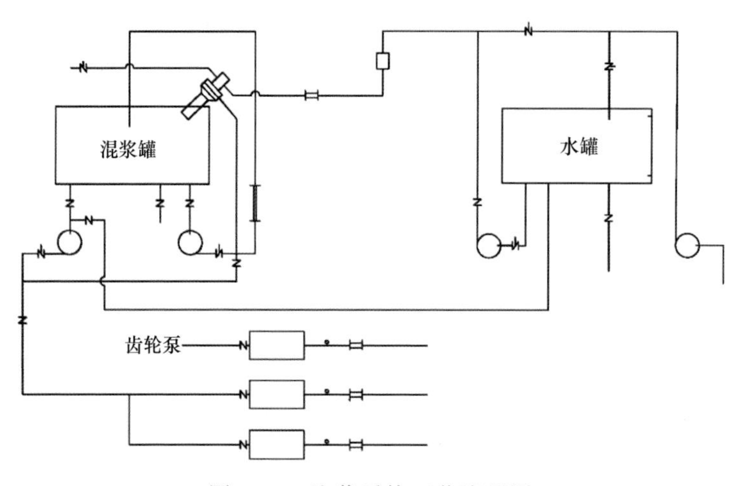

图 5-38 注浆系统工艺流程图

2. 系统组成及功能参数

注浆系统由储浆罐、柱塞泵、输浆管汇、电磁流量计、压力传感器等组成，见图 5-39。

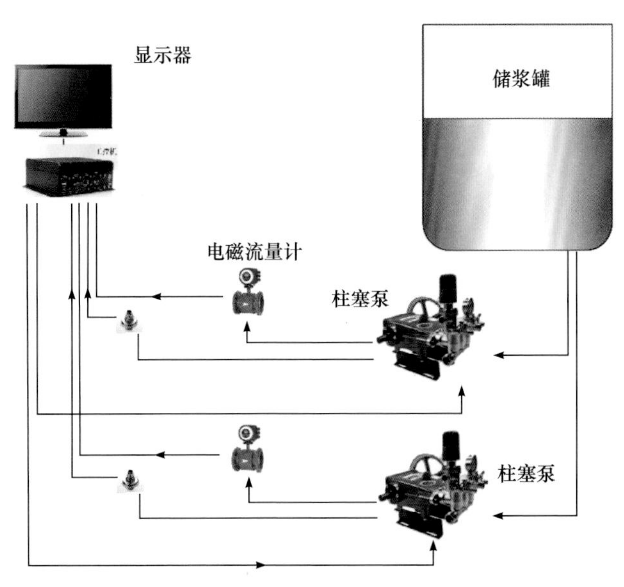

图 5-39 注浆系统工艺流程示意图

采用 2 台注浆泵和 1 台齿轮泵分别完成浆液和水玻璃的混合灌注，系统具有泵送水泥单浆液、水泥-水玻璃双浆液的灌注功能，将水泥单浆液或水泥-水玻璃双浆液通过注浆泵(或水玻璃齿轮泵、双组分注浆泵)加压输送至注浆目的层的裂隙或孔洞中，起到封堵过水通道的作用，注浆排量不小于 600L/min，注浆压力不小于 12MPa。采用双泵(主泵、备用泵)进行注浆控制，注浆泵选用天津聚能的 3ZB370 注浆泵，注浆泵压力排量设计参数见表 5-8。3ZB 系列高压往复泵作为高压动力源，可输送水、乳化液以及化学性质类似于水的液体。该泵液力端装有安全阀、节流阀，自成系统，可实现 24h 连续运转，无须冷却，结构紧凑。

表 5-8 3ZB370 注浆泵压力排量设计参数表

序号	项目名称	单位	参数	
1	理论流量	L/min	Max 410.0	Min 38.6
2	额定流量	L/min	350.0	40.0
3	额定压力	MPa	7	15
4	额定冲次	次/min	Max 500	Min 47
5	电机转速	r/min	Max 1295	Min 122
6	额定功率	kW	Max 55.2	Min 11.1
7	型号	—	3ZB370/7-15	

续表

序号	项目名称	单位	参数
8	柱塞直径	mm	95
9	柱塞行程	mm	100
10	柱塞数量	个	3
11	大齿轮齿数	个	57
12	小齿轮齿数	个	22

3. 浆液注浆模式

煤矿堵水应急救援现场最常用的注浆模式有 2 种：①水泥单浆液注浆模式；②水泥-水玻璃双浆液注浆模式。

1) 水泥单浆液注浆模式

根据受注地层的压水试验情况，设计注浆压力为地层水压的 2～3 倍。采用 YKB300 型号作为自吸式注浆泵，注浆工艺流程：①压水；②从低密度稀浆开始试注，根据钻孔受浆量情况，逐渐增大浆液密度至 1.5g/cm^3(提高最大浆液密度时，需技术人员批准)；③采用额定流量进行注浆，直至压力超过设计注浆压力；④注浆压力达到设计注浆压力后，系统自动切换到单泵注浆模式；⑤随着钻孔注浆压力持续增加，应逐渐降低注浆流量，控制注浆压力，直至达到最小注浆设计排量，维持 30min；⑥达到注浆结束标准后，停止注浆，注水清洗注浆管路系统。

2) 水泥-水玻璃双浆液注浆模式

在大流量、动水条件、封堵大型通道时，采用水泥-水玻璃双浆液注浆。通常情况下，采用单泵额定流量(300L/min)进行双浆液灌注，随着钻孔注浆压力增加，自动转入双泵注浆状态。3ZB370 注浆系统性能参数见表 5-9。

表 5-9　3ZB370 注浆系统性能参数表

注浆模式	额定流量/(L/min),注浆压力/MPa	最大流量/(L/min),注浆压力/ MPa	最小流量/(L/min),注浆压力/ MPa
单浆液注浆	2 台 × 300,12	2 台 × 370, 8	1 台 × 30,15
双浆液注浆	$Q(1+x)$L/min,设计注浆压力	—	—

注：双浆液质量配比 x = 水玻璃溶液质量/水泥浆液质量，Q 为 1 : 1 水泥浆液设计注浆排量。

智能化注浆系统能够实现注浆压力和流量无级调节，具有液压传动装置体积小、质量轻、结构紧凑的特点；系统操作简单，控制方便，能够实现复杂自动工作循环，使用安全、可靠。

根据注浆泵的参数要求，驱动马达的最大输出转速为 500r/min，最低转速为 47r/min。根据注浆泵的理论输出流量和输出压力，计算注浆泵的输出功率如下：

$$P = \frac{P_1 \times Q_2}{600\eta} = \frac{70 \times 357}{600 \times 0.85} = 51(\text{kW}) \tag{5-8}$$

式中，P 为注浆泵输出功率；P_1 为注浆系统输出压力；Q_2 为注浆系统输出流量；η 为系统总效率。

计算液压驱动马达的输出扭矩如下：

$$T = \frac{q \times \Delta P}{2\pi \times \eta} = \frac{820 \times 15}{2 \times 3.14 \times 0.85} = 2300(\text{N} \cdot \text{m}) \tag{5-9}$$

式中，T 为驱动马达最大输出扭矩；q 为流量；ΔP 为注浆泵最大输出工作压力。

通过上述计算可知，驱动马达的最大输出扭矩是 2300N · m，马达的输出功率不小于 51kW，马达的最高转速不小于 500r/min。

综上要求，选择伊顿 ME600B 型低速大扭矩马达可满足要求，ME600B 型液压马达参数见表 5-10。

表 5-10　ME600B 型液压马达参数表

性能名称	参数
排量	$600\text{cm}^3/\text{r}$
额定压力	27.5MPa
峰值压力	31.9MPa
额定扭矩	2620N · m
额定转速	500r/min
最高转速	600r/min
质量	96kg

在现场的注浆案例中，当需要长时间注入水泥–水玻璃双浆液时，采用双泵注浆模式，即一台注水泥浆，另一台注水玻璃。泵体具有结构简单紧凑、体积小、质量轻、工艺性好、价格便宜、自吸力强、对流体污染不敏感、转速范围大和耐冲击性等特点。齿轮泵参数见表 5-11。

表 5-11　齿轮泵参数表

理论排量/(m/L)	齿宽/in	额定压力/MPa	最高压力/MPa	工作转速/(r/min)	输入功率/ kW
24.9	1/2	20	25	2500	30.1

注：1in = 2.54 cm。

5.2.4　液压动力系统

1. 液压系统

液压动力系统由液压油箱、4 个闭式变量柱塞串泵、1 个齿轮油泵、6 个闭式定量马达、冷却器、油缸、控制阀和其他液压附件等组成，见图 5-40。系统具有经济、节能、发热量小、控制调整精确、高集成化、体积小等一系列优点。

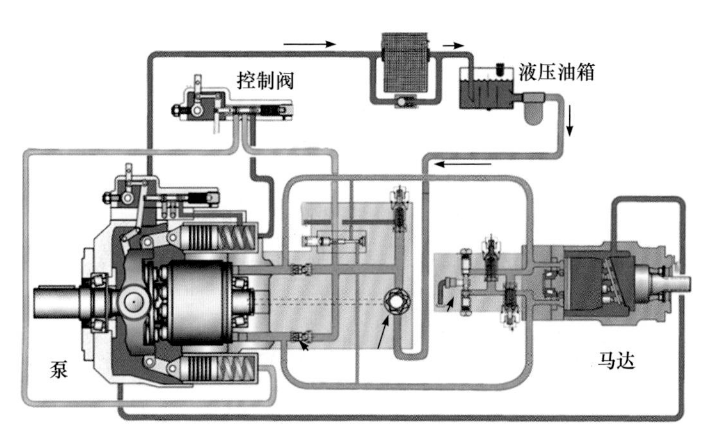

图 5-40　液压动力系统结构

根据注浆泵驱动马达排量 600mL/r、马达转速 500r/min、驱动电机转速 1450 r/min 可知，计算液压马达排量为

$$q_b = \frac{q_m \times n_m}{n_b} = \frac{600\text{mL/r} \times 500\text{r/min}}{1450\text{r/min}} = 207\text{mL/r} \tag{5-10}$$

式中，q_b 为泵排量；q_m 为马达排量；n_m 为马达转速；n_b 为泵转速。

结合产品性能及后期现场的推广，选择伊顿 PVW 柱塞泵，其控制原理见图 5-41。该泵带有钢背聚合物轴承的鞍形摇架，减小了挠度，使轴承载荷均匀，延长了产品的使用寿命。

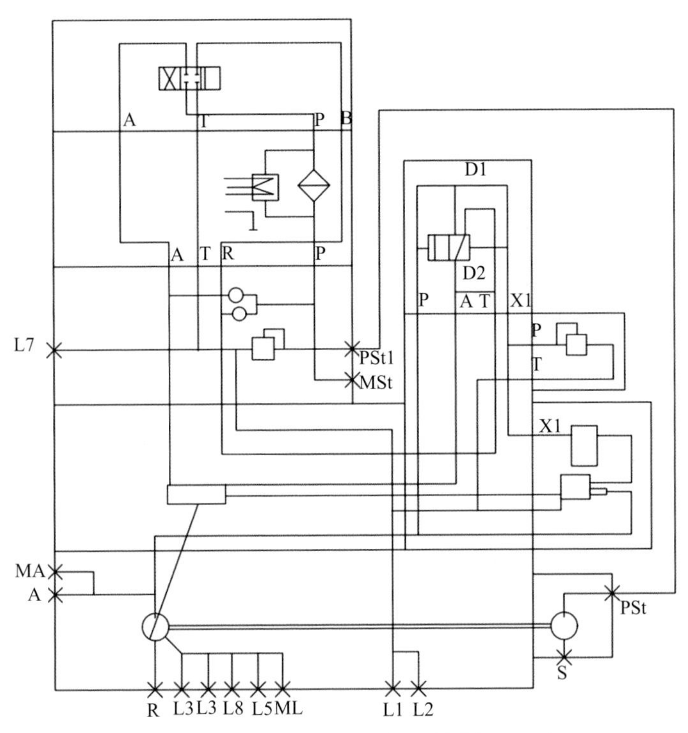

图 5-41　伊顿 PVW 柱塞泵控制原理图

设计了 2 套液压泵组：①注浆液压泵组，为注浆管汇提供动力；②混浆制浆液压泵组，为注浆系统提供动力。液压泵组设计参数见表 5-12。

表 5-12　液压泵组设计参数表

序号	系统	型号	输入转速/(r/min)	额定压力/bar	排量/(cm^3/r)	扭矩/(N · m)	数量/台
1	注浆液压泵组	PVXS-250-SP+P163+KBS2-03	1450	350	250.0	—	2
		FME601	—	280	600.0	2620	2
2	混浆制浆液压泵组	ACA6423 + ACA4623-A050H	1450	350	105.0	—	2
					75.0	—	
		116313281	1450	230	50.0	—	1
				250	10.2	—	
		74318-D	—	210	40.6	200	2
		2k-245	—	205	240.0	820	2

注：1bar = 10^5 Pa。

系统中有多个蝶阀阀门，因此采用气动控制方式，气动控制系统具有结构简单、成本低、寿命长、有标准化和通用化接口等特征。气动控制系统结构组成见图 5-42。

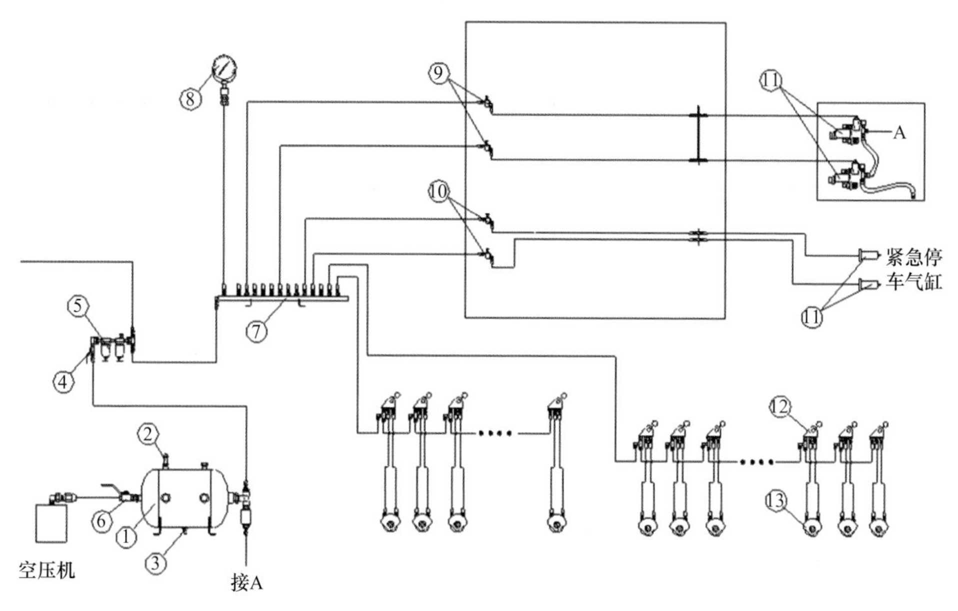

图 5-42　气动控制系统结构组成示意图
①～⑬为蝶阀阀门编号

2. 动力系统

动力系统可为智能化快速注浆系统中多部电机提供动力。动力系统主要由控制柜、动力柜和多种电机组成(图 5-43)。其中控制柜主要由软启动器、变频器、断路器、接触器、变压器、继电器及开关电源等组成。通过按钮启停实现对各电机的控制，设置有报警灯，与控制柜集中固定，方便人员操作。

1) 控制柜

动力操作柜输入电压为 380V(直流)，外设电流电压表，可观测总电源的参数，实现对动力电机软启动功能，安装位置可进行独立操作。操作面板共分 10 个区域。1 区域：参数监控，包括供电电压、总电流、总功率等；2 区域：电源状态指示区，包括相序灯、交流电压灯、直流电压灯；3 区域：散热风扇状态指示区，包括运行、停止和报警；4 区域：备用区域；5 区域：急停功能区域；6 区域：电机启停功能区域；7 区域：净化电机启停区域；8 区域：控制第一台注浆泵电机启停区域；9 区域：控制第二台注浆泵电机启停区域；10 区域：离心泵电机启停区域。

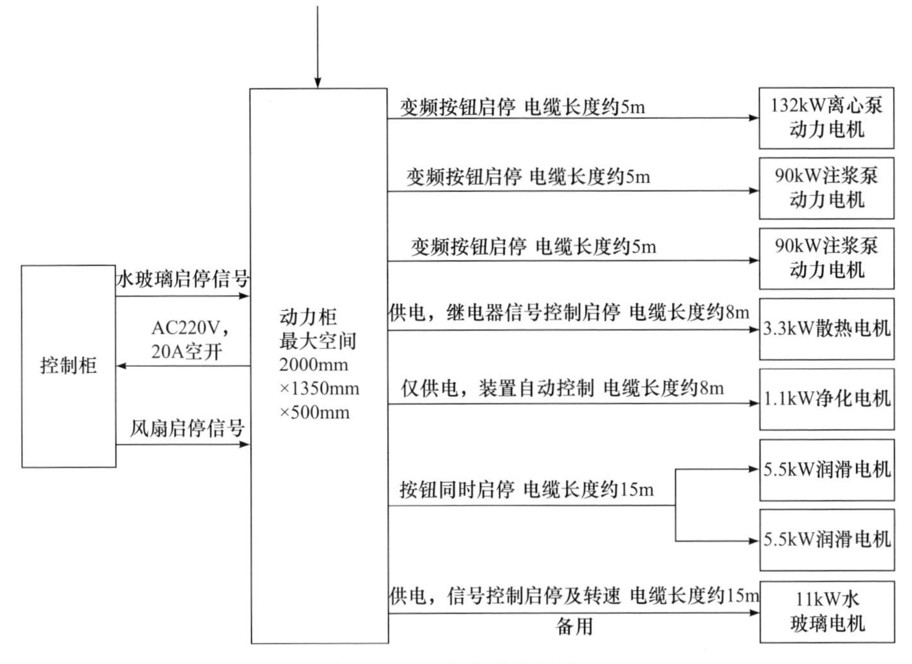

图 5-43　动力系统结构

系统上电后，正常操作动力系统和各电机的启动。如果总电源相序连接有误，相序指示灯则会亮起报警，检查相序指示灯状态；断电后，将相线位置调换，待相序指示灯熄灭后重新接通。控制柜现场实物见图 5-44。

图 5-44　控制柜现场实物图

2) 软启动器

选型后采用 CMC 系列软启动器。基于 32 位 ARM 核微控制器开发的电机软启动器是一种新型智能化的异步电动机启动装置，是集启动、显示、保护、数据采集于一体的电机终端控制设备，具有以下特点。①通信功能：配有 RS485 通信接口，方便用户网络连接控制，提高系统的自动化水平及可靠性。Modbus/Profibus 标准协议可选，方便组态连接。②模拟信号控制：可输入 4～20mA 或 0～20mA 标准信号，具有 4～20mA 或 0～20mA 标准信号输出功能。③抗干扰性强：所有外部控制信号均采用光电隔离，设置不同抗噪级别，以适应工业环境。④双参数功能：同时具备控制 2 套不同功率电机。⑤多种停车方式：可编程软停车、自由停车、制动刹车、软停+制动刹车。⑥动态故障记忆：可以记录 15 次故障。⑦完善的保护功能：全程检测电流及负载参数，具有过流、过载、欠载、过热、断相、短路、三相电流不平衡、相序检测、漏电检测等微机保护功能。⑧友好的人机界面：采用液晶显示面板，具有中英文两种显示界面。

3) 变频器

选型后采用 XFC500 系列变频器，以高性能数字信号处理器(digital signal process，DSP)为控制核心的控制平台，实现异步电机的准确控制和调节，具有以下特点：①调速范围宽，适应不同的工艺要求；②实现平滑软启动，避免电气和机械冲击，延长机械设备的使用寿命；③低频力矩强，稳速精度高，电网适应性强，可用于电压长期偏低或电网波动等电源恶劣场合，保障输出电压、电流稳定；④系统控制简单，调试方便。

5.2.5 电气控制系统

电气控制系统作为整个设备的指令单元，需要对各变量、元器件等进行控制，对系统压力、液位等参数进行采集和控制。电气控制系统结构见图 5-45。

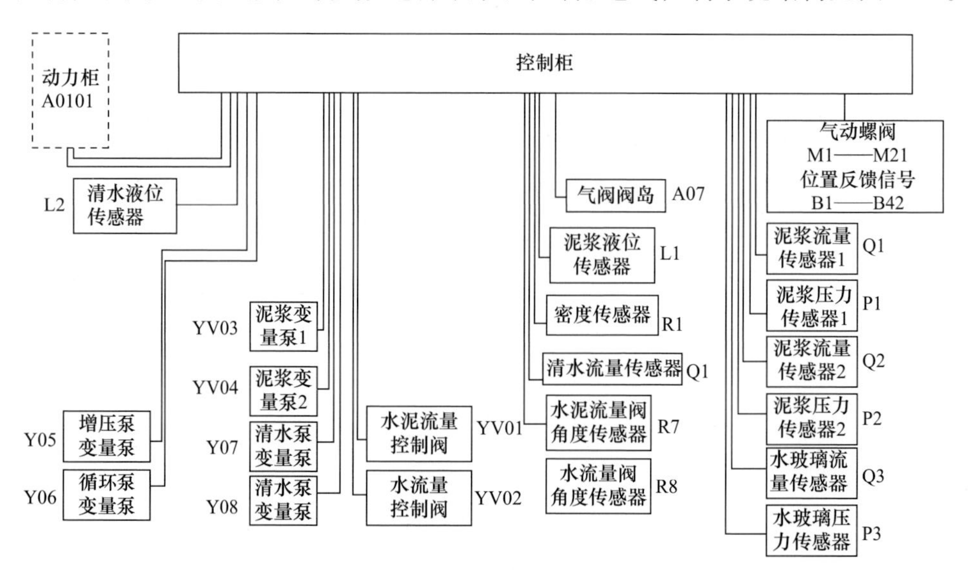

图 5-45 电气控制系统结构示意图

1. 控制器硬件设计

(1) 控制器作为控制系统的核心部件，选用泰科TE-172，具有172个I/O、带数字量采集模块K8521、模拟量采集模块K8512L及模拟量输出模块K8516三个扩展特点。控制器和扩展模块以及阀岛控制箱、伊顿变量泵的AxisPro阀之间采用CANopen协议进行通信。本系统采用CANopen自由编程，CANopen通信程序流程见图5-46。

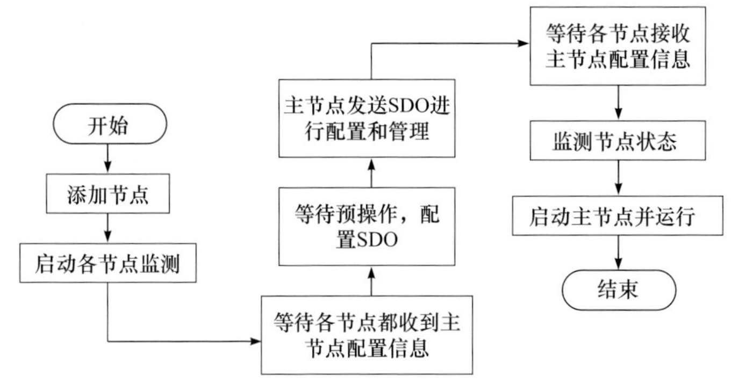

图5-46　CANopen通信程序流程图

(2) 控制器采用Codesys V3.5编程环境，逻辑程序及自定义通信采用CAN2.0B协议，其编写需要调用库函数，包括读取CAN接口状态的函数、通信参数初始化的函数，I/O通信调用定义ID及相关参数的函数。CAN2.0B程序控制流程见图5-47。

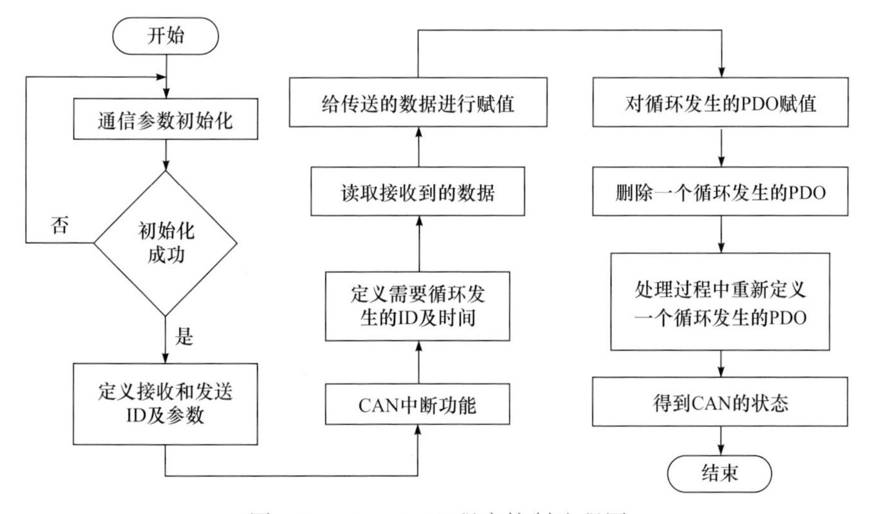

图5-47　CAN2.0B程序控制流程图

通过控制器的逻辑程序，实现对管路控制的打开和闭合，即开关阀控制。FESTO 气动阀组的控制箱见图 5-48。

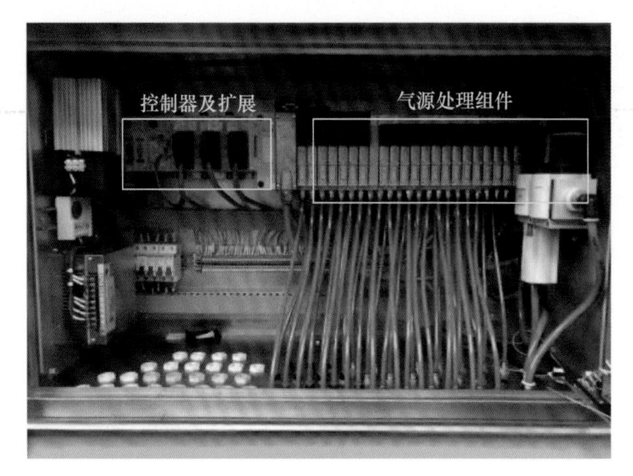

图 5-48 FESTO 气动阀组的控制箱

2. 控制器软件设计

控制器软件采用 IEC61131-3 中的 ST 结构文本语言进行编写，类似于 C 语言。控制器软件从设计功能上可分为 CAN 总线通信、Modbus 总线通信、传感器校准、函数调用、系统初始化、控制程序和数据保存七部分，在 CODESYS V3.5 SP3 环境中编写。

1) CAN 总线

CAN 总线用来与气动阀岛控制箱进行总线映射通信，包含 CANConfigure (初始化)、CANReceive(接收)、CANSend(发送)函数。根据 Modbus 总线通信与显示屏通信内部逻辑进行计算处理，可以控制注浆泵启动与停止、调节水泥加料阀、控制清水管路阀和阀门开度等。

2) 操作系统界面设计

控制柜操作面板安装于控制柜上，可实现对设备的集中控制，通过显示屏查看各元器件的工作状态，通过组态软件与控制器实现通信。操作界面见图 5-49。

(1) 手动模式。①启动空压机、动力站；②启动清水泵，打开流量开关，通过调节旋钮调节清水泵转速与水阀开度，观察流量值；③打开水泥进料控制开关，通过调节旋钮调节水泥进料阀开度大小，观察浆液密度值。

(2) 自动模式。①设置目标浆液密度值，设定浆液密度值；②设置注浆流量、注浆压力上限值、注浆预警压力值、注浆泵输出值等参数；③设备开始

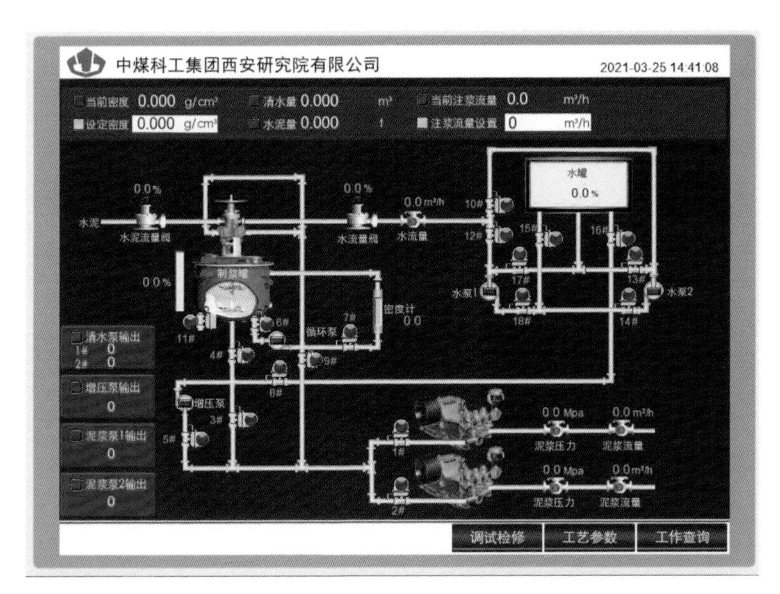

图 5-49　操作界面

启动运行。参数设置见图 5-50。

图 5-50　参数设置

(3) 检修调试。控制模式开关置于中位后，系统进入检修调试状态，此时可手动操作每个气动阀，水阀、灰阀与注浆泵等需输入指令并按下按钮后启动。检修调试界面见图 5-51。

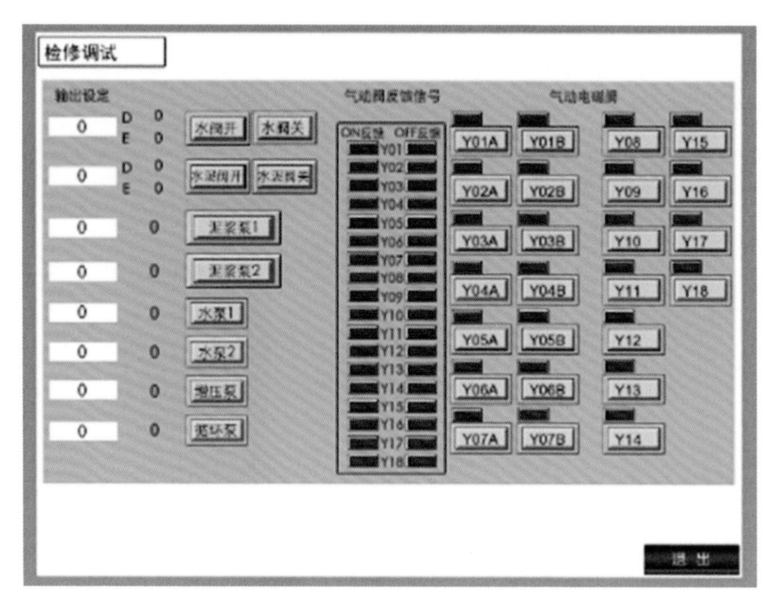

图 5-51 检修调试界面

参考值：水阀、灰阀中位值-485；水阀、灰阀调节值-50～150；离心泵-0～500；注浆泵-0～70

(4) 数据存储与导出。显示屏具有历史数据查询及导出功能，流程：工作查询—数据查询—报表查询—输入时间—历史查询—数据导出，文件被保存为.csv 格式，可用 Excel 软件打开。数据查看及导出界面见图 5-52。

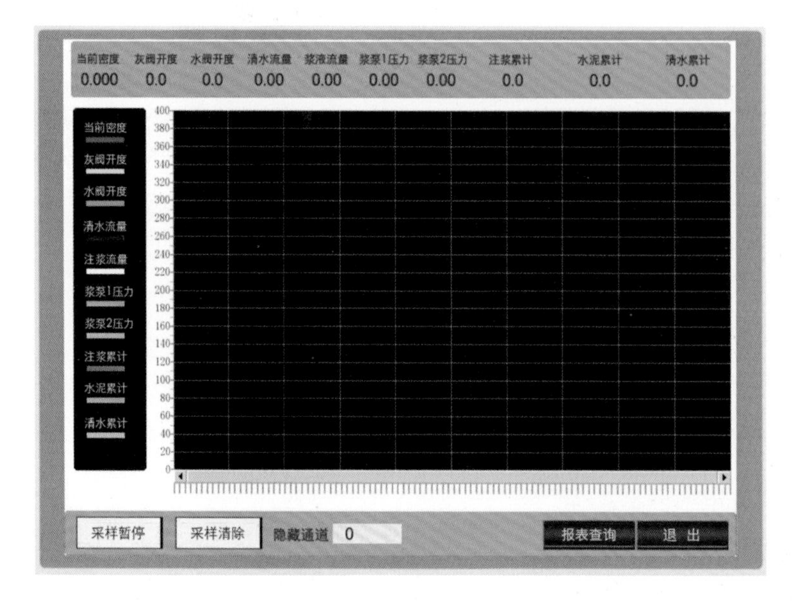

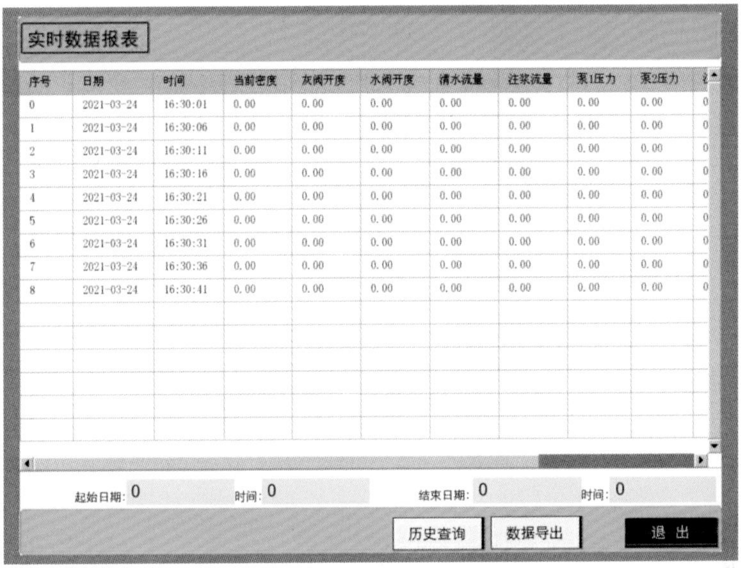

实时数据报表

序号	日期	时间	当前密度	灰阀开度	水阀开度	清水流量	注浆流量	泵1压力	泵2压力	
0	2021-03-24	16:30:01	0.00	0.00	0.00	0.00	0.00	0.00	0.00	0
1	2021-03-24	16:30:06	0.00	0.00	0.00	0.00	0.00	0.00	0.00	0
2	2021-03-24	16:30:11	0.00	0.00	0.00	0.00	0.00	0.00	0.00	0
3	2021-03-24	16:30:16	0.00	0.00	0.00	0.00	0.00	0.00	0.00	0
4	2021-03-24	16:30:21	0.00	0.00	0.00	0.00	0.00	0.00	0.00	0
5	2021-03-24	16:30:26	0.00	0.00	0.00	0.00	0.00	0.00	0.00	0
6	2021-03-24	16:30:31	0.00	0.00	0.00	0.00	0.00	0.00	0.00	0
7	2021-03-24	16:30:36	0.00	0.00	0.00	0.00	0.00	0.00	0.00	0
8	2021-03-24	16:30:41	0.00	0.00	0.00	0.00	0.00	0.00	0.00	0

起始日期: 0　时间: 0　结束日期: 0　时间: 0

历史查询　数据导出　退 出

图 5-52　数据查看及导出界面

完成设备样机总装调试后，宝鸡航天动力泵业有限公司对设备进行了出厂前的全面检验，检测结果合格。按照要求，2021 年 1 月 22 日，宝鸡航天动力泵业有限公司邀请陕西省机械产品质量监督检测总站检测人员来到设备总装现场，对系统样机的主要性能指标进行检测检验，检测结果满足要求。

5.2.6　现场试验

2020 年 4 月，委托宝鸡航天动力泵业有限公司总装调试智能化快速注浆系统设备样机；12 月 20 日完成样车总装，开始检测调试；2021 年 1 月 22 日，完成测试，经陕西省机械产品质量监督检测总站检测，结果满足要求；2 月 4 日，设备运送至西卓煤矿注浆工程现场进行试验。

1) 现场准备工作

①水和水池：试验过程中供应清水量不小于 30m^3/h，水池容积 200m^3。②水泥与水泥罐车：试验过程中供应普通硅酸盐水泥量不小于 30t/h，为保证连续供料，需要至少 2 台水泥罐车，满足连续送料能力。③水玻璃：需要水玻璃 1t，200L 的桶 4 桶。④发电机/电力：试验系统总功率约 350kW，三相 380V 电压，(3×240)mm^2+(2×120)mm^2 电缆 100m。⑤空压机：供气量不小于 10m^3/min(0.7MPa)。⑥浆液池：3 个 10m^3 的浆液池。⑦废浆池：1 个 50m^3 的浆液排放池。⑧潜水泵：满足 30m^3/h 泵量，共计 2 台。⑨输浆管：2 条 20m

长度的ϕ32mm高压胶管(快速接头)。⑩比重秤、密度计、流量计、压力表、喷嘴各1套。

2）现场试验内容

①浆液配比试验：设定浆液密度分别为1.2g/cm^3、1.3g/cm^3、1.5g/cm^3。系统开启后，每隔5min工人测试浆液密度，检验精度。②浆液均匀性检验：设定浆液密度1.5g/cm^{3}后，每隔5min取样检测，持续30min，共取样6次，测试浆液密度均匀性。③泵体耐压强度检验：设定排量600L/min(2台)，浆液输出口连接输入口后循环加压，每次加压持续30min，分6组对泵体耐压强度进行测试。④泵体振动检测：设定排量600L/min(2台)，浆液输出口连接输入口后循环加压，每次加压持续30min，分6组对泵体振动频率和振幅进行测试。⑤系统稳定性试验：设定排量600L/min(2台)，浆液输出口连接输入口后循环加压，持续运行72h，对设备各系统部件运行状况进行检测。⑥现场准备时间测试：对系统启动运行准备时间进行现场测试，小于1h为合格。⑦手动操作试验测试：手动完成整个系统的工序流程，检验系统各部件的工作状态。⑧自动操作试验测试：将设备切换到全自动状态，监测系统各部件工作状态。⑨注浆试验：将浆液输出口通过胶管与钻孔连接，开始进行现场注浆测试。⑩数据统计与试验记录：记录试验过程的各种数据，并提交所有试验报告。

3）现场试验过程

主要做了四方面的调试内容：动力系统控制调试、气动系统控制调试、手动控制调试和自动控制调试。智能化快速注浆系统调试记录见表5-13。

表5-13 智能化快速注浆系统调试记录表

设备名称	智能化快速注浆系统ZB600-15		
调试地点	合阳西卓煤矿		
调试项目	调试内容	调试结果	调试日期
动力系统控制调试	①动力柜通电前安全检测。 ②动力柜通电监测，调整总电源相序。 ③依次点动132kW电机、2台90kW电机、润滑电机、冷却风扇等电机，观测其旋向，发现与要求不符的电机调整其相序。 ④正常启动132kW电机、2台90kW电机，检查软启动器启动时间、启动电流等重要参数，根据实际情况加以修改。 ⑤正常启动润滑与冷却风扇并行检测电流，修改热磁电流范围，确保额定电流内不跳闸。 ⑥配合液压系统调试至液压系统运行正常稳定	经调试动力站控制功能已达使用要求	2020.1.5～2020.1.13

续表

设备名称	智能化快速注浆系统 ZB600-15		
调试地点	合阳西卓煤矿		
调试项目	调试内容	调试结果	调试日期
气动系统控制调试	①通过修改程序测试气动系统控制箱与主控制柜通信。②核对管路系统气动阀编号。③通过“检修调试”功能测试气动阀动作状态，确认管路控制逻辑，核对并调整气动阀反馈信号	经调试 20 组气控阀逻辑控制与反馈信号运行正常	2020.1.13～2020.1.15
手动控制调试	①控制模式选择手动控制，在该模式下通过旋转开关与调节旋钮控制清水流量、进灰阀开度、注浆泵排量、循环泵及管路阀控制、增压泵及管路阀控制功能。②根据上述运行结果与实测结果，校准各个传感器数据，最终达到清水泵、注浆泵调速；水泥流量阀与清水流量阀的开度调整；所有传感器数据准确稳定	经调试手动控制功能逻辑正确，传感器运行正常	2020.1.18～2020.1.27
自动控制调试	①调试内容包括：选择自动控制模式时，系统根据清水罐与制浆罐液位以及在触摸屏设置的制浆与注浆量、目标密度、注浆压力等参数，能够自动控制清水泵与注浆泵的排量输出；能够自动控制水泥流量阀与清水流量阀的开度调节；最终能保证浆液的密度达到要求范围。②调试环境：水泥罐车出灰阀开至 5-5 刻度，送灰气压调节至 1.5bar，设定密度 1.2g/cm^3、1.3g/cm^3、1.5g/cm^3，制浆量 20m^3/h 等工艺参数下进行自动制浆与注浆调试	经多次测试并优化系统程序，最终检测密度控制精度在 3.5%相对误差	2021.3.1～2021.3.14

2021 年 3 月 11 日，采用韩城秦东水泥 P.C42.5 粉煤灰水泥进行试验，系统启动运行准备时间共计 40min，小于 1h，满足设计要求。设定浆液密度为 1.5g/cm^3，自动控制持续制浆 30min，每隔 5min 取样测试浆液密度。检测结果表明，浆液密度波动误差小于 2%，浆液均匀性较好。浆液密度均匀性检验记录见表 5-14。

表 5-14 浆液密度均匀性检验记录表

取样时间/min	浆液密度/(g/cm^3)	误差
5	1.49	−0.01
10	1.50	0.00
15	1.52	0.02
20	1.49	−0.01
25	1.49	−0.01
30	1.47	−0.03

4) 试验研究成果

通过现场安装调试、检测检验，对系统进行了测试，运行状态稳定，性能参数达到了设计要求，取得了以下成果：①采用撬体集成平台，符合煤矿快速注浆堵水的实际需求。②采用电机驱动，符合煤矿野外工程电力化发展趋势，提高了系统应用的经济效益。③将制浆系统与注浆系统集成在一个车载平台上，操作集中简便，减少操作人员，降低了劳动强度，提高了使用效率和安全性，到场后 1h 内便可以开展注浆作业。④采用液压动力驱动注浆泵，改善了注浆泵高压低排量注浆性能，较好改善了钻孔注浆质量。⑤系统采用高能混合器，结合射流搅拌、旋流搅拌和机械搅拌特点，提高了浆液制备效率和均匀性。同时，采用自动计量调节水量、灰量，提高了浆液配比精确度，浆液密度相对误差为 3.5%。⑥系统制浆与注浆能力大于 $36m^3/h$，额定注浆压力为 7MPa，最大注浆压力达到 15MPa，超过了常规技术性能指标。⑦实现自动记录注浆参数，并写入数据库，可用于分析最佳制浆与注浆工艺参数，能够为现场操作人员分析参数提供支撑。⑧集成平台的外形尺寸为 9.6m×2.4m×2.8m(长×宽×高)，符合国家道路交通规范要求。

第6章　煤层底板水害防治技术展望

华北型煤田在未来较长时间内仍将是我国煤炭的重要产区，已经形成了以超前区域治理为代表的水害超前预防和以过水大通道控制注浆为代表的突水快速封堵技术，同时开发了硬岩层定向钻进专用钻机、智能化制浆注浆系统等先进装备，这些技术与装备对华北型煤田底板水害防治具有里程碑的意义。随着区域内煤矿开采深度与开采强度增加，深部煤炭高强度开采面临的底板高压岩溶含水层水害威胁愈发严重，面临大量的矿井闭坑水环境与安全问题，加之智能化煤矿的建设步伐加快，对华北型煤田煤矿水害防治工作提出了新的要求。由于灰岩岩溶含水系统具有复杂非均质各向异性的特征，仍需加强底板灰岩含水层突水机理等基础理论研究，进一步增强水害探查、监测预警、超前治理的技术水平与智能化程度，提升突水灾害的快速响应与控制能力，并着力解决闭坑矿井水环境污染与安全威胁问题。为此，华北型煤田的煤矿水害防治将向更可靠、更高效、更环保和更智能化方向发展。

(1) 深部煤层底板岩溶含水层突水机理与水害评价方法。煤层底板突水机理是指导底板超前区域治理层位和模式选择的依据。煤层底板突水是底板岩层应力、渗流等多因素耦合影响下，含水层导升带递进式发展作用的结果，其形成机理极为复杂。现阶段形成的大量突水机理尚无法完全解释突水前工作面应力、岩层变形、承压水水压力等多种参数的综合变化过程。因此，深部煤层底板突水机理的研究要向多场耦合方向发展，结合现阶段先进的监测手段，获取开采扰动过程中渗流场、应力场变化及岩石破裂之间的相互影响规律，进一步揭示开采扰动和水压的综合作用机制。

同时，在底板水害评价方面，长期以来以20世纪60年代提出的突水系数作为最主要的评价指标，其表达形式虽经多次改动，但是在最新制定的《煤矿防治水细则》仍将其以初始形式表述，并沿用具有统计意义的临界突水系数判别指标。该判别式难以表现出采矿破坏与承压水导升对煤层底板突水的影响作用，且现阶段煤矿开采参数、地质和水文地质条件与以往相比也发生了较大变化，以往统计的临界突水系数判别指标的适用性仍需进一步论证和研究。同时，需要进一步研究修正之后的突水系数临界判别指标。

(2) 煤层开采过程中底板突水监测预警。鉴于煤层底板突水机理复杂、预测预报难度较大，需要加强煤矿开采过程中的水情自动监测与智能预警能力，捕捉煤炭开采过程中煤层底板突水前期征兆，对应力、应变、破断、水压、富水性等多个方面进行综合监测，并建立智能化的水害危险判识与智能预警方法。因此，需在现阶段监测预警技术的基础上，进一步丰富采掘扰动应力、应变等方面的监测手段，开发可靠的地球物理监测方法，做到点面结合、立体监测，并基于大量的实际监测数据和应用效果，逐步构建出水害判识预警的数据处理方法，超前预警煤层底板突水危险，为水患的超前处置和应急处理提供可靠依据。

(3) 煤矿导水通道超前精准探查与治理。对导水通道精准探查是实现超前区域治理中“有的放矢、精准可控注浆”的基础，而导水通道精准探查需综合采用物探、钻探和化探等手段。因此，需基于物探、钻探和化探构建地面、井下、钻孔全空间的导水通道探查技术体系，实现对潜在导水通道分布范围、充填结构、导水性能等的智能化精准判识。

煤层底板导水通道超前区域注浆治理中注浆材料、浆液配比、注浆压力、注浆时间、注浆量等参数选取是决定注浆效果的关键。由于底板灰岩岩溶裂隙具有非均质特征，如何实现注浆参数随受注地层空隙性、导水性、渗透性等特征而智能化调控，将是煤矿导水通道超前区域治理技术发展的方向。同时，导水通道的注浆治理方式也从传统的孔口静压式注浆向孔内分段精准定向式注浆方向发展，最终实现导水通道区域治理技术集“探查、治理、验证”三位一体的目标，提升煤层底板水害治理精度和效果。

(4) 关闭(废弃)矿井风险评估与水环境污染研究。我国华北型煤田开采历史长，大量矿井由于资源枯竭、经济技术条件及地方政策影响，逐渐进入闭坑阶段，形成大量的关闭(废弃)矿井。该类矿井受地下水的长期补给，水位逐步抬升，改变了区域水文地质条件，威胁相邻生产矿井，并使得矿井水反向补给上部含水层，造成地下水污染。新时期，华北型煤田矿区需加强对关闭(废弃)矿井流场变化的安全风险评估，水位回升过程中次生地质灾害和环境影响、关闭(废弃)矿井水动力场、温度场、化学场变化的综合监测，关闭(废弃)矿井地下水污染阻断等理论与技术研究，为保障华北型煤田矿井全生命周期的安全绿色发展提供有效技术支撑。

参 考 文 献

白峰青, 卢兰萍, 缑书宝, 等, 2007. 德盛煤矿特大突水治理技术[J]. 煤炭学报, 32(7): 741-743.

蔡美峰, 2013. 岩石力学与工程[M]. 北京: 科学出版社.

程建远, 陆自清, 蒋必辞, 等, 2022. 煤矿巷道快速掘进的“长掘长探”技术[J]. 煤炭学报, 47(1): 404-412.

邓聚龙, 2002. 灰理论基础[M]. 武汉: 华中科技大学出版社.

董书宁, 郭小铭, 刘其声, 等, 2020a. 华北型煤田底板灰岩含水层超前区域治理模式与选择准则[J]. 煤田地质与勘探, 48(4): 1-10.

董书宁, 李泉新, 石智军, 等, 2008. 一种煤层底板注浆加固水平定向钻孔的施工方法[R]. 西安: 中煤科工集团西安研究院有限公司.

董书宁, 刘其声, 2009. 华北型煤田中奥陶系灰岩顶部相对隔水段研究[J]. 煤炭学报, 34(3): 289-292.

董书宁, 王皓, 张文忠, 2019. 华北型煤田奥灰顶部利用与改造判别准则及底板破坏深度[J]. 煤炭学报, 44(7): 2216-2226.

董书宁, 杨志斌, 朱明诚, 等, 2020b. 过水巷道动水快速截流大型模拟实验系统研制[J]. 煤炭学报, 45(9): 3226-3235.

方俊, 陆军, 张幼振, 等, 2015. 定向长钻孔精确探放矿井老空水技术及其应用[J]. 煤田地质与勘探, 43(2): 101-105.

方鹏, 姚克, 王龙鹏, 等, 2022. ZDY25000LDK 智能化定向钻进装备关键技术研究[J]. 煤田地质与勘探, 50(1): 72-79.

高晓亮, 陈洪岩, 张朋, 2014. 煤矿井下硬岩钻进用金刚石钻头研究综述[J]. 地质装备, 15(3): 15-18.

顾大钊, 李井峰, 曹志国, 等, 2021. 我国煤矿矿井水保护利用发展战略与工程科技[J]. 煤炭学报, 46(10): 3079-3089.

郭小铭, 2022. 彬长矿区洛河组沉积控水及开采扰动流场响应特征研究[D]. 北京: 煤炭科学研究总院.

郝哲, 王介强, 刘斌, 2001. 岩体渗透注浆的理论研究[J]. 岩石力学与工程学报, 20(4): 492-496.

何玢洁, 2020. 基于人机交互的钻机遥控面板优化设计[J]. 煤矿机械, 41(3): 170-172.

何思源, 1986. 开滦范各庄矿岩溶陷落柱特大突水灾害的治理[J]. 煤田地质与勘探, (2): 35-42.

何修仁, 1990. 注浆加固与堵水[M]. 沈阳: 东北工学院出版社.

胡宝玉, 2018. 径向射流技术对断层产状探测定位的应用研究[J]. 煤田地质与勘探, 46(4): 103-107.

惠爽, 2018. 矿井淹没巷道多孔灌注骨料封堵模拟试验[D]. 徐州: 中国矿业大学.
姬中奎, 2014a. 矿井特大突水巷道动水截流钻探技术研究[J]. 煤炭技术, 33(5): 12-14.
姬中奎, 2014b. 矿井大流量动水注浆细骨料截流技术[J]. 煤炭工程, 46(7): 43-45.
金亮, 马建平, 张士华, 等, 2021. 捆绑带用三角异形涤纶工业丝: 中国, CN214193583U[P].
金鑫, 2017. 煤矿井下硬岩定向钻进螺杆马达选型及试验[J]. 煤田地质与勘探, 46(1): 176-180.
金新, 魏宏超, 2018. 煤矿探放水钻孔用单闸板防喷器研制与应用[J].煤矿机械, 39(3): 36-38.
李白英, 1999. 预防矿井底板突水的“下三带”理论及其发展与应用[J]. 山东矿业学院学报(自然科学版), (4): 11-18.
李彩惠, 2010. 矿井特大突水巷道截流封堵技术[J]. 西安科技大学学报, 30(3): 305-308.
李大敏, 2000. 张集煤矿隐伏陷落柱突水快速治理[J]. 煤炭科学技术, 28(8): 31-33.
李海学, 程旭学, 韩双宝, 等, 2020. 分层抽水在大厚度含水层水文地质勘查中的应用[J]. 南水北调与水利科技(中英文), 18(5): 174-181.
李见波, 2016. 双高煤层底板注浆加固工作面突水机制及防治机理研究[D]. 北京: 中国矿业大学(北京).
李抗抗, 王成绪, 1997. 用于煤层底板突水机理研究的岩体原位测试技术[J]. 煤田地质与勘探, (3): 33-36.
李连崇, 唐春安, 李根, 等, 2009. 含隐伏断层煤层底板损伤演化及滞后突水机理分析[J]. 岩土工程学报, 31(12): 1838-1844.
李泉新, 刘飞, 方俊, 等, 2021.我国煤矿井下智能化钻探技术装备发展与展望[J]. 煤田地质与勘探, 49(6): 265-272.
李泉新, 石智军, 方俊, 2013. 煤层底板超前注浆加固定向钻进技术与装备[J]. 金属矿山, 42(9): 126-131.
李术才, 刘人太, 张庆松, 等, 2013. 基于黏度时变性的水泥–玻璃浆液扩散机制研究[J]. 岩石力学与工程学报, 32(12): 2415-2421.
李维欣, 2016. 圆型过水巷道骨料灌注模拟试验[D]. 徐州: 中国矿业大学.
李振华, 许延春, 陈新明, 2003. 高水压工作面底板注浆加固技术[J]. 煤炭工程, (5): 32-35.
刘嘉材, 1982. 裂缝注浆扩散半径研究[C]//水利水电科学研究院. 中国科学院 水利电力部水利水电科学院科学研究论文集. 北京: 水利电力出版社.
刘建功, 赵庆彪, 白忠胜, 等, 2005. 东庞矿陷落柱特大突水灾害快速治理[J]. 煤炭科学技术, 33(5): 4-7.
刘磊, 赵兆, 李冰, 2021. 煤矿底板孔间电磁波衰减系数层析成像[J]. 物探化探计算技术, 43(1): 77-82.
刘再斌, 2018. 浅埋灰岩含水层互嵌式射流改造方法研究[J]. 煤炭技术, 37(6): 46-48.
刘宗原, 2021. 动水巷道不同级配骨料灌注体中浆液扩散试验研究[D]. 徐州: 中国矿业大学.
柳昭星, 2022. 煤层底板水害超前区域治理关键注浆参数控制机制[D]. 西安: 西安科技大学.
柳昭星, 董书宁, 南生辉, 等, 2021. 邯邢矿区中奥灰顶部空隙特征显微 CT 分析[J]. 采矿与安全工程学报, 38(2): 343-352.
柳昭星, 董书宁, 王皓, 2022. 倾斜裂隙水平孔注浆浆液扩散规律[J]. 煤炭学报, 47(S1): 135-151.
柳昭星, 董书宁, 王皓, 等, 2020. 煤层底板奥陶系灰岩顶部水平注浆孔浆液扩散控制方法: 中国, CN111980622A[P].
陆斌, 2019. 基于孔间地震细分动态探测的透明工作面方法[J]. 煤田地质与勘探, 47(3): 10-14.
罗平平, 李志平, 范波, 等, 2010. 倾斜单裂隙宾汉浆液流动模型理论研究[J]. 山东科技大学学报, 29 (1): 43-47.
牟林, 2011. 煤矿采场底板隔水层阻水能力分析与试验研究[D]. 西安:西安科技大学.
牟林, 2021. 动水条件巷道截流阻水墙建造机制与关键技术研究[D]. 北京: 煤炭科学研究总院.
缪协兴, 白海波, 2011. 华北奥陶系顶部碳酸岩层隔水特性及分布规律[J]. 煤炭学报, (2): 185-193.
南生辉, 蒋勤明, 郭晓山, 等, 2008. 导水岩溶陷落柱堵水塞建造技术[J]. 煤田地质与勘探, 36(4): 29-33.
南生辉, 2010. 综合注浆法建造阻水墙技术[J]. 煤炭工程, (8): 29-31.
潘文勇, 刘旭久, 1982. 华北型岩溶煤田的灰岩分布规律及岩溶发育特征[M]//中国地质学会岩溶地质专业委员会中国北方岩溶和岩溶水. 北京: 地质出版社.
裴启涛, 丁秀丽, 刘登学, 2018. 岩体裂隙产状对速凝类浆液扩散规律影响研究[J]. 水利与建筑工程学报, 16(6): 25-31.
彭苏萍, 罗立平, 王金安, 2003. 承压水体上对拉工作面开采合理错距的确定[J]. 岩石力学与工程学报, (1): 48-52.
钱鸣高, 缪协兴, 许家林, 等, 2003. 岩层控制的关键层理论[M]. 徐州: 中国矿业大学出版社.
阮文军, 2005. 基于浆液黏度时变性的岩体裂隙注浆扩散模型[J]. 岩石力学与工程学报, 24(15): 2709-2714.
邵红旗, 王维, 2011. 双液浆注浆法快速建造阻水墙封堵突水巷道[J]. 煤矿安全, 42(11): 40-43.
施龙青, 韩进, 2005. 开采煤层底板“四带”划分理论与实践[J]. 中国矿业大学学报, 34(1): 19-26.
石智军, 董书宁, 姚宁平, 等, 2013. 煤矿井下近水平随钻测量定向钻进技术与装备[J]. 煤炭科学技术, 41(3): 1-6.
石智军, 姚克, 田宏亮, 等, 2019. 煤矿井下随钻测量定向钻进技术与装备现状及展望[J]. 煤炭科学技术, 47(5): 22-28.
石志远, 2015. 地面顺层钻进在煤层底板高压岩溶水害区域超前治理中的应用[J]. 煤矿安全, 46(S1): 67-70, 75.
王保利, 2019. 随采地震数据处理软件开发与应用[J]. 煤田地质与勘探, 47(3): 29-34.
王保利, 程建远, 金丹, 等, 2022. 煤矿井下随掘地震震源特征及探测性能研究[J]. 煤田地质与勘探, 50(1): 10-19.

王复东, 2002. 旋转防喷器高压旋转动密封技术的探讨[J].石油矿场机械, (1): 19-21.
王皓, 2016. 华北型煤田奥灰顶部岩层隔水性能及利用与注浆改造关键技术[D]. 北京: 煤炭科学研究总院.
王经明, 1999. 承压水沿煤层底板递进导升突水机理的模拟与观测[J]. 岩土工程学报, 21(5): 546-549.
王均双, 薄夫利, 马冲, 2008. 坑透 CT 成像技术在工作面地质构造探测中的应用[J]. 煤炭科学技术, 36(10): 93-96.
王连国, 宋扬, 缪协兴, 2003. 基于尖点突变模型的煤层底板突水预测研究[J]. 岩石力学与工程学报, 22(4): 573-577.
王梦玉, 章至洁, 1991. 北方煤矿床充水与岩溶水系统[J]. 煤炭学报, (4): 1-13.
王双明, 孙强, 乔军伟, 等, 2020.论煤炭绿色开采的地质保障[J]. 煤炭学报, 45(1): 8-15.
王四一, 2016. 煤矿隐蔽致灾地质因素井下探查用随钻测量系统测试研究[J]. 探矿工程(岩土钻掘工程), 43(6): 68-71.
王四一, 李泉新, 刘建林, 等, 2019. 冲击螺杆马达研制[J].煤田地质与勘探, 47(5): 225-231.
王威, 2012. 动水条件下堵巷截流技术与阻水段阻水能力研究[D]. 北京: 煤炭科学研究总院.
王永龙, 2008. 朱庄煤矿 14628 工作面改底板含水层为隔水层技术[J]. 煤炭科学技术, 36(3): 96-98.
王宇航, 张结如, 石志远, 等, 2017. 地面定向钻孔在治理煤层底板断层带突水中的应用[J]. 能源与环保, 255(3): 77-81, 89.
王则才, 2004. 国家庄煤矿 8101 工作面动水注浆堵水技术[J]. 煤田地质与勘探, (4): 26-28.
王作宇, 刘鸿泉, 1992. 承压水上采煤[M]. 北京: 煤炭工业出版社.
魏宏超, 2016. 煤矿井下硬岩层高效成孔方法研究与应用[J]. 煤矿安全, 47(11): 114-116.
翁寅生, 邬迪, 鲁飞飞, 等, 2019. 煤矿井下钻机远程控制系统设计[J]. 煤田地质与勘探, 47(2): 20-26.
吴火珍, 焦玉勇, 李海波, 等, 2008. 地质雷达检测防空洞注浆效果的技术方法及应用[J]. 岩土力学, 29(S1): 207-310.
吴玉华, 郑士田, 段中稳, 等, 1998. 任楼煤矿矿井突水灾害的综合分析与治理技术[J]. 煤炭科学技术, 26(1): 26-29.
武强, 贾秀, 曹丁涛, 等, 2014. 华北型煤田中奥陶统碳酸盐岩古风化壳天然隔水性能评价方法与应用[J]. 煤炭学报, 39(8): 1735-1741.
武强, 张波, 赵文德, 等, 2013. 煤层底板突水评价的新型实用方法Ⅴ: 基于 GIS 的 ANN 型、证据权型、Logistic 回归型脆弱性指数法的比较[J]. 煤炭学报, 38(1): 21-26.
武强, 张志龙, 马积福, 2007a. 煤层底板突水评价的新型实用方法Ⅰ——主控指标体系的建设[J].煤炭学报, (1): 42-47.
武强, 张志龙, 张生元, 等, 2007b. 煤层底板突水评价的新型实用方法Ⅱ——脆弱性指数法[J]. 煤炭学报, (11): 1121-1126.
肖玉林, 吴荣新, 张平松, 2016. 无线电磁波透视场强增量法在煤层工作面透视探测中的应用[J]. 矿业安全与环保, 43(5): 36-44.
熊厚金, 1991. 中国化学灌浆的过去现在与未来[C]. 1991 全国灌浆技术学术会议, 广州:

10-18.
许光祥, 1999. 岩石粗糙裂隙宽配曲线和糙配曲线[J]. 岩石力学与工程学报, (6): 641-644.
许延春, 李见波, 2014. 注浆加固工作面底板突水“孔隙-裂隙升降型”力学模型[J]. 中国矿业大学学报, 43(1): 49-55.
薛宗建, 刘晓飞, 李梅娟, 2012. 深部开采工作面底板注浆加固防治水技术的应用[J]. 金属矿山, 428(2): 166-168.
阎海珠, 戚春前, 赵胜利, 2004. 复杂地质条件下无线电波透视技术的应用[J]. 中国煤田地质, 16(6): 58-60.
《岩土注浆理论与工程实例》协作组, 2001. 岩土注浆理论与工程实践[M]. 北京: 科学出版社.
杨米加, 陈明雄, 贺永年, 2001. 注浆理论的研究现状及发展方向[J]. 岩石力学与工程学报, (6): 839-841.
杨志斌, 2016. 斯列萨列夫式在矿井水害防治中的应用分析[J]. 煤矿安全, 47(9): 190-193.
杨志斌, 2021. 煤层底板突水灾害动水快速截流机理及预注浆效果定量评价[D].北京: 煤炭科学研究总院.
杨志斌, 董书宁, 2018. 动水大通道突水灾害治理关键技术[J]. 煤炭科学技术, 46(4): 110-116.
杨志斌, 董书宁, 2021. 过水巷道动水快速截流机理研究[J]. 采矿与安全工程学报, 38(6): 1134-1143.
姚宁平, 张杰, 李泉新, 等, 2013. 煤矿井下定向钻孔轨迹设计与控制技术[J].煤炭科学技术, 41(3): 7-11, 46.
尹尚先, 王屹, 尹慧超, 等, 2020. 深部底板奥灰薄灰突水机理及全时空防治技术[J]. 煤炭学报, 45(5): 1855-1864.
尹尚先, 武强, 王尚旭, 2005. 北方岩溶陷落柱的充水特征及水文地质模型[J]. 岩石力学与工程学报, (1): 77-82.
岳卫振, 2012. 平衡压力法在极松散煤巷注浆截流堵水中的应用[J]. 煤炭工程, (8): 40-42.
张长科, 李林峰, 2009. 岩石峰值应力后扩容与围压的关系[J]. 有色金属, 61(4): 134-137.
张佳兴, 2020. 粘度时变浆液流变-固化特性与注浆扩散机理研究[D]. 成都: 成都理工大学.
张金才, 1989. 煤层底板突水预测的理论与实践[J]. 煤田地质与勘探, (4): 38-41, 71.
张良辉, 熊厚金, 邹小平, 等, 1998. 平面裂隙参数计算及其对浆液流动的影响分析[J]. 岩土力学, 19(1): 7-12.
张民庆, 张文强, 孙国庆, 2006. 注浆效果检查评定技术与应用实例[J]. 岩石力学与工程学报, (S2): 3909-3918.
张庆松, 张连震, 张霄, 等, 2015. 基于浆液黏度时空变化的水平裂隙岩体注浆扩散机制[J]. 岩石力学与工程学报, 34(6): 1198-1210.
张锐, 2020. 大功率深孔定向钻机双马达动力头设计[J]. 煤矿安全, 51(4): 122-124, 128.
张伟杰, 2014. 隧道工程富水断层破碎带注浆加固机理及应用研究[D]. 济南: 山东大学.
张永成, 董书宁, 苏坚深, 等, 2012. 注浆技术[M]. 北京: 煤炭工业出版社.
章梓雄, 董曾南, 2011. 粘性流体力学[M]. 2 版. 北京: 清华大学出版社.

赵庆彪, 2014. 奥灰岩溶水害区域超前治理技术研究及应用[J]. 煤炭学报, 39(6): 1112-1117.
赵庆彪, 2016. 华北型煤田深部煤层开采区域防治水理论与成套技术[M]. 北京: 科学出版社.
赵庆彪, 毕超, 虎维岳, 等, 2016. 裂隙含水层水平孔注浆“三时段”浆液扩散机理研究及应用[J]. 煤炭学报, 41(5): 1212-1218.
郑长成, 2006. 岩体裂隙内稳定水泥浆液扩散范围的理论分析[J]. 水利与建筑工程学报, 4(2): 1-5.
郑士田, 2018. 地面定向钻进技术在煤矿陷落柱突水防治中的应用[J]. 煤炭科学技术, 46(7): 229-233.
郑士田, 马培智, 1998. 陷落柱中“止水塞”的快速建立技术[J]. 煤田地质与勘探, 26(3): 51-53.
郑玉辉, 2005. 裂隙岩体注浆浆液与注浆控制方法的研究[D]. 长春: 吉林大学.
朱际维, 1994. 河北开滦矿务局范各庄矿奥灰岩溶陷落柱特大突水灾害及治理[A]//岩石工程事故与灾害实录(第一册): 83-102.
朱利民, 2015. 煤矿硬岩钻进高压水锤设计研究[J]. 煤矿机械, 36(3): 141-143.
朱明诚, 2015a. 钻孔控制注浆技术在过水大通道封堵中的应用[J]. 中国煤炭地质, 27(5): 46-49.
朱明诚, 2015b. 动水大通道突水钻孔控制注浆高效封堵关键技术及装备[J]. 煤田地质与勘探, 43(4): 55-58.
朱明诚, 董书宁, 徐拴海, 2009. 具有钻孔控制注浆装置的组合式钻具: 中国, CN101634218[P].
BAKER C, 1974. Comments on Paper Rock Stabilization in Rock Mechanics[M]. New York: Springer-Verlag NY.
HASSLER L, HAKANSSON U, STILLE H, 1992. Computer-simulated flow of grouts in jointed rock[J]. Tunnelling & Underground Space Technology, 7(4):441-446.
HU Y, LIU W, SHEN Z, et al., 2020. Diffusion mechanism and sensitivity analysis of slurry while grouting in fractured aquifer with horizontal injection hole[J]. Carbonates and Evaporites, 35: 49.
SANTOS C F, BIENIAWSKI Z T, 1989. Floor design in underground coal mines[J]. Rock Mechanics and Rock Engineering, 22(4): 249-271.
TANI M E, STILLE H, 2017. Grout spread and injection period of silica solution and cement mix in rock fractures[J]. Rock Mechanics and Rock Engineering, 50(9):2365-2380.
WANG W, HU B, 2011. A new technology of rapid sealing roadway in Luotuoshan Coal Mine[J]. Procedia Earth & Planetary Science, 3: 429-434.
YIN S, ZHANG J, LIU D, 2015. A study of mine water inrushes by measurements of in situ stress and rock failures [J].Natural Hazards, 79(3):1961-1979.
ZHANG Q, LI J, LIU B, et al., 2011. Directional drainage grouting technology of coal mine water damage treatment[J]. Procedia Engineering, 26: 264-270.